3D Engine Design for Virtual Globes

三维数字地球引擎设计

[美] 帕特里克·卡兹(Patrick Cozzi)
[美] 凯文·瑞恩(Kevin Ring) 著

杨 超 于荣欢 吴玲达 郭 静
胡华全 郝红星 李 强 谢 维 译

国防工業出版社
·北京·

著作权合同登记　图字:军－2015－256号

图书在版编目(CIP)数据

三维数字地球引擎设计/(美)帕特里克·卡兹(Patrick Cozzi),(美)凯文·瑞恩(Kevin Ring)著;杨超等译. --北京:国防工业出版社,2017.11

书名原文:3D Engine Design for Virtual Globes

ISBN 978-7-118-11374-7

Ⅰ.①三…　Ⅱ.①帕…　②凯…　③杨…　Ⅲ.①数字地球－应用软件　Ⅳ.①P208

中国版本图书馆CIP数据核字(2017)第261967号

※

国防工業出版社出版发行

(北京市海淀区紫竹院南路23号　邮政编码100048)

北京嘉恒彩色印刷有限责任公司

新华书店经售

*

开本 710×1000　1/16　**印张** 28¼　**字数** 515千字

2017年11月第1版第1次印刷　**印数** 1—3000册　**定价** 145.00元

(本书如有印装错误,我社负责调换)

国防书店:(010)88540777　　发行邮购:(010)88540776

发行传真:(010)88540755　　发行业务:(010)88540717

Patrick 说：

感谢父母在 1994 年给我买了第一台计算机。老实说，我只想用它玩游戏；我没想用它能做出任何东西来。

Kevin 说：

当我 7 岁时，我发誓要写出自己的计算机游戏。将此书献给我的爸妈，他们认为那是一个不错的主意。

序　言

图形渲染技术在计算机图形学领域已经有很长的发展历史了。美国国家航空航天局(NASA)喷气推进实验室(JPL)的Jim Blinn早在20世纪70年代末80年代初就利用地球动画展示了NASA的某些空间任务,比如最有名的"旅行者"号探测器探测木星、土星、天王星和海王星任务。

当前,数字地球渲染技术不仅在NASA中进行应用,而且在许多三维游戏中也得到了应用。

目前最有名的三维数字地球包括谷歌的Google Earth、NASA的World Wind、微软的Bing Maps 3D,以及ESRI的ArcGIS。这些应用能够让人们游览大量的真实影像、地形、矢量数据。

虽然,当前数字地球技术已经得到了非常广泛的应用,但是,到目前为止,还没有一本全面介绍数字地球相关技术的书籍。我们希望这本书能够通过提供对数字地球渲染算法的深入解析来弥补这一空白。本书的重点聚焦于面向构建精确三维数字地球的球面、地形、影像和矢量处理算法。

写这本书的知识主要来源于作者在AGI公司STK和Insight3D项目开发中的经验。STK项目是AGI公司从1993年以来长期开发的空间、国防和情报建模与分析应用系统。Insight3D是AGI公司关于太空和地理信息系统应用的三维可视化组件项目。希望我们的开发经验能够给读者提供实用帮助。

1. 潜在读者

本书主要面向于对图形渲染算法、渲染引擎设计、地理信息系统、数字地球、地形和大世界渲染感兴趣的图形开发者。本书包含的内容十分丰富,适用的读者层次范围也很广,包括开发者、研究者、学生和对数字地球感兴趣的爱好者均适合阅读本书。我们希望纵览式的说明方式能够满足对总体内容和理论比较感兴趣的读者,而家教式的源码实例能够满足实用性读者的需求。

本书不需要读者有数字地球或地形方面的任何背景知识,本书的背景基础知识中已经包含了相关的内容,比如椭球体的渲染、地形渲染和其它的高级主题,比如深度缓存精度和多线程等。

读者只需要一些基本的计算机图形学知识,比如矢量和矩阵;一些图形渲染接口的使用经验,比如OpenGL或Direct3D;一些shader语言的使用经历。如果读者已经理解如何将一个 shader 应用到光线跟踪算法中，肯定就能很好地理解阅读这本书。如果，读者对图形学不了解，欢迎访问我们的网站：http://www.virtualglobebook.com/。

这个网站同时也提供本书的实例代码下载。

最后，读者还必须具备面向对象的编程语言知识，比如 C++，C#或者 Java。

2. 感谢

很多人为这本书付出了自己的辛勤劳动。没有他们的帮助，这本书就达不到现在的内容和质量。

我们知道写这样一本书不是一个简单的任务。我们很大一部分应该归功于我们的雇主 AGI 公司的理解与支持。谢谢 Paul Graziani、Frank Linsalata、Jimmy Tucholski、Shashank Narayan 和 Dave Vallado。谢谢他们在这个项目开始阶段的支持。同时我们也要感谢 Deron Ohlarik、Mike Bartholomew、Tom Fili、Brett Gilbert、Frank Stoner 和 JimWoodburn。谢谢他们的参与，包括对各章节的检查和不知疲倦地解答我们的问题。特别感谢 Deron 在项目起始阶段起的作用，非常感谢 Jim 在第二章所做的贡献。同时，我们也要感谢 Francis Kelly、Jason Martin 和 Glenn Warrington 的封面设计工作。

如果没有宾夕法尼亚州立大学好友 Norm Badler、Steve Lane 和 Joe Kider 的鼓励，我们就不会开始这本书的撰写。Norm 最开始鼓励我们这个想法，并提议由 A K Peters 进行出版，因此我们非常感谢他。事实上，Sarah Cutler、Kara Ebrahim、Alice 和 Klaus Peters 对我们的帮助贯穿整个过程。Eric Haines (Autodesk) 也为我们提供了很多帮助，让我们能够从正确的方向上着手。

非常感谢各章节测试小组，他们反馈了很多有用信息，促使我们做出很多改善。以字母表顺序，他们是 Quarup Barreirinhas (Google)、Eric Bruneton (LaboratoireJean Kuntzmann)、Christian Dick (Technische Universitat Munchen)、Hugues Hoppe (Microsoft Research)、Jukka Jylanki (University of Oulu)，Dave Kasik

(Boeing)、Brano Kemen (Outerra)、Anton Fruhstuck Malischew(Greentube Internet Entertainment Solutions)、Emil Persson (AvalancheStudios)、Aras Pranckevicius (Unity Technologies)、Christophe Riccio(Imagination Technologies)、Ian Romanick (Intel)、Chris Thorne (VRshed)、Jan Paul Van Waveren (id Software)、Mattias Widmark (DICE)。

特别感谢两位审稿人:Dave Eberly (Geometric Tools, LLC)从一开始就与我们一起工作,多次审阅部分章节,总是能够提出鼓励和建设性的反馈。Aleksandar Dimitrijevic (University of Nis)审阅了部分章节,他对该领域的热忱一直激励着我们。

还要感谢我们的家庭和朋友,在很多个夜晚、周末和假期思念着我们(例如,本节就是在圣诞夜写完的)。尤其是,我们感谢 Kristen Ring、Peg Cozzi、Margie Cozzi、Anthony Cozzi、Judy MacIver、David Ring、Christy Rowe 和 Kota Chrome。

3. 致谢数据集提供者

数字地球之所以使人着迷,就在于它提供了看起来无限的 GIS 数据空间,包括地形、影像和矢量数据。谢天谢地,很多相关数据集都是可以免费获取到的。我们在此对书中用到的数据集的提供者表示感谢。

(1) Natural Earth

Natural Earth (http://www.naturalearthdata.com/)提供了公共区域的光栅化和矢量数据,精度是1:10、1:50 和 1:110 百万尺度。我们在图 1 中使用了这些图片,并且贯穿全书使用了 Natural Earth 的矢量数据。

图 1　Natural Earth 的地球影像

(2) NASA Visible Earth

NASA Visible Earth (http://visibleearth.nasa.gov/)提供了大量的卫星影像。我们在图 2 以及全书中使用了这些图片。图 2(a)和(b)是 NASA Blue Marble 集合的一部分,归功于 NASA Earth Observatory 的 Reto Stockli。图 2(c)

中的城市光照图像由 NASA GSFC 的 Craig Mayhew 和 Robert Simmon 提供。这些数据，要感谢 NASA GSFC 的 Marc Imhoff，以及 NOAA NGDC 的 Christopher Elvidge。

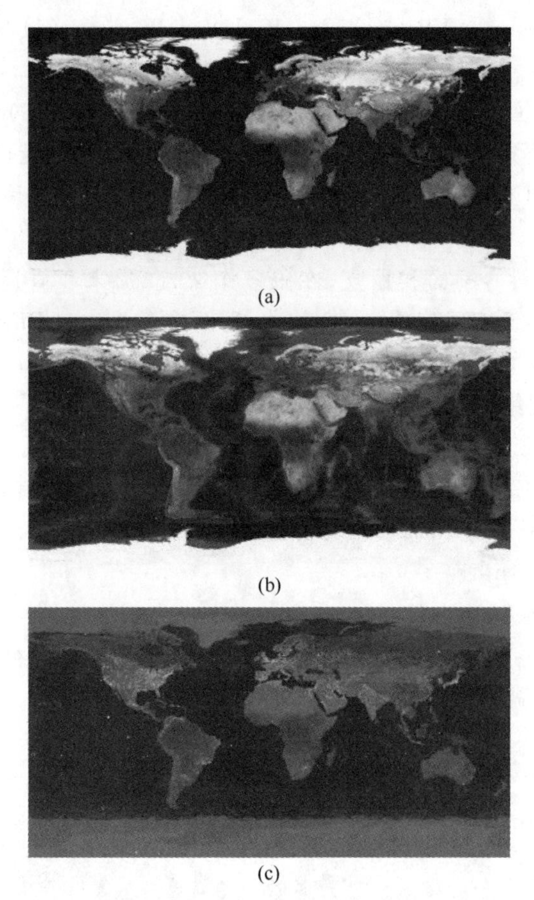

(a)

(b)

(c)

图 2　NASA Visible Earth 提供的图像

(3) NASA World Wind

在地形实现中，我们使用了 NASA World Wind 的 mergedElevations 地形数据集（http://worldwindcentral.com/wiki/World Wind Data Sources）。该数据集具有大多数美国地形（数据分辨率是 10m），以及世界其他部分（数据分辨率是 90m）。包括 3 个数据源：NASA Jet Propulsion Laboratory[1] 的 Shuttle Radar To-

1　http://www2.jpl.nasa.gov/srtm/

pography Mission (SRTM);美国地质调查局(USGS)[1]的 National Elevation Dataset (NED);以及加州大学圣地亚哥分校斯克里普斯海洋学院地球物理和行星物理学研究所提供的 SRTM30 PLUS:SRTM30 海岸和桥梁图像。

(4) 美国国家图集

美国国家图集(http://www.national atlas.gov/atlasftp.html)免费提供了大量的地图数据。在我们的矢量数据渲染的讨论中,使用了其中的机场和铁路站数据集。对于后者,我们感谢政府的研究和创新技术,即管理/运输统计局(RITA/BTS)国家交通地图数据库(NTAD)2005。

(5) 乔治亚理工学院

类似于很多开发者的地形算法,我们使用华盛顿州 Puget Sound 的地形数据集,如图 3 所示。这些数据集是乔治亚理工学院的大型几何模型存档(Large Geometric Models Archive,LGMA)的一部分(http://www.cc.gatech.edu/projects/large models/ps.html)。原始的数据集[2]从 USGS 获得,华盛顿大学让它变得可用。Peter Lindstrom 和 Valerio Pascucci 抽取了其中的子集。

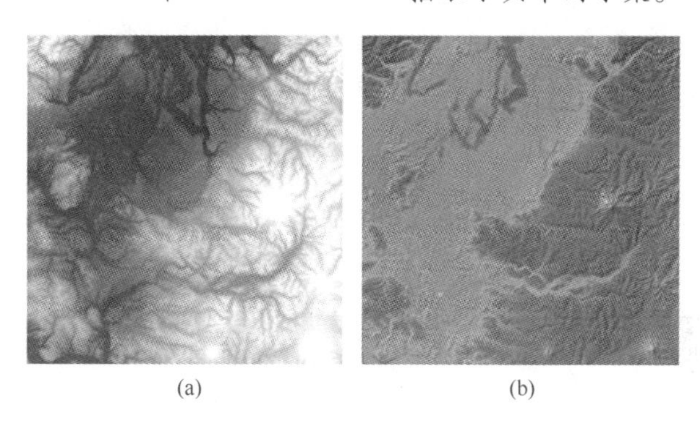

(a)　　(b)

图 3　(a)高度图,(b)乔治亚理工学院 LGMA 中 Puget Sound 的着色图(纹理)

(6) Yusuke Kamiyamane

矢量数据渲染中使用的图标由 Yusuke Kamiyamane 创建,在 Creative Commons Attribution 3.0 的许可下,提供了一个大规模的图标集合(http://p.yusukekamiyamane.com/)。

4. 反馈

有任何反馈、建议、更正,欢迎与作者联系,邮箱是 authors@virtualglobebook.com。

1　http://ned.usgs.gov/

2　http://rocky.ess.washington.edu/data/raster/tenmeter/onebytwo10/

前 言

不要被这本书的名字所迷惑。书名只想告诉你,如果你有兴趣学习游戏程序中的高性能和地形渲染,那么这本书很适合你。如果你对绘图程序的特性和性能印象深刻,例如 NASA World Wind 或者 Google Earth,并且你想要知道如何编写此类程序,那么这本书也适合你。

关于计算机领域的某个主题,一些计算机类图书想要告诉读者几乎所有相关的东西,然而,那是事倍功半的,因为那些高级的描述往往让读者一知半解,而基础的细节又非常缺乏。要知道,基础的细节非常重要,它有助于在理论理解和实际源代码的鸿沟之间为读者建立起一座桥梁。在本书中,读者将获得高质量的关于数字地球和地形渲染的教程;高精度数据 3D 实时渲染的细节,包括实际源代码;以及要成为该领域专家所需要的数学基础。此外,本书还包括某些计算机主题的发展现状阐述,例如几何裁剪和 LOD 算法,这些技术对于大规模地形数据集的渲染非常重要。本书的参考文献非常广泛,让读者能够了解那些与构建数字地球相关的研究。

本书书名没有告诉你的是,为了充分利用并行化功能,书中有很多章节是介绍现代硬件的,包括多线程引擎设计、外存渲染、任务级并行化,以及处理并发、同步和共享资源的基本需求。本书内容对于数字地球渲染是必要的和有用的,同时,对于任何涉及科学计算、可视化、大数据处理的研究,本书也是非常重要的参考资料。实际上,相当于你花一本书的价钱买了两本书。我只想在办公室里摆放少量的技术书籍,因此会选择那些信息量较大而性价比较高的书。本书是其中之一。

——Dave Eberly

目　　录

第一部分　基础知识

第二部分　精度修正

第三部分　矢量数据

第四部分　三维球面地形构建

第一章　绪　　论

众所周知,虚拟地球能够渲染大规模的地形、图像和矢量数据。提供给虚拟地球数据的服务器诸如 Google Earth 或者 NASA World Wind,它们的存储数量级达到了 TB 级。实际上,在 2006 年,存储于 Bigtable 中用来为 Google Earth 和 Google Maps 提供服务的压缩图像数据[24]大约有 70TB。毫无疑问,今天这个数据量会更大。

显然,要实现虚拟地球的三维引擎需要对这些数据集进行管理。将全球数据直接存储于内存中并通过暴力方式进行渲染显然是不现实的。然而除了大量数据的管理问题,虚拟地球还面临其他一些渲染方面的挑战。本章将会讨论这些特有的挑战,为下一步研究铺平道路。

1.1　虚拟地球渲染中的挑战

在虚拟地球中,在某一个时刻观察者可能在一定距离处观察地球(图 1.1(a)),在下一时刻,观察者可能通过放大进入到某一个峡谷中(图 1.1(b))或者进入到一个城市的街景中(图 1.1(c))。在这些时刻中,对于给定视点的观察近似数据被加载并进行精确的渲染。

虚拟地球可自由漫游,而且数据显示能力惊人,这使其很受欢迎,但是这些因素同样导致了一些有趣的特有渲染挑战:

- 精确度。为了让用户从全球范围到街道细节都能观察,虚拟地球需要具有较大的视角范围和比较大的世界坐标。假如通过一个非常近的近截面和一个非常远的远截面来渲染大规模场景,大量单精度浮点型的坐标将会导致光栅化时部分地方重合(z - fighting 误差),发生场景图像抖动,如图 1.2 和图 1.3 所示。在观察者进行移动时,这种失真更加明显。在第二部分我们将讨论如何避免这些失真。
- 准确性。除了避免由于精度误差带来的失真外,虚拟地球还应当准确地对地球进行建模。在一些简化中,我们假设地球是一个标准的正球体。但是地球实际上在赤道处的半径会比极点处的半径长 21km。假如不把这些差距考虑在内,当在天空或太空中放置飞行器时会带来错误。第二

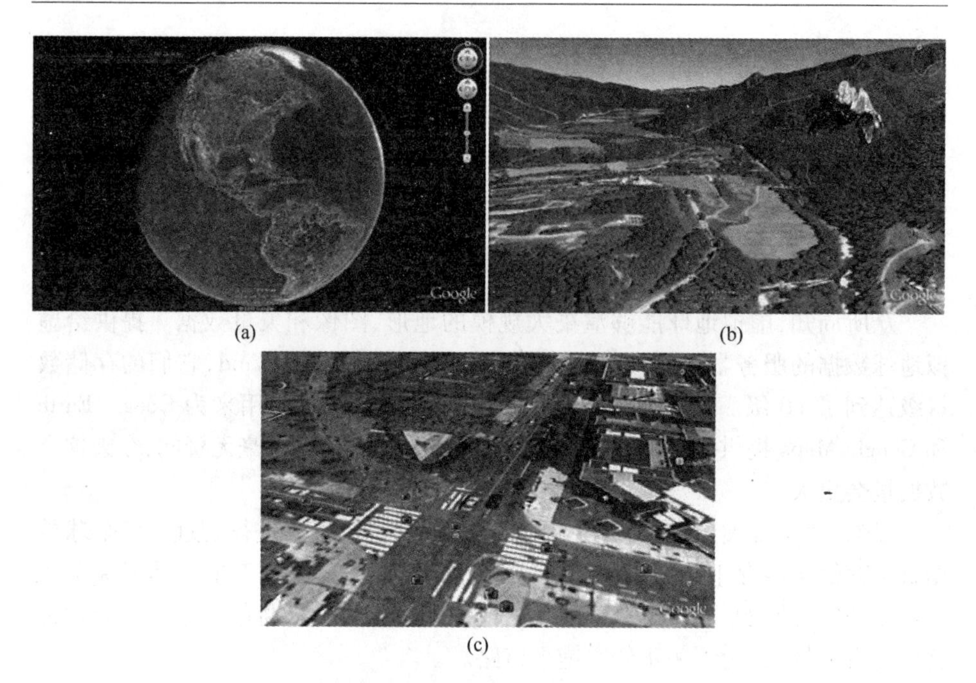

图 1.1　虚拟地球允许在不同尺度观察地球，从(a)这个地球视角到(b)峡谷和(c)街景视角。(a)© 2010 Tele Atlas；(b)© 2010 EuropaTechnologies，US Dept of State Geographer；(c)© 2010 Google，US CensusBureau，Image USDA Farm Service Agency。
（图像由 Google Earth 截图得到）

图 1.2　(a)在大规模地球中由于精度误差导致的抖动失真，由于 32bit 的单精度数值的精度不足导致错误的顶点位置；(b)无抖动效应的结果。
（图片由 BranoKemen，Outerra 提供）

章中描述了相关的数学知识。

- 曲率性质。不管是通过球体进行建模还是运用更加精确的表示方法，相对于把世界表示成一个平面的许多图形应用，地球的曲率会给虚拟地球渲染带来一些挑战(图 1.4)。在平面世界中的一条线段在地球上是一条

(a) (b)

图 1.3 (a)在大规模地球中由于精度误差导致的 z 误差和抖动误差。在 z 误差中，由于不同物体的片断映射到相同的高度值，因此会导致覆盖误差。(b)无误差效果图。(图片由 AleksandarDimitrijevic，University of Nis 提供)

曲线，当纬度接近 90°或者 −90°时会发生过采样现象，在两极存在极点，对于国际日期变更线也需要进行特别的处理。本书中强调了这些内容，包括在第四章中讨论的地球渲染技术，在第八章中讨论的多边形绘制技术和第十三章中介绍的将 geometry clipmapping 映射到地球上的技术。

- 大规模数据集。现实世界的数据需要巨大的存储空间来存储，典型的数据量很难加载到 GPU 显存、系统内存或者本地硬盘中。虚拟地球使用的是服务器端数据，这些数据将采用基于外存的渲染技术，即根据视点参数加载所需的数据。这些内容将在第十二章的地形一节和整个第四部分进行描述。
- 多线程。在许多应用中，多线程仅仅作为增强性能的一种方式，在虚拟地球中，多线程是三维引擎中必需的部分。随着观察者的移动，虚拟地球不停地对数据进行加载并且将其处理用于渲染。在渲染线程中进行这些操作会导致卡顿，使得该程序无法使用。在实际中，虚拟地球数据资源在一个或者多个独立的线程中进行加载和处理，这部分将在第十章中进行讨论。
- 几乎不能进行简化假设。由于虚拟地球的非限制性的本质，虚拟地球不能够像其他图形应用那样使用简化假设。

观察者可能瞬间由全局视角移动到局部视角或者相反的操作，该项具有挑战性的技术依赖于观察者的速度和可视区域。例如，飞行模拟中会已知飞机的最高速度，单人射击游戏中知道游戏者的最高奔跑速度等。这些参数能够用于由从属存储器中预取数据。由于虚拟地球的完全自由性，这些技术在虚拟地球渲染中使用起来会更困难。

使用真实世界的数据同样使得一些程序优化技术无法应用，虚拟地球的真实化依赖于高分辨率的数据，而大规模数据很难在运行时进行综合。例如，运

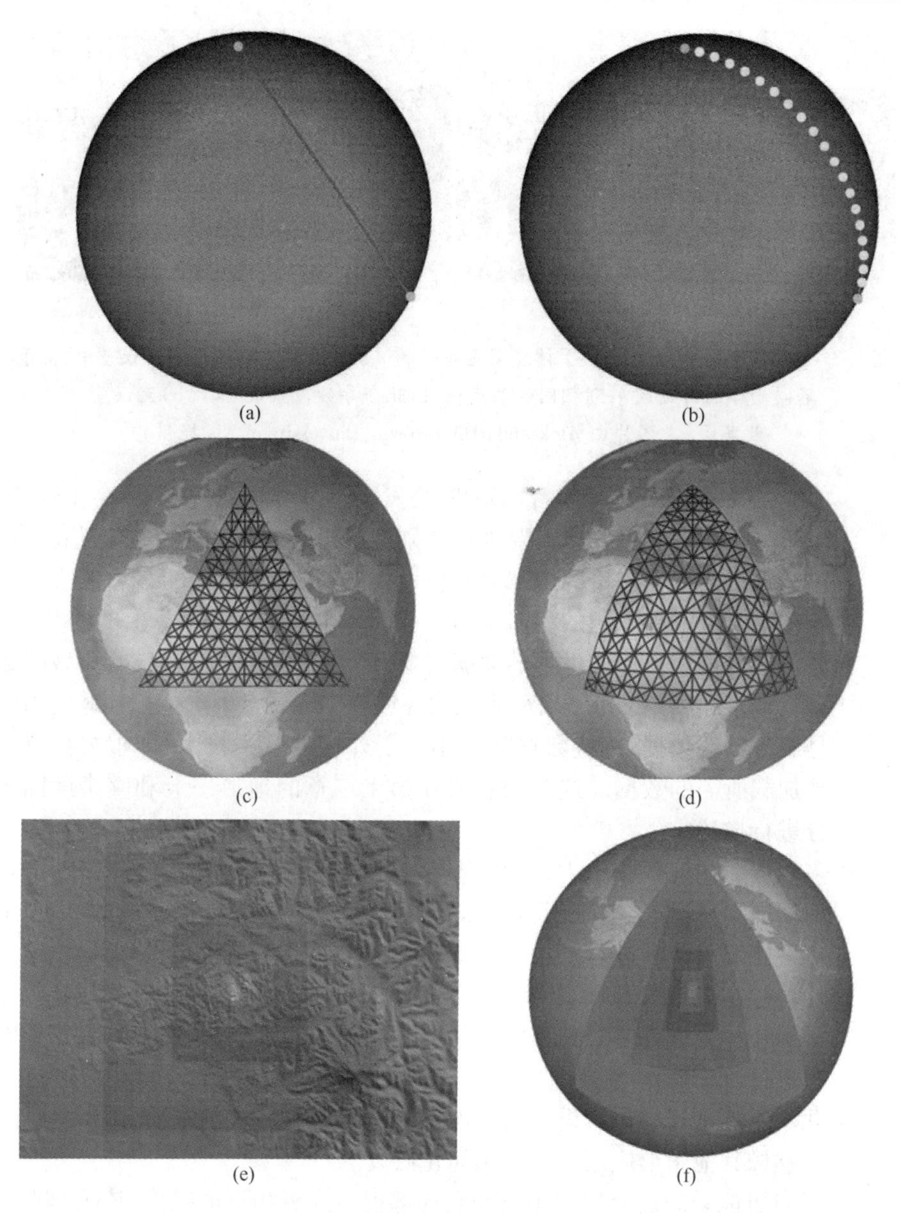

图 1.4 (a)连接表面上的两个点从地球内部穿过,而应该如(b)中所示两个点通过一条曲线相连。类似地,(c)由三角形组成的多边形穿过地球内部,而(d)中考虑了地球曲率问题。类似(e)中的 geometry clipmapping 等平面表示方法,如果直接映射到地球上将导致出现(f)中极点附近的过采样。(a)和(c)的显示没有进行深度测试,(b)和(d)使用了第七章描述的深度测试来避免球体的 z 误差。

用程序生成的地形和云能够很好地使用,但是虚拟地球使用者更加关注于真实的地形和云朵。

本书将重点讨论这些渲染方面的挑战。

1.2 内容简介

本书主要的章节分成四部分:基础知识、精度修正、矢量数据和三维球面地形构建。

1.2.1 基础知识

基础部分包括一些基础的虚拟地球相关的内容和地球渲染算法。

- 第二章 数学基础。该章介绍了一些虚拟地球中有用的数学知识,包括椭球体知识、虚拟地球坐标系统和坐标系统之间的转换。
- 第三章 渲染设计。大量三维引擎,包括虚拟地球,并不会直接调用诸如OpenGL 等渲染 API,而是使用更加抽象的函数。本章详细描述了在我们例子代码中使用的渲染器的设计理念。
- 第四章:球面渲染。该章描述了对椭球体进行细分和着色的一些基础算法。

1.2.2 精度修正

对于大规模尺度的地球,由于精度问题,虚拟地球在渲染过程中容易出现一些失真,而其他的三维应用不会出现该问题。本部分将详细描述这些精度问题的原因以及解决方式。

- 第五章 顶点位置精度修正。目前 GPU 的 32bit 精度会导致大量绘制对象出现抖动,也就是当观察者进行移动时,绘制对象的边缘会抖动。本章总结了该问题的一些解决方法。
- 第六章 深度缓存精度。由于虚拟地球使用了一个比较近的近截面和一个比较远的远截面,因此需要特别注意由于深度缓存的非线性而导致的 z – fighting 误差。本章中介绍了一系列用于避免该失真的技术。

1.2.3 矢量数据

矢量数据,例如行政区划边界和城市位置,让虚拟地球信息显示更为丰富。本部分给出了一些矢量数据的渲染算法以及多线程技术用来同时进行矢量数据的准备以及绘制等。

- 第七章 矢量数据和折线。本章包括对矢量数据的简介和基于几何着色器的折线渲染算法。

- 第八章 多边形。本章介绍了使用传统的网格细分方法在椭球表面上渲染填充多边形以及通过阴影体在地形上渲染填充多边形。
- 第九章 球面布告板。布告板用于在虚拟地球中显示文本和突出感兴趣的地点。本章包括基于几何着色器的布告板和纹理集的创建和使用。
- 第十章 并行代资源准备。对于虚拟地球中的大规模数据集,必须使用多线程技术。本章回顾了计算机结构的并行技术并且讨论了虚拟地球中软件框架的多线程技术和 OpenGL 中的多线程技术。

1.2.4 三维球面地形构建

虚拟地球的本质是一个能够进行大规模地形渲染的引擎。最后一部分从描述地形的基础知识开始,然后讨论基于多层次细节技术和外存技术进行真实世界渲染的方法。

- 第十一章 地形基础知识。本章描述了基于高度图的地形,并讨论了渲染算法、法线计算、基于纹理和程序的着色。
- 第十二章 大面积地形渲染。在椭球上精确渲染真实世界的地形需要使用到本章所讨论的技术,包括多层次细节、裁剪和外存渲染算法,下面的两章基于该算法提出了两种特殊的层次细节算法。
- 第十三章 Geometry Clipmapping 算法。Geometry Clipmapping 算法是一种基于规则网格的多层次细节算法。本章详细描述了其实现以及外存算法和在椭球体上的改进。
- 第十四章 Chunked LOD 算法。Chunked LOD 算法是一种比较流行的多层次细节算法,使用分层多级的层次细节技术。本章中讨论该算法的实现和改进。

本书的附录部分描述了用于线程间通信的消息队列的实现方法。

阅读本书时读者可以不按照章节的顺序进行阅读,我们也没有按照先后顺序写这本书。读者只需要保证对于第二章和第三章中的一些概念和术语比较熟悉,然后可以阅读你感兴趣的任意章节。本书提供了概念交叉索引,所以你可以知道在哪里获取更多的信息。

在本书中提供了 Patrick Says 和 Kevin Says 的提示框,这些都是来自作者的建议,用于讲述一些方法,通常是关于实现的一些方法,或者在没有打断正文的情况下提供一些观点。我们希望这些观点能够使读者更加深入地理解我们的算法。

书中同样包含“请思考”和“小练习”框用于提供一些思考题和对实例代码的修改和增强。

1.3　OpenGlobe 结构

本书中包含大量的示例代码。这些代码是简要的示意，仅仅用于本书。实际上，同这本书一样，这些代码也花费了我们大量的精力。因此，读者要将这些例子作为学习本书的必需的一部分，并且花时间运行这些代码进行一些实验。花费时间进行代码修改和观察运行结果是非常值得的。

本书中的代码构成了虚拟地球三维渲染引擎的基础。因此我们将这些例子代码命名为 OpenGlobe，并且在 MIT 许可协议下提供给大家。你可以在你的商业产品中使用这些代码，也可以在你个人的工程中使用一部分和片断。代码可以在我们的网站下载，网址是：http://www.virtualglobebook.com/。

本书代码基于 OpenGL[1] 和 GLSL 用 C#语言进行编写。C#简洁的语义和句法使我们能够更加关注图形算法而不会陷入到编程语言的语法问题中。我们尽量避免使用 C#语言中冷门的一些函数，所以即使你只学习过其他面向对象的语言，也能够非常容易理解这些例子。同样，为了代码的简洁可读，代码没有进行细微的优化。

由于使用了 OpenGL3.3，我们采用了比较先进的基于着色器的方法。在第三章中，我们运用 OpenGL 创建了抽象的渲染器实现。在后面的章节中使用该渲染器，能够避免深入到 OpenGL API 的细节，因此我们能够将注意力集中在虚拟地球和地形绘制上。

OpenGlobe 包含许多现有算法的实现，因此代码库非常大。C#语言代码包含 400 多个文件，16000 行代码，并且 GLSL 代码有 80 多个文件，1800 行代码。我们强烈推荐读者创建运行这些代码，并进行实验。因此我们提供一个该引擎的组织结构来指导您对代码进行理解。

OpenGlobe 分为三个链接库[2]：OpenGlobe.Core.dll、OpenGlobe.Renderer.dll 和 OpenGlobe.Scene.dll。如图 1.5 所示，这些链接库是分层的，渲染器依赖于内核，而场景依赖于渲染器和内核。所有这些库依赖于 .NET 系统库，与用 C 语言写的程序是依赖于 C 标准库相类似。

每一个 OpenGlobe 具有其依赖项的变量类型：

- 内核。内核链接库包含一些基础的数据类型，例如矢量、矩阵、地理位置

1　OpgnGL 可以在 C#中通过 OpenTK 进行访问：http://www.opentk.com/

2　链接库是 .NET 中的概念，是指编译代码库（例如 .exe 文件或者 .dll 文件）。

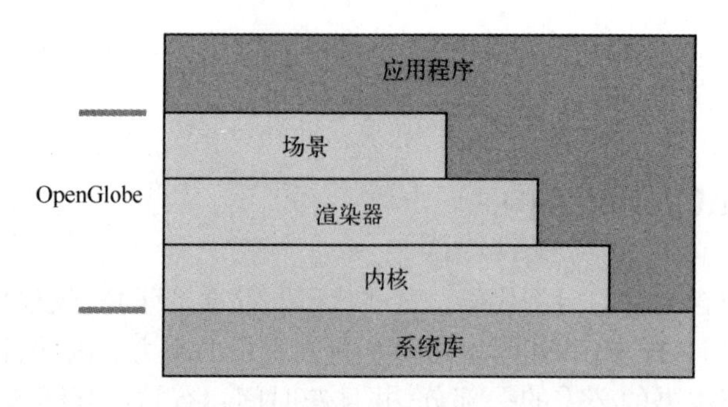

图 1.5 OpenGlobe 库的依赖关系

类型以及第二章中所讨论的椭球类。该链接库也包含一些几何算法,比如第四章和第八章中介绍的细分曲面算法以及渲染引擎的基础架构,例如附录 A 中指出的消息队列。

- 渲染器。渲染器链接库包含一些管理 GPU 资源的抽象类型和绘制调用函数。在第三章中将详细描述其设计架构。OpenGlobe 所创建的应用会直接调用该链接库中的绘制接口,而不是直接调用 OpenGL。
- 场景。场景链接库包含一些执行绘制算法的类型函数,其中包含地球绘制算法(第四章)、矢量数据(第七章到第九章)、地形着色(第十一章)和 geometry clipmapping 算法(第十三章)。

每个链接库包含在与该链接库文件名相对应的命名空间中。因此,总共有三个公共命名空间:OpenGlobe. Core、OpenGlobe. Renderer 和 OpenGlobe. Scene。

某一应用程序可能依赖于其中一个或者两个甚至三个动态库。例如,一个基于命令行的几何处理工具可能仅仅依赖于内核链接库。一个执行渲染算法的应用可能依赖于渲染器和内核两个链接库。假如一个应用使用了诸如地球和地形等较高层次的对象可能依赖于三个链接库。

示例中的应用程序一般需要依赖于三个链接库,通常包含一个 . cs 类型的主文件,该文件中要实现 OnRenderFrame 函数用来清空帧缓冲器,并把场景链接库创建的对象传递给渲染器用于渲染绘制。

OpenGlobe 需要支持 OpenGL3. 3 或者类似的 Shader Model 4 的显卡。这些显卡于 2006 年面世,现在价格非常合理。这些显卡包括 NVIDIA GeForce 8 系列或者更新的版本,ATI Radeon 2000 系列或者更新的 GPU 版本,确保显卡驱动更新到最新。

所有的示例在 Windows 操作系统和 Linux 操作系统上都通过编译运行,在 Windows 操作系统上,我们建议使用 Visual C# 2010 进行编译,包括免费的 Express 版本[1]。在 Linux 操作系统上,我们建议使用 MonoDevelop[2]。我们也在其他的操作系统上进行了测试,例如 Windows XP、Vista 和 Windows 7,以及包含 Mono 2.4.4 和 2.6.7 的 Ubuntu 10.04 和 10.10 系统。在写这本书的时候,OpenGL 3.3 驱动并不能在 OS X 系统上安装。读者可以访问我们的主页获取最新支持的平台和集成开发环境(IDEs)。

要编译和运行示例,需要在你的 .NET 开发环境中打开 Source \ OpenGlobe.sln 工程文件,编译创建整个解决方案,然后可以选择一个示例进行运行。

我们尽量在本书中综合运用描述语言、图表等形式来详细说明原理,而不是仅仅列出大量代码。因此我们仅仅提供了相关的简洁的代码来支撑中心内容,为了让代码更加简洁,我们没有进行一些错误检测,在 GLSL 代码中同样忽略了#version330。在我们主页上提供的代码包含了完整的错误检测和#version 指示。

1.4 约定惯例

本书使用了一些约定惯例,标量和点使用小写的斜体表示(例如 s 和 p),矢量使用黑斜体表示(例如 $\boldsymbol{v}$),归一化向量在其顶部加一个尖角(例如$\hat{\boldsymbol{n}}$),矩阵也使用黑斜体表示(例如 $\boldsymbol{M}$)。

除非特别声明,笛卡儿坐标系的单位是米(m),在书中,经度纬度等角度的单位是度(°),在示例代码中,角度的单位是弧度,因为 C#和 GLSL 函数只接受弧度类型。

---

1 http://www.microsoft.com/express/Windows/

2 http://monodevelop.com/

第一部分　基础知识

第二章　数学基础

要精确绘制数字地球就需要采用地球的椭球体表达方法。本章介绍了采用该表示方法的动机和数学知识，同时建立一个可重用的椭球体类，该类包括计算表面法线、坐标系转换、计算椭球体表面曲线等函数。

本章包括一系列重要的数学计算和推导过程，而本书的其他部分则更偏重于实际的引擎设计和渲染算法，这使得本章与其他章节相比显得独特。你不必记住本章这些推导或者在数字地球中使用这些推导，某种程度上，我们的目标是使读者能够更加深入地理解如何运用这些椭球体方法的数学知识。

下面我们从探究虚拟地球中最常使用的坐标系开始吧。

2.1　虚拟地球坐标系

所有的图形引擎都在一个或多个坐标系下工作，虚拟地球也不例外。虚拟地球聚焦于两个坐标系：地理坐标系，以相对于地球指定位置；笛卡儿坐标系，以绘制图形。

2.1.1　地理坐标系

地理坐标系采用如下三元组定义地球上任意一点的位置：(经度，纬度，高度)，非常类似球坐标系中任意一点的位置定义数组：(方位角，倾角，半径)。直观上，经度是指一个自西向东的测量角度，纬度是指一个自南向北的测量角度，高度是一个表面上方或者下方的线性距离。在2.2.3节中，我们将详细定义经度和纬度。

地理坐标系被广泛应用；大部分的矢量数据是在地理坐标系中进行定义的(见第三部分)。甚至除虚拟地球的其他应用，地理坐标系也被采用，例如全球定位系统(GPS)。

我们采用通常的约定,经度是在[-180°,180°]范围内定义。如图 2.1(a)所示,在本初子午线处经度为 0,西半球与东半球在此处汇合。向东经度增大,向西经度减小;经度在东半球为正,在西半球为负。经度增长或减小直至反本初子午线 ±180°经度,此处形成了位于太平洋上的国际日期变更线(IDL)。尽管 IDL 为了避免分割陆地而进行了偏折,对我们而言,它的位置是 ±180°。许多算法需要对 IDL 进行特殊考虑。

经度有时定义在[0°,360°]范围内,此时,它在本初子午线为 0,向东增长穿过 IDL。如果需要将经度从[0°,360°]转换到[-180°,180°],只需简单地将超过 180°的经度减去 360°即可。

纬度,从南向北测量,它的范围是[-90°,90°]。如图 2.1(b)所示,纬度在赤道位置为 0,且由南向北增长。它在北半球为正,在南半球为负。

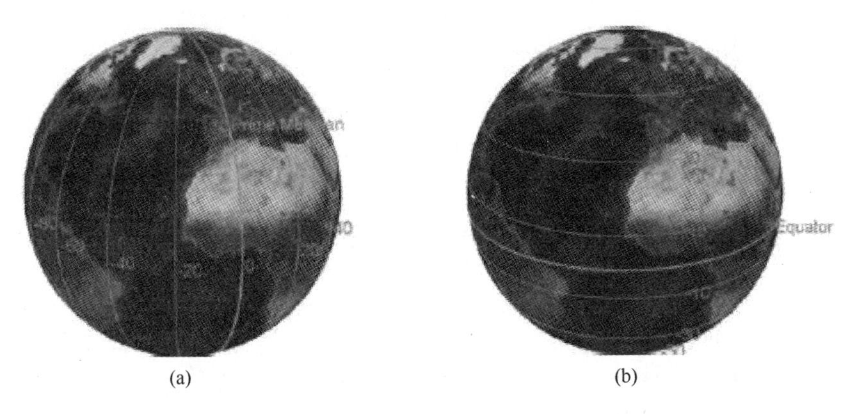

(a)　　(b)

图 2.1　数字地球上经纬坐标系中的经线和纬线示例。
(a)经度自西向东展开;(b)纬度自南向北展开。

经度和纬度不应在笛卡儿坐标系中被作为二维的 x 和 y 对待。当纬度到达极点时,经线将在此交汇。例如,西南角点(0°,0°)和东北角点(10°,10°)构成的区域拥有的表面积远大于(0°,80°)和(10°,90°)构成的区域,即使它们都是一块角度构成的方形区域(图 2.2)。因此,基于标准的经纬度网络的算法在接近极点时采样过密,正如第 4.1.4 小节中的地理网格一样。

正如绪论当中提到的,我们采用度来描述经度和纬度,在程序中则不是这样,在程序中,经度和纬度通常采用弧度来描述,因为 C#和 GLSL 函数采用弧度。二者之间的转换非常直接:一个圆周有 $2\pi\text{rad}$ 或者 360°,因此 $1\text{rad}=\frac{180}{\pi}°$,$1°=\frac{\pi}{180}\text{rad}$。尽管本书中不会用到,这里也做出说明,经度和纬度通常用[角]

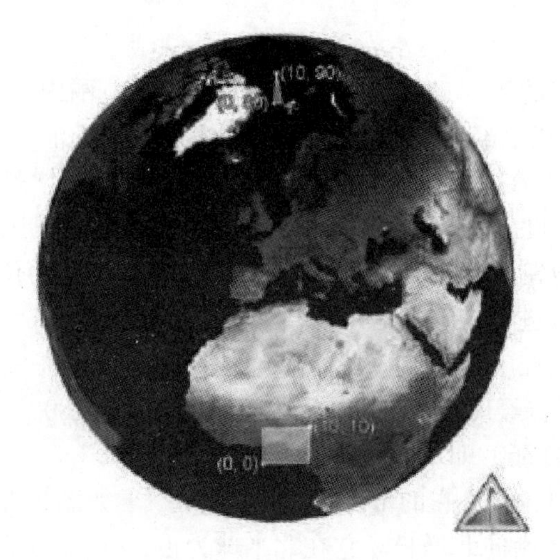

图2.2　相同大小度数构成的方形区域不一定拥有相同的表面积。
(图片来源于 STK。蓝色斑驳的图片描述来源于 NASA Visible Earth)

分(′)和[角]秒(″)来进行衡量。1° = 60′,1′ = 60″。

在 OpenGlobe 中,地理坐标系采用类 Geodetic2D 和 Geodetic3D 来表达,二者的区别在于前者不包括高度,表示表面上的位置。静态类 Trig 提供了 ToRadians 和 ToDegrees 转换函数。代码表2.1所示为转换的一个简单例子。

```
Geodetic3D p = Trig.ToRadians(new Geodetic3D (180.0,0.0,5.0));
Console.WriteLine(p.Longitude);          //3.14159...
Console.WriteLine(p.Latitude);           //0.0
Console.WriteLine(p.Height);             //5.0
Geodetic2D g = Trig.ToRadians(new Geodetic2D(180.0,0.0));
Geodetic3D p2 = new Geodetic3D(g,5.0);
Console.WriteLine(p == p2);              //真
```

代码表2.1　Geodetic2D 和 Geodetic3D 示例

2.1.2　WGS84 坐标系

地理坐标系的实用性在于它们是直观的——至少对于人类来说如此。OpenGL 并不能直接使用经纬度坐标;OpenGL 采用笛卡儿坐标系来进行三维渲染。我们通过将地理坐标系转换成为笛卡儿坐标系来处理绘图过程。

本书中采用的笛卡儿坐标系为1984年世界大地坐标系统(WGS84)[118]。该坐标系自适应于地球;地球旋转时,坐标系也旋转,且在 WGS84 坐标系中定义的物体保持相对地球固定。如图2.3所示,原点位于地球质心;x 轴指向地理坐标系的(0°,

0°)，y 轴指向(90°,0°)，z 轴指向北极点。赤道位于 xy 平面内。该坐标系统是右手坐标系，因此 $\boldsymbol{x} \times \boldsymbol{y} = \boldsymbol{z}$，其中，$\boldsymbol{x}$、$\boldsymbol{y}$、$\boldsymbol{z}$ 分别为各自坐标轴方向的单位矢量。

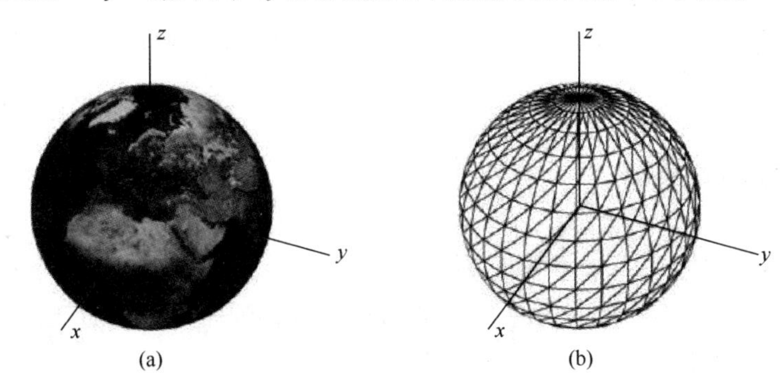

图 2.3　WGS84 坐标系。(a)地球的 WGS84 坐标系；(b)地球框架下的 WGS84 坐标系原点。

在 OpenGlobe 中，笛卡儿坐标通常使用类 Vector3D 来表示，它的交互类似于其他经常见到的矢量。归一化、点乘、叉乘等常用操作的示例代码如代码表 2.2 所示。

```
Vector3D x = new Vector3D (1.0,0.0,0.0);
//(Same as Vector3D. UnitX)
Vector3D y = new Vector3D (0.0,1.0,0.0);
//(Same as Vector3D. UnitY)
doubles = x. X + x. Y + x. Z;                //1.0
Vector3D n = (y - x). Normalize();           //(1.0/Sqrt(2.0),
// -1.0/Sqrt(2.0),0.0)
double p = n. Dot(y);                        //1.0/Sqrt(2.0)
Vector3D z = x. Cross(y);                    //(0.0,0.0,1.0)
```

代码表 2.2　基础 Vector3D 类的操作

唯一可能不熟悉的是类 Vector3D 的 X、Y、Z 分量是 double 类型，以 D 后缀标明，而不是 floats 类型，而 floats 类型在大部分图形渲染应用中是标准的。如第五章中所述，数字地球中较大的数值，尤其是在 WGS84 坐标系中，最好表示为 double 精度。OpenGlobe 也包括二维和四维向量以及 float、Half(16 位浮点类型)、int 和 bool 数据类型[1]。

我们使用米(m)作为笛卡儿坐标系和大地坐标系中高度分量的单位，这是

1　在 C++ 中，模板消除了根据每一种数据类型定义不同矢量类的需求。不幸的是，C#继承不允许对继承类型进行数学操作。

虚拟地球中的通常做法。

下面我们将注意力转移到椭球体,它将允许我们更加精确地定义地理坐标系,并且最终讨论一项虚拟地球中最常用的操作:在地理坐标系和 WGS84 坐标系之间进行坐标变换。

2.2 椭球体基础

三维空间中的一个球体可通过球心 c 和半径 r 进行定义。与球心 c 距离为 r 的点的集合形成了球体的表面。为方便起见,我们通常将球心置于原点处,得到球体的隐式方程:

$$x_s^2 + y_s^2 + z_s^2 = r_s^2 \tag{2.1}$$

满足式(2.1)的点(x_s, y_s, z_s)位于球体的表面上。我们采用下标 s 表示该点位于表面上,相反,任意一点(x, y, z),它可能位于球体表面上,也可能不是。

在某些情况下,用球体来模拟地球是合理的,但是如果我们看到了下一节的内容,我们就会知道,椭球体具有更高的精度和适应性。球心位于(0,0,0)的椭球体由分别沿 x、y、z 轴的三个半径用(a,b,c)来定义。椭球面上的点(x_s, y_s, z_s)满足方程:

$$\frac{x_s^2}{a^2} + \frac{y_s^2}{b^2} + \frac{z_s^2}{c^2} = 1 \tag{2.2}$$

当 $a = b = c$ 时,式(2.2)简化为式(2.1),此时的椭球是圆球。扁球体是一种在地球模拟中特别有用的椭球体。扁球体拥有两个等长的半径(例如,$a = b$)和较小的第三个半径(例如,$c < a, c < b$)。较大的等长半径称为长半轴,较小的半径称为短半轴。图 2.4 展示了拥有不同短半轴长度的扁球体。短半轴与长半轴的比值越小,椭球体越扁。

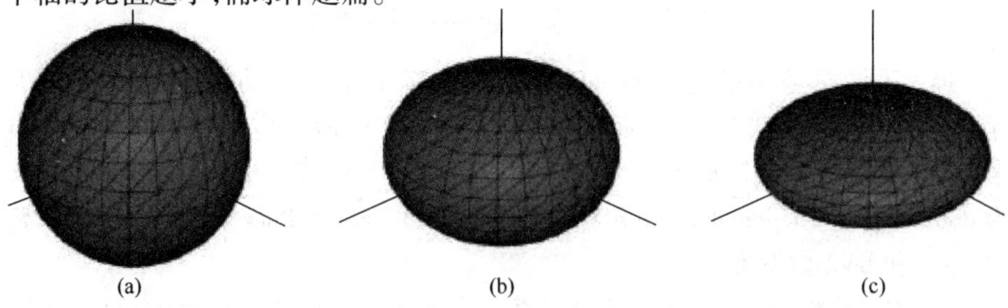

图 2.4 拥有不同短半轴长度的扁球体。所有上述扁球体拥有相同的长半轴 =1,且短半轴沿 z 轴(蓝色)方向。(a)短半轴 =1,扁球体是一个球体;(b)短半轴 =0.7;(c)短半轴 =0.4。

2.2.1　WGS84 椭球体

在许多应用中，尤其是游戏中，将地球或者一个星球表示为正球体是可以接受的。事实上，许多天体，比如月球，它的赤道长半轴是 1738.1km，极点短半轴是 1736km，它几乎就是一个球体[180]。另外一些天体甚至不接近球体，比如火卫一，它相当于火星的月球，它的半径是 27 ×22 ×18km[117]。

虽说不像火卫一一样奇形怪状，地球也并不是完美的球体。它最好的表达方式是扁球体，它的赤道长半轴是 6,378,137m，这定义了它的等长长半轴，它的极点半径 6,356,752.3142m，这定义了它的短半轴，这使得地球在赤道的等长轴比在极点长了 21,384m。

上述表示地球的椭球体称为 WGS84 椭球体[118]。它是国际地球空间情报组织(NGA)至本书写作为止最新的地球模型(它起始于 1984 年，上一次更新是在 2004 年)。

WGS84 椭球应用广泛。我们在 STK 和 Insight3D 当中应用它，同样在许多数字地球当中采用。甚至许多游戏也采用它，比如微软公司的 Flight Simulator[163]。

程序中最具适应性的处理地球形状的方法是采用椭球体基类，同时采用用户自定义半径。这允许程序支持 WGS84 椭球体，同时也支持其他椭球体，比如那些用于月球、火星的球体等。在 OpenGlobe 中，类 Ellipsoid 就是这样一个类(见代码表 2.3)。

```
public class Ellipsoid
{
    public static readonly Ellipsoid Wgs84 =
        new Ellipsoid(6378137.0,6378137.0,6356752.314245);
    public static readonly EllipsoidUnitSphere =
        new Ellipsoid(1.0,1.0,1.0);
    public Ellipsoid(double x,double y,double z) {/*... */}
    public Ellipsoid (Vector3D radii) {/*... */}
    public Vector3D Radii
    {
        get {return _radii;}
    }
    private readonly Vector3D _radii;
}
```

代码表 2.3　部分 Ellipsoid 类执行代码

2.2.2 椭球体表面法线

计算椭球体表面上某一点处指向外部的法线有很多用途,包括投影计算和精确定义地理坐标系中的高度。对于球面上的一点,表面法线可简单地通过将点视为矢量并将其归一化得到。对椭球体表面上一点做同样的计算可以得到地球中心表面法向量。它被称为以地球为中心,是因为其为椭球心到表面上该点的标准化向量。如果椭球体并非完美的球体,对于绝大多数点而言该矢量并非表面法线。

另一方面,大地表面法线是椭球体上某一点的真实表面法线。想象一个在此点处与椭球体相切的平面。大地表面法线是该平面的法线,如图 2.5 所示。对正球体而言,以地球中心为出发点测量的法线与大地表面法线是相同的。对更多的椭球体而言,如图 2.5(b)和(c)而言,绝大部分表面上点以地球中心为出发点的法线显然与大地表面法线偏离。

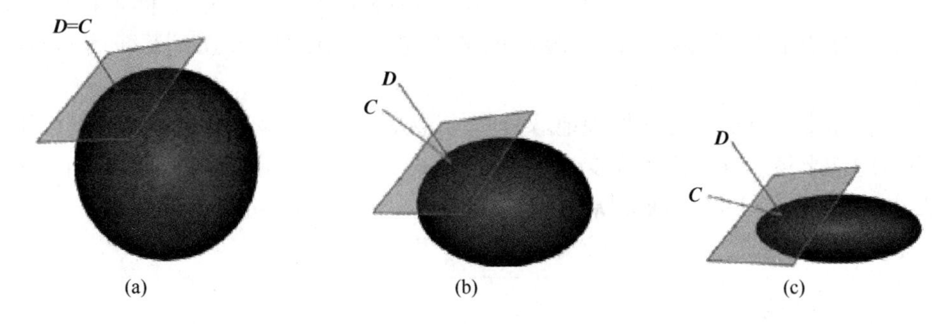

图 2.5 大地表面法线 D 和从地球中心出发的表面法线 C。当椭球体逐渐变扁平时,从地球中心出发的表面法线明显偏离。所有的图中长半轴 =1。(a)短半轴 =1;(b)短半轴 =0.7;(c)短半轴 =0.4。

大地表面法线计算所花费的代价仅仅略高于计算从地球中心测量的法线:

$$\boldsymbol{m} = \left(\frac{x_s}{a^2}, \frac{y_s}{b^2}, \frac{z_s}{c^2}\right),$$

$$\hat{\boldsymbol{n}}_s = \frac{\boldsymbol{m}}{\|\boldsymbol{m}\|}$$

式中:(a,b,c)是椭球体的半径;(x_s, y_s, z_s)是表面上的点;$\hat{n}_s$是计算得到的归一化表面法线。

在实际应用中,$\left(\frac{1}{a^2}, \frac{1}{b^2}, \frac{1}{c^2}\right)$根据椭球体预先计算好并存储起来。大地表面法线的计算简单变成了将该预先计算的值和表面点坐标按照分量逐个相乘,然后进行归一化,如代码表 2.4 Ellipsoid 类中的 GeodeticSurfaceNormal 函数所示。

代码表 2.5 展示了一个非常相似的 GLSL 函数。传递给 OneOverEllipsoidRadiiSquared 的参数按 uniform 提供给着色器，因此它在 CPU 中进行了一次预先计算并在 GPU 的许多计算中进行了使用。通常，我们通过预先计算的方法来提高性能，尤其是在内存较小的情况下，正如这里所面临的状况。

```
public Ellipsoid (Vector3D radii)
{
    //...
    _oneOverRadiiSquared = new Vector3D(
    1.0/(radii.X * radii.X),
    1.0/(radii.Y * radii.Y),
    1.0/(radii.Z * radii.Z));
}
public Vector3D GeodeticSurfaceNormal(Vector3D p)
{
    Vector3D normal = p.MultiplyComponents(_oneOverRadiiSquared);
    return normal.Normalize();
}
//...
private readonly Vector3D _oneOverRadiiSquared;
```

代码表 2.4 计算椭球体的大地表面法线

```
vec3 GeodeticSurfaceNormal (vec3 p,vec3 oneOverEllipsoidRadiiSquared)
{
    return normalize(p * oneOverEllipsoidRadiiSquared);
}
```

代码表 2.5 在 GLSL 中计算椭球体的大地表面法线

小练习：

运行 Chapter02EllipsoidSurfaceNormals 中的代码，并且增加和减小椭球体的扁平程度。椭球体越扁，大地法线和地心法线的偏离就越大。

2.2.3 大地纬度和高度

假定我们理解了大地表面法线，地理坐标系中的纬度和高度就可以精确定义了。大地纬度（地理纬度）是指赤道平面（例如，WGS84 坐标系中 xy 平面）与一个点的大地表面法线之间的夹角。另一方面,地心纬度是指赤道平面和从原点到指定点的矢量之间的夹角。对地球上的绝大多数点而言,大地纬度和地心纬度是不同的,如图 2.6 所示。除非做出另外说明,本书中纬度是指大地纬度。

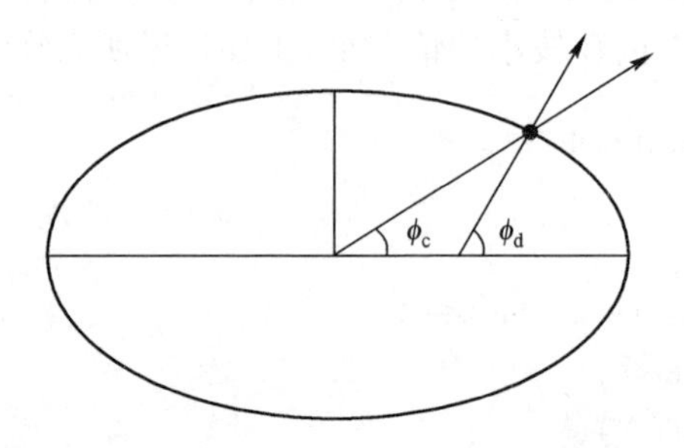

图2.6　地理纬度ϕ_d和地心纬度ϕ_c的对比

高度应当沿着一个点的大地表面法线进行测量。沿着地心法线测量会产生误差,尤其是高度比较高的地方,如太空设备[62]。地心法线和大地法线之间的角差别越大,所测量的误差越大。角差别依赖于纬度;在 WGS84 坐标系椭球体中,大地法线和地心法线之间角差别的最大值大约在纬度 45°位置。

2.3　坐标变换

假定很多虚拟地球数据存储在地理坐标系中,但是在 WGS84 坐标系中进行渲染,那么,从地理坐标系向 WGS84 坐标系转换非常必要。同样地,相反方向的转换能力,也就是从 WGS84 坐标系向地理坐标系的转换,也是非常有用的。

尽管我们的主要兴趣在于地球的扁球体,这里所描述的转换适用于所有椭球体类型,包括三轴椭球体,该椭球体是指三条轴半径都不同的椭球体($a \neq b \neq c$)。

在接下来的讨论中,经度采用 λ 表示,大地纬度采用 ϕ 表示,高度采用 h 表示,因此,(经度,纬度,高度)数组可用(λ,ϕ,h)表示。如前文所述,笛卡儿坐标系中的任意一点采用(x,y,z)表示,椭球体表面上一点采用(x_s,y_s,z_s)表示。所有的表面法线假定为大地表面法线。

2.3.1　地理坐标系向 WGS84 坐标系转换

幸运的是,从地理坐标系向 WGS84 坐标系的转换是直接的,并且有固定解析表达式。无论点是在表面上方、下方或者在表面上,转换过程是相同的,仅仅需要对于表面上的点做一个小小的优化,忽略最后一个步骤即可。

假定地理坐标中一点(λ,ϕ,h),椭球体(a,b,c)中心位于原点,求解该点的

WGS84 坐标，$\boldsymbol{r}=(x,y,z)$。

转换过程利用了表面法线$\hat{\boldsymbol{n}}_s$来计算表面上该点的位置r_s；然后，高度向量 $\boldsymbol{h}$ 可以直接计算得到，并且增加表面上的点来计算最终的位置 $\boldsymbol{r}$，如图 2.7 所示。

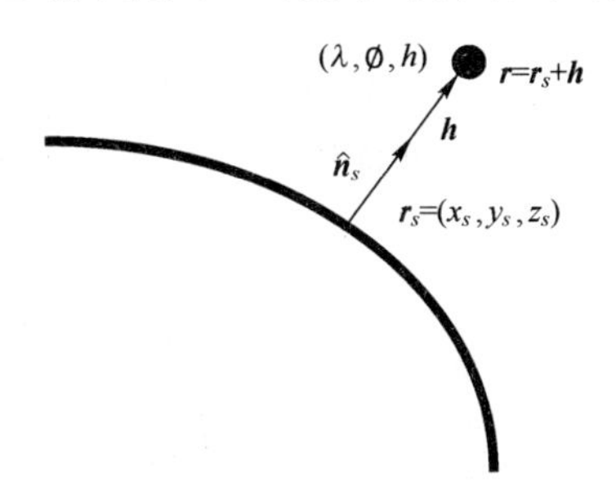

图 2.7　通过采用表面法线$\hat{\boldsymbol{n}}_s$来计算表面上的点$\boldsymbol{r}_s$，通过将该点增加高度矢量为 h，以计算最终点 r，实现将地理坐标系中的点(λ,ϕ,h)转换到 WGS84 坐标系

假设表面位置(λ,ϕ)，表面法线$\hat{\boldsymbol{n}}_s$定义如下：

$$\hat{\boldsymbol{n}}_s=\cos\phi\cos\lambda\,\hat{\boldsymbol{i}}+\cos\phi\sin\lambda\,\hat{\boldsymbol{j}}+\sin\phi\,\hat{\boldsymbol{k}} \tag{2.3}$$

假定表面上的点$\boldsymbol{r}_s=(x_s,y_s,z_s)$，则未归一化的表面法线$\boldsymbol{n}_s$为

$$\boldsymbol{n}_s=\frac{x_s}{a^2}\hat{\boldsymbol{i}}+\frac{y_s}{b^2}\hat{\boldsymbol{j}}+\frac{z_s}{c^2}\hat{\boldsymbol{k}} \tag{2.4}$$

假设不给定r_s，但是可以通过关联$\hat{\boldsymbol{n}}_s$和$\boldsymbol{n}_s$计算它，它们有相同的方向，但是很可能拥有不同的模值：

$$\hat{\boldsymbol{n}}_s=\gamma\boldsymbol{n}_s \tag{2.5}$$

将式(2.5)中的$\boldsymbol{n}_s$用式(2.4)进行替换，我们可以将$\hat{\boldsymbol{n}}_s$重写如下：

$$\hat{\boldsymbol{n}}_s=\gamma\left(\frac{x_s}{a^2}\hat{\boldsymbol{i}}+\frac{y_s}{b^2}\hat{\boldsymbol{j}}+\frac{z_s}{c^2}\hat{\boldsymbol{k}}\right) \tag{2.6}$$

我们已知$\hat{\boldsymbol{n}}_s$、a^2、b^2、c^2，但 γ、x_s、y_s、z_s未知。重写式(2.6)为三个标量方程：

$$\begin{aligned}\hat{n}_x&=\frac{\gamma\,x_s}{a^2}\\ \hat{n}_y&=\frac{\gamma\,y_s}{b^2}\\ \hat{n}_z&=\frac{\gamma\,z_s}{c^2}\end{aligned} \tag{2.7}$$

最终，我们在于求解(x_s,y_s,z_s)，因此我们对式(2.7)进行变换以求解x_s，y_s，z_s：

$$x_s=\frac{a^2\hat{n}_x}{\gamma}$$

$$y_s = \frac{b^2 \hat{n}_y}{\gamma} \tag{2.8}$$

$$z_s = \frac{c^2 \hat{n}_z}{\gamma}$$

公式右侧唯一的未知量为 γ。如果我们计算得到 γ,我们就可以得到x_s, y_s, z_s。回忆第2.2小节中式(2.2)的椭球体隐式方程可知,椭球体表面上的一点满足如下方程:

$$\frac{x_s^2}{a^2} + \frac{y_s^2}{b^2} + \frac{z_s^2}{c^2} = 1$$

我们可以通过将式(2.8)代入上式来求解 γ,变换可得 γ:

$$\frac{\left(\frac{a^2 \hat{n}_x}{\gamma}\right)^2}{a^2} + \frac{\left(\frac{b^2 \hat{n}_y}{\gamma}\right)^2}{b^2} + \frac{\left(\frac{c^2 \hat{n}_z}{\gamma}\right)^2}{c^2} = 1$$

$$a^2 \hat{n}_x^2 + b^2 \hat{n}_y^2 + c^2 \hat{n}_z^2 = \gamma^2 \tag{2.9}$$

$$\gamma = \sqrt{a^2 \hat{n}_x^2 + b^2 \hat{n}_y^2 + c^2 \hat{n}_z^2}$$

由于 γ 可以使用已知值进行计算,我们可以根据式(2.8)来计算x_s, y_s, z_s。如果开始的地理位置位于表面上(例如,$h=0$),这时转换过程已经完成。对于更一般的情况,当点位于表面上方或者下方,我们计算一个高度矢量 $\boldsymbol{h}$,它的方向为表面法线方向,模值为该点的高度,形式如下:

$$\boldsymbol{h} = h\,\hat{\boldsymbol{n}}_s$$

最终的 WGS84 坐标系中的点通过将表面上的点 $r_s = (x_s, y_s, z_s)$ 补偿 $\boldsymbol{h}$ 来得到:

$$\boldsymbol{r} = r_s + \boldsymbol{h} \tag{2.10}$$

从地理坐标系向 WGS84 坐标系的转换在 Ellipsoid 类 ToVector3D 函数中实现,其过程展示于代码表 2.6 中。首先,根据式(2.3)来计算得到表面法线,然后根据式(2.9)计算得到 γ,转换得到的 WGS 坐标系下的点最终通过式(2.8)和式(2.10)计算得到。

```
public class Ellipsoid
{
    public Ellipsoid(Vector3D radii)
    {
        //...
        _radiiSquared = new Vector3D(
        radii.X * radii.X,
```

```
        radii. Y * radii. Y,
        radii. Z * radii. Z);
    }
    public Vector3D GeodeticSurfaceNormal (Geodetic3D geodetic)
    {
        double cosLatitude = Math. Cos(geodetic. Latitude);
        return new Vector3D(
        cosLatitude * Math. Cos(geodetic. Longitude),
        cosLatitude * Math. Sin(geodetic. Longitude),
        Math. Sin(geodetic. Latitude));
    }
    public Vector3DToVector3D(Geodetic3D geodetic)
    {
        Vector3D n = GeodeticSurfaceNormal(geodetic);
        Vector3D k = _radiiSquared. MultiplyComponents(n);
        double gamma = Math. Sqrt(
        k. X * n. X +
        k. Y * n. Y +
        k. Z * n. Z);
        Vector3D rSurface = k/gamma;
        return rSurface + (geodetic. Height * n);
    }
    //...
    private readonly Vector3D _radiiSquared;
}
```

代码表 2.6 从地理坐标系向 WGS84 坐标系转换

2.3.2 WGS84 坐标系向地理坐标系转换

一般情况下从 WGS84 坐标系向地理坐标系的转换要比相反方向的转换更加复杂,因此,我们将其分为多个步骤,每个步骤都对应一个函数。

首先,我们简单描述一下椭球体表面上点的转换过程。然后,我们考虑通过使用地心法线和大地表面法线来将 WGS84 坐标系中任意一点缩放为表面上的点。最后,我们通过沿着大地表面法线缩放和表面上点的转换过程,以建立对 WGS84 坐标系中任意点的转换过程。

这里陈述的逻辑使用了仅仅两种反三角函数,且转换过程迅速,尤其是对地球的扁球体而言。

WGS84 表面点到地理坐标系。假设椭球体(a,b,c)中心位于原点，(x_s,y_s,z_s)是位于该椭球体表面上一点的 WGS84 坐标，地理坐标系中的点坐标(λ,ϕ)可以直接计算得到。

在式(2.4)中，给定表面上点的坐标，我们可以得到非归一化表面法线$\boldsymbol{n}_s$：

$$\boldsymbol{n}_s = \frac{x_s}{a^2}\hat{\boldsymbol{i}} + \frac{y_s}{b^2}\hat{\boldsymbol{j}} + \frac{z_s}{c^2}\hat{\boldsymbol{k}}$$

归一化的表面法线$\hat{\boldsymbol{n}}_s$可以通过简单地归一化$\boldsymbol{n}_s$得到：

$$\hat{\boldsymbol{n}}_s = \frac{\boldsymbol{n}_s}{\| \boldsymbol{n}_s \|}$$

得到了$\hat{\boldsymbol{n}}_s$，经度和纬度可以通过反三角函数计算得到：

$$\lambda = \arctan \frac{\hat{n}_y}{\hat{n}_x},$$

$$\phi = \arcsin \frac{\hat{n}_z}{\| n_s \|}$$

上述内容在 Ellipsoid 类的 ToGeodetic2D 函数中得到了体现，如代码表 2.7 中所示。

```
public class Ellipsoid
{
    public Vector3D GeodeticSurfaceNormal( Vector3D p)
    {
        Vector3D normal = p. MultiplyComponents ( _oneOverRadiiSquared) ;
        return normal. Normalize( ) ;
    }
    public Geodetic2D ToGeodetic2D( Vector3D p)
    {
        Vector3D n = GeodeticSurfaceNormal( p) ;
        return new Geodetic2D(
        Math. Atan2( n. Y , n. X) ,
        Math. Asin( n. Z/n. Magnitude) ) ;
    }
    //...
}
```

代码表 2.7　从 WGS84 坐标系向地理坐标系中转换表面上的点

缩放 WGS84 坐标系中的点到地心表面。设 WGS84 坐标系中的任意一点

为 $\boldsymbol{r}=(x,y,z)$，椭球体(a,b,c)中心位于坐标系原点处，我们希望沿点的地心表面法线方向求解表面上的点$\boldsymbol{r}_s=(x_s,y_s,z_s)$，如图2.8(a)所示。

这对计算椭球体上的曲线非常有用（见2.4节），也是采用大地法线求解表面上的点的解决模块函数，正如图2.8(b)所示。最终，通过缩放任意点到大地表面，然后转换表面点到地理坐标系和调节高度，我们期望将WGS84坐标系中任意一点转换到地心坐标系。

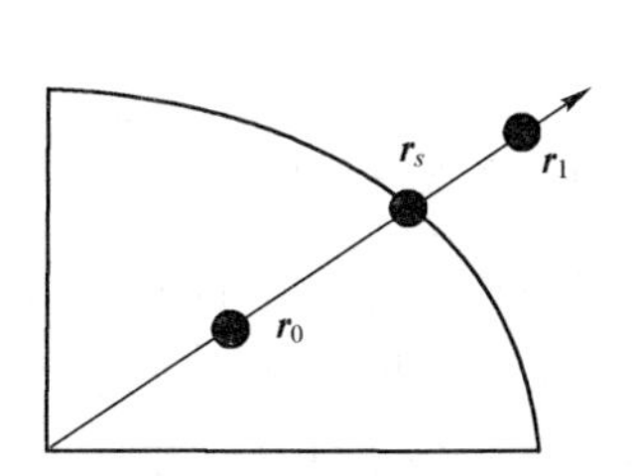

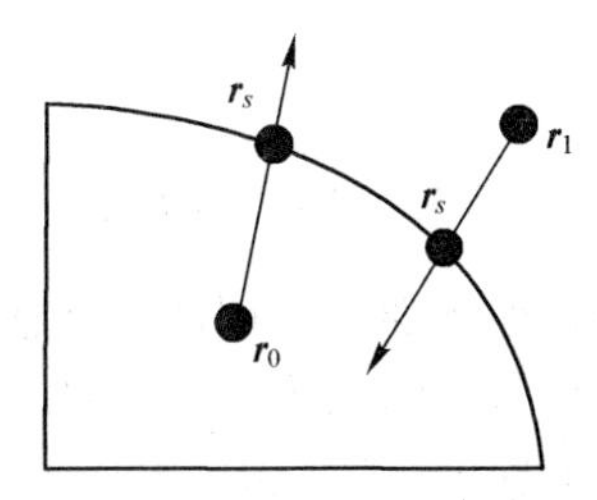

图2.8 把$\boldsymbol{r}_0$和$\boldsymbol{r}_1$两点缩放至地球表面。(a)当沿地心法线方向缩放时，一个从椭球体中心出发的矢量与椭球体表面相交得到表面点；(b)当沿着大地法线方向缩放时，采用迭代过程得到相交点。

假定位置矢量 r 是原点 O 到点 r 的方向矢量，即 $\boldsymbol{r}=r-O$。地心表面点$\boldsymbol{r}_s$将沿着该矢量方向，即

$$\boldsymbol{r}_s=\beta\boldsymbol{r}$$

式中：$\boldsymbol{r}_s$表示矢量 $\boldsymbol{r}$ 和椭球体的交叉点；变量 β 决定了沿着矢量的位置，且可计算如下：

$$\beta=\frac{1}{\sqrt{\frac{x^2}{a^2}+\frac{y^2}{b^2}+\frac{z^2}{c^2}}} \tag{2.11}$$

因此，$\boldsymbol{r}_s$由下式决定：

$$\begin{aligned} x_s&=\beta x\\ y_s&=\beta y\\ z_s&=\beta z \end{aligned} \tag{2.12}$$

式(2.11)和式(2.12)在代码表2.8中的Ellipsoid类ScaleToGeocentricSurface函数中进行了应用。

```
public class Ellipsoid
{
    public Vector3D ScaleToGeocentricSurface (Vector3D p)
    {
```

```
        double beta = 1.0/Math.Sqrt(
        (p.X * p.X) * _oneOverRadiiSquared.X +
        (p.Y * p.Y) * _oneOverRadiiSquared.Y +
        (p.Z * p.Z) * _oneOverRadiiSquared.Z);
        return beta * position;
    }
    //...
}
```

代码表 2.8　沿着地心表面法线方向缩放一个点至表面

缩放到大地表面。采用地心法线来确定一个表面点不具备从 WGS84 向地理坐标系转化所需的精度要求。作为替代,我们寻找一个表面点,它的大地法线指向某一未知点,或者如果点位于表面之下的话采用相反方向。

更精确地,给定任意 WGS84 坐标系中的点 $\boldsymbol{r}=(x,y,z)$ 和中心点位于坐标原点的椭球体(a,b,c),我们期望确定表面点$\boldsymbol{r}_s=(x_s,y_s,z_s)$,它的大地表面法线指向 $\boldsymbol{r}$ 或者相反方向。

我们将 $\boldsymbol{r}$ 作为单独未知数,采用牛顿－拉普森算法来迭代求解。该方法对于地球的扁椭球收敛速度快,且不要求三角函数计算,效率较高。该方法对于非常接近椭球体中心的点不起作用,在椭球体中心点附近,有许多方法可以采用,但是这些情况在实际中很少出现。

让我们从考虑图 2.9 中的三个矢量开始:任意点矢量 $\boldsymbol{r}=r-O$;表面点矢量 $\boldsymbol{r}_s=r_s-O$;高度矢量 $\boldsymbol{h}$。从图中可知:

$$\boldsymbol{r}=\boldsymbol{r}_s+\boldsymbol{h} \tag{2.13}$$

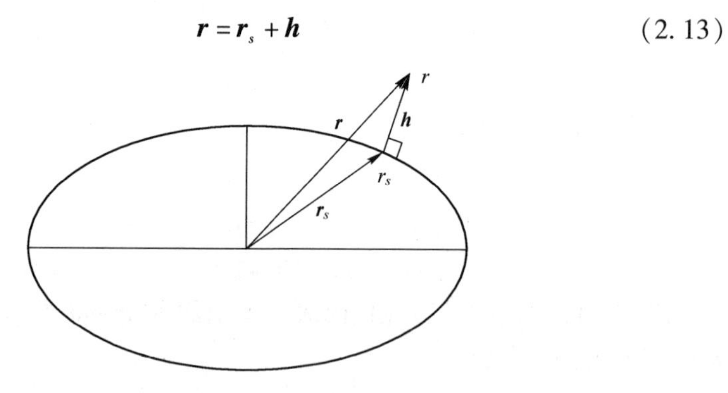

图 2.9　给定 $\boldsymbol{r}$,并根据大地法线计算$\boldsymbol{r}_s$

回忆我们可以计算表面点的非归一化法线n_s:

$$\boldsymbol{n}_s = \frac{x_s}{a^2}\hat{\boldsymbol{i}} + \frac{y_s}{b^2}\hat{\boldsymbol{j}} + \frac{z_s}{c^2}\hat{\boldsymbol{k}} \tag{2.14}$$

显然，$\boldsymbol{h}$ 与$\boldsymbol{n}_s$的方向相同，但是很可能拥有不同的模值。让我们将它们联系起来：

$$\boldsymbol{h} = \alpha \boldsymbol{n}_s$$

我们用 $\alpha \boldsymbol{n}_s$替换式(2.13)中的 $\boldsymbol{h}$ 得到如下等式：

$$\boldsymbol{r} = \boldsymbol{r}_s + \alpha \boldsymbol{n}_s$$

让我们将上述公式重写为三个标量方程并且替代式(2.14)中的$\boldsymbol{n}_s$：

$$x = x_s + \alpha \frac{x_s}{a^2}$$

$$y = y_s + \alpha \frac{y_s}{b^2}$$

$$z = z_s + \alpha \frac{z_s}{c^2}$$

下一步，将因数x_s，y_s，z_s分离出来：

$$x = x_s\left(1 + \frac{\alpha}{a^2}\right)$$

$$y = y_s\left(1 + \frac{\alpha}{b^2}\right)$$

$$z = z_s\left(1 + \frac{\alpha}{c^2}\right)$$

最终，重新变换形式，求解得到x_s，y_s，z_s：

$$x_s = \frac{x}{1 + \frac{\alpha}{a^2}}$$

$$y_s = \frac{y}{1 + \frac{\alpha}{b^2}} \tag{2.15}$$

$$z_s = \frac{z}{1 + \frac{\alpha}{c^2}}$$

现在，我们有了根据点 $\boldsymbol{r} = (x,y,z)$、椭球体半径(a,b,c)和未知数 α 表达的$\boldsymbol{r}_s = (x_s,y_s,z_s)$。为了确定 α，回忆椭球体的隐式方程，我们可以将其写为$F(x) = 0$：

$$S = \frac{x_s^2}{a^2} + \frac{y_s^2}{b^2} + \frac{z_s^2}{c^2} - 1 = 0 \tag{2.16}$$

将式(2.15)中的x_s,y_s,z_s表达式代入式(2.16)中:

$$S=\frac{x^2}{a^2\left(1+\frac{\alpha}{a^2}\right)^2}+\frac{y^2}{b^2\left(1+\frac{\alpha}{b^2}\right)^2}+\frac{z^2}{c^2\left(1+\frac{\alpha}{c^2}\right)^2}-1=0 \tag{2.17}$$

由于该方程不再根据未知变量x_s,y_s,z_s表示,我们仅有一个未知数 α。求解 α 将会允许我们根据式(2.15)来求解r_s。

我们采用牛顿-拉普森求根方法来求解 α;我们尝试求解 S 的根是因为,当 $S=0$,得到的点位于椭球体的表面上。初始情况下,我们对 α 猜测一个取值α_0,然后迭代计算直至获得足够精度的解。

我们初始猜测$\boldsymbol{r}_s$是我们以前章节中计算的地心$\boldsymbol{r}_s$。回忆式(2.11)中的β:

$$\beta=\frac{1}{\sqrt{\frac{x^2}{a^2}+\frac{y^2}{b^2}+\frac{z^2}{c^2}}}$$

对于地心矢量$\boldsymbol{r}_s$,$\boldsymbol{r}_s=\beta\boldsymbol{r}$,因此,我们初始猜测为

$$x_s=\beta x$$

$$y_s=\beta y$$

$$z_s=\beta z$$

该点的表面法线为

$$\boldsymbol{m}=\left(\frac{x_s}{a^2},\frac{y_s}{b^2},\frac{z_s}{c^2}\right)$$

$$\hat{\boldsymbol{n}}_s=\frac{\boldsymbol{m}}{\|\boldsymbol{m}\|}$$

给出我们对于$\boldsymbol{r}_s$和$\hat{\boldsymbol{n}}_s$的猜测值,我们可以求解α_0。未知的 α 缩放$\boldsymbol{n}_s$产生高度矢量 $\boldsymbol{h}$。我们的初始猜测α_0简单缩放$\boldsymbol{n}_s$来表示椭球体表面和 r 的沿着任意点矢量 $\boldsymbol{r}$ 方向的距离,如图 2.10 所示。因此,

$$\alpha_0=(1-\beta)\frac{\|\boldsymbol{r}\|}{\|\boldsymbol{n}_s\|}$$

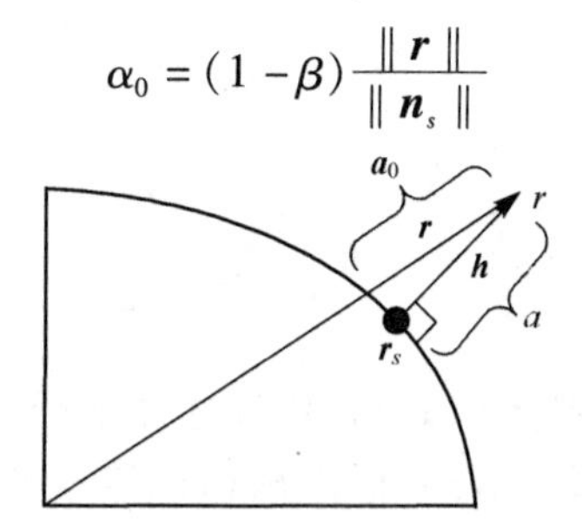

图 2.10　采用牛顿-拉普森方法从初始的α_0来寻找 α

此时,我们可以设 $\alpha=\alpha_0$,并且开始使用牛顿-拉普森方法进行迭代。为达此目的,我们需要式(2.17)中的函数 S 及其对 α 的偏导数:

$$S = \frac{x^2}{\alpha^2\left(1+\frac{\alpha}{a^2}\right)^2} + \frac{y^2}{b^2\left(1+\frac{\alpha}{b^2}\right)^2} + \frac{z^2}{c^2\left(1+\frac{\alpha}{c^2}\right)^2} - 1 = 0,$$

$$\frac{\partial S}{\partial \alpha} = -2\left[\frac{x^2}{\alpha^4\left(1+\frac{\alpha}{a^2}\right)^3} + \frac{y^2}{b^4\left(1+\frac{\alpha}{b^2}\right)^2} + \frac{z^2}{c^4\left(1+\frac{\alpha}{c^2}\right)^3}\right]$$

我们通过估计 S 和$\frac{\partial S}{\partial \alpha}$来迭代求解 α。如果 S 足够接近 0(例如,在给定的 ε 之内),迭代计算会终止且得到 α。否则,需要更新 α 的值:

$$\alpha = \alpha - \frac{S}{\frac{\partial S}{\partial \alpha}}$$

迭代计算继续进行直至 S 足够接近 0。如果 α 已知,r_s可以根据式(2.15)计算得到。

上述整个从任意一点缩放至大地表面上的过程在类 Ellipsoid 的 ScaleToGeodeticSurface 函数中进行了实现,如代码表 2.9 所示。

```
public class Ellipsoid
{
  public Ellipsoid (Vector3D radii)
  {
  //...
    _radiiToTheFourth = new Vector3D(
    _radiiSquared. X * _radiiSquared. X,
    _radiiSquared. Y * _radiiSquared. Y,
    _radiiSquared. Z * _radiiSquared. Z);
  }
  public Vector3D ScaleToGeodeticSurface (Vector3D p)
  {
    double beta = 1.0/ Math. Sqrt (
                (p. X * p. X) * _oneOverRadiiSquared. X +
                (p. Y * p. Y) * _oneOverRadiiSquared. Y +
                (p. Z * p. Z) * _oneOverRadiiSquared. Z);
    double n = new Vector3D(
                beta * p. X * _oneOverRadiiSquared. X,
                beta * p. Y * _oneOverRadiiSquared. Y,
                beta * p. Z * _oneOverRadiiSquared. Z). Magnitude;
    double alpha  = (1.0 - beta) * (p. Magnitude/n);
```

```
        double x2 = p.X * p.X;
        double y2 = p.Y * p.Y;
        double z2 = p.Z * p.Z;
        double da = 0.0;
        double db = 0.0;
        double dc = 0.0;
        double s = 0.0;
        double dSdA = 1.0;
    do
    {
        alpha -= (s/ dSdA);
        da = 1.0 + (alpha * _oneOverRadiiSquared.X);
        db = 1.0 + (alpha * _oneOverRadiiSquared.Y);
        dc = 1.0 + (alpha * _oneOverRadiiSquared.Z);
        double da2 = da * da;
        double db2 = db * db;
        double dc2 = dc * dc;
        double da3 = da * da2;
        double db3 = db * db2;
        double dc3 = dc * dc2;
        s = x2/(_radiiSquared.X * da2) +
        y2/(_radiiSquared.Y * db2) +
        z2/(_radiiSquared.Z * dc2) - 1.0;
        dSdA = -2.0 *
        (x2/ (_radiiToTheFourth.X * da3) +
        y2/(_radiiToTheFourth.Y * db3) +
        z2/(_radiiToTheFourth.Z * dc3));
    }while(Math.Abs(s) > 1e-10);
    return new Vector3D(
                    p.X/da,
                    p.Y/db,
                    p.Z/dc);
    }
    //...
    private readonly Vector3D _radiiToTheFourth;
}
```

代码表 2.9　沿大地表面法线方向把点缩放至地球表面

Patric 说:

我被别人说服本方法收敛速度较快,但是,出于好奇心的缘由,我运行了一些测试到底有多快。我创建了一组 256×128 网格的点,每一个拥有一个任意高度,该高度限定在高于或者低于表面短半轴的 10%。然后,我测试了 ScaleToGeodeticSurface 程序收敛于三种不同椭球体花费的迭代次数,如图 2.11所示,追踪最小值、最大值和平均迭代次数,其结果是令人鼓舞的,如表 2.1 所示。对地球而言,所有的点经过一至两次迭代即终止。由于椭球体逐渐变扁,需要更多的迭代次数,但是不会出现无法接受的数字。

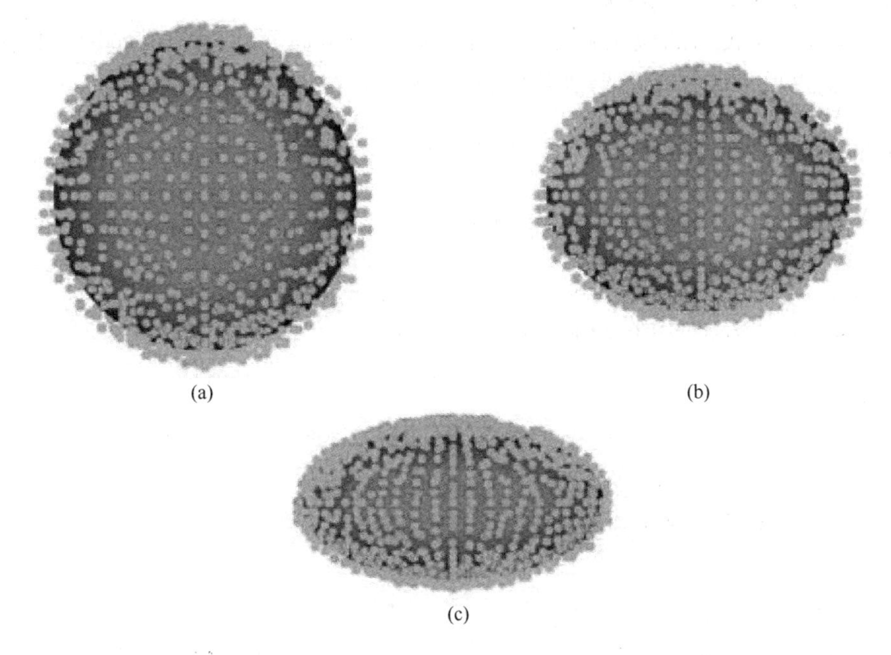

图 2.11 ScaleToGeodeticSurface 测试使用的椭球体。(a)采用地球扁圆参数的椭球体;(b)长半轴 =1,短半轴 =0.75;(c)长半轴 =1,短半轴 =0.5。图片未显示全部 256×128 点阵。

表 2.1 ScaleToGeodeticSurface 程序对于不同的扁圆程度的椭球体迭代计算次数最小值、最大值和平均值

椭球体	最小值	最大值	平均
地球	1	2	1.9903
长半轴:1 短半轴:0.75	1	4	3.1143
长半轴:1 短半轴:0.5	1	4	3.6156

任意 WGS84 坐标系中的点到地理坐标系。使用我们的函数将一个点缩放至大地表面，和将表面点从 WGS84 坐标系转换到地理坐标系中，这样就可以直接将任意点从 WGS84 坐标系转换到地理坐标系中。

假设 $\boldsymbol{r}=(x,y,z)$，首先，我们将其缩放至大地表面，得到$\boldsymbol{r}_s$。高度矢量 $\boldsymbol{h}$ 可以计算如下：

$$\boldsymbol{h}=\boldsymbol{r}-\boldsymbol{r}_s$$

$\boldsymbol{r}$ 高于或者低于椭球体的高度如下：

$$h=\operatorname{sign}(\boldsymbol{h}\cdot\boldsymbol{r}-0)\,\|\boldsymbol{h}\|$$

最终，根据前述方法表面点$\boldsymbol{r}_s$转换为地理坐标系，结果中的经度和纬度与 $\boldsymbol{h}$ 组合产生地理坐标(λ,ϕ,h)。

下面给出我们的应用程序 ScaleToGeodeticSurface 函数和 ToGeodetic2D 函数，它们仅需要很少的代码，如代码表 2.10 所示。

```
public Geodetic3D ToGeodetic3D (Vector3D position)
{
  Vector3D p = ScaleToGeodeticSurface(position);
  Vector3D h = position - p;
  double height = Math.Sign(h.Dot(position)) * h.Magnitude;
  return new Geodetic3D(ToGeodetic2D(p),height);
}
```

代码表 2.10　将一个点从 WGS84 坐标系转换到地理坐标系中

2.4　椭球体上的曲线

在数字地球中，很多情况下我们期望将椭球体表面的两个端点相连。简单地直接用直线将两点相连会产生一个从椭球体内部穿过的路径，如图 2.12(a)所示。作为替代选择，我们期望采用一条曲线路径，它基本上沿着椭球体的表面，并通过二次采样获取曲线上的点，如图 2.12(b)和(c)所示。

存在许多路径类型可以选择，每一个都有不同的特性。测地线是两点之间最短的路径。恒向线是定向航行路径；尽管它们不是最短路径，由于简单定向航行的特性，它们在导航中应用广泛。

我们来考虑一种基于平面和椭球体表面相交的方式来计算曲线，如图 2.13(a)所示。在一个球体上，大圆是指一个包含有球体中心的平面和球体表面的交线。平面将球体分成两个相等的半球。当一个包含有两个端点和球心的平面与球体表面相交，会形成两个大圆弧：劣弧，它是球面上两点之间的最短路径；

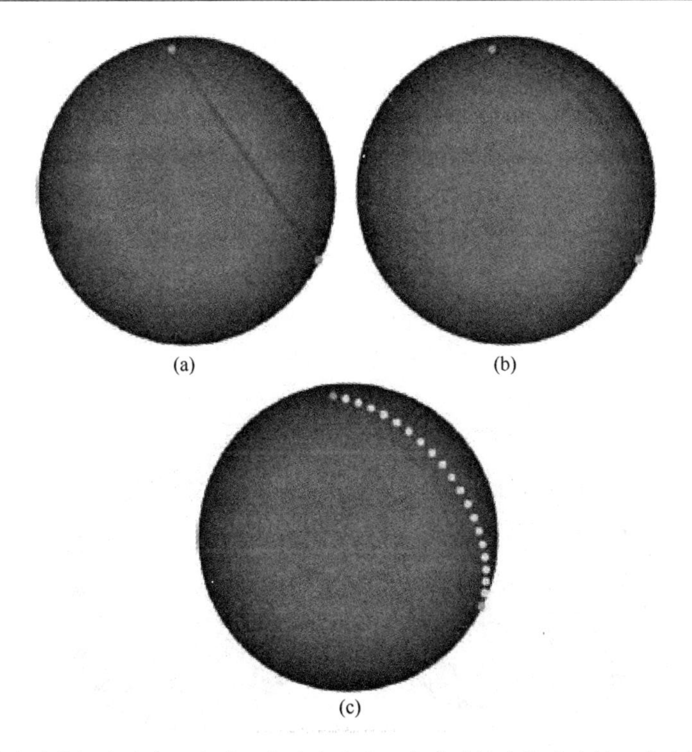

图 2.12　(a)连接椭球体表面上的两个端点产生一条穿过椭球体的路径。此处所画的线没有进行深度测试。(b)沿着表面采样点大致产生两点间的路径。(c)采样点以黄色标出。

优弧，它是沿着大圆的较长路径。

在一个椭球体上运用相同的横截面技术不会获得大地曲线，但是，对于接近于球体的椭球体，例如地球的扁椭球体，这样做将产生用于渲染的一个合理的路径，尤其是当端点足够接近的时候。

计算这样一条曲线的算法是直接的高效的，且容易编程实现。给定两个端点 p、q 和采样粒度 γ，我们期望以 γ 角间距采样点来计算椭球体(a,b,c)上的路径，其中，椭球体球心位于原点处。

如图 2.13(c)至图 2.13(e)所示，当 γ 减小时，采样点变密，因此可以更好地逼近曲线。除非极限情况 γ 达到 0，线段总是在椭球体内；在 7.2 节中，我们给出了一种渲染策略，它允许这些线段能够忽略椭球体的深度测试。

为便于计算 p 和 q 之间的曲线，首先创建从椭球体中心到端点的矢量，并且执行叉乘来计算平面法线$\hat{\boldsymbol{n}}$：

$$\boldsymbol{p}=p-O,\boldsymbol{q}=q-O,\boldsymbol{m}=\boldsymbol{p}\times\boldsymbol{q},\hat{\boldsymbol{n}}=\frac{\boldsymbol{m}}{\|\boldsymbol{m}\|}$$

其次，计算矢量 $\boldsymbol{p}$ 和 $\boldsymbol{q}$ 之间的夹角 θ，如图 2.14 所示：

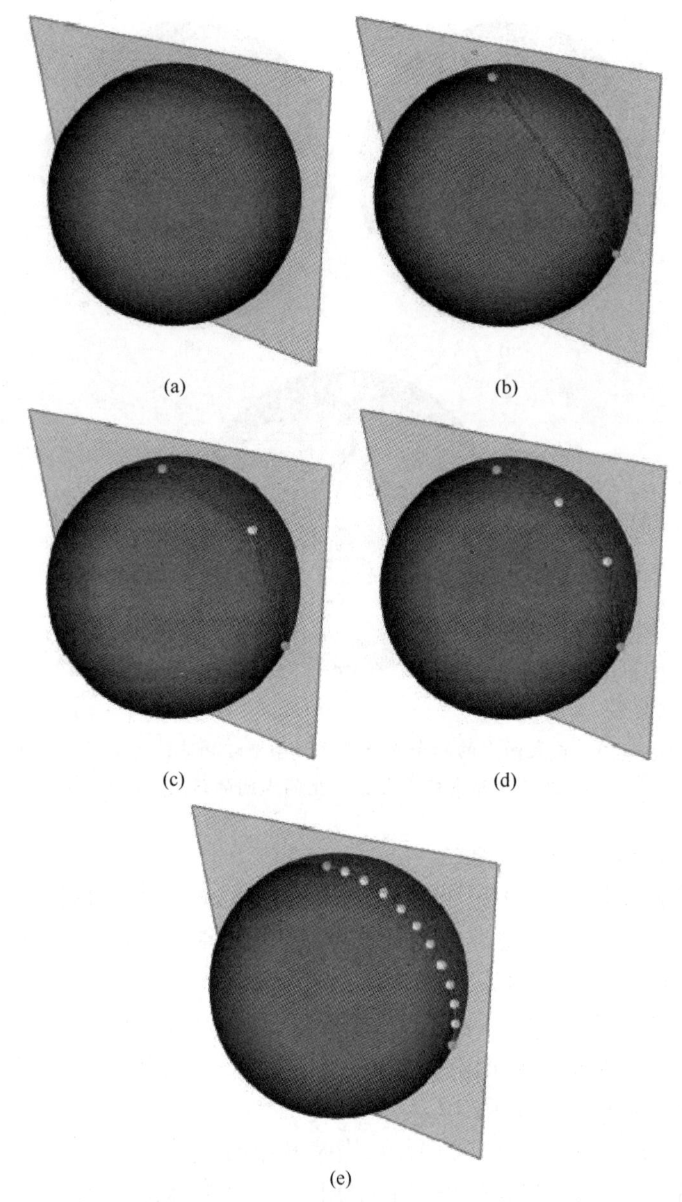

图 2.13 (a)通过平面和椭球体表面相交来确定曲线;(b)平面在椭球体中心点和线段的两个端点相交;(c)~(e)随着采样粒度增加,采样点越来越贴近椭球体表面。

$$\hat{\boldsymbol{p}} = \frac{\boldsymbol{p}}{\|\boldsymbol{p}\|}$$

$$\hat{\boldsymbol{q}} = \frac{\boldsymbol{q}}{\|\boldsymbol{q}\|}$$

$$\theta = \arccos(\hat{\boldsymbol{p}} \cdot \hat{\boldsymbol{q}})$$

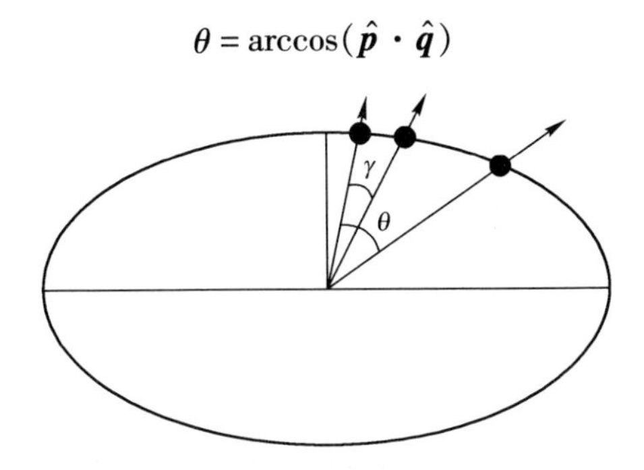

图 2.14　θ 是两端点之间的夹角。间隔 γ 是曲线上点之间的角间距。

采样点的数量 s 可基于间隔和端点之间的夹角进行计算如下：

$$n = \left\lfloor \frac{\theta}{\gamma} \right\rfloor - 1$$

$$s = \max(n, 0)$$

每一个采样点可以通过绕平面法线 $\boldsymbol{n}$ 转动 $\boldsymbol{p}$，以及缩放结果矢量至地心表面来进行计算，如在 2.3.2 节中描述的那样。作为大地缩放的逆运算，采用地心缩放，可以将点保持在平面上，并且因此在期望的曲线上。

如代码表 2.11 中类 Ellipsoid 的 ComputeCurve 函数的程序段所示。根据角度 $\phi = i\gamma$，基于 for 循环对每一个采样点进行计算，此处，i 是点的索引。

```
public class Ellipsoid
{
    public IList<Vector3D> ComputeCurve(
    Vector3D p,
    Vector3D q,
    double granularity)
    {
        Vector3D normal = p.Cross(q).Normalize();
        double theta = p.AngleBetween(q);
        int s = Math.Max((int)(theta/granularity) - 1,0);
        List<Vector3D> positions = new List<Vector3D>(2 + s);
        positions.Add(p);
        for(int i = 1;i <= s; ++i)
        {
            double phi = (i * granularity);
            Vector3D rotated = p.RotateAroundAxis(normal,phi);
```

```
            positions.Add(ScaleToGeocentricSurface(rotated));
        }
        positions.Add(q);
        return positions;
    }
    //...
}
```

代码表 2.11　在表面上两点之间计算椭球体上的曲线

小练习：

运行 Chapter02Curves 中的程序，根据椭球扁圆程度和曲线间隔进行实验。观察是怎样实现曲线 LOD 的？

小练习：

修改 Ellipsoid.ComputeCurve 程序，创建位于椭球体内部或者外部具有固定高度的曲线。

请思考：

不使用角度间隔以及围绕平面法线旋转的方法，而是采用通过沿两端点线段使用采样点线性插值进行下采样，然后对于每一点调用 ScaleToGeocentricSrufface 函数生成曲线。该方法的优缺点是什么？

2.5　资源

Vallado 和 McClain 发表了 WGS84 等一系列主题的研究文章[171]。在 2.2.3 节中所描述的虚拟地球在精度方面的问题，以及太空资源可视化等问题，Giesecke 进行了研究[62]。Luebke 等在他们关于 LOD 的书中发表了大地测量的内容[107]。

第三章 渲染设计

在某些图形学应用程序中，贯穿着 OpenGL 或 Direct3D 的调用。对于小工程，它们是易于控制的；但对于规模很大的工程来说，开发者会问，我们如何能够很好地管理 OpenGL 的状态？我们如何能够确定每个使用 OpenGL 的人进行了最佳的操作？甚至说，我们如何去支持 OpenGL 和 Direct3D？

回答这些问题的第一步是抽象——更确切地说，通过一些接口抽取出底层的绘图 API，例如 OpenGL 或 Direct3D，使得应用程序的大多数代码与 API 无关。我们将这些接口及其实现称为渲染。本章描述了 OpenGlobe 的渲染设计。首先，我们从实用角度考虑了渲染动机；然后我们给出渲染的主要组成部分：状态管理、shader、顶点数据、纹理和缓冲区；最后，我们给出一个简单的小例子，使用渲染绘制一个三角形。

如果你具有使用渲染的经验，你可能只希望略读这一章，而移到数字地球渲染部分。但是，后续章节中的例子都是建立在本章的基础之上，因此熟悉这一章节的内容是很有必要的。

本章并不是 OpenGL 或 Direct3D 的教程，所以你需要具有 API 的背景知识。本章也不是描述如何将每个 OpenGL 调用封装到面向对象的封装器中。我们所做的工作远远多于封装功能；我们提升了抽象层级。

渲染包括相当多的代码。为了确保讨论的聚焦，我们仅截取最重要的和相关的代码片断。代码的完全实现请参阅 OpenGlobe. Renderer 工程。本章重点关注公共接口的组织架构和设计权衡，我们并不关心细微的实现细节。

本章中，当提到 GL 时，特指 OpenGL 3. 3。同样地，当提到 D3D 时，特指 Direct3D 11。并且，我们将调用渲染的代码定义为客户代码，例如，应用程序代码使用渲染发布绘图指令。

最后，软件设计通常是主观性的，很少有一个最优解。数字地球上已经有一些运行得很好的设计，我们希望你去浏览，但那也仅是渲染设计诸多方法中的一部分。

3.1 渲染需求

鉴于 OpenGL 和 Direct3D 的 API 已经是一个抽象，很自然地会问，为什么要在我们的引擎中建一个渲染层？难道这些 API 还没有高级到可以直接用于我们的引擎？

很多小工程对 API 的调用是分散的，贯穿于它的全部代码中；但是随着工程的增大，恰当地抽取出底层 API 是非常重要的，有很多种原因：

- 开发容易。使用渲染比直接调用底层 API 更容易、更简洁。例如，在 GL 中，编译、链接 shader 和检索其一致性的过程能够被简化为在 shader 程序抽象上的一个单构造函数。

  由于许多引擎是用面向对象语言编写的，渲染允许我们使用面向对象的结构来描述程序化的 GL API。例如，构造函数调用 glCreate * 或glGen *，析构函数调用 glDelete *，允许 C#的垃圾收集器进行资源生命周期管理，从而客户代码不需要显式地删除渲染资源。[1]

  除了简洁性和面向对象，通过最小化或完全消除易错的全局状态，渲染能够简化开发，如深度和模板的测试。渲染能够把这些状态归类到粗粒度的绘制状态，这一工作由每一次的绘图调用提供，消除了对全局状态的需求。

  当使用 Direct3D 9 时，渲染能够隐藏“丢失图案”的处理细节，如由于用户对窗口全屏的改变导致 GPU 资源丢失、便携式计算机盖子的开/关，等等。渲染操作能够在系统内存中备份一份 GPU 资源，所以能够通过对丢失图案做出响应来恢复它们，而没有任何来自客户代码的交互影响。

- 可移植性。渲染极大地减轻，但并不能消除由支持多个 API 所带来的负载。例如，引擎可能想要在 Windows 上使用 Direct3D、在 Linux 上使用 OpenGL、在移动装置上使用 OpenGL ES、[2] 在 PlayStation 3 上使用 LibGCM。为了在不同的平台上支持不同的 API，通常会封装不同的渲染实现，同时，多数的引擎代码保持不变。一些渲染工具，如 GL 渲染和 GL ES 渲染或者 GL 3. x 渲染和 GL 4. x 渲染，可能共享大量代码。

  渲染能够很容易迁移到 API 的新版本或新的 GL 扩展。例如，当所有 GL 调用是独立的，一般来说能够简单地用直接状态存取（EXT_direct_state_access[91]）替代全局状态选择器。同样地，渲染能够决定扩展是否是可获取的，并采取恰当的行动。支持一些新的特征或扩展需要新的或不同的公共接口；例如，考虑如何把 GL 单元迁移到单元缓冲区。

1　在 C ++ 中，相似的生命周期管理能够通过智能指针得到。渲染抽取操作 IDisposable，它能够给客户代码一个选择，以确定性的方式释放对象的资源而不是依靠无用单元收集程序。

2　由于 ARB_ES2_compatibility，OpenGL3. x 是 OpenGLES 2. 0 的扩展集[19]。在桌面 OpenGL 和 OpenGLES 之间有简化的端口和共享代码。

- 灵活性。渲染工具的改变在很大程度上能够独立于客户代码,因此它具有极大的灵活性。例如,如果某一硬件上使用 GL 显示列表[1]比使用顶点缓冲区对象(VBOs)更有效率,则可以在单一位置上生成这一优化。同样地,如果发现一个程序错误是由于 GL 调用的误解或由驱动程序错误造成的,也可以在同一位置进行修复,通常对客户代码没有造成影响。

  渲染帮助新的程序代码插入引擎。没有渲染,对一个虚方法的调用可能使 GL 处于未知的状态。这种方法的实现者甚至不用为开发引擎的公司工作,也不需要知道 GL 的使用协议。通过传递渲染给方法,问题能够避免,它可用于所有的渲染活动。渲染使得引擎"插件程序"具有灵活性,这类程序与核心引擎代码无缝连接。
- 鲁棒性。通过提供统计和调试辅助程序,渲染能够增强引擎的鲁棒性。尤其是,当渲染中的 GL 指令独立时,能够很容易计算出绘图调用和每帧绘制三角形的数量。为了后续的调试,拥有一个记录底层 GL 调用的选项是值得的。同样地,渲染能够容易地保存帧缓冲区和纹理的内容,或者在任何时间点显示 GL 状态。当以调试模式运行时,渲染中的每个 GL 调用都可以使用 glGetError 得到程序错误的实时反馈。[2]

  许多调试辅助程序也可以通过第三方工具得到,如 BuGLe[3]、GLIntercept[4] 和 gDEBugger[5]。这些工具通过追踪 GL 的调用提供调试和性能信息,同在渲染中做的工作相类似。
- 提高性能。初看起来,渲染层可能降低性能。它增加了大量的虚方法调用。然而,考虑到大量的工作可以由驱动程序来完成,虚调用的开销几乎不用关注。如果是这样,虚调用甚至不需要实现渲染,除非引擎支持在运行时改变绘制 API,而这是一个不太可能的需求。因此,如果需要,渲染能够用普通或内联方法实现。

  通过允许在单一位置的优化,渲染确实有助于提高性能。客户代码并不需要知道 GL 的最佳应用;渲染工具来做就可以了。渲染能够隐藏 GL 的状态去消除冗余的状态变化,并避免对 glGet * 的昂贵调用。依赖于渲染的抽象层级,它也能够优化用于 GPU 高速缓存的顶点和引导缓冲区,并能够针对目标硬件选择带有合适排列方式的最优顶点格式。渲染抽象

---

1 OpenGL3 中不使用显示列表,尽管通过兼容性程序列表能够得到它们。

2 如支持 ARB_debug_output,能够用一个回调函数[93]替代对 glGetError 的调用。

3 http://sourceforge.net/projects/bugle/

4 http://glintercept.nutty.org/

5 http://www.gremedy.com/

也能使得它更容易地通过状态进行分类,这是一种通用的优化方法。

以 Java 或 C#编写的引擎,如 OpenGlobe,通过最小化源代码管理的往返开销,渲染能够提高性能。使用本地 GL 代码代替对每个细粒度的调用,如改变一个单元或单一状态,一个单粗粒度的调用能够传递大量状态给一个本地 C++组件,该组件进行几个 GL 调用。

- 附加功能。如果不便于在底层 API 上添加功能,那么渲染层是一个理想位置。例如,在 3.4.1 节介绍了补充的内置 GLSL 常量,它不是 GLSL 语言的组成部分,在 3.4.5 节介绍了 GLSL uniform 单元,它不是内置于 GLSL 中而是在绘图时由渲染自动设置。渲染不仅仅是封装底层 API,它提升了抽象的层级,并且提供了附加的功能。

渲染具有众多好处,也有一个重要的易犯的错误值得注意:

- 易用性的错误理解。虽然渲染能够轻松支持多个 API,但是它不能完全消除问题。David Eberly 用 Wild Magic 解释他的经历:“在不断地维持抽象渲染 API 多年以后,它隐藏 DirectX、OpenGL 和软件渲染,结论是每个底层 API 在某种程度上是来自抽象”[45]。没有一个渲染是一劳永逸的解决方案。我们承认这一章中描述的渲染是倾向 OpenGL 的,因为我们还没有使用 Direct3D 来实现它。

  一个重要的考虑是渲染的 GL 和 D3D 实现需要我们为所有 shader 保持两个版本:GL 渲染的 GLSL 版本和 D3D 渲染的 HLSL 版本。鉴于 shader 语言非常地相似,使用一个工具在两种语言之间进行转换是可行的,甚至在运行时。例如,HLSL2GLSL[1],一个来自 AMD 的工具,转换 D3D9 HLSLshader 到 GLSL。这一工具的改进版,HLSL2GLSLFork[2],由 Aras Pranckevicius 维护,Unity 3.0 在用。Google ANGLE[3] 项目是从相反的方向进行转换,从 GLSL 到 D3D9 HLSL。

  为了避免转换,shader 能够使用 NVIDIA 的 Cg 语言编写,它支持 GL 和 D3D。不好的一面是在编写本书时,在移动平台上无法得到 Cg 的运行时。

  理想状态下,使用渲染能够避免在客户代码中对多代码路径的需要。不幸的是,这并非总是可能的。尤其是,如果用不同的渲染支持不同代的硬件,客户代码可能也需要多种代码路径。例如,考虑对一个立方体图的渲染。如果使用 GL 3 进行渲染,能够得到几何图元 shader,所以在单

1 http://sourceforge.net/projects/hlsl2glsl/

2 http://code.google.com/p/hlsl2glslfork/

3 http://code.google.com/p/angleproject/

路径中能够渲染立方体图。如果使用旧的 GL 版本进行渲染，每个立方体图的面需要在不同的路径中进行渲染。

渲染是一个引擎的重要部分，许多游戏引擎包括分类渲染，就像 Google Earth 一类的应用程序那样。有人会说，既然渲染如此重要，为什么不是每个人都使用它？为什么它没有得到广泛的使用？因为不同的引擎采用不同的渲染设计。一些引擎是低层级的，在渲染调用和 GL 调用之间几乎是一比一映射，而一些引擎需要非常高层级的抽象，如效果。渲染的性能和特征能够根据它所设计的应用程序进行调整。

Patrick 说：

当编写一个引擎时，考虑从开始就使用渲染，在我的经验中，利用 GL 调用分散的管线的现有引擎并重构它以使用渲染是困难的，并且很容易出错。当在 Insight3D 上开始时，我们最初的工作是要替换许多在现有代码库中的 GL 调用，我们一直在改变对新的渲染的调用。甚至包括用于验证 GL 状态的所有的调试代码，并加入了对计算机程序错误的共享。虽然一开始以坚固的基础和顶层建设来开发软件比之后改造庞大的代码库更容易，但是不能落入由于体系缘故做体系的限制中。渲染设计应该通过实际的使用案例来驱动。

3.2　概要

渲染通常用于创建和操作 GPU 资源和发出渲染指令。图 3.1 给出渲染的主要组件。渲染管线的固定功能组件由少量的渲染状态配置而成。鉴于我们正在使用基于 shader 的设计，并没有很多的渲染状态，只考虑像深度和模板的测试。渲染状态不包括已过时的固定功能状态，这些状态能够在 shader 中实现，就像单顶点光照和纹理环境那样。

shader 程序描述顶点、几何图元和片元 shader，用于执行绘图调用片元 shader。我们的渲染也包括使用顶点属性和 uniform 单元的 shader 通信的类型。

顶点数组是一个小型的容器对象，描述用于绘图的顶点属性。顶点数组从一个或更多的顶点缓冲区为这些属性接收数据。从顶点缓冲区选择绘图顶点时，一个可选的引导缓冲区将提供引导。

驱动控制存储器中二维纹理描述的图像，当它与描述过滤和封装行为的采样器组合时，是可以被 shader 访问的。通过读取或写入像素缓冲区，数据能够来自于或转换到纹理。像素缓冲区是传递数据的通道，基本上，图像数据就存

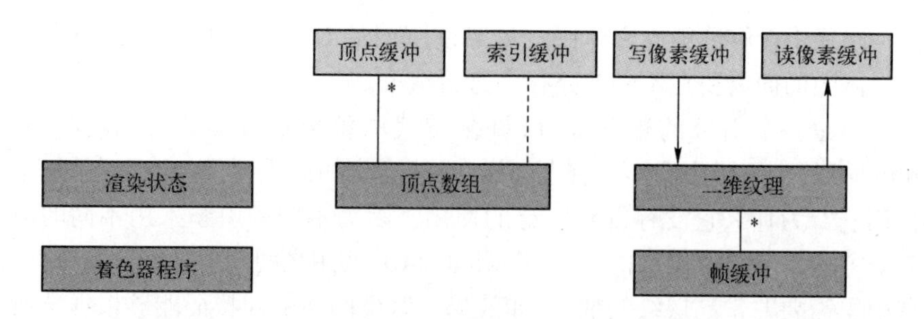

图 3.1　渲染的主要组件包括渲染状态、shader 程序、涉及顶点和引导缓冲区的顶点数组、由像素缓冲区操纵数据的 2D 纹理，以及包含纹理的帧缓冲区。

储在纹理自身当中。

最终，帧缓冲区是小型的纹理容器，它能够对纹理技术提供支持。帧缓冲区能够包含多个纹理（如颜色附属纹理）和单个纹理（如深度或浓度/模板附属纹理）。

静态类 Device 用于创建图 3.2 所示的渲染对象。把 Device 作为工厂非常有助于创建对象，但不是用于发出渲染指令。Context 用于发出渲染指令。这一区别类似于 Direct3D 中的 ID3D11Device 和 ID3D11DeviceContext。

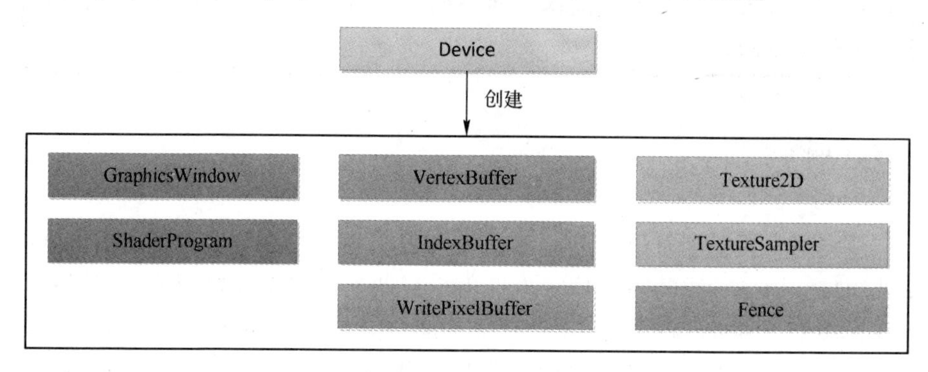

图 3.2　Device 是一个静态类，它创建在渲染环境之间共享的渲染对象。GraphicsWindow 包含渲染环境，因此是个例外。

Context 是 GraphicsWindow 的一部分，它通过 Device.CreateWindow 创建。图像窗口为绘制提供了画布，并且包含用于绘图、调整窗口大小和输入处理的渲染环境和事件。使用 Device 创建的对象，在多个渲染环境中能够共享，当然，除了 GraphicsWindow。例如，客户代码能够创建两个不同的窗口，这些窗口能用于相同的 shader、顶点/引导缓冲区、纹理，等等。本章描述了这些类型的细节，除了 fences 光栅，它在 10.4 节与 OpenGL 多线程一起介绍。

如图 3.3 所示，除了发布渲染指令，渲染环境能用于创建某一渲染对象并且包含许多状态。通过 Context 创建的对象仅能在该渲染环境中使用，不像通过 Device 创建的对象能用于所有渲染环境中。仅有两个对象属于不可共享的种类：顶点数组和帧缓冲区，它们都是小型容器。

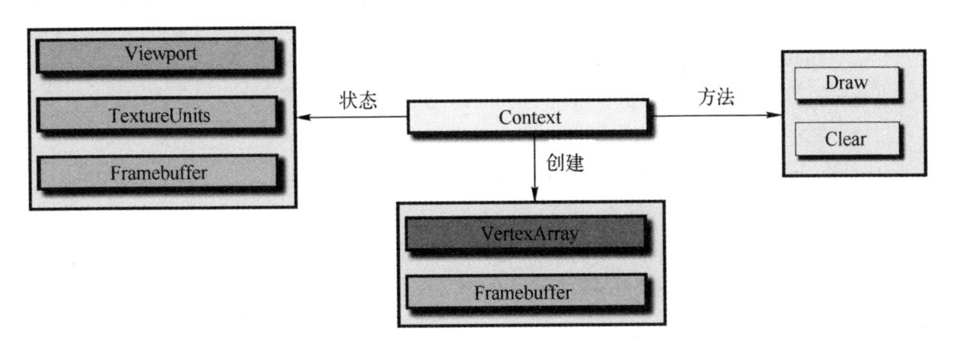

图 3.3 Context 用于发布渲染指令，Draw、Clear 和创建对象在渲染环境之间是不能够共享的。渲染方法依赖于渲染环境级状态，如帧缓冲区、传递给描述渲染状态代码的变元，等等。

Patrick 说：

> 接口设计者尽量不让实施细节（如底层 API）影响公共接口，这给出一个例子。在我们的渲染中，在渲染环境中顶点数组和帧缓冲区是不能共享的，因为 GL 不允许它们共享。由于这些都是小型储存器，GL 用于它们共享的操作可能更多的是与对象本身相关。

渲染环境包含一些状态：视口转换，用于绘制的帧缓冲区，以及用于渲染的纹理和采样器。用于渲染所需要的其他信息都传递给 Context. Draw，如 shader 程序和顶点数组。我们的设计仅使用渲染环境级状态，这能够适当地简化客户代码的状态管理。这一组织架构非常不同于 OpenGL 使用的状态机。

Device 和 Context 接口的相关部分分别如代码表 3.1 和代码表 3.2 所示。[1]

```
public static class Device
{
    public static GraphicsWindow CreateWindow(int width,int height);
    public static ShaderProgram CreateShaderProgram(
        string vertexShaderSource,
        string geometryShaderSource,
```

1 Context 的一些成员使用 C#属性。在成员命名仅用于读取属性时，使用{get;}表示；或用于读/写属性，用{get;set;}来表示。在 C++ 和 Java 中，属性用明确的 get 和/或 set 方式来操作。

```
        string fragmentShaderSource);
    public static VertexBuffer CreateVertexBuffer(
        BufferHint usageHint,int sizeInBytes);
    public static IndexBuffer CreateIndexBuffer(
        BufferHint usageHint,int sizeInBytes);
    public static WritePixelBuffer CreateWritePixelBuffer(
        PixelBufferHint usageHint,int sizeInBytes);
    public static Texture2D CreateTexture2D(
        Texture2DDescription description);
    public static TextureSampler CreateTexture2DSampler(/*... */);
    public static Fence CreateFence();
    //...
}
```

代码表 3.1　Device 接口

```
public abstract class Context
{
    public abstract VertexArray CreateVertexArray();
    public abstract Framebuffer CreateFramebuffer();
    public abstract TextureUnits TextureUnits {get;}
    public abstract Rectangle Viewport{get;set;}
    public abstract Framebuffer Framebuffer {get;set;}
    public abstract void Clear(ClearState clearState);
    public abstract void Draw(PrimitiveType primitiveType,
    int offset,int count,DrawState drawState,
    SceneState sceneState);
    //...
}
```

代码表 3.2　Context 接口

3.2.1　代码结构

我们的渲染在 OpenGlobe. Renderer. dll 中实现。所有公开显示的类型均在 OpenGlobe. Renderer 命名空间中。OpenGL 3.3 实现的所有类型在 OpenGlobe. Renderer 中。GL3x 命名空间中的名称均带有一个 GL3x 后缀。由于这些类型是实现细节，它们被定义为内部范围，所以渲染外部是无法访问的。[1] 例如，Context 在 OpenGlobe. Renderer 命名空间中是公共类型，ContextGL3x 在 OpenGlobe. Renderer. GL3x 命名空间中是内部类型。

OpenGlobe. Renderer 中的一些类型不依赖底层 API，所以它们没有类似于 GL3x 的对应物。例如，RenderState 仅是一个渲染状态参数的容器，并不需要任何 GL 的调用。真正依赖于底层 API 的类型都被定义为带有一个或多个 virtual 成员或 abstract 成员的 abstract 类[2]。相应的 GL3x 类型继承于此类并且重载了 abstract 和可能的 virtual 方法。

3.3　状态管理

渲染设计的主要考量是如何管理渲染状态。为了渲染和影响绘图调用，渲染状态配置管线的固定功能主要组件，包括裁剪测试、深度测试、模板测试和混合等。

3.3.1　全局状态

在原始的 GL 中，渲染状态是全局状态，只要有效的渲染环境正处于当前调用线程中就能够随时进行设置。例如，下面的语句将开启深度测试：

```
GL. Enable(EnableCap. DepthTest);
```

通过渲染实现上述功能的最简单的方法是映射这样的 GL 设计：提供 Enable 方法和 Disable 方法，以及一个被支持和不被支持的枚举定义状态这一设计仍有全局状态的基本问题。在既定时间点，深度测试是启动还是失效？要是 virtual 方法被调用呢？如何留下深度测试状态？我不知道，你呢？

管理全局状态的一个办法是：在方法被调用之前，维护一个状态集，并且需要被调用的方法能够修复该状态集所发生的改变。例如，我们的习惯是深度测试总是启动的，如果一个方法想要使深度测试失效，它必须做如下的事情：

```
public virtual void Render()
{
    GL. Disable (EnableCap. DepthTest);
    //... Draw call
```

1　在 C ++ 中，在不从 dll 导出类这一点上是相似的。

2　C#中的 abstract 方式等同于 C ++ 中的纯虚拟函数。

```
    GL. Enable (EnableCap. DepthTest);
}
```

一个明显的问题在于,当每种方法都在设置和复位同一个状态集时,这种办法可能导致状态抖动。例如,如果上述方法被调用10次,它将失效和启动深度测试10次,而事实上它仅需要做一次。如果从一次绘图调用到另一次绘图调用没有发生状态改变,驱动程序有可能优化状态改变,但是有一些驱动程序本身就与调用GL相关。不过,与真正的问题相比,上述问题显得微不足道:上述设计需要实现该方法的人清楚地知道即将接收到的状态是什么,并且记得去复位。

让我们假定开发者能够记起即将接收到的状态是什么。我们围绕GL调用的进栈和弹出属性调用其他代码,如下所示:

```
//... 设置初始状态
GL. PushAttrib (AttribMask. AllAttribBits);
GL. PushClientAttrib (ClientAttribMask. ClientAllAttribBits);
Render();
GL. PopClientAttrib();
GL.  PopAttrib();
//...
public virtual void Render()
{
    GL. Disable (EnableCap. DepthTest);
    //... 绘制调用
    //无需恢复还原
}
```

使用这一设计,Render并不需要复位任何状态,因为进栈和弹出属性能够保存和复位这些状态。由于不知道Render要改变什么状态,所有属性都被进栈和弹出,它们中的一些属性有可能会被结束。这些函数在OpenGL 3不被使用。代替进栈和弹出状态,我们能够通过在每个Render调用之前明确地设置完整的状态来“复位”状态,例如:

```
GL. Enable (EnableCap. DepthTest);
//... 设置其他状态
Render();
```

和之前一样,这种方法也会导致大量的状态改变,并且需要实现Render的人知道即将接收到的状态是什么。

Patrick 说:

> 我已经使用这个方法,在接收到的状态被很好地定义并且必须被保存的场合。它在某个时候是很伤脑筋的,因为在写新的代码之前,我总是加倍检查接收到的状态是什么,例如,“这个对象是易懂的,所以深度写入是无用的?”

来自于全局渲染状态的最坏结果,是开发者能够写出以下一些看似无害的代码:

```
public virtual void Render( )
{
    GL. ColorMask (false,false,false,false);
    GL. DepthMask (false);
    //... 绘图调用
    GL. ColorMask (true,true,true,true);
    //... 其他的绘图调用
}
```

初看起来,在第二句绘图调用中,深度写入是明显失效的。如果几个其他状态的改变被加入到该函数,它会是多么的明显?如果开发者注释掉对 GL. DepthMask 的调用呢?难道他们的目的只是针对第一句绘图调用或者每一句绘图调用吗?呵呵!如果对于每个绘图调用,渲染状态都被完整地定义,它将是多么的容易?

3.3.2　定义渲染状态

仅仅是因为 GL API 使用全局状态,并不能意味着渲染就要使用全局状态。全局状态是一个实现细节。通过使用它想要的任何抽象,渲染能够提供渲染状态。消除全局状态和开启状态归类的方法是,把所有渲染状态归到一个单 object 中,而该 object 被传递给绘图调用。在发布 GL 绘图调用之前,绘图调用进行真正的 GL 调用来设置状态。在这个设计中,当前状态是什么无关紧要,因为根本就没有当前状态。每个绘图调用有它自己的渲染状态,从调用到调用,这个状态可能改变也可能不变。

我们用下述属性定义了 RenderState 类(代码表 3.3):

```
public class RenderState
{
```

```
    public PrimitiveRestart PrimitiveRestart {get;set;}
    public FacetCulling FacetCulling {get;set;}
    public RasterizationMode RasterizationMode {get;set;}
    public ScissorTest ScissorTest {get;set;}
    public StencilTest StencilTest {get;set;}
    public DepthTest DepthTest {get;set;}
    public DepthRange DepthRange {get;set;}
    public Blending Blending {get;set;}
    public ColorMask ColorMask {get;set;}
    public bool DepthMask {get;set;}
}
```

代码表 3.3　RenderState 属性

这些属性的类型都是与 API 无关的，它们在 OpenGlobe. Renderer 中进行定义。它们完全是以你期望的那样进行命名的。例如，DepthTest 是由一个 Enabled 布尔属性和一个 DepthTestFunction 枚举组成，DepthTestFunction 定义了当深度测试启动时使用的比较函数(见代码表 3.4)。

```
public enum DepthTestFunction
{
    Never,
    Less,
    Equal,
    LessThanOrEqual,
    Greater,
    NotEqual,
    GreaterThanOrEqual,
    Always
}
public class DepthTest
{
    public DepthTest()
    {
        Enabled = true;
        Function = DepthTestFunction.Less;
    }
    public bool Enabled {get;set;}
```

```
    public DepthTestFunction Function {get;set;}
}
```

代码表 3.4 DepthTest 状态

当以缺省值构建时,RenderState 属性与缺省的 GL 状态相匹配,只有两个例外。一是由于深度测试 DepthTest 在我们的引擎中是常使用的,因此能够启动;二是面剔除功能 RenderState. FacetCulling. Enabled 能够启动。

其他的 RenderState 属性与 DepthTest 是相似的。值得一提的,一是模板测试,RenderState. StencilTest 将前后状态分开描述;二是混合,RenderState. Blending 把 RGB 和 alpha 融合因子分开。这些对象仅仅是容器,它们存储状态,但是实际上并不能设置 GL 全局状态。

客户代码简单地配置 RenderState,然后设置那些具有不恰当缺省值的属性。例如,以下代码定义了布告板的渲染状态(见第九章):

```
RenderState renderState = new RenderState( );
renderState. Facet Culling. Enabled = false;
renderState. Blending. Enabled = true;
renderState. Blending. SourceRGBFactor =
    SourceBlendingFactor. SourceAlpha;
renderState. Blending. SourceAlphaFactor =
    SourceBlendingFactor. Sourc eAlpha;
renderState. Blending. DestinationRGBFactor =
    Dest inat ionBle ndingFact or. OneMinusSourceAlpha;
renderState. Blending. DestinationAlphaFactor =
    Dest inat ionBle ndingFact or. OneMinusSourceAlpha;
```

这里的 RenderState 和相关类型与 D3D 状态对象是相似的,它把状态分组到粗粒度对象中:ID3D11BlendState,ID3D11DepthStencilState 和 ID3D11RasterizerState。主要的不同在于,D3D 类型是不可改变的,因此,一旦它们被创建就不能改变。不能改变的类型允许一些优化,但是它们也减少了客户代码的灵活性。例如,具有可更改的渲染状态,基于它的 alpha 值,一个对象能够正确地决定它的深度写入属性。具有不可更改的渲染状态,如果对象的深度写入属性改变,它需要创建新的渲染状态,或者基于其 alpha 值保持两个渲染状态被选择。

在 D3D 状态对象和这里的 RenderState 之间另一个不同是,通过使用 ID3D11DeviceContext:OMSetBlendState,D3D 状态对象仍然被分配给全局状态,反之,我们通过将对象直接传送给绘图调用,能够完全消除全局渲染状态。

Patrick 说：

当我最初为 Insight3D 设计渲染状态时，我使用不可更改的类型，它是基于“模板”创建的，它定义了实际状况。模板被传送给全局存储器，它能够创建新的渲染状态，或从它的高速缓存返回一个渲染状态。好处是，由于所有渲染状态都是已知的，使用存储桶分类去分类状态是可行的（见 3.3.6 节）。问题是，客户代码总是释放渲染状态，并且请求新的状态。我最终决定，可更改的渲染状态的灵活性比不可更改状态增加的性能更重要，与相似种类（如，std::sort）来比，我通常使用在绘图时间进行分类的可更改的渲染状态。Ericson 描述了在 God of War III[47] 中用于状态分类的相似的灵活性与性能的权衡。

3.3.3 GL 状态与渲染状态同步

至今为止，我们已经定义了 RenderState 作为一个渲染状态的容器对象，在绘图调用中，它影响管线的固定功能配置。为了使用 RenderState，它被传送给绘图调用，如下：

```
RenderState renderState = new RenderState();
//... 设置状态
context.Draw (PrimitiveType.Triangles,renderState,/*...*/);
```

当然，在每个绘制调用之前，RenderState 并不需要被分配。在构建时，一个对象能够分配一个或多个 RenderState，并且在需要时设置它们的属性。相同的 RenderState 也能够被用在不同的渲染环境中。

ContextGL3x.Draw 的实现完全是你所希望的那样。使用细粒度的 GL 调用去同步 GL 状态和进入的状态。渲染环境保存当前状态的一份影子拷贝，_renderState，所以它能够避免对不需要去改变的状态的 GL 调用。例如，设置深度测试状态，Context.Draw 调用 ApplyDepthTest：

```
private void ApplyDepthTest (DepthTest depthTest)
{
    if(_renderState.DepthTest.Enabled != depthTest.Enabled)
    {
        Enable(EnableCap.DepthTest,depthTest.Enabled);
        _renderState.DepthTest.Enabled = depthTest.Enabled;
    }
```

```
        if( depthTest. Enabled)
        {
            if( _renderState. DepthTest. Function ! = depthTest. Function)
            {
                GL. DepthFunc (TypeConverterGL3x. To (depthTest. Function));
                _renderState. DepthTest. Function = depthTest. Function;
            }
        }
}
protected static void Enable (EnableCap enableCap,bool enable)
{
        if( enable)
        {
            GL. Enable (enableCap);
        }
        else
        {
            GL. Disable (enableCap);
        }
}
```

为了设置深度函数,使用 TypeConverterGL3x. To 将渲染枚举转换为 GL 值。用一系列 if... else,一个 switch 语句,或者查表法能够实现上述功能。一个鲁棒的实现能够验证枚举,并且在恰当的地方抛出异常。除非一个渲染枚举值与 GL 值相匹配,一个枚举值不能直接加给 GL 类型。

OpenGlobe. Renderer. GL3x. ContextGL3x 中的大多数代码像上述片断一样设置 GL 状态。当处于遮蔽状态,影子拷贝与 GL 状态同步是很重要的。当渲染环境被构建,GL 状态与影子状态应该是同步的(见 ContextGL3x. ForceApplyRenderState),当 GL 状态改变时,影子状态应该总是更新的。

小练习:

如果几个绘图调用以相同的渲染状态进行,就像在第十三章中所做的,当用几何图元裁剪贴图渲染地形时,避免所有细粒度的 if 语句是值得的,该语句对附有阴影的状态的个别属性与输入的渲染状态进行比较。通过存储上次使用的渲染状态用例和它的“版本”,执行一个快速领受、粗粒度的检查,它是一个整数,随着每次渲染状态改变的参数增加。如果进入的渲染状态的读数起点位置与附有阴影渲染状态的读数起点位置相同，并且它们版本匹配，ContextGL3x. Draw 能够跳过所有细粒度检查，显示上一次绘图调用中使用的相同渲染状态。

3.3.4 绘图状态

虽然我们已经描述了 Context. Draw 调用 RenderState，它事实上是一个可称之为 DrawState 的高级容器对象。为了发布一个绘图调用，要求渲染状态配置固定功能管线，同时要求另外的状态配置管线的其他部分。明显地，必须执行着色程序以响应绘制调用（见 3.4 节），它是一个涉及顶点缓冲的顶点数组和一个可选的引导缓冲区（见 3.5 节）。

在 GL 中，这些是全局状态；着色程序使用 glUseProgram 指定[1]，顶点数组使用 glBindVertexArray 指定，都是在发布绘图调用之前。在 D3D 中，它们也是全局状态，使用 ID3D11DeviceContext 进行约束；着色阶段使用 * SetShader 方式进行约束，如 VSSetShader 和 PSSetShader，顶点数组状态使用 IA * 方法进行约束，如 IASetVertexBuffers 和 IASetIndexBuffer。

这些全局状态导致与全局渲染状态相同的问题。解决方法是相同的：把它们归并到一个传递给绘图调用的容器中。DrawState 就是一个这样的容器，它包括渲染状态，着色程序，以及用于绘图的顶点数组，如代码表 3.5 所示。

```
public class DrawState
{
    //... 构造函数
    public RenderState RenderState {get;set;}
    public ShaderProgram ShaderProgram {get;set;}
    public VertexArray VertexArray {get;set;}
}
```

代码表 3.5 DrawState 属性

通过 shader 能够进行分类，在 3.3.6 节进行了解释。在图 3.4 中显示了 DrawState 的属性。注意，绘图调用不仅仅是为 shader 程序调用 glUseProgram 和为顶点数组调用 glBindVertexArray，我们会在 3.4 节和 3.5 节分别进行讨论。

---

1 当 ARB_separate_shader_objects 被支持，glBindProgramPipeline 能够被用于支配管线程序的替代[87]。

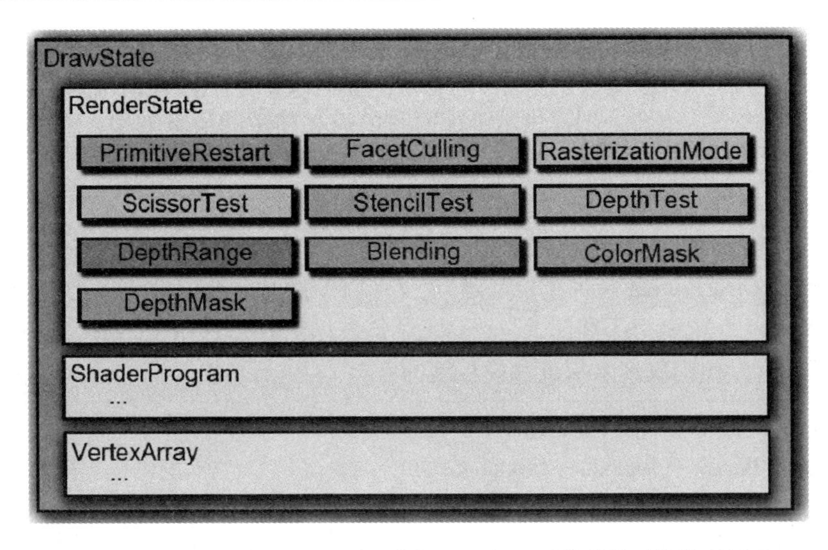

图 3.4　DrawState 和 RenderState 属性，DrawState 对象被传送给绘图调用，它消除了对全局渲染、shader 和顶点数组状态的需求。

Patrick 说：

最初设计 Context. Draw 时，仅仅是调用 RenderState 对象。在调用 Draw 之前，客户代码负责“约束”渲染环境中的着色器程序和顶点数组。之后，我意识到这些不是必需的全局状态，这是与全局渲染状态相关的同样问题，所以我把它们与 RenderState 合并到一个更高层级的 DrawState 存储器。当抽取 API 时，记得在你的设计中，不需要让 API 的实现细节全部显示是很重要的。我进行了大量的努力，但通常说的要比做的容易。

3.3.5　清除状态

大量状态影响绘图调用，也影响清除帧缓冲区。清除是不同于绘制的，因为几何图元不需要经过管线，并且不执行着色程序。虽然能够通过渲染一个全屏方块来清除帧缓冲区，这并不是一个好的操作，因为它没有充分利用快速清除的优势，合适的缓冲区初始化能够用于压缩和分层次的 z 剔除 [136]。

在 GL 中，清除受大量状态的影响，包括裁剪测试，以及颜色、深度和模板遮挡。清除也依赖于分别用 glClearColor、glClearDepth 和 glClearStencil 设置的颜色、深度和模板清除值状态。一旦状态被配置，一个或多个缓冲区通过调用 glClear 被清除。

D3D 有不同的设计，它不依赖全局状态；ID3D11DeviceContext::ClearRenderTargetView 清除一个渲染目标（如颜色缓冲区），ID3D11DeviceContext::ClearDepthStencilView 清除一个深度和/或模板缓冲区。清除值作为参数传递以代替全局状态。不会分别提供用于深度和模板缓冲区的清除方法，一起清除它们更有效，因为它们通常被存储在相同的缓冲区中[136]。

清除的渲染设计与 D3D 相似，即使它是使用 GL 来实现的。如代码表 3.6 和图 3.5 所示，它采用容器对象 ClearState 来封装清除所需要的状态。其中的一个成员 ClearBuffers 是一个位掩码，定义了哪个缓冲区要被清除。为了清除帧缓冲区中一个或多个缓冲区，ClearState 对象被创建并传递给 Context. Clear。例如，下面客户代码仅清除深度和模板缓冲区：

```
ClearState clearState = new ClearState();
clearState. Buffers = ClearBuffers. DepthBuffer |
                      ClearBuffers. StencilBuffer;
context. Clear (clearState);
```

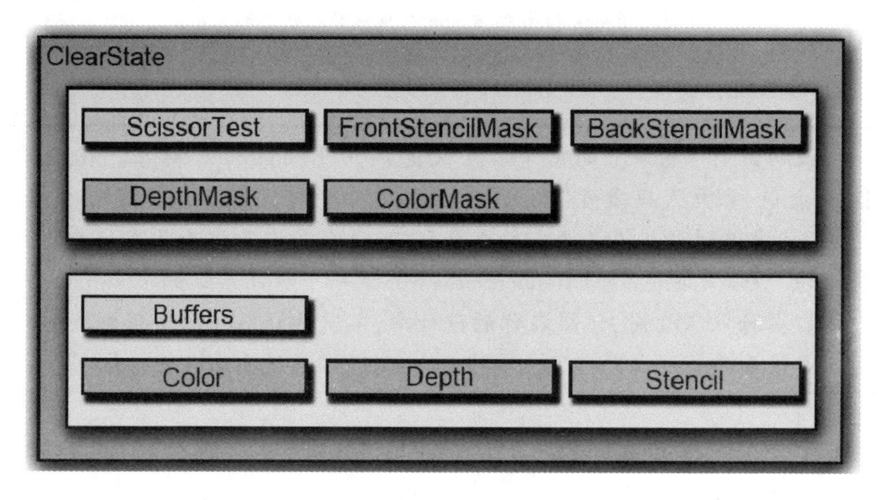

图 3.5　ClearState 属性。相似于绘制调用时 DrawState 的使用，ClearState 对象被传递清除指令，它消除对相关全局状态的需求。

ContextGL3x. Clear 操作是一系列基于 ClearState 的直接的 GL 调用。相似于遮蔽渲染状态，颜色、深度及模板清除值被遮蔽以避免不必要的 GL 调用。

```
[ Flags ]
public enum ClearBuffers
{
    ColorBuffer = 1,
```

```
    DepthBuffer = 2,
    StencilBuffer = 4,
    ColorAndDepthBuffer = ColorBuffer | DepthBuffer,
    All = ColorBuffer | DepthBuffer | StencilBuffer
}
public class ClearState
{
    //... 构造函数
    public ScissorTest ScissorTest {get;set;}
    public ColorMask ColorMask {get;set;}
    public bool DepthMask {get;set;}
    public int FrontStencilMask {get;set;}
    public int BackStencilMask {get;set;}
    public ClearBuffers Buffers {get;set;}
    public Color Color {get;set;}
    public float Depth {get;set;}
    public int Stencil {get;set;}
}
```

代码表 3.6 ClearState 属性

值得注意的是,裁剪测试并不影响 D3D 中的清除,但是会影响 GL 中的清除。正如在 3.1 节提到的,设计一个具有可移植性的渲染具有挑战性。在这个例子中,如果 GL 和 D3D 都被支持,裁剪测试可能从 ClearState 中移除,并且对于清除总是失效的。如果裁剪测试被启动,D3D 能够声明或抛出一个异常,虽然这迫使客户代码去知道它正在使用的是哪个渲染。

3.3.6 通过状态排序

一个通常的优化是通过状态进行排序。这么做能够避免占用 CPU 驱动程序,并且通过最小化管线阻塞,有助于充分利用 GPU 的并行性(见 10.1.2 节)[52]。最耗费资源的状态改变往往需要对管线进行大规模重新配置,如改变 shader、深度测试状态或混合状态。

状态排序并不是由渲染本身来做,而是在它上层由 DrawState 进行排序来实现,并且按序发出 Context. Draw 指令,如此则可以最小化改变状态的开销。一般通过纹理进行排序或在一个纹理中合并多个纹理,这将在 9.2 节论述。

用状态排序去渲染一个场景的方法分三步:

1. 首先,分层剔除决定了可见对象的列表。

2. 其次，可见对象通过状态进行排序。

3. 最后，可见对象以排序顺序进行绘图。

当然，有许多变化。如果在遍历场景之前，所有状态都是已知的，前两步可以合并，状态排序基本上不受影响。在初始化阶段，分配一个排好序的桶列表，每个可能的状态关联一个桶。每帧通过两步进行渲染：

1. 分层剔除决定了可见对象，并且基于对象的状态将其放到桶中。如果每个状态都有唯一的索引，那么基于状态将一个对象映射到一个桶的时间消耗为 $O(1)$。

2. 遍历已经排好序的桶，非空的桶中的对象将被绘制。在一个桶被渲染后，清除桶中的内容，从而为下一帧做准备。

该设计假设所有可能的状态在初始时刻都是已知的，并且可能的状态数量与对象的数量是相似的。也就是说，如果存在 100,000 个可能的状态，但是只有 10 个对象，那么该设计是不理想的。

某些场景并不需要分层剔除。如果状态集预先是已知的，并且对象不会改变状态，则场景的渲染只需要一个步骤，按照排序次序简单地绘制对象即可，剔除或不剔除的判断也可以在一遍绘制中完成。

不管状态分类什么时候发生，都需要定义排序次序。这可以使用 DrawState 对象轻松完成，该对象采用了比较法，例如代码表 3.7 中的 CompareDrawStates。该方法是，当 left < right 时，返回 -1；当 left > right 时，返回 1；当 left = right 时，返回 0。为了用状态分类，CompareDrawStates 被提供给 List <T>. Sort，类似于在 C++ 中，一个函数对象如何被传递给 std::sort[1]。

比较法应该首先比较最耗资源的状态，其次比较消耗资源比较少的状态，直到最终完成一个排序。CompareDrawStates 方法首先使用 shader 进行排序，然后启动深度测度。该方法应该更进一步，继续比较其他的渲染状态，如深度比较函数和混合状态。CompareDrawStates 的实现问题是，随着比较更多的状态，时间变得很长。当用于对每一帧进行排序时，大量的分支可能会对性能造成损害。

```
private static int CompareDrawStates (DrawState left,
                                      DrawState right)
{
    //首先按 shader 排序
    int leftShader = left. ShaderProgram. GetHashCode( );
```

1 准确地说，std::sort 所使用的函数对象仅需要一个严格的弱排序，而这里显示的比较法是完整排序的。

```
    int rightShader = right.ShaderProgram.GetHashCode();
    if(leftShader < rightShader)
    {
        return -1;
    }
    else if (leftShader > rightShader)
    {
        return 1;
    }
    //shader 相等时,比较 DepthTest 开启情况
    int leftEnabled =
        Convert.ToInt32 (left.RenderState.DepthTest.Enabled);
    int rightEnabled =
        Convert.ToInt32 (right.RenderState.DepthTest.Enabled);
    if(leftEnabled < rightEnabled)
    {
        return -1;
    }
    else if (rightEnabled > leftEnabled)
    {
        return 1;
    }
    //... 按照昂贵到便宜的次序,继续比较其他状态
    return 0;
}
```

代码表 3.7 使用 DrawState 进行分类的对照方法。首先通过 shader 分类,然后通过深度测试启动。通过更多的状态,有效的操作将分类。

为了写出一个更简洁和有效的比较法,在一个或多个位掩码中,RenderState 能够被改变,用于存储各种可排序的状态。每个位掩码在最重要的位上存储最耗时的状态,在最不重要的位上存储最不耗时的状态。如此一来,比较法中大量的单个渲染状态的比较被少量的采用位掩码的比较所取代。从而,RenderState 能够有效减少内存的使用,提高高速缓存性能。

小练习:

修改 RenderState,一个位掩码能用于状态分类。

Patrick 说：

> 根据 Forsyth's 的劝告[52]，使用位排序的方法进行状态分类，在 Insight3D 中使用的渲染状态使用位掩码存储状态。它的优点是使用非常少的内存，并能够使用简单和有效的算符进行分类。调试程序可能是难以处理的，因为当前所给的渲染状态是不明显的，个别状态挤入位掩码。当使用像这个设计时，写调试代码能够很容易显现位掩码中的状态。

通过其他物体进行排序，而不采用状态，也是常见的。例如，不透明的物体通常在半透明的物体之前进行渲染。不透明的物体可能通过深度由近至远进行排序，从而利用 z 缓冲区优化的优势（请参见 12.4.5 节的讨论），半透明的物体可能由远至近进行排序，从而获得合适的融合效果。状态排序并不完全与多遍渲染相兼容，因为每一遍绘制都依赖前一次绘制的结果，使得它很难重新排序绘图指令。

3.4 shader

在我们的渲染中，shader 支持比其他主要渲染组件包含更多接口和代码，因此，shader 是现代 3D 引擎设计的核心。甚至支持 OpenGL ES 2.0 的移动设备都含有功能强大的顶点和片元 shader。当前的台式机都有高度可编程的管线，包括可编程的顶点、分格化控制、分格化评估、几何图元和片断着色阶段。在 D3D 中，分格化阶段分别被称为包和域，片断着色也被称为像素 shader。我们使用 GL 专用术语。本节集中在由 OpenGL 3.x 和 Direct3D 10 类硬件支持的可编程阶段的抽象，包括顶点、几何图元和片断阶段。

小练习：

> 增加对渲染的分格化控制和评估着色器的支持。如果硬件不支持分格化，客户代码应如何去反应。

3.4.1 编译和连接 shader

让我们从一个简单的例子开始考虑编译和连接 shader：

```
string vs =//...
string fs =//...
ShaderProgram sp = Device. CreateShaderProgram (vs,fs);
```

两个字符串，vs 和 fs，包含顶点和片元 shader 源代码。一个几何图元 shader 是可选的，这里没有给出。源代码可能是一个硬编码的字符串，来自不同代码片断的程序产生的字符串，或者从磁盘读入的字符串。我们的许多例子以 .glsl 文件格式存储 shader 源代码，与 C#源文件区分开。这些文件包含在 C#工程中，并且被标记为嵌入资源，因此可以参与汇编阶段的编译[1]。在设计时，shader 位于单个文件中，但在运行时，它们被嵌入到 .dll 或 .exe 文件中。shader 源代码的检索发生在运行时，由帮助函数根据给定的源文件名进行字符串检索：

```
string vs = EmbeddedResources.GetText(
        "OpenGlobe.Scene.Globes.RayCasted.Shaders.GlobeVS.glsl");
```

Patrick 说：

这几年，我用许多种方式组织着色器，并且我确信嵌入资源是最方便的。由于着色器是汇编的一部分，这种方法在运行时不需要额外的文件，但是它在设计时提供了单独资源文件的安排。不像核心代码串和运行时程序上产生的着色器，作为资源嵌入的着色器能够在第三方工具中容易地被编写。还有一些要说的是关于程序上产生的着色器的潜在的性能优点，我已经在 Insight3D 中进行了使用。对于支持 ARB_shader_subroutine 的硬件，对程序上产生的着色器有很少的需求，因此不同的着色器子程序在运行时能够被选择，相似于虚拟调用[20]。

包含 shader 源的字符串被传递给 Device.CreateShaderProgram 用于创建 shader 程序，完全构建并且为渲染做好准备（当然，用户可能首先想要设置 uniform 单元）。如在 3.3.4 节提到的，一个 shader 程序是 DrawState 的一部分，它不需要像普通的 GL 或 D3D 那样受到渲染环境的限制[2]。作为替代，shader 程序被指定给每个绘图调用，作为 DrawState 的一部分，从而避免全局状态。值得注意的是，清除帧缓冲区时不能启用 shader，所以 shader 程序并不是 ClearState 的一部分。

本书中 ShaderProgram 的 GL 实现是在 ShaderProgramGL3x 中，它使用 ShaderObjectGL3x 作为 shader 对象的帮助类。shader 对象描述了管线的可编程实现阶段，是一个 GL 渲染实现细节。它并不是渲染抽象的一部分，而是同时描述了

1 在 Windows 的 C++ 中，shader 资源能够被嵌入作为用户定义的资源，能够用 FindResource 和相关函数存取。

2 在 D3D 中，"shader 程序"不存在；代替的，单独的 shader 阶段被限定到渲染环境。在 GL 中，这也是可能的，用 ARB_sparate_shader_objects。

shader 程序的所有阶段。尤其是当使用 ARB_separate_shader_objects 时，它也能用作单个管线阶段的接口，但是我们并没有这样的需求。

ShaderObjectGL3x 构造函数调用 glCreateShader、glShaderSource、glCompileShader 和 glGetShader 去创建和编译一个 shader 对象。如果编译失败，渲染将抛出一个定制的 CouldNotCreateVideoCardResourceException 异常。这是渲染抽象层的好处之一：它能够把错误返回代码转化成面向对象的异常。

ShaderProgramGL3x 构造函数创建 shader 对象，然后使用 glCreateProgram、glAttachShader、glLinkProgram 和 glGetProgram 链接到 shader 程序。与编译错误相似，链接错误也被转化成异常。

所有的这些 GL 调用显示了渲染器的另一个好处：简洁。客户代码对 Device. CreateShaderProgram 的单次调用构建了一个 ShaderProgramGL3x，它进行了许多 GL 调用，包括代表客户利益的恰当的错误处理。

除了增加面向对象的构造和使客户代码更简洁，渲染允许为 shader 开发者增加有用的构件。渲染有内置常量，所有的 shader 都能获得这些常量，但是在 GLSL 中没有缺省定义。这些常量的前缀使用 og_。代码表 3.8 中给出了几个内置常量。使用 C#的 Math 常量和 OpenGlobe 的静态 Trig 类中的常量来计算这些 GLSL 常量的值。

```
float og_pi = 3.14159265358979;
float og_oneOverPi = 0.318309886183791;
float og_twoPi = 6.28318530717959;
float og_halfPi = 1.5707963267949;
```

代码表 3.8　选择的 GLSL 常量内嵌在渲染中

shader 作者能够简单地使用这些常量，无需显式地声明它们，这是通过提供一个数组给 glShaderSource，从而得以在 ShaderObjectGL3x 中实现的。这个数组包含两个字符串，一个是内置常量，另一个是实际的 shader 源代码。在 GLSL 中，#version 指令必须是源码的第一行，并且不能重复，因此我们将#version 330 作为内置常量的第一行，如果在实际的 shader 源代码中提供了#version 行，那么将其注释掉即可。

小练习：

在 D3D 中，着色器连接并不需要。代替的着色器用 D3D10CompileShader 编译（可能脱机），并且使用像 CreateVertexShader 和 CreatePixelShader 的 ID3D11DeviceContext 创建用于独立线程的对象，然后使用如 VSSetShader

和 PSSetShader 的调用，限定用于渲染的独立线程。这在 GL 中使用 ARB_get_program_binary[103] 和 ARB_separate_shader_objects 也是可能的。

使用这些扩展去处理渲染以支持脱线编译，把着色器线程作为单独对象和 DrawState 属性。在 OpenGL 中，如果针对不同硬件进行编译或使用不同的驱动程序版本，二进制着色器可能被舍弃，所以后退方式必须被提供。

小练习：

当前 3D 引擎通常设计成可以被大多数应用方便使用，因此，单个应用通常需要定义自己的内置常量去适配着色器。

小练习：

内置常量是有用的，但是内置重用函数更有用。在渲染中如何使用内置重用函数？它与内置常量以相同的使用方式吗？或者是一个#include 结构所需要的？如何权衡？

在编译和连接后，基于 shader 程序的输入和输出来填充几个集合（代码表 3.9和图 3.6 中给出）。在接下来的几个小节中，我们将分别考虑这些集合。

```
public abstract class ShaderProgram:Disposable
{
    public abstract ShaderVertexAttributeCollection
        VertexAttributes {get;}
    public abstract FragmentOutputs FragmentOutputs {get;}
    public abstract UniformCollection Uniforms {get;}
    //...
}
```

代码表 3.9　公共的 ShaderProgram 属性

3.4.2　顶点属性

客户代码需要能够分配顶点缓冲区去命名 GLSL 顶点 shader 中的顶点属性。属性就是这样接收数据的。每个属性都有一个用于进行连接的数值地址。连接之后，ShaderProgramGL3x 使用 glGetProgram、glGetActiveAttrib 和 glGetAttribLocation 查询它的活跃属性，并填充顶点 shader 中使用的公开显示的属性集合 VertexAttributes（在代码表 3.9 和图 3.6 中）。集合中的每一项包括属性名

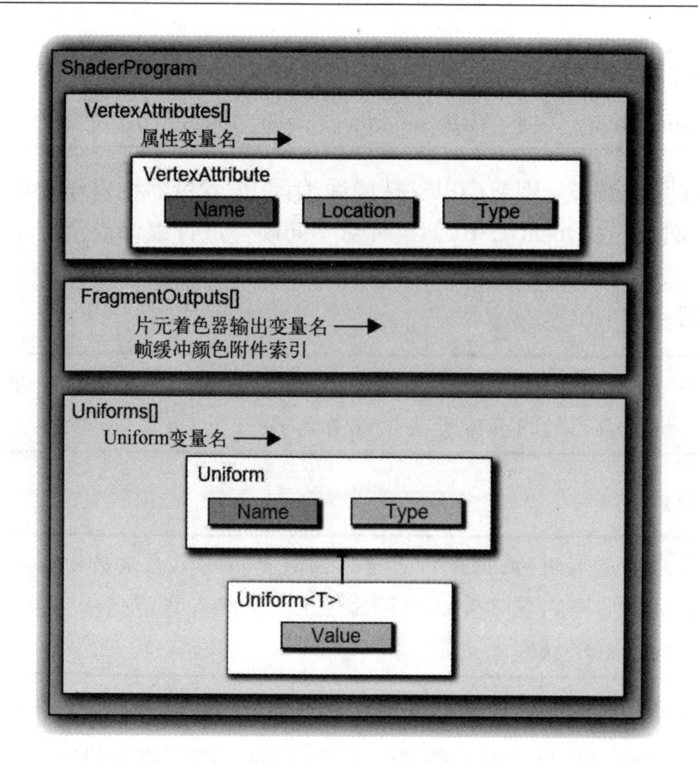

图 3.6　ShaderProgram 属性。一个渲染程序包含属性变量集合、片元 shader 输出变量集合和一个 uniform 单元集合，所有变量都可以通过名字索引。

称、数值地址和类型（如，Float，FloatVector4），如下所示：

```
public class ShaderVertexAttribute
{
    //... 构造函数
    public string Name {get;}
    public int Location {get;}
    public ShaderVertexAttributeType DataType {get;}
}
```

例如，顶点 shader 可能具有两个活跃属性：

```
in vec4 position;
in vec3 normal;
```

相关的 shader 程序将发现和显示两个属性：

	名　称	位　置	类　型
sp. VertexAttributcs[“position”]	“position”	0	FloatVector4
sp. VertexAttributes[“normal”]	“normal”	1	FloatVector3

这一属性集合被传递给 Context. CreateVertexArray(见 3.5.3 节),使顶点缓冲区与属性连接。客户代码能够依赖 shader 程序创建集合,但有时,在创建顶点数组之前创建 shader 程序是不方便的。

要达到这一目的,属性及其地址是需要预先知道的。客户代码能够使用这些信息去创建 ShaderVertexAttributeCollection,而不需要 shader 程序提供。

在代码表 3.10 中给出了渲染包含的内置常量,可用于直接地、显式地在顶点着色源代码中指定一个顶点属性的地址。

```
#define og_positionVertexLocation            0
#define og_normalVertexLocation              1
#define og_textureCoordinateVertexLocation   2
#define og_ColorVertexLocation               3
```

代码表 3.10　用于指定顶点属性地址的内置常量

在顶点 shader 中,属性声明如下所示:

```
layout(location = og_positionVertexLocation) in vec4 position;
layout(location = og_normalVertexLocation) in vec3 normal;
```

代替依赖 shader 程序构建顶点属性集合,客户代码能够处理如下:

```
ShaderVertexAttributeCollection VertexAttributes =
    new ShaderVertexAttributeCollection();
Vertex Attributes. Add (new ShaderVertexAttribute (
    "position",VertexLocations. Position,
    ShaderVertexAttributeType. FloatVector4,1));
Vertex Attributes. Add (new ShaderVertexAttribute (
    "normal",VertexLocations. Normal,
    ShaderVertexAttributeType. FloatVector3,1));
```

在此,一个静态类 VertexLocations 包含方位和法线的顶点位置的常量。VertexLocations 中的常量在 C#中与在 GLSL 中是相当的;实际上,VertexLocations 被用于程序地创建 GLSL 常量。

客户代码仍然需要知道在 shader 程序中使用的属性,但是它不需要先创建 shader 程序。通过指定地址为内置常量,用于某一顶点属性的地址,如方位或法线,能够在整个应用中保持一致。

在3.5.3节,我们将看到属性集合如何被准确地用于连接顶点缓冲区和属性。

小练习:

> 渲染不支持数组顶点属性。增加对它们的支持。

3.4.3 片元输出

相似于顶点属性在顶点shader中的定义,需要被连接到顶点数组中的顶点缓冲区,当多种颜色附件被使用时,片元shader输出变量需要连接到帧缓冲区颜色附件。值得庆幸的是,这个过程甚至比顶点属性的过程更简单。

许多片元shader仅有一个单一的输出变量,通常声明为out vec3 fragmentColor;或者out vec4 fragmentColor;,依赖alpha值是否被写入。通常,我们依靠固定函数写入深度,但是一些片元shader借助赋值给gl_FragDepth显式地写入它,例如在4.3节用于GPU光线投射地球的shader。

当片元shader具有多个输出变量时,它们需要连接到恰当的帧缓冲区颜色附件。相似于顶点属性地址,通过询问shader程序的输出变量地址或在片元shader源代码中明确赋值地址,客户代码能够完成这项工作。对于前者,ShaderProgram提供了一个FragmentOutputs集合(在先前给出的代码表3.9和图3.6中),将输出变量名映射到它的数值地址,使用glGetFragDataLocation在FragmentOutputsGL3x中得以实现。

例如,考虑带有两个输出变量的片元shader:

```
out vec4 dayColor;
out vec4 nightColor;
```

客户代码能够简单地询问shader程序,获取给定名称的输出变量的地址,并且为颜色附件分配一个纹理:

```
framebuffer.ColorAttachments[sp.FragmentOutputs("dayColor")] = dayTexture;
```

3.7节给出关于帧缓冲区及其颜色附件的更多细节。可选择的,片元shader能够采用相同的语法,显式地声明其输出变量地址,从而用于声明顶点属性地址:

```
layout(location = 0) out vec4 dayColor;
layout(location = 1) out vec4 nightColor;
```

现在,在创建一个 shader 程序之前,客户代码能够知道输出变量的地址了。

3.4.4 uniform 单元

顶点缓冲区为顶点 shader 提供可以改变的数据。典型的顶点组件包括位置、法线、纹理坐标和颜色。每个顶点的这些数据类型通常都是变化的,但是其他数据类型很少改变,并且要耗费资源去存储每个顶点。uniform 单元变量是给任何 shader 阶段提供数据的一种方式,它仅改变每个图元。由于在每个绘制调用之前设置 uniform 单元,完全从顶点数据中分离,它们在许多图元上是相同的。对于 uniform 单元的使用包括模型—图像—投影转换;光照和材料属性,如散射和反射组件;应用细节值,如太阳的位置或观察者的海拔。

shader 程序提供了一个称之为 Uniforms 的活跃 uniform 单元的集合,如代码表 3.9 和图 3.6 所示,因此,客户代码能够检查 uniform 单元并改变它们的值。shader 编写工具可能想要知道 shader 程序使用什么 uniform 单元,所以它能够提供文本框、颜色选择器等,去修改它们的值。不是在创建 ShaderProgram 以后,就是在每次绘图调用之前,我们许多例子的代码也知道什么样的 uniform 单元正在使用,需要简单地设置它们的值。本节描述了在我们的渲染中 shader 程序如何提供 uniform 单元,并使得 GL 调用去修改它们。下一节将讨论如何由渲染自动设置 uniform 单元。

渲染支持由 UniformType 定义的 uniform 数据类型,包括如下:

- Float,int 和 bool 类型的标量。
- Float,int 和 bool 类型的 2D、3D 和 4D 向量。在 GLSL 中,这些用 vec4、ivec4 和 bvec4 表示,分别与 OpenGlobe 中的 Vector4F,Vector4I 和 Vector4B 相对应。
- 2×2,3×3,4×4,2×3,2×4,3×2,3×4,4×2 和 4×3 的 float 矩阵,其中,一个 $n \times m$ 矩阵有 n 列 m 行。在 GLSL 中,这些类型类似 mat4 和 mat2x3,分别对应 Matrix4F 和 Matrix23。
- 采样器 uniform 单元通常指的是纹理(见 3.6 节),它们仅是标量 int。

我们通常使用的 uniform 单元是 4×4 矩阵、浮点向量和采样器。

```
public class Uniform
{
    //... 保护的构造函数
    public string Name {get;}
    public UniformType DataType {get;}
}
```

```
public abstract class Uniform < T > :Uniform
{
    protected U niform (string name,UniformType type)
    : base( name,type)
    {
    }
    public abstract T Value {set;get;}
}
```

代码表 3.11 使用 Uniform < T > 实例,客户代码存取每个 uniform 单元

小练习:

> OpenGL 包括无符号 ints 和数组统一标准。增加对它们的渲染支持。

小练习:

> OpenGL4.1 包括用双精度对统一标准类型的支持。对于数字地球双精度是一个"消除器要素",在第五章进行描述。增加对双精度统一标准的渲染支持。鉴于 OpenGL 4.x 需要与 3.x 不同的硬件,这个如何进行设计?

链接 shader 以后,ShaderProgramGL3x 使用 glGetProgram、glGetActiveUniform、glGetActiveUniforms 和 glGetUniformLocation 去填充 uniform 单元的集合。集合中的每个 uniform 单元是 Uniform < T > 的一个实例,在代码表 3.11 和图 3.7 中给出。

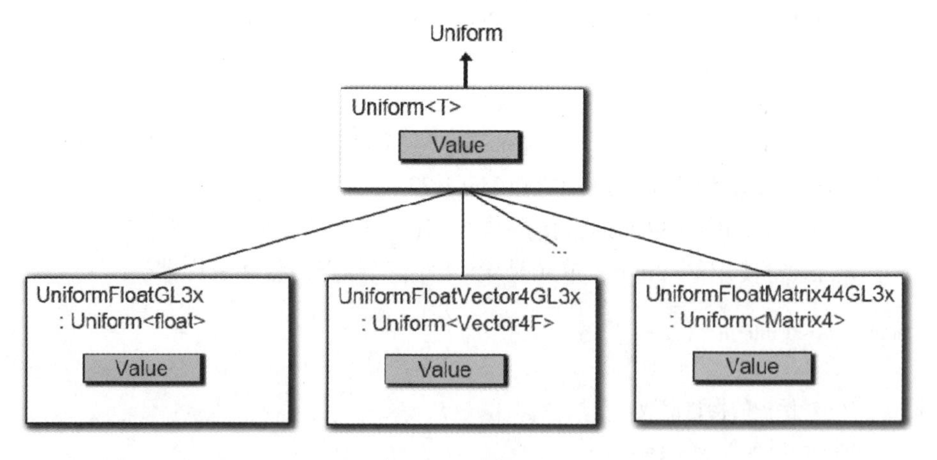

图 3.7 由于不同的 uniform 单元类型需要不同数据类型的 Value 属性,客户代码使用 Uniform < T > 设置 uniform 单元值。对于每个可能的 T,有一个 GL 工具调用正确的 GL 函数(如 glUniform1f,glUniform4f)。

让我们考虑有三个 uniform 单元的 shader：

```
uniform mat4 modelViewPerspectiveMatrix;
uniform vec3 sunPosition;
uniform sampler2D diffuseTexture;
```

一旦客户代码为带有这些 uniform 的 shader 创建了一个 ShaderProgram，Uniforms 集合将包含三个 Uniform 对象：

	名称	类型（Uniform 类型）
Uniforms["modelView PerspectiveMatrix"]	"modelView Perspcetive Matrix"	FloatVector4
Uniforms["sunPosition"]	"sunPosition"	FloatVector3
Uniforms["diffuseTexture"]	"diffuseTexture"	Sampler2D

Uniforms 集合通过其基础类 Uniform 提供 uniform 单元，客户代码需要投射一个 uniform 单元到恰当的 Uniform <T> 类型中去，从而访问它的 Value 属性。例如，在上面的例子中，三个 uniform 单元将被赋予值，代码如下所示：

```
((Uniform<Matrix4F>)sp. Uniforms ["modelViewPerspectiveMatrix"]).
    Value = new Matrix4F(/*... */);
((Uniform<Vector4F>)sp. Uniforms ["sunPosition"]). Value =
    new Vector4F(/*... */);
//纹理单元为0
((Uniform<int >)sp. Uniforms ["diffuseTexture"]). Value =0;
```

如果在每个绘图调用之前设置 uniform 单元，那么，在绘图调用之前，字符串查找和投射应该一次性完成，并且 Uniform <T> 应该高速缓存到客户代码中：

```
Uniform<Matrix4F> u =
    (Uniform<Matrix4F>)sp. Uniforms ["modelViewPerspectiveMatrix"];
//...
while(/*... */)
{
    u. Value =//...
    context. Draw (/*... */);
}
```

如果客户代码不知道投射到哪一个 Uniform <T>，它可以检查 Type 属性，然后再进行恰当的投射。

我们的 GL 工具在不同的类中实现了每一个 Uniform < T >。Uniform < T > 和一些 GL 类之间的继承关系如图 3.7 所示。命名规则为:Uniform < float > 在 UniformFloatGL3x 中实现,等等。代码 ShaderProgram GL3x. CreateUniform 使用由 glGetActiveUniform 返回的 uniform 单元类型去创建合适的 Uniform < T > 派生类型。

每个 GL 类储存 uniform 单元值的拷贝,并且进行合适的 glUniform * 调用,从而与 GL 实现值的同步。当用户为 Value 属性分配一个值时,并不立即进行 GL 调用,作为代替,此处将使用延迟技术[32]。代码 ShaderProgramGL3x 保存所有它的 uniform 单元的集合,以及一个分离的"无用的"uniform 单元列表。当客户代码设置一个 uniform 单元的 Value 属性时,如果事实上它并没有被添加,那么,uniform 单元保存该值并将自身添加到 shader 程序的"无用列表"。

当进行绘制调用时,shader 程序是 DrawState 的一部分,用 glUseProgram 限定到渲染环境中,那么程序是"干净的"。也就是说,为无用列表中的每个 uniform 单元调用 glUniform * ,然后,无用列表就被清除了。从绘图调用到绘图调用,如果程序的大多数 uniform 单元都会发生改变,那么,就需要改变这种实现方式,也就是说,不采用"无用列表",而是通过迭代 uniform 单元集合,为每一个 uniform 单元进行一次 glUniform * 调用。一个好的引擎,能够在运行时进行时间控制,并且采用更有效的策略。

延迟技术的好处是,如果客户代码大量地设置一个 uniform 单元的 Value 属性,没有对 glUniform * 的大量调用。当设置属性时,渲染环境甚至不需要是正在运行的。由于对 glUniform * 的调用需要相应的 shader 程序处于被限定的状态,因此也简化了 GL 状态管理[1]。

Direct3D 9 有类似于 GL uniform 单元的常量,能够使用 ID3DXConstantTable 对 shader 的常量进行查询和设置。D3D 10 用常量缓冲区取代了常量,它是一种包括常量的缓冲区,基于常量的预期更新频率进行分组。通过减少每个常量的开销,缓冲区能够提高性能。OpenGL 引入了一个称之为 uniform 单元缓冲区的相似特征。

小练习:

> 渲染包括对 uniform 单元缓冲区的支持。见 UniformBlock * 和它们在 UniformBloCk * GL3x 和 ShaderProgramGL3x. FindUniformBlocks 中的执行。

1 使用 ARB_separate_shader_objects 也能简化状态管理,因为代替需要被限定,程序被直接传递给 glProgramUniform * 。

当有源代码时，驱动器不是足够稳定地允许他们使用本书中的例子。目前，稳定的驱动程序是能得到的，你如何组织 uniform 单元进入 uniform 单元缓冲区？鉴于 D3D10 减少对常量的支持，渲染应该减少对 uniform 单元和仅显示 uniform 单元缓冲区的支持吗？

3.4.5 自动的 uniform 单元

Uniform 单元是一种方便的方式，在一次或多次绘图调用中，为 shader 恒定地提供变量。迄今，渲染需要客户代码使用 Uniform <T> 显式地分配每一个 shader 的每一个活跃的 uniform 单元。在多次绘图调用甚至是整个帧中，一些 uniform 单元是完全相同的，比如模型—图像矩阵和相机位置。要求客户代码显式地为每个 shader 设置这些 uniform 单元甚至是全部单元，是非常不方便的。如果渲染定义一个 uniform 单元集合，能够在绘制调用之前进行自动设置，将是一件好事。如果客户代码能够给这个集合增加新的 uniform 单元，则会更好。毕竟，选择使用渲染的一个重要原因就是在底层 API 之上增加功能性（见 3.1 节）。

渲染定义了许多这样的 uniform 单元和支持增加新 uniform 单元的框架。我们称其为自动的 uniform 单元；它们在各种不同的引擎中具有不同的名字：预装 uniform 单元，引擎 uniform 单元，引擎变量，引擎参数等。思路总是相同的：shader 编写者简单地声明一个 uniform 单元（如 mat4 og_modelViewMatrix），即可实现自动的设置，而不需要写任何客户代码。

与 3.4.5 节中的内置 GLSL 常量类似，自动的 uniform 单元的名字均有前缀 og_。我们的实现相似于 Cozzi[31]，尽管我们把自动的 uniform 单元分成两种类型：

- 连接自动化。一旦 shader 被编译和连接，uniform 单元仅需设置一次。
- 绘制自动化。每一个绘制调用都需要设置 uniform 单元。

大量的自动 uniform 单元是绘制自动化。连接自动化明显用处不大，但由于它们无需在每一次绘制调用时都进行设置，因此开销很少。LinkAutomaticUniform 或 DrawAutomaticUniform 和 DrawAutomaticUniformFactory 都是自动化的 uniform 单元实现。这些抽象类在代码表 3.12 中给出。

连接自动化仅需要提供它的名字和知道如何赋值给 Uniform。Device 存储一个连接自动化的集合。在 shader 被编译和连接后，ShaderProgram. InitializeAutomaticUniforms 通过 shader 的 uniform 单元迭代，如果任何 uniform 单元与连接自动化的名称匹配，则调用抽象的 Set 方法为 uniform 单元赋一个值。

在我们的渲染中，唯一的连接自动化是 og_textureN，它为纹理单元 N 分配一个采样器 uniform 单元。例如，sampler2D og_texture1 定义一个 2D 采样器，被自动地设置到纹理单元 1，代码表 3.13 给出它是如何实现的。

绘制自动化比连接自动化更加复杂。相似于连接自动化，Device 储存了一个包含所有绘制自动化工厂在内的集合。不像连接自动化，当 ShaderProgram. InitializeAutomaticUniforms 接受一个绘制自动化，它不能简单赋予一个值，因为从绘制调用到绘制调用，值可以是不同的。代替的是，uniform 单元批量产生创建实际的绘制自动化 uniform 单元，为了特定的 shader，它被储存在绘制自动化集合中。在每个绘制调用之前，shader 被"清除"；通过其绘制自动化 uniform 单元进行迭代，并且调用抽象 Set 方法去赋值。

自动化 uniform 单元的实现独立于 GL 渲染操作，只有两种例外情况：一是在编译和链接之后，ShaderProgramGL3x 需要去调用受保护的 InitializeAutomaticUniforms；二是当它处于被清除的状态时，会调用 SetDrawAuto maticUniforms。个别的自动化 uniform 单元，如在代码表 3.13 和代码表 3.15 中所给出的，它的实现不涉及任何底层 API 的知识。

```
public abstract class LinkAutomaticUniform
{
    public abstract string Name {get;}
    public abstract void Set (Uniform uniform);
}
public abstract class DrawAutomaticUniformFactory
{
    public abstract string Name {get;}
    public abstract DrawAutomaticUniform Create (Uniform uniform);
}
public abstract class DrawAutomaticUniform
{
    public abstract void Set (Context context,DrawState drawState,
    SceneState sceneState);
}
```

代码表 3.12　自动化抽象类 uniform 单元

```
internal class TextureUniform1 :LinkAutomaticUniform
{
    public override string Name
```

```
    }
        get{ return "og_texture1"; }
    }
    public override void Set (Uniform uniform)
    {
        ((Uniform < int  > ) uniform). Value = 1;
    }
}
```

代码表 3.13　连接自动化 uniform 单元的一个例子

鉴于在代码表 3.13 中 DrawAutomaticUniform. Set 的标记，绘制自动化能够使用 Context 和 DrawState 去决定分配给其 uniform 单元的值。但是，对于模型—图像矩阵和相机位置那样的 uniform 单元有帮助吗？当然不能。Set 的第三个自变量是一个新的叫做 SceneState 的新类型，它囊括了像变换和照相机之类的场景级状态，如代码表 3.14 所示。相似于 DrawState，SceneState 被传递给绘制调用，它最终通过特别的方式到达一个自动化 uniform 单元的 Set 方法。应用程序能够为所有的绘制调用使用一个 SceneState，或根据需要使用不同的 SceneState。

```
public class Camera
{
    //...
    public Vector3D Eye {get;set;}
    public Vector3D Target {get;set;}
    public Vector3D Up {get;set;}
    public Vector3D Forward {get;}
    public Vector3D Right {get;}
    public double FieldOfViewX {get;}
    public double FieldOfViewY {get;set;}
    public double AspectRatio {get;set;}
    public double PerspectiveNearPlaneDistance {get;set;}
    public double PerspectiveFarPlaneDistance {get;set;}
    public double Altitude(Ellipsoid shape);
}
public class SceneState
{
    //...
```

```
    public float DiffuseIntensity {get;set;}
    public float SpecularIntensity {get;set;}
    public float AmbientIntensity {get;set;}
    public float Shininess {get;set;}
    public Camera Camera {get;set;}
    public Vector3D CameraLightPosition {get;}
    public Matrix4D ComputeViewportTransformationMatrix(Rectangle
        viewport,double nearDepthRange,double farDepthRange);
    public static Matrix4D ComputeViewportOrthographicMatrix(
        Rectangle viewport);
    public Matrix4D OrthographicMatrix {get;}
    public Matrix4D PerspectiveMatrix {get;}
    public Matrix4D ViewMatrix {get;}
    public Matrix4D ModelMatrix {get;set;}
    public Matrix4D ModelViewPerspectiveMatrix {get;}
    public Matrix4D ModelViewOrthographicMatrix {get;}
    public Matrix42 ModelZToClipCoordinates {get;}
}
```

代码表 3.14　选择的照相机和用于操作绘制自动化 uniform 单元的 SceneState 成员

通过看代码表 3.15 中 og_wgs84Height 的实现，让我们确认对绘制自动化的理解。这个浮点 uniform 单元是在 WGS84 椭球体（见 2.2.1 节）上的照相机的高度，基本上是忽略地形的观察者的高度。它的一个使用方法是逐渐增强/减弱矢量数据。代码表 3.15 中的工厂实现是直接的，就和其他所有的绘制自动化工厂的实现一样；一个属性简单地返回 uniform 单元的名称，而其他方法实际上创建了绘制自动化 uniform 单元。自动化 uniform 单元本身，Wgs84HeightUniform，要求场景状态照相机的高度在 WGS84 椭球体之上，并将其分派给 uniform 单元。

```
internal class Wgs84HeightUniformFactory :
    DrawAutomaticUniformFactory
{
    public override string Name
    {
        get{return "og_wgs84Height";}
    }
    public override DrawAutomaticUniform Create(Uniform uniform)
```

```
    }
        return new Wgs84HeightUniform(uniform);
    }
}
internal class Wgs84HeightUniform:DrawAutomaticUniform
{
    public Wgs84HeightUniform(Uniform uniform)
    {
        _uniform = (Uniform<float>) uniform;
    }
    public override void Set(Context context,DrawState drawState,SceneState sceneState)
    {
        _uniform. Value = (float) sceneState. Camera. Height(Ellipsoid. Wgs84);
    }
    private Uniform<float>_uniform;
}
```

代码表 3.15 og_wgs84Height 绘制自动化 uniform 单元的操作

小练习:

由于自动化 uniform 单元通过名字被发现,具有错误数据类型(如 int og_wgs84Height 代替 float og_wgs84Height),着色器编写者能够声明自动化 uniform 单元,当投射到 Uniform<T>错误时,导致运行异常。增加更多强健的错误处理,它们能够报告数据类型不匹配,或者是如果它的名字和数据类型匹配只是发现一个自动化的 uniform 单元。

小练习:

没有高速缓存照相机和场景状态值,自动化 uniform 单元能够通过要求照相机或场景状态去大量计算而引入 CPU。例如,在 Wgs84HeightUniform 中,对每个使用 og_wgs84Height 的自动化 uniform 单元的着色器,大量调用 Camera. Height。增加对 SceneState 和 Camera 的高速缓存去避免大量的计算。

小练习:

uniform 单元缓冲器,UniformBlock *,如何简化自动化 uniform 单元?

表3.1列出了在本书例子中最常用的自动化 uniform 单元。我们仅包含了在例子中实际使用过的 uniform 单元,但是在一般意义上,许多其他的 uniform 单元也是非常有用的。在每个绘制调用之前,绘制自动化 uniform 单元甚至不必设置 uniform 单元的值。在 Insight3D 中,在每个绘制调用之前,某些绘制自动化 uniform 单元设置一个采样器 uniform 单元,并且实际上绑定一个纹理(见3.6节)(如,地形的深度或轮廓纹理)。类似的技术可以用噪声纹理。

表3.1 选择的渲染自动化 uniform 单元(它们中的许多替代 OpenGL 内置 uniform 单元)

GLSL Uniform 名称	源渲染器属性/方法	描　述
vec3 og_cameraEye	Camera. Eye	世界坐标中相机的位置
vec3 og_cameraLightPosition	SceneState. CameraLightPosition	世界坐标中相机上附带的光源位置
vec4 og_diffuseSpecularAmbientShininess	DiffuseIntensity, SpecularIntensity, AmbientIntensity 和 Shininess SceneState properties	光照方程系数
mat4 og_modelViewMatrix	SceneState. ModelViewMatrix	模型—视图矩阵,将模型坐标转换到眼坐标
mat4 og_modelViewOrthographicMatrix	SceneState. ModelViewOrthographicMatrix	模型—视图正交投影矩阵,采用正交投影将模型坐标转换到剪裁坐标
mat4 og_modelViewPerspectiveMatrix	SceneState. ModelViewPerspectiveMatrix	模型—视图透视投影矩阵,采用透视投影将模型坐标转换到剪裁坐标
mat4x2 og_modelZToClipCoordinates	SceneState. ModelZToClipCoordinates	一个4×2矩阵,将模型坐标中的Z组件转换到剪裁坐标,对GPU光线投射非常有用(见4.3节)
float og_perspectiveFarPlaneDistance	Camera. PerspectiveFarPlaneDistance	从相机到远平面的距离。用于对数深度缓冲(见6.4节)
float og_perspectiveNearPlaneDistance	Camera. PerspectiveNearPlaneDistance	从相机到近平面的距离。当绘制宽线条时,有利于近平面的裁剪(见7.3.3节)
mat4 og_perspectiveMatrix	SceneState. PerspectiveMatrix	透视投影矩阵,将眼坐标转换到剪裁坐标
mat4 og_viewportOrthographicMatrix	SceneState. ComputeViewportOrthographicMatrix()	整个视点的正交投影矩阵
mat4 og_viewportTransformationMatrix	SceneState. ComputeViewportTransformationMatrix()	视点转换矩阵,将归一化的设备坐标转换到窗口坐标,用于绘制宽线条和布告板
mat4 og_viewport	Context. Viewport	视点的左、底、宽、高度值
float og_wgs84Height	Camera. Altitude()	WGS84 椭圆体上的相机维度
sampler* og_texture*N*	n/a	纹理单元 *N* 的纹理包围,$0 \leqslant N <$ Context: Texture Units: Count.

3.4.6 高速缓存 shader

在 3.3.6 节讨论了使用 DrawState 对 context. Draw 调用进行排序的性能好处。在代码表 3.7 中,下面的代码被 shader 用于分类:

```
private static int CompareDrawStates( DrawState left,
                                      DrawState right)
{
    int leftShader = left. ShaderProgram. GetHashCode( ) ;
    int rightShader = right. ShaderProgram. GetHashCode( ) ;
    if( leftShader < rightShader)
    {
        return - 1;
    }
    else if( leftShader > rightShader)
    {
        return 1;
    }
    //... 如果 shader 相同,则按照其他状态排序
}
```

为了使用 shader 进行排序,我们要能够对 shader 进行比较。我们不关心最终的排序顺序,仅关心相同的 shader 是否相邻,其目的是为了使事实上需要改变的 shader 数量最小化(如,在 GL 实现中对 glUseProgram 的调用)。尤其是,C#的 GetHashCode 方法决定了排序,相似于 C ++ 实现使用 shader 内存地址用于排序。使用 shader 进行排序的关键是,相同的 shader 需要成为相同的 ShaderProgram 实例。

多少 ShaderProgram 的特有实例进行了下列创建?

```
string vs =//...
string fs =//...
ShaderProgram sp = Device. CreateShaderProgram( vs, fs) ;
ShaderProgram sp2 = Device. CreateShaderProgram( vs, fs) ;
```

即使是使用相同资源创建的两个 shader,也会创建两个不同的 ShaderProgram 实例,恰好像 GL 调用所做的那样。

通过 shader 排序,我们希望两个 shader 成为相同的实例,以便于比较方法能够把它们归到彼此接近的组中。

这将调用在 ShaderCache 中实现的 shader 高速缓存。shader 高速缓存简单地将一个唯一键映射到一个 ShaderProgram 实例。我们把用户定义的字符串作为键,但是也可以使用整数或 shader 源代码本身。

shader 高速缓存是渲染的一部分,但是它并不依赖一个特定的 API,它仅处理 ShaderProgram。如代码表 3.16 中所示,shader 高速缓存支持增加、查找和释放 shader。

```
public class ShaderCache
{
    public ShaderProgram FindOrAdd(
        string key,
        string vertexShaderSource,
        string FragmentShaderSource);
    public ShaderProgram FindOrAdd(
        string key,
        string vertexShaderSource,
        string geometryShaderSource,
        string FragmentShaderSource);
    public ShaderProgram Find(string key);
    public void Release(string key);
}
```

代码表 3.16　ShaderCache 接口

引用计数被用于跟踪使用了相同 shader 的客户的数量。当 shader 被加到高速缓存中,它的引用计数是 1。每次通过 FindOrAdd 或 Find 从高速缓存中进行检索,它的计数就会增加。当客户结束使用高速缓存 shader 时,它调用 Release 以减少计数。当计数为 0 时,从高速缓存中移除 shader。

我们的例子使用相同的 shader 源代码创建了两个不同的 ShaderProgram,可以使用 shader 高速缓存来重写该例子程序,仅创建一个 ShaderProgram 实例,进行状态排序如下:

```
string vs = //...
string fs = //...
ShaderCache cache = new ShaderCache();
ShaderProgram sp = cache.FindOrAdd("example key",vs,fs);
ShaderProgram sp2 = cache.Find("example key");
```

```
// sp 和 sp2 是相同的实例
cache.Release("example key");
cache.Release("example key");
```

对于 Find 的调用能够用 FindOrAdd 替代。差异在于,Find 不需要 shader 源代码,并且如果代码键没有被发现,将返回空值;然而,如果代码键没有被发现,FindOrAdd 将创建 shader。当程序生成 shader 时,Find 是非常有用的,因为在没有程序性地生成完整源代码的情况下,仍然能够检查高速缓存。

客户代码通常仅需要一个 shader 高速缓存,但没有什么能够阻止客户创建几个 shader 高速缓存。ShaderCache 的实现是 Dictionary 的直接使用[1],Dictionary 把字符串映射到 ShaderProgram 和它的引用计数中。由于多线程可能想要访问 shader 高速缓存,每个方法都受到粗粒度的锁保护,从而实现对共享高速缓存的串行化访问。关于并行化和线程的更多信息,请参阅本书第十章。

小练习:

在这里,一个粗粒度的锁会不会妨碍到并行化? 你可能认为答案是肯定的。尤其是,由于在编译和链接 shader 时(例如调用 Device. CreateShaderProgram)保持了锁状态,因此,无论你使用了多少个线程,一次只能编译/链接一个 shader。在实践中,这真的是一个问题吗? 假设驱动器本身没有保持一个粗粒度的锁,不会妨碍到并行化,那么你会如何改变锁策略来允许多个线程并行地编译/链接?

请思考:

为什么不直接把高速缓存内置于 Device. CreateShaderProgram? 在这样做和我们的设计之间的权衡是什么?

Patrick 说:

当我最初在 Insight3D 中操作着色器时,我创建了用于着色器程序和着色器对象的高速缓存。我发现高速缓存对于着色器程序的用处是通过着色器进行分类,而对于着色器对象不能那样使用,除了最小化 GL 着色器对象创建的数量。在我们的渲染中,这个是不用关心的,因为着色器对象的概念是不存在的;仅给出完整的着色器程序。

1　在 C++中,std::map 或 std::hash_map 能够使用。

3.5 顶点数据

顶点 shader 输入的主要来源是属性,这些属性从顶点到顶点不断发生改变。属性一般用来描述数值,如位置、法线和纹理坐标。例如,顶点 shader 可能声明下列属性:

```
in vec3 position;
in vec3 normal;
in vec2 textureCoordinate;
```

为了澄清一些术语,顶点是由属性组成的。如上所述,顶点包含位置、法线和纹理坐标属性。属性由多个组件构成。如上所述,位置属性由三个浮点组件组成,纹理坐标属性由两个组件组成(见图 3.8)。

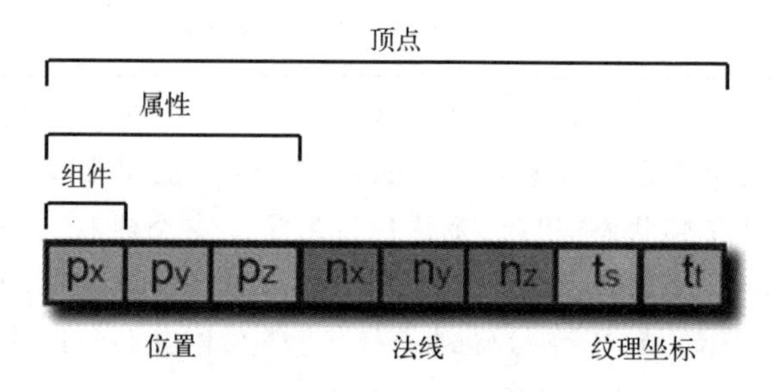

图 3.8 顶点是由一个或更多的属性组成,属性是由一个或更多的主要成分组成。

在我们的渲染中,顶点缓冲区存储数据,这些数据是属性的数据,引导缓冲区存储索引,用于渲染时选择顶点。两种类型的缓冲区如图 3.9 所示。

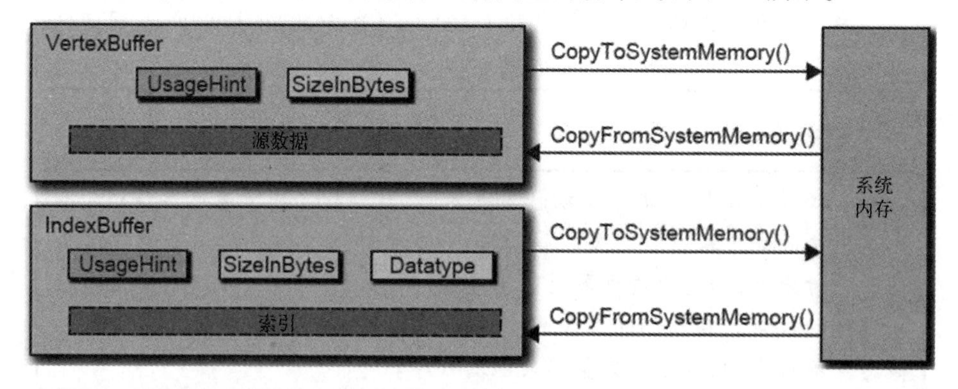

图 3.9 顶点和引导缓冲区。顶点缓冲区是一个没有分类的缓冲区,包含一个或更多属性,一旦被分配到顶点数组它被解释。引导缓冲区被分类,有明确的 Datatype 属性。所有缓冲区有拷贝它们的内容到和来自系统内存的方法。

3.5.1　顶点缓冲区

顶点缓冲区是未经处理的，没有类型的缓冲区，它在驱动程序控制的内存中存储属性，可能是 GPU 内存或系统内存，也可能两者都是。客户能从系统内存的数组中拷贝数据，并将其存储到顶点缓冲区的驱动程序控制的内存中，反之亦然。我们的例子做的最通用的事情是计算 CPU 上的位置，将其存储在数组中，然后将其拷贝到顶点缓冲区。

使用抽象类 VertexBuffer 表示顶点缓冲区，它的 GL 实现是 VertexBufferGL3x。使用 Device. CreateVertexBuffer 创建一个顶点缓冲区，它的实现如代码表 3.17所示。客户仅需要提供创建顶点缓冲区的两个自变量：(1)一个使用提示指示他们打算如何将数据拷贝到缓冲区；(2)用字节表示的缓冲区的大小。

```
public static class Device
{
    //...
    public static VertexBuffer CreateVertex Buffer(
        BufferHint usageHint, int sizeInBytes)
    {
        return new VertexBufferGL3x(usageHint, sizeInBytes);
    }
}
```

代码表 3.17　CreateVertexBuffer 操作

通过 BufferHint 枚举定义使用提示，有三个值：

- StaticDraw。客户一次性将数据拷贝到缓冲区，并且多次使用它进行绘图。在数字地球中，许多顶点缓冲区应该使用这种办法，它可能使驱动程序在 GPU 内存中存储缓冲区[1]。对于像地形和静态矢量数据这样的事物，顶点缓冲区通常可以被用于许多帧，由于不需要将每一帧都发送到系统总线，它将因此获得巨大的好处。
- StreamDraw。客户一次性将数据拷贝到缓冲区，并绘制它不过几次而已(如，考虑流视频，每个影像帧仅使用一次)。在数字地球中，这种方法用于实时数据。例如，渲染布告板用于显示美国每个商业航班的位置信息。如果足够频繁地接收更新位置信息，顶点缓冲应该采用这种方式存储位置信息。

1　在系统内存中，OpenGL 驱动程序可能覆盖一个拷贝去处理在 GPU 资源需要恢复的地方 D3D 如何调用损失装置。

- DynamicDraw。客户反复地拷贝数据到缓冲区,并绘制它。这并不意味着整个顶点缓冲区要重复进行改变,客户可能仅需更新每帧的子集。在前面的例子中,每次更新中如果只有航班位置信息的子集改变,那么这种方法是有用的。

针对你的场景,值得使用 BufferHint 去看哪种方法能带来最优的性能。值得注意的是,这些方法仅仅是针对驱动程序的,然而,许多驱动程序都在认真地执行这些方法,因此它们可以影响性能。在我们的 GL 渲染操作中,BufferHint 相应于传递给 glBufferData 的 usage 自变量。如果想要得到更多关于如何设置它们的信息,请看 NVIDIA 的白皮书[120]。

VertexBuffer 接口在代码表 3.18 中给出。客户代码把数据从数组或数组的子集拷贝到带有 CopyFromSystemMemory 加载的顶点缓冲区,并使用 CopyToSystemMemory 加载拷贝到一个数组。实现者(如,VertexBufferGL3x)不得不为每个方法实现一个版本,正如虚拟过载代表抽象的过载。

```
public abstract class VertexBuffer:Disposable
{
    public virtual void CopyFromSystemMemory<T>(
        T[] bufferInSystemMemory) where T:struct;
    public virtual void CopyFromSystemMemory<T>(
        T[] bufferInSystemMemory,
        int DestinationOffsetInBytes) where T:struct;
    public abstract void CopyFromSystemMemory<T>(
        T[] bufferInSystemMemory,
        int destinationOffsetInBytes,
        int lengthInBytes) where T:struct;
    public virtual T[] CopyToSystemMemory<T>() where T:struct;
    public abstract T[] CopyToSystemMemory<T>(
        int offsetInBytes,int sizeInBytes) where T:struct;
    public abstract int SizeInBytes {get;}
    public abstract BufferHint UsageHint {get;}
}
```

代码表 3.18　VertexBuffer 接口

小练习:

> 增加一个 CopyFromSystemMemory 加载,它包括一个 sourceOffsetInBytes 自变量,所以在数组开始时,复制不必开始。什么时候加载是有用的?

即使顶点缓冲区是无类型的,也就是说,它包括未经处理的数据,并且不把它们解释为特定数据类型,拷贝方法使用C#属型[1]来允许客户代码从数组中拷贝出(或入)数据,这一过程没有任何数据转换。这仅仅是语法糖而已;缓冲区本身应该被视为未处理类型,直到使用顶点数组进行解释后(见3.5.3节)。

顶点缓冲区仅仅能够存储单一的属性类型,如位置信息,或者它能存储多个属性,例如位置和法线,要么交错存储每个位置和法线,要么将所有位置存储在所有法线之后。这些方法在图3.10中给出,并在随后的三个小节中进行描述。

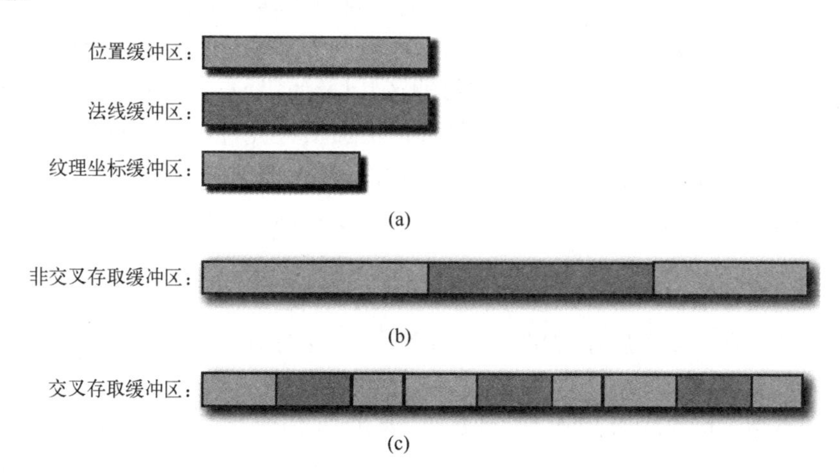

图3.10 (a)用于位置信息、法线和纹理坐标的分离缓冲区。在分离缓冲区存储每个属性是最灵活的方法。(b)一个独有的非交叉存取缓冲区存储位置信息,然后法线,最后纹理坐标,对于多个属性仅需要一个缓冲区。(c)一个独有的交叉存取缓冲区存储所有三个主要成分,一般导致静态数据的最好性能[14]。

分离缓冲区。一个方法是要使用一个分离的顶点缓冲区用于每个属性类型,如图3.10(a)所示。例如,如果顶点shader需要位置信息、法线和纹理坐标,则创建三个不同的顶点缓冲区。位置信息顶点缓冲区将用如下代码创建和填充:

```
Vector3F[ ] positions = new Vector3F[ ]
{
    new Vector3F(1,0,0),
    new Vector3F(0,1,0)
```

1 C#属型是相似于C++模板。

```
};
int sizeInBytes = ArraySizeInBytes. Size(positions);
VertexBufferposition Buffer = Device. CreateVertex Buffer(
    BufferHint. StaticDraw,sizeInBytes);
position Buffer. CopyFromSystemMemory(positions);
```

3D 浮点向量数组被拷贝到顶点缓冲区存储位置信息。相似的代码将用于拷贝法线和纹理坐标数组进入它们的顶点缓冲区。

这个方法的优点是灵活性。每个缓冲区都可以使用不同的 BufferHint 来创建。例如,如果我们正在渲染位置频繁改变的布告板,我们能够使用 StreamDraw 创建一个用于位置信息的顶点缓冲区,以及使用 StaticDraw 创建一个用于固定纹理坐标的顶点缓冲区。分离缓冲区的灵活性允许我们通过在多个目标上复用顶点缓冲区(例如,对于多个布告板而言,它们的位置信息不同,需要使用不同的顶点缓冲区,但是,它们的纹理坐标相同,因此使用相同的顶点缓冲区)。

非交叉存取缓冲区。代替每个顶点缓冲区存储一个属性,在单个的顶点缓冲区中能够存储多个属性,如图 3.10(b)所示。创建几个顶点缓冲区帮助减少每个缓冲区负载。

顶点缓冲区作为未处理字节的数组,因此,我们能够把任意数据拷贝进去,例如,位置信息和纹理坐标可能是不同的数据类型。在顶点缓冲区中,CopyFromSystemMemory 加载采取字节补偿拷贝数据到顶点缓冲区中,应该被用于连接属性的数组,字节描述了从哪里开始拷贝到顶点缓冲区中:

```
Vector3F[ ] positions =//...
Vector3F[ ] normals =//...
Vector2H[ ]textureCoordinate s =//...
VertexBuffervertexBuffer = Device. CreateVertex Buffer(
    BufferHint. StaticDraw,
    ArraySizeInBytes. Size(positions) +
    ArraySizeInBytes. Size(normals) +
    ArraySizeInBytes. Size(textureCoordinate s));
int normalsOffset = ArraySizeInBytes. Size(positions);
int textureCoordinatesOffset = normalsOffset + ArraySizeInBytes. Size(normals);
vertexBuffer. CopyFromSystemMemory(positions);
vertexBuffer. CopyFromSystemMemory(normals,normalsOffset);
```

```
vertexBuffer.CopyFromSystemMemory(textureCoordinates,
                                  textureCoordinate s Offset);
```

虽然非混合存储属性仅使用单一的缓冲区，但是也可能遇到存储一致性的问题，因为单一的顶点由多个属性组成，需要从内存的不同部分抓取出来。在实践中，我们不使用这个方法，代之以在单一的缓冲区中使用混合存储属性。

交叉存取缓冲区。如图3.10(c)所示，通过混合存储每个属性，一个单一的顶点缓冲区能够存储多个属性。即，如果缓冲区包含位置信息、法线和纹理坐标，将依次单独地保存位置信息、法线和纹理坐标。混合模式对每个顶点而言是连续的。

要实现这样的存储，一个通用的方法是在一个结构体 struct 中储存每个组件，从而在内存中是连续的：

```
[StructLayout(LayoutKind.Sequential)]
public struct InterleavedVertex
{
    public Vector3F Position {get;set;}
    public Vector3F Normal {get;set;}
    public Vector2H TextureCoordinate {get;set;}
}
```

然后，创建一个这些 struct 的数组：

```
InterleavedVertex[] vertices = new InterleavedVertex[]
{
    new InterleavedVertex()
    {
        Position = new Vector3F(1,0,0),
        Normal = new Vector3F(1,0,0),
        TextureCoordinate = new Vector2H(0,0),
    },
    //...
};
```

最后，创建一个与数组大小相同(用字节表示)的顶点缓冲区，并且把整个数组拷贝到顶点缓冲区：

```
VertexBuffer vertexBuffer = Device. CreateVertex Buffer(
    BufferHint. StaticDraw, ArraySizeInBytes. Size(vertices));
vertexBuffer. CopyFromSystemMemory(vertices);
```

当渲染大规模的、静态的网格时,混合的缓冲区比非混合缓冲区更好[14]。使用混合技术,既能得到混合缓冲区的性能优势,也能得到分离的缓冲区的灵活性。由于同一个绘制调用可能涉及多个顶点缓冲区,因此,不变的那些属性可以储存在一个静态的混合缓冲区中,而动态的或流式的顶点缓冲区可以用于经常改变的那些属性。

GL 渲染操作。 在 VertexBufferGL3x 中,我们直接使用带有 GL_ARRAY_BUFFER 标识的 GL 的缓冲区函数来实现顶点缓冲区。构造函数使用 glGenBuffers 为缓冲区对象创建名称。当对象被处理时,glDeleteBuffers 删除缓冲区对象的名字。

通过传递一个 null 指针,构造函数使用 glBufferData 分配内存给缓冲区。CopyFromSystemMemory 对象调用 glBufferSubData 将数据从输入数组拷贝到缓冲区对象。驱动程序初始调用 glBufferData 没有很多的负载,而分配发生在对 glBufferSubData 的第一次调用。或者,我们的操作能够延迟调用 glBufferData,直到对 CopyFromSystemMemory 的初次调用,是以额外的簿记为代价。

对 glBufferData 和 glBufferSubData 的调用总是先于对 glBindBuffer 的调用,为了确保正确的 GL 缓冲区对象被修改,同时,glBindVertexArray(0)确保 GL 顶点数组不被意外地修改。

小练习:

使用 glMapBuffer 或 glMapBufferRange 代替用 glBufferData 和 glBufferSubData 更新 GL 缓冲区对象,缓冲区或它的一个子集能够被映射到应用的地址空间。使用像其他内存的指针,它能够被修改。增加渲染的特征。这个方法的好处是什么?使用像 C#这样的管理语言有什么样的挑战?

3.5.2 引导缓冲区

使用抽象类 IndexBuffer 表示引导缓冲区,它的 GL 操作是 IndexBufferGL3x。接口和操作与顶点缓冲区几乎是相同的。客户代码看起来是相似的,如下面的例子,它拷贝三角形的索引到一个新创建的引导缓冲区:

```
ushort[] indices = new ushort[] {0,1,2 };
IndexBuffer indexBuffer = Device. CreateIndexBuffer(
```

```
    BufferHint. StaticDraw, indices. Length * sizeof(ushort));
indexBuffer. CopyFromSystemMemory(indices);
```

不像顶点缓冲区,引导缓冲区完全是有类型的。索引可能是无符号的 short 或无符号的 int,由 IndexBufferDatatype 枚举定义。在引导缓冲区中,客户代码不需要明确声明用于索引的数据类型,代之以 CopyFromSystemMemory 的参数 T 用于决定数据类型。

请思考:

> 当 CopyFromSystemMemory 被调用时,设计在客户代码明确为引导缓冲器声明一个数据类型与明确决定数据类型之间进行什么样的权衡?

客户力求使用占有最少内存量的数据类型,但是仍允许完全进入顶点缓冲区去索引。如果使用 64K 或更少的顶点,无符号的 short 索引就足够了,否则就需要无符号的 int 索引。实际上,我们没有注意到无符号的 short 和无符号的 int 之间性能差异,然而,在许多案例中"规模就是速度",并且占用很少的内存尤其是 GPU 内存,一直是好的实践。

小练习:

> 一个有用的渲染特征是把索引削减到充分最小的数据类型。这允许客户代码使用无符号的 int 进行工作,而如果可能,渲染仅分配无符号的 short。设计和执行这一特征。在什么的条件下,它是不可取的?

在我们的引导和顶点缓冲区之间,最值得注意的 GL 操作差异是引导缓冲区使用 GL_ELEMENT_ARRAY_BUFFER 目标代替 GL_ARRAY_BUFFER。

3.5.3 顶点数组

顶点和引导缓冲区简单地将数据存储在驱动控制的内存中;它们仅是缓冲区。顶点数组定义了组成顶点的真实组件,它们从一个或更多顶点缓冲区中索引。顶点数组也与一个可选的引导缓冲区相关,在它的引导下进入顶点缓冲区中去检索顶点。使用抽象类 VertexArray 表示顶点数组,如代码表 3.19 和图 3.11 所示。

```
public abstract class VertexArray : Disposable
{
```

```
    public virtual VertexBufferAttributes Attributes {get;}
    public virtual IndexBuffer IndexBuffer {get;set;}
}
```

代码表 3.19　VertexArray 接口

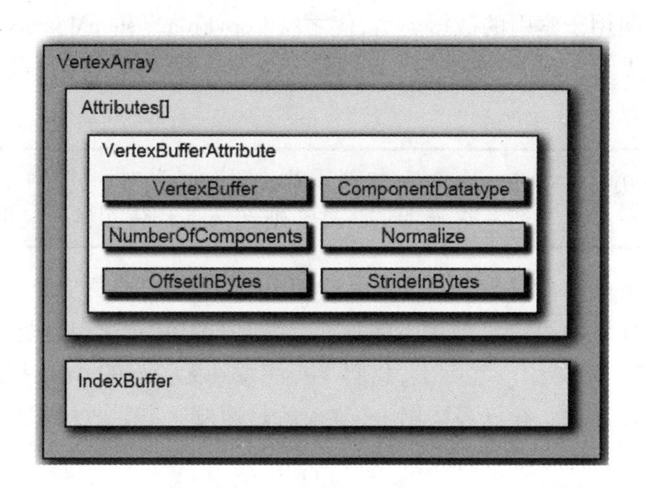

图 3.11　顶点数组包含一个或更多顶点属性(如位置信息、法线)和一个最佳的引导缓冲区。被传递给 Context. Draw 的 DrawState 的 VertexArray 成员和自变量决定用于渲染的至高点。

顶点数组中的每个属性由 VertexBufferAttribute 进行定义，在代码表 3.20 中给出。使用零基准索引存取属性，索引与 shader 属性地址相对应(见 3.4.2 节)。每一个顶点数组支持 Device. MaximumNumberOfVertexAttributes 属性。

```
public enum ComponentDatatype
{
    Byte,
    UnsignedByte,
    Short,
    UnsignedShort,
    Int,
    UnsignedInt,
    Float,
    HalfFloat,
}
public class Vertex Buffer Attribute
```

```
{
    //... 构造函数
    public VertexBuffer V erte xBuffer {get;}
    public ComponentDatatype ComponentDatatype {get;}
    public int NumberOfComponents {get;}
    public bool Normalize {get;}
    public int OffsetInBytes {get;}
    public int StrideInBytes {get;}
}
```

代码表 3.20 VertexBufferAttribute 接口

属性是由顶点缓冲区定义的,包含数据、组件的数据类型(ComponentDatatype)、组件的数量。不像索引,它仅支持无符号的 short 类型和无符号的 int 类型,顶点组件支持这些有符号和无符号的整型,也支持 byte 类型、float 类型和 half - float 类型。与 float 类型相比,后者在[0,1]区间内对于纹理坐标的内存节省是有用的。

如果每个属性类型是在一个分离的顶点缓冲区中,它可直接用于创建一个与每个组件相关的顶点数组。标记恰当的顶点缓冲区,VertexBufferAttribute 被创建用于每个主要成分,如下所示:

```
VertexArray va = window. Context. CreateVertexArray( );
va. Attributes [0] = new Vertex Buffer Attribute(
    positionBuffer, ComponentDatatype. Float,3);
va. Attributes [1] = new Vertex Buffer Attribute(
    normalBuffer, ComponentDatatype. Float,3);
va. Attributes [2] = new Vertex Buffer Attribute(
    textureCoordinatesBuffer, ComponentDatatype. HalfFloat,2);
```

位置信息和法线均由三个浮点成分组成(如,x、y、和 z),纹理坐标由两个浮点成分组成(如,s 和 t)。如果单一的顶点缓冲区包含多个属性类型,OffsetInBytes 和 StrideInBytes VertexBufferAttribute 属性能用于从顶点缓冲区的恰当部分选择属性。例如,如果位置信息、法线和纹理坐标混合存储在单一顶点缓冲区中,OffsetInBytes 属性能用于从顶点缓冲区中选择开始点。

```
Vector3F[ ] positions =//...
Vector3F[ ] normals =//...
Vector2H[ ]textureCoordinate s =//...
```

```
int normalsOffset = ArraySizeInBytes.Size(positions);
int textureCoordinatesOffset =
    normalsOffset + ArraySizeInBytes.Size(normals);
//...
va.Attributes[0] = new Vertex Buffer Attribute(positionBuffer,ComponentDatatype.Float,3);
va.Attributes[1] = new Vertex Buffer Attribute(normalBuffer,
                ComponentDatatype.Float,3,false,normalsOffset,0);
va.Attributes[2] = new Vertex Buffer Attribute(
                textureCoordinatesBuffer,ComponentDatatype.HalfFloat,2,
                false,textureCoordinatesOffset,0);
```

最后,如果在同一个顶点缓冲区中属性是混合存储的,StrideInBytes 属性也被用于设置属性之间的跨度,因为属性不再是彼此邻近的:

```
int normalsOffset = SizeInBytes<Vector3F>.Value;
int textureCoordinate s Offset =
normalsOffset + SizeInBytes<Vector3F>.Value;
va.Attributes[0] = new Vertex Buffer Attribute(
        positionBuffer,ComponentDatatype.Float,3,
        false,SizeInBytes<InterleavedVertex>.Value);
va.Attributes[1] = new Vertex Buffer Attribute(
        normalBuffer,ComponentDatatype.Float,3,
        false,normalsOffset,SizeInBytes<InterleavedVertex>.Value);
va.Attributes[2] = new Vertex Buffer Attribute(
        textureCoordinatesBuffer,ComponentDatatype.HalfFloat,2,
        false,textureCoordinatesOffset,
        SizeInBytes<InterleavedVertex>.Value);
```

如之前的代码表 3.5 和图 3.4 所示,DrawState 有一个 VertexArray 成员,它为渲染提供顶点。渲染的公共接口没有用于“当前限制顶点数组”的全局状态;代替的是,客户代码为每个绘制调用提供了一个顶点数组。

3.5.4 GL 渲染操作

配置顶点数组的 GL 调用在 VertexArrayGL3x 和 VertexBufferAttributeGL3x 中。顶点数组的 GL 名称用 glGenVertexArrays 创建,当然,最后用 glDeleteVertexArrays 删除。为顶点数组分配组件或引导缓冲区,不会立即引起任何 GL 调用。事实上,调用会延迟到下一次使用顶点数组的绘制调用,以简化状态管理[32]。当顶点数组被修改,它被标记为无用的。当进行绘制调用时,使用 glBindVertex-

ArrayGL 对顶点数组进行绑定。如果它是无用的,通过调用 glDisableVertexAttribArray 或 glEnableVertexAttribArray 清除其无用的组件,并且使用 glBindBuffer 和 glVertexAttribPointer 去实际修改 GL 顶点数组。同样地,带 GL_ELEMENT_ARRAY_BUFFER 的 glBindBuffer 调用被用于清除顶点数组的引导缓冲区。

在 ContextGL3x 中,如果使用了引导缓冲区,实际的绘制调用通过 glDrawRangeElements 发布,或者如果没有使用引导缓冲区,则利用 glDrawArrays 发布。

3.5.5 Direct3D 中的顶点数据

我们对顶点缓冲区、引导缓冲区和顶点数组的渲染抽象也能很好地映射到 D3D。在 D3D 中,顶点和引导缓冲区利用 ID3D11Device::CreateBuffer 创建,相似于调用 GL 的 glBufferData。CreateBuffer 函数有一个 D3D11_BUFFER_DESC 变量,它描述了要创建的缓冲区的类型、字节大小、使用提示和其他事情。缓冲区本身的数据(如,传递给 CopyFromSystemMemory 方法的数组)被传递给 D3D 的 CreateBuffer,作为 D3D11_SUBRESOURCE_DATA 自变量的一部分。

可以使用 ID3D11DeviceContext::UpdateSubresource 更新缓冲区,相似于 GL 的 glBufferSubData,或者使用 ID3D11DeviceContext::Map 将一个指针映射到缓冲区,相似于 GL 的 glMapBuffer。

虽然 D3D 没有与 GL 顶点数组对象相同的对象,但是,通过 D3D 方法,我们的 VertexArray 接口仍能被实现。可用于绑定输入布局、顶点缓冲区和一个输入汇编阶段的可选的引导缓冲区,相似于 glBindVertexArray 在 GL 中的实现。使用 ID3D11Device::CreateInputLayout 创建一个输入布局对象,它描述顶点缓冲区中的组件。在使用 ID3D11DeviceContext::IASetInputLayout 渲染之前,该对象处于输入装配阶段。使用 ID3D11DeviceContext::IASetVertexBuffers 绑定一个或更多顶点缓冲区,使用 ID3D11DeviceContext::IASetIndexBuffer 绑定一个可选的引导缓冲区。引导数据类型被定义为一个自变量,它可能是一个 16 位或 32 位的无符号的整数。

使用关于 ID3D11DeviceContext 接口的方法发布绘制调用。另外,绑定输入布局、顶点缓冲区和引导缓冲区,图元类型也使用 IASetPrimitiveTopology 绑定。最后,发出一个绘制调用。对 Draw 的调用将被用于替代 GL 的 glDrawArrays,对 DrawIndexed 的调用将被用于替代 glDrawRangeElements。

3.5.6 网格

即使是使用我们的渲染抽象,创建顶点缓冲区、引导缓冲区和顶点数组仍然需要许多记录。在许多情况下,尤其是用于渲染静态网格,客户代码不必关心它本身要分配多少字节,如何在一个或更多的顶点缓冲区中组织属性,或者哪个顶点数组属性与 shader 属性地址相对应。幸运的是,渲染允许我们提升抽象的层级并简化这一过程。客户能够得到低层级的顶点和引导缓冲区,但是当易用性比细粒度控制更重要时,客户也能使用较高层级的类型。

OpenGlobe. Core 包含 Mesh 类,在代码表 3. 21 和图 3. 12 中给出。网格描述几何图元。它描绘地球的椭球表面、地形的瓦片、布告板的几何图元、建筑的模型,等等。Mesh 类相似于 VertexArray,包含顶点属性和可选的索引。关键的不同是 Mesh 有强类型顶点属性,与渲染的 VertexBuffer 相反,它需要 VertexBuffer-Attribute 去解释它的属性。

```
public class Mesh
{
    public VertexAttributeCollection Attributes {get;}
    public IndicesBase Indices {get;set;}
    public PrimitiveType PrimitiveType {get;set;}
    public WindingOrder FrontFaceWindingOrder {get;set;}
}
```

代码表 3. 21　Mesh 接口

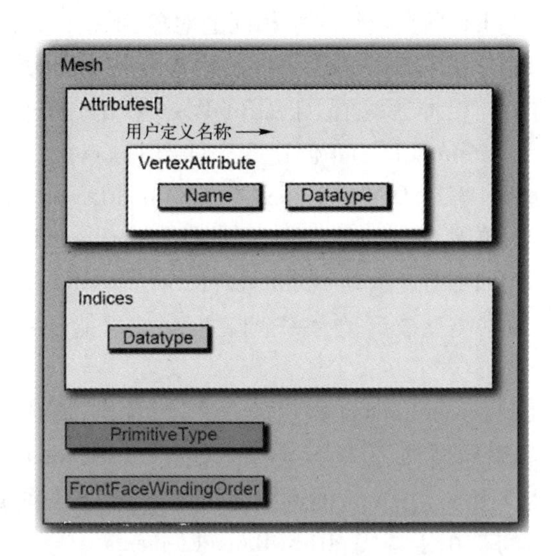

图 3. 12　Mesh 包含了顶点属性集合,一个最优的指数集合,成员描述了初始类型和绕组顺序。与低层级的渲染类型相比,这些类型比较容易一起工作。Context. CreateVertexArray 加载能够创建包含顶点和引导缓冲区的顶点数组,给出一个网格,允许用户避免直接处理渲染类型的簿记。

Mesh 类是在 OpenGlobe. Core 中定义的，因为它仅是一个容器。它不能直接用于渲染，它不依靠任何渲染类型，并且在遮光板下它不创建任何 GL 对象，所以它不应归入 OpenGlobe. Render。它仅仅是简单的包含数据。Context. CreateVertexArray 的加载把一个网格作为输入，并创建基于网格的包含顶点和引导缓冲区的顶点数组。这允许客户代码使用较高层级网格类去描述几何图元，并让 Context. CreateVertexArray 做布局顶点缓冲区和其他记录的工作。CreateVertexArray 加载仅使用公开出现的渲染类型，所以它不需要对每个支持的渲染 API 进行复写。

Mesh 的另一个好处是算法，它能够计算创建网格对象的几何图元。将几何图元计算与渲染拆分开，这一做法是非常有意义的；例如，对于椭球体，计算三角形的算法不应该依赖于渲染类型。第四章提到几种能够创建网格对象的算法，近似于数字地球的椭球表面。事实上，在本书中，当建立几何图元时，我们始终使用 Mesh 类型。

一个顶点数组可以为其每一个属性设置一个分开的顶点缓冲区，与此类似，网格包含一个顶点属性的集合。在代码表 3. 22 中 VertexAttributeType 枚举列出了所支持的数据类型。对每个类型，存在一个实体类，继承自 VertexAttribute < T > 和 VertexAttribute，如代码表 3. 22 和图 3. 13 所示。每个属性有一个用户定义的名字（如，“位置”“法线”）和它的数据类型。一个实体属性类有强

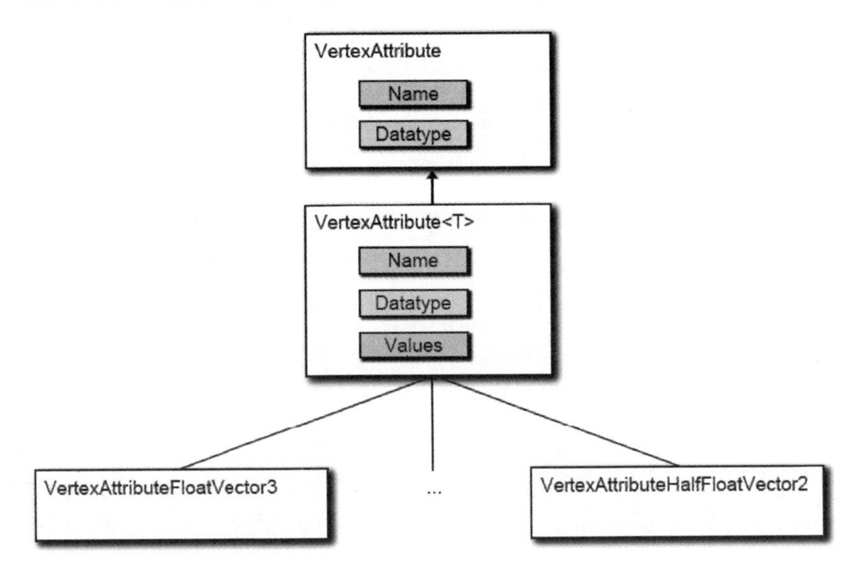

图 3. 13　Mesh 包含由用户定义的名字检索的 VertexAttribute 集合。VertexAttribute 的实际操作包含全类型的属性集合，与 VertexBuffer 是相反的，它是未归类的，因此在相同的集合中能够存储多个属性类型。

类型 Values 集合,它包含实际属性。这允许客户代码创建强类型集合(如,VertexAttributeFloatVector3),将其填充好,然后把它加到网格中。然后,使用它的 Datatype 成员,Context. CreateVertexArray 能够检查它的属性类型,并映射到相应的实体类。这与在 3. 4. 4 节用于 uniforms 单元的类继承设计是相似的。

```
public enum VertexAttributeType
{
    UnsignedByte,
    HalfFloat,
    HalfFloatVector2,
    HalfFloatVector3,
    HalfFloatVector4,
    Float,
    FloatVector2,
    FloatVector3,
    FloatVector4,
    EmulatedDoubleVector3
}
public abstract class VertexAttribute
{
    protected Vertex Attribute(string name,
            VertexAttributeType type);
    public string Name {get;}
    public VertexAttributeType Datatype {get;}
}
public class VertexAttribute<T>:VertexAttribute
{
    public IList<T> Values {get;}
}
```

代码表 3. 22　VertexAttribute 和 VertexAttribute <T> 接口

网格索引的处理与顶点属性相类似,除了网格仅有一个单独的索引集合,而不是它们的集合。如在代码表 3. 23 和图 3. 14 中所示,支持两个不同的索引数据类型:无符号的 short 和无符号的 int。客户代码能够创建所需要索引的特定类型(如,IndicesUnsignedShort),并且 Context. CreateVertexArray 将使用基类的 Datatype 属性映射正确的类型,并创建恰当的引导缓冲区。

```
public enum IndicesType
{
    UnsignedShort,
    UnsignedInt
}
public abstract class I n d i c e s B a s e
{
    protected I ndicesBase(IndicesType type);
    public IndicesType Datatype {get;}
}
public class IndicesUnsignedShort:IndicesBase
{
    public IndicesUnsignedShort();
    public IndicesUnsignedShort(int capacity);
    public IList<short> Values {get;} // Add one index
    public void AddTriangle(TriangleIndicesUnsignedShort triangle);
    //增加3个索引
}
```

代码表 3.23 IndicesBase 接口和一个实例实体类，IndicesUnsignedShort。IndicesByte 和 IndicesUnsignedInt 是相似的。

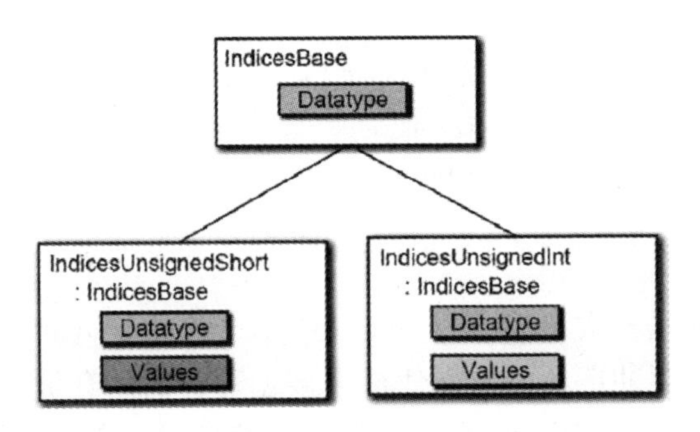

图 3.14 Mesh 包含 IndicesBase 成员。每个来自 IndicesBase 的实体类包含无符号的 short 或无符号的 int 的指标的集合。

使用 Mesh 和 context. CreateVertexArray 创建包含单个三角形的顶点数组，代码表 3.24 给出实例客户代码。首先，创建 Mesh 对象，并且它的初始类型和绕组顺序分别被设置成三角形和逆时针。其次，内存被分配用于三个单精确度 3D 矢量顶点属性。这些属性被加到网格的属性集合中。相似地，内存被分配给 unsigned short 类型的三个指标，它们被加到网格中。然后，分配实际的顶点属性和指标。注意使用帮助类 TriangleIndicesUnsignedShort 在单行代码中为三角形增加索引,否则,将调用 3 次 indices. Values. Add。最后,从网格创建顶点数组。shader 的属性列表和网格一起传递给 CreateVertexArray,以用 shader 属性的名字匹配网格的属性名字。

下面两种考虑是有好处的:一是对一般应用程序而言,将 Mesh 和它的相关类型视为系统内存中的几何图元;二是对渲染使用而言,将 VertexArray 和相关类型视为驱动器控制内存中的几何图元。然而,严格地讲,顶点数组不包含几何图元,它涉及和被解释为顶点和引导缓冲区。

```
Mesh mesh = new Mesh();
mesh.PrimitiveType = PrimitiveType.Triangles;
mesh.FrontFaceWindingOrder = WindingOrder.Counterclockwise;
VertexAttributeFloatVector3 positionsAttribute =
    new VertexAttributeFloatVector3("position",3);
mesh.Attributes.Add(positionsAttribute);
IndicesUnsignedShort indices = new IndicesUnsignedShort(3);
mesh.Indices = indices;
IList<Vector3F> positions = positionsAttribute.Values;
positions.Add(new Vector3F(0,0,0));
positions.Add(new Vector3F(1,0,0));
positions.Add(new Vector3F(0,0,1));
indices.AddTriangle(new TriangleIndicesUnsignedShort(0,1,2));
//...
ShaderProgram sp = Device.CreateShaderProgram(vs,fs);
VertexArray va = context.CreateVertexArray(
    mesh,sp.VertexAttributes,BufferHint.StaticDraw);
```

代码表 3.24 创建用于包含一个单独三角形的 Mesh 的 VertexArray

虽然,我们非常喜欢 Mesh 和 Context. CreateVertexArray 的易用性,但是有些时候,顶点和引导缓冲区的灵活性使得直接创建它们是有价值的。尤其是,如果几个顶点数组共享一个顶点或引导缓冲区,渲染类型应该被直接使用。

小练习:

Context. CreateVertexArray 的执行创建一个用于每个顶点属性的分离的顶点缓冲区。执行两个变量:一个是在一个单独的非混合存储顶点缓冲区中存储属性,另一个是在一个单独的交叉存取缓冲区中存储属性。它们之间的性能差别是什么?

3.6　纹理

在驱动控制的内存中纹理代表影像数据。在虚拟地球、游戏和许多图像应用中,纹理能够提供比顶点数据更多的内存使用。纹理被用于渲染高分辨率图像,在虚拟地球中它是非常有用的。纹理中的纹理单元不必描述像素;如我们将在第十一章中所看到的,纹理对于地形高度和其他数据也是有用的。

我们的渲染提供了使用 2D 纹理的少数类,包括纹理本身、用于转移数据到(和来自)纹理的像素缓冲区、描述过滤和换行模式的采样器、用于渲染的指定纹理和采样器的纹理单元。

3.6.1　创建纹理

为了创建一个纹理,客户代码必须首先创建一个纹理的描述 Texture2DDescription,在代码表 3.25 和图 3.15 中给出。该描述定义了纹理的宽度和高度,内部格式,以及是否要使用纹理图像的低分辨率版本。它有三个基于格式的衍生属性:ColorRenderable、DepthRenderable 和 DepthStencilRenderable。这些描述了当使用帧缓冲区时(见 3.7 节),给定描述的纹理在哪里能够用得上。例如,如果 ColorRenderable 是错误的,纹理不能被连接到帧缓冲区的颜色配件中。

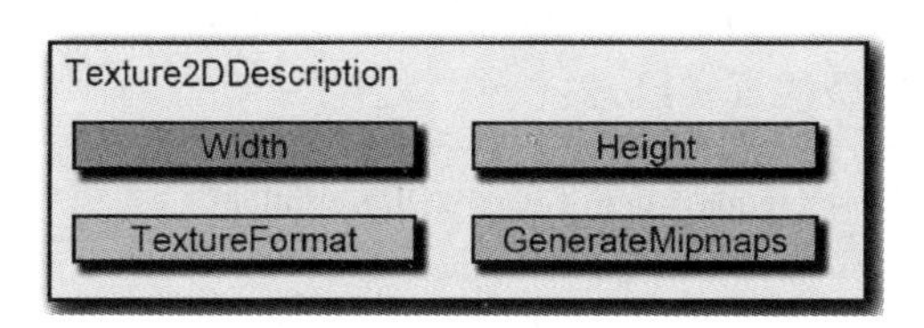

图 3.15　Texture2DDescription 描述了纹理的不变状态。Texture2DDescription 被传递给 Device. CreateTexture2D 去描述要创建的纹理的分辨率、内部格式和纹理图像的低分辨率版本。

```
public enum TextureFormat
{
    RedGreenBlue8,
    RedGreenBlueAlpha8,
    Red8,
    Red32f,
    Depth24,
```

```
    Depth32f,
    Depth24Stencil8,
    //... 在 TextureFormat.cs 文件中查看完全列表
}
public struct Texture2DDescription :
    IEquatable<Texture2DDescription>
{
    public Texture2DDescription(int width,int height,
                                TextureFormat format);
    //... 用 generateMipmaps 重载构造函数
    public int Width {get;}
    public int Height {get;}
    public TextureFormat TextureFormat {get;}
    public bool GenerateMipmaps {get;}
    public bool ColorRenderable {get;}
    public bool DepthRenderable {get;}
    public bool DepthStencilRenderable {get;}
}
```

代码表 3.25　Texture2DDescription 接口

一旦创建了 Texture2DDescription，就传递给 Device.CreateTexture2D，用于创建一个 Texture2D 类型的真实纹理：

```
Texture2DDescription descr iption = new Texture2DDescription(
    256,256,TextureFormat.RedGreenBlueAlpha8);
Texture2D texture = Device.CreateTexture2D(description);
```

下一步是要为纹理提供数据。使用像素缓冲区做这项工作，如图 3.16 所示。有两种类型的像素缓冲区：WritePixelBuffer，它被用于从系统内存到纹理的转换；ReadPixelBuffer 被用于从纹理到系统内存的转换。换言之，写入像素缓冲区即写入到纹理，读取像素缓冲区即读取纹理。像素缓冲区看起来与顶点缓冲区非常相似。它们是无类型的，意味着它们仅包含未处理的字节，但是它们用一个通用参数 T 提供 CopyFromSystemMemory 和 CopyToSystemMemory 加载，所以客户代码不必去转换。

像素缓冲区与顶点缓冲区是相似的，所有对像素的写入和读取都有与顶点缓冲区几乎相同的接口，在之前的代码表 3.18 中给出。主要的不同在于，像素缓冲区也支持拷贝到和来自 .NET's Bitmap 的方法，以代替数组。这些方法被

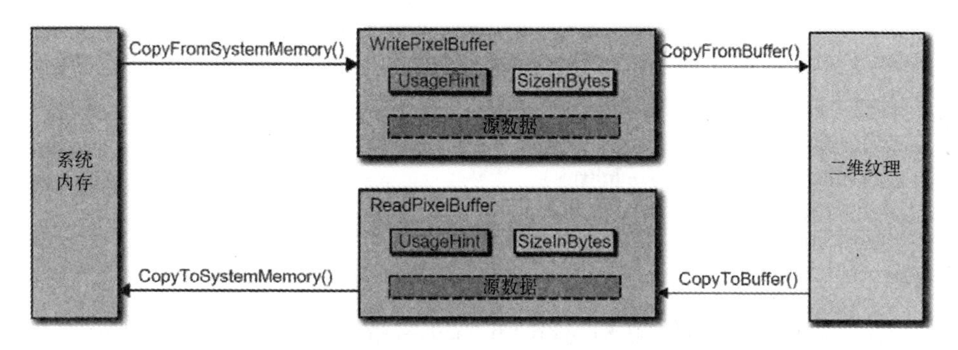

图 3.16 像素缓冲区被用于在系统内存和纹理之间转换数据。WritePixelBuffer 方法被用于从系统内存到纹理的转换，而 ReadPixelBuffer 以相反方向进行工作。像素缓冲区是未分类的，相似于顶点缓冲区。

命名为 CopyFromBitmap 和 CopyToBitmap.

有人可能会说，顶点缓冲区和像素缓冲区应使用相同的抽象类，或至少写入和读取像素应该使用相同的类。我们回避这样做，因为我们更喜欢由分离的类提供的强类型。像 Texture2D. CopyFromBuffer 写入像素缓冲区的方法，仅能够写入像素缓冲区。这将在编译时得到检查。如果所有像素缓冲区类型使用相同类，在运行时进行检查，这一方法很难用并且效率不高。虽然我们并不太关心额外的 if 声明的成本，但是我们关心设计方法能否易于正确地使用，并且难以不正确的使用。

请思考：

> 如果顶点和像素缓冲区需要被多型地处理，引入 Buffer 抽象基类是有意义的，伴随衍生的抽象类 VertexBuffer、WritePixelBuffer 和 ReadPixel-Buffer。需要特定类型的方法使用衍生类，和与任何缓冲区一起工作的方法使用基类。一个人使用要去渲染一个像素缓冲区的实例，然后解释这个缓冲区为顶点数据。你能再想一个吗？

鉴于像素缓冲区与顶点缓冲区的运转如此相似，毋庸置疑，客户代码拷贝数据到像素缓冲区看起来也相似。在代码表 3.26 中，拷贝了两个 red、green、blue、alpha（RGBA）像素到一个像素缓冲区中。

```
BlittableRGBA[ ] pixels = new BlittableRGBA[ ]
{
    new BlittableRGBA(Color.Red),
    new BlittableRGBA(Color.Green)
```

```
};
int sizeInBytes = ArraySizeInBytes. Size(pixels);
WritePixelBuffer pixelBuffer = Device. CreateWritePixelBuffer(
    PixelBufferHint. Stream, sizeInBytes);
pixel Buffer. CopyFromSystemMemory(pixels);
```

代码表 3.26　拷贝数据到 WritePixelBuffer

客户代码也能够使用 CopyFromBitmap 将数据从 Bitmap 拷贝到像素缓冲区：

```
Bitmap bitmap = new Bitmap(filename);
WritePixelBuffer pixelBuffer = Device. CreateWritePixelBuffer(
PixelBufferHint. Stream,
BitmapAlgorithms. SizeofPixelsInBytes(bitmap));
pixel Buffer. CopyFromBitmap(bitmap);
```

如代码表 3.27 所示，给定 Texture2D 的接口，很容易看到 CopyFromBuffer 方法可以用于从像素缓冲区中将数据拷贝到纹理。这个方法的两个自变量被用于说明存储在像素缓冲区中的未处理的字节，相似于 VertexBufferAttribute 如何用于说明在顶点缓冲区中未处理的字节。在像素缓冲区中，这需要特定的格式（如，RGBA）和数据的数据类型（如，无符号的字节）。当创建纹理时，需要的转换即将发生，从这个格式和数据类型转换到在描述中定义的内部纹理格式。使用 BlittableRGBAs 数组，拷贝整个像素缓冲区创建上述内容，下述代码能够使用：

```
texture. CopyFromBuffer(writePixelBuffer,
    ImageFormat. RedGreenBlueAlpha, ImageDatatype. UnsignedByte);
```

其他对 CopyFromBuffer 的加载仅允许客户代码修改纹理的一部分和定义未处理的校正。

```
public enum ImageFormat
{
    DepthComponent,
    Red,
    RedGreenBlue,
    RedGreenBlueAlpha,
    //... 在 ImageFormat. cs 文件中观察完全列表
```

```
}
public enum ImageDatatype
{
    UnsignedByte,
    UnsignedInt,
    Float,
    //... 在 ImageDatatype.cs 文件中观察完全列表
}
public abstract class Texture2D:Disposable
{
    public virtual void CopyFromBuffer(
        WritePixelBuffer pixelBuffer,
        ImageFormat format,
        ImageDatatype dataType);
    public abstract void CopyFromBuffer(
        WritePixelBuffer pixelBuffer,
        int xOffset,
        int yOffset,
        int width,
        int height,
        ImageFormat format,
        ImageDatatype dataType,
        int rowAlignment);
    //... 其他的 CopyFromBuffer 重载
    public virtual ReadPixelBuffer CopyToBuffer(
        ImageFormat format,ImageDatatype dataType)
    //... 其他的 CopyToBuffer 重载
    public abstract Texture2DDescription Description {get;}
    public virtual void Save(string filename);
}
```

代码表 3.27 Texture2D 接口

Texture2D 也有一个 Description 属性,它返回用于创建纹理的描述。这一对象是不变的;一旦被创建,纹理的分辨率、格式和纹理图像的低分辨率版本行为不能够被改变。Texture2D 也包含一个方法,Save,为了把纹理保存到磁盘中,它对于调试是有用的。

为了简化纹理创建,Device.CreateTexture2D 加载使用 Bitmap。使用该方

法,仅用一行代码,即可从磁盘文档创建纹理,如下所示:

```
Texture2D texture = Device. CreateTexture2D( new Bitmap( filename) ,
TextureFormat. RedGreenBlue8 ,generateMipmaps) ;
```

相似于带有 Mesh 的 CreateVertexArray 加载,它对使用的灵活性具有偏好,我们在本书的许多例子中使用它。

纹理矩形。除了可以使用归一化的纹理坐标在 shader 中存取(如,(0, width) and(0,height)分别被映射到标准格式区间(0,1))的常规的 2D 纹理,我们的渲染也支持 2D 纹理矩形,可以使用在区间(0;width) and(0;height)中的非标准格式纹理坐标进行存取。以这种方式处理纹理使得一些算法更加整洁,就像在 11.2.3 节中的光照投射高度场一样。纹理矩形仍旧使用 Texture2D,但它是使用 Device. CreateTexture2DRectangle 创建的。纹理矩形不支持重复封装的任何种类的纹理图像的低分辨率版本和采样器。

3.6.2 采样器

当纹理用于渲染,客户代码也必须确定用于采样使用的参数,包括缩小和放大时应该出现的滤波类型,如何处理[0,1]区间外的封装纹理坐标,以及各向异性滤波的程度。滤波能够影响质量和性能。尤其是,在数字地球中,各向异性滤波有助于提升纹理地形水平视角的可视质量。纹理封装有几个用处,包括用于地形着色的平铺细节纹理,如在 11.4 节讨论的。

像 Direct3D 和 OpenGL 的最新版本,我们的渲染将纹理和采样器分开。纹理使用 Texture2D 表示,采样器用 TextureSampler 表示,如代码表 3.28 和图 3.17 所示。客户代码使用 Device. CreateTexture2DSampler 能够显式地创建采样器:

```
TextureSampler sampler = Device. CreateTexture2DSampler(
    TextureMinificationFilter. Linear,
    TextureMagnificationFilter. Linear,
    TextureWrap. Repeat,
    TextureWrap. Repeat) ;
```

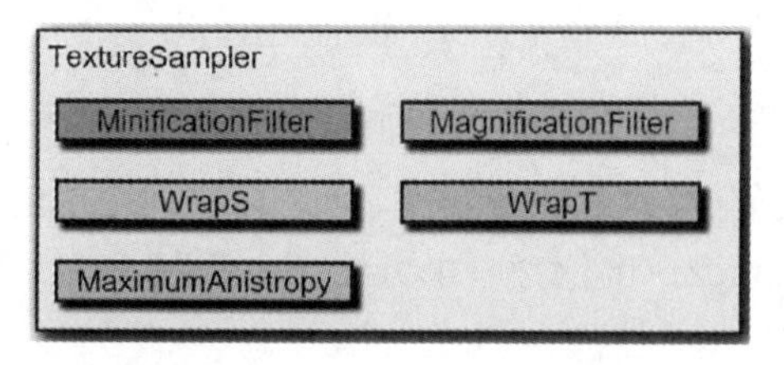

图 3.17 TextureSampler 描述采样状态,包括过滤和封装模式。

Device 也包含一个通用的采样器集合，所以上述对 CreateTexture2DSampler 的调用能够用下述代码替代：

```
TextureSampler sampler = Device. Samplers. LinearRepeat;
```

后者有一个好处，不用创建一个额外的渲染对象，从而不用创建另外一个 GL 对象。

```
public enum TextureMinificationFilter
{
    Nearest,
    Linear,
    //.. Mipmapping 滤波器
}
public enum TextureMagnificationFilter
{
    Nearest,
    Linear
}
public enum TextureWrap
{
    Clamp,
    Repeat,
    MirroredRepeat
}
public abstract class TextureSampler:Disposable
{
    public TextureMinificationFilterMinificationFilter {get;}
    public TextureMagnificationFilterMagnificationFilter {get;}
    public TextureWrapWrapS {get;}
    public TextureWrapWrapT {get;}
    public float MaximumAnistropy {get;}
}
```

代码表 3.28　TextureSampler 接口

小练习：

Device. Samplers 属性包含四个预先做的采样器：NearestClamp、LinearClamp、NearestRepeat、LinearRepeat。采样器高速缓存相似于在 3.4.6 节

提到的着色器高速缓存,它是更有用的?如果这样,设计和执行它。如果不是这样,为什么?

3.6.3 用纹理渲染

给定 Texture2D 和 TextureSampler,告诉 Context 我们想要使用它们进行渲染是很简单的事情。实际上,我们可以告诉渲染环境我们想要使用多种纹理,或许对于相同的绘制调用,每一个纹理都有不同的采样器。shader 读取多个纹理的能力被称为多重纹理。它的应用非常广泛,在本书中也多处使用。例如,4.2.5 节使用多重纹理进行以下操作,一是使用白天纹理去着色数字地球向阳的一面,二是使用夜晚纹理去着色数字地球的另外一面。11.4 节也在多种地形着色技术中使用多种纹理。此外,除了读取多种纹理之外,shader 也能从相同的纹理中读取多次。

纹理单元的数量,特有的纹理采样器组合的最大数量能够被立刻使用,由 Device. NumberOfTextureUnits 定义。Context 包含 TextureUnit 的集合,如在图 3.18 中给出。使用 0 和 Device. NumberOfTextureUnits - 1 之间的索引存取每个纹理单元。在调用 Context. Draw 之前,客户代码指派一个纹理和采样器给它所需要的每个纹理单元。例如,如果白天和黑夜纹理被使用,客户代码看起来如下所示:

```
context. TextureUnits [0]. Texture = dayTexture;
context. TextureUnits [0]. TextureSampler =
    Device. TextureSamplers. Linea rClamp;
context. TextureUnits [1]. Texture = nightTexture;
context. TextureUnits [1]. TextureSampler =
    Device. TextureSamplers. LinearClamp;
context. Draw(/ * ... * /);
```

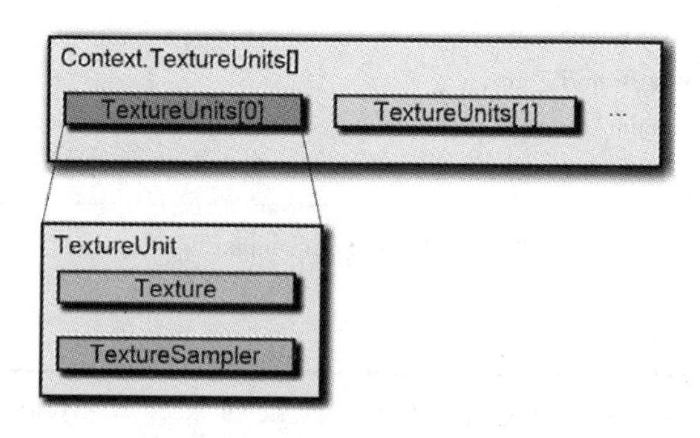

图 3.18 每个 Context 有 Device. NumberOfTextureUnits 纹理单元。纹理和采样器被分配给纹理单元用于渲染。

通过使用渲染的自动 uniforms 单元，GLSLshader 能够定义两个 sampler2D uniform 单元去存取纹理单元：

```
uniform sampler2D og_texture0;                // 白天 - 纹理单元 0
uniform sampler2D og_texture1;                // 夜晚 - 纹理单元 1
```

可选择的，用户命名的 uniforms 单元能被使用，并使用 Uniform < int > 在客户代码中明确设置恰当的纹理单元。

请思考：

为什么纹理单元集合是渲染环境的一部分，而不是绘制状态的一部分？使用什么实例做这个更容易？不利的一面是什么？

小练习：

代替在运行时使用像 glGenerateMipmap 的 API 调用，当更多时间被花费在高质量过滤，离线计算纹理图像的低分辨率版本是有用的。修改 Texture2D 和相关的支持预先计算的纹理图像的低分辨率版本的类。

小练习：

我们的纹理仅支持 2D 纹理，因为，不管相信与否，对于整本书 2D 纹理是唯一的需要写入范例代码的纹理类型！有许多其他有用的纹理类型：1D 纹理、3D 纹理、立方图、压缩纹理和纹理数组。为这些类型增加渲染支持是对现有设计的直接的扩展。操作它吧！

3.6.4　GL 渲染操作

纹理的 GL 实现通过几个类来开展。WritePixelBufferGL3x 和 ReadPixelBufferGL3x 包含写入和读取像素缓冲区的操作。这些类使用相同的由顶点缓冲区使用的 GL 缓冲器对象模式，在 3.5.1 节描述。即，在构造函数中 glBufferData 被用于分配内存，并且用 glBufferSubData 实现 CopyFromSystemMemory。在这种情况下，像素和顶点缓冲区操作共享代码。一个显著的区别是写入像素缓冲区使用 GL_PIXEL_UNPACK_BUFFER 对象，读取像素缓冲区使用 GL_PIXEL_PACK_BUFFER 对象。

Texture2DGL3x 是真实 2D 纹理的一种实现。它的构造函数创建 GL 纹理并为它分配内存。首先，使用 glGenTexture 创建 GL 名称。其次，进行 glBindBuffer 调用，具有 GL_PIXEL_UNPACK_BUFFER 目标和高速缓冲区。这确保了没有缓冲区对象被绑定，它能为纹理提供数据。然后，glActiveTexture 被用于激活最后一个纹理单元；例如，如果 Device. NumberOfTextureUnits 是 32，它将激活纹理单元 31。如果客户代码想要使用相同纹理单元的不同纹理去渲染，需要这个有些非直观的步骤，以至于我们知道在下一个调用之前，什么纹理单元被影响并且能够说明它。一旦配置了 GL 状态，最后将用 null 数据自变量对 glTexImage2D 调用为纹理分配内存。

对于 CopyFromBuffer 的实现与构造函数具有某些相似性。首先，调用 glBindBuffer 来绑定写像素缓冲（在 GL 项中取出像素缓冲区），里面有我们希望拷贝到纹理的影像数据。其次，调用 glPixelStore 设置行排列。然后，glTexSubImage2D 用于转换数据。如果纹理要被用于低分辨率版本，最终调用 glGenerateMipmap 为纹理产生低分辨率版本。

TextureSamplerGL3x 是用于纹理采样器的实现。假定这个类是不变的，并且为采样器对象给定简洁的 GL API，那么，在我们的渲染中，TextureSamplerGL3x 有最简洁的实现。使用 glGenSamplers 在构造函数中创建采样器的 GL 名字，当对象被放弃时，使用 glDeleteSamplers 删除它。构造函数几次调用 glSamplerParameter 去定义采样器的滤波和封装参数。

最后，在 TextureUnitsGL3x 和 TextureUnitGL3x 中实现纹理单元。为渲染绑定纹理和采样器是纹理单元的任务。相似于用于 uniform 单元和顶点数组的方法，这里也使用了延迟方法。当客户代码为纹理单元指派一个纹理或采样器，使用 glActiveTexture 不能激活纹理单元，纹理或采样器 GL 对象也不会直接绑定，而纹理单元被标记为无用的。当进行 Context. Draw 调用时，它迭代无用的纹理单元，并清除它们。即，调用 glActiveTexture 去激活纹理单元，调用 glBindTexture 和 glBindSample 绑定纹理和采样器。上一纹理单元可能已经在 Texture2D 中进行了修改。如果它们是非 null 的，CopyFromBuffer 被作为特殊实例，可以显式地绑定纹理和采样器。

3.6.5 Direct3D 中的纹理

D3D 中的纹理与我们的渲染接口有某些相似。在 D3D 中，通过使用 ID3D11Device::CreateTexture2D，使用 D3D11_TEXTURE2D_DESC 创建纹理。差异在于，使用提示（如，静态的、动态的或流的）在 D3D 描述中进行了定义；在我们的渲染中，它仅被定义为写入或读取像素缓冲区的一部分。使用 ID3D11DeviceContext::CopyResource 能够实现我们纹理的 CopyFromBuffer 和 CopyToBuffer。还有一种可能是，仅采用系统内存中的一个数组，来实现像素缓冲区的写入，然后使用 ID3D11DeviceContext::UpdateSubresource 和

ID3D11DeviceContext::Map 来实现纹理的 CopyFromBuffer。我们的像素缓冲区不能直接映射到 D3D,所以最好是做一些再设计,而不是使 D3D 的实现复杂化。

由于我们的渲染采样器是不变的,D3D 采样器很好地映射到我们的。在 D3D 中,使用 D3D11_SAMPLER_DESC 描述采样器参数,它被传递给 ID3D11Device::CreateSamplerState 以创建一个不变的采样器。D3D 的一个好的特征是,如果一个具有相同描述的采样器已经存在,它被传递给 CreateSamplerState,那么,现有的采样器将被返回,使得渲染或应用级的高速缓存不太重要。

渲染时,在纹理中存取数据,D3D 需要使用 ID3D11Device::CreateShaderResourceView 创建 shader 资源视图。使用像 PSSetShaderResources 和 PSSetSamplers 的 ID3D11DeviceContext 方法,可以将纹理的资源视图和采样器绑定到管线的不同阶段(纹理单元)。相似于 D3Dshader 本身,将资源视图和采样器绑定到单个管线阶段,然而,在 GL 和我们的渲染中,它们被绑定到整个管线。

在 D3D 中,纹理坐标的起点是左上角,并且扫描线是从图像的顶端到底端。在 GL 中,起点是左下角,并且扫描线是从底端到顶端。当在 shader 中读取纹理时,这并不是问题;在两种 API 中,相同的纹理数据能使用相同的纹理坐标。然而,当把纹理写入到帧缓冲区时,起点的不同将带来问题。在这种情况下,通过重新配置视口转换、深度范围、剔除状态和射影矩阵并利用 ARB_fragment_coord_conventions[84],渲染需要被"翻转"。

3.7 帧缓冲区

在我们的渲染中,最后一个主要组件是帧缓冲区。帧缓冲区是纹理容器,被用于渲染的纹理技术。这些技术是非常简单的。例如,场景能被渲染到连接帧缓冲区的高分辨率纹理,然后把它保存到磁盘,为了在比监视器分辨率更高的分辨率下去进行抓屏[1]。本节大量涉及使用帧缓冲区的其他技术。例如,在第一遍渲染环节,延迟的着色写入多种纹理,输出信息如深度、法线和材料属性。在第二遍中,渲染全屏四方形,读取纹理并渲染场景。使用帧缓冲区的许多技术将在第一遍写入纹理,然后,在此后的步骤中从它们中读取出来。

在我们的渲染中,帧缓冲区由 Framebuffer 表示,如代码表 3.29 和图 3.19 所示。客户可以利用 Context. CreateFramebuffer 创建帧缓冲区。就像顶点数组,帧缓冲区是轻量级的容器对象,并且在渲染环境间不能共享,这也是 Create-

1 这是我们在本书中如何创建许多图。

Framebuffer 是 Context 方法而不是 Device 方法的原因。一旦创建了帧缓冲区，我们能够附加多种纹理作为颜色附件，也可以附加其他的纹理作为深度或深度/模板附件。

```
public abstract class ColorAttachments
{
    public abstract Texture2D this [int index] {get;set;}
    public abstract int Count {get;}
    //...
}
public abstract class Framebuffer:Disposable
{
    public abstract ColorAttachments ColorAttachments {get;}
    public abstract Texture2D DepthAttachment {get;set;}
    public abstract Texture2D DepthStencilAttachment {get;set;}
}
```

代码表 3.29　ColorAttachments 和 Framebuffer 接口

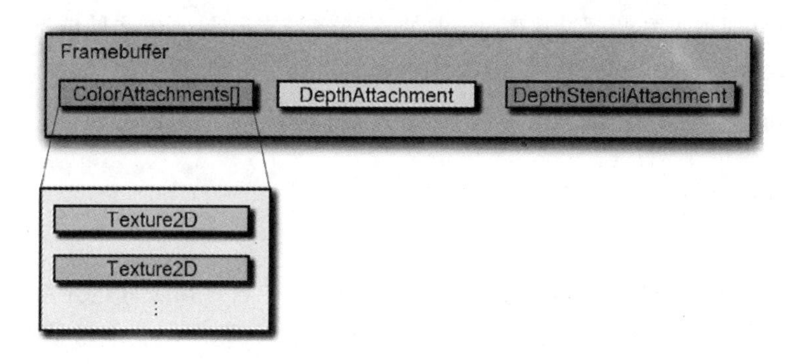

图 3.19　Framebuffer 能用于 Device. MaximumNumberOfColorAttachments 颜色附件和深度或深度/模板附件。所有附件是 Texture2D 对象。

纹理格式与帧缓冲区附件类型兼容是很重要的，这也是 Texture2DDescription 包含 ColorRenderable、DepthRenderable 和 DepthStencilRenderable 属性（在 3.6.1 节提到）的原因。

通过分配它到 Context. Framebuffer，我们渲染一个帧缓冲区。如果启动深度测试渲染状态，帧缓冲区必须有一个深度或深度/模板附件。忘记深度附件是一个 OpenGL 初学者经常会犯的错误。在这种情况下，我们的渲染会在 Context. Draw 中抛出一个异常。是否只有 OpenGL 是如此信息丰富的！

```
Framebuffer framebuffer = context. CreateFramebuffer( ) ;
framebuffer. ColorAttachments [0] = Device. CreateTexture2D(
    new Texture2DDescription(640,480,
        TextureFormat. RedGreenBlue8,false)) ;
framebuffer. DepthAttachment = Device. CreateTexture2D(
    new Texture2DDescription(640,480,
        TextureFormat. Depth32f,false)) ;
```

当使用多种颜色附件时,匹配片元 shader 的输出变量与帧缓冲区的颜色附件引导是非常重要的,相似于顶点 shader 属性输入如何与顶点数组属性相匹配。例如,片元 shader 可能有两个输出变量:

```
out vec4 dayColor;
out vec4 nightColor;
```

正如在 3.4.3 节的描述,能够使用 ShaderProgram. FragmentOutputs 查询片元 shader 输出变量的颜色附件索引。这一索引随后能为颜色附件指派合适的纹理,关联 shader 输出变量与纹理:

```
ShaderProgram sp =//...
frame buffer. ColorAttachments [sp. Fragment Outputs("dayColor")] = dayTexture;
frame buffer. ColorAttachments [sp. Fragment Outputs("nightColor")] = nightTexture;
```

连接到帧缓冲区的纹理被写入后,可被分配到纹理单元,并且在此后的渲染过程中进行读取,但是在单次的绘制调用中,不可能对相同的纹理既写入又读取。

我们能够从 Context 到 Draw 移动 Framebuffer 属性,以减少渲染环境级的全局状态的数量。保持帧缓冲区作为渲染环境的一部分是很方便的,因为它允许对象去渲染,而不用知道哪个帧缓冲区他们要去渲染。虽然这一设计依靠渲染环境级的状态,但帧缓冲区比整个渲染状态更容易管理。

3.7.1 GL 渲染操作

帧缓冲区的 GL 实现是在 FramebufferGL3x 和 ColorAttachmentsGL3x 中完成的。使用 glGenFramebuffers 和 glDeleteFramebuffers,创建和删除 GL 帧缓冲区对象的名字。正如我们在这一章中所看到的,使用延迟技术而不是其他的 GL 调用,直到客户代码调用 Context. Draw 或 Context. Clear 为止。许多像 shader 和纹理那样的对象不影响清除,所以记住清除依赖帧缓冲区是重要的。

像往常一样,当客户代码分配纹理给帧缓冲区附件时,附件被标记为无用的。在绘制或清除之前,帧缓冲区由 glBindFramebuffer 绑定,并且通过调用 gl-

FramebufferTexture 清除附件。如果没有纹理连接到无用附件(如,因为它被赋值为 null),然后用零纹理参数调用 glFramebufferTexture。同样地,如果 Context. Framebuffer 赋值为 null,用零的帧缓冲区自变量调用 glBindFramebuffer,它意味着使用默认的帧缓冲区。

3.7.2 Direct3D 中的帧缓冲区

在 D3D 中,可以使用渲染目标和深度/模板视图来实现渲染的 Framebuffer。可以使用 ID3D11Device::CreateRenderTargetView 为颜色附件创建一个渲染目标视图。类似地,可以使用 ID3D11Device::CreateDepthStencilView 为深度/模板附件创建一个深度/模板视图。对于渲染,可以使用 ID3D11DeviceContext::OMSetRenderTarget 将这些视图绑定到输出合并管线阶段。

假设 D3D 分别处理颜色输出(渲染目标)和深度/模板输出,那么,如果颜色和深度/模板缓冲区要被清除,实现 Context. Clear 则需要调用 ID3D11DeviceContext::ClearRenderTargetView 和 ID3D11DeviceContext::ClearDepthStencilView。

3.8 完整流程:渲染一个三角形

Chapter03Triangle 是一个例子,它使用渲染去绘制一个红色三角形。把本章所涉及的大部分概念和代码片断放到一个例子中,你能够运行该程序,或者在调试器中分步执行,但最重要的是建立你自己的代码。Chapter03Triangle 工程涉及 OpenGlobe. Core 和 OpenGlobe. Render,它不需要直接调用 OpenGL;通过公开渲染类型进行渲染。

Chapter03Triangle 仅包含一个类,它的私有成员如代码表 3.30 所示。所需要的是用于发布绘制调用的渲染窗口和状态类型。当然,绘制状态包括 shader 程序、顶点数组和渲染状态,但是在例子中这些不能直接作为成员支撑。

```
private readonly GraphicsWindow   _window;
private readonly SceneState   _scen eState;
private readonly ClearState   _clea rState;
private readonly DrawState   _drawState;
```

代码表 3.30 Chapter03Triangle 私有成员

如代码表 3.31 所示,大量工作都是在构造函数中完成的,创建了一个窗口和用于调整窗口大小和渲染的连接事件。在其他渲染类型之前必须创建一个窗口,因为在连接下窗口创建 GL 渲染环境。

```
public Triangle()
{
    _window = Device. CreateWindow(800,600,"Chapter 3:Triangle");
    _window. Resize + = OnResize;
    _window. RenderFrame + = OnRenderFrame;
    _sceneState = new SceneState();
    _clearState = newClearState();
    string vs =
        @"in vec4 position;
        uniform mat4 og_modelViewPerspectiveMatrix;
        void main() {gl_Position = og_modelViewPerspectiveMatrix * position;}";
    string fs =
        @"out vec3 fragmentColor;
        uniform vec3 u_Color;
        void main() {fragmentColor = u_Color;}";
    ShaderProgram sp = Device. CreateShaderProgram(vs,fs);
    ((Uniform<Vector3F>)sp. Uniforms ["u_Color"]). Value =
        new Vector3F(1,0,0);
    Mesh mesh = new Mesh();
    VertexAttributeFloatVector3positionsAttribute =
        new VertexAttributeFloatVector3("position",3);
    mesh. Attributes. Add(positionsAttribute);
    IndicesUnsignedShort indices = new IndicesUnsignedShort(3);
    mesh. Indices = indices;
    IList<Vector3F> positions = positionsAttribute. Values;
    positions. Add(new Vector3F(0,0,0));
    positions. Add(new Vector3F(1,0,0));
    positions. Add(new Vector3F(0,0,1));
    indices. AddTriangle(new TriangleIndicesUnsignedShort(0,1,2));
    VertexArray va = _window. Context. CreateVertexArray(
        mesh,sp. VertexAttributes,BufferHint. StaticDraw);
    RenderState renderState = new RenderState();
    renderState. FacetCulling. Enabled = false;
    renderState. DepthTest. Enabled = false;
    _drawState = new DrawState(renderState,sp,va);
    _sceneState. Camera. ZoomToTarget(1);
}
```

代码表 3.31 Chapter03Triangle 的构造函数创建被需要用于渲染三角形的渲染对象

请思考：

你如何改变 GL 渲染操作去消除在其他渲染类型之前必须创建一个窗口这个限制？这个努力是值得的吗？

接下来，创建默认的场景状态和清除状态。撤消用于设置自动化 uniform 单元状态的场景状态，以及用于清除帧缓冲区的清除状态。对于该例子，这种默认是可接受的。在场景状态中，相机的默认位置是(0，-1，0)，它只利用垂直向量(0，0，1)朝向源点，所以它只看横轴为 x 纵轴为 z 的 xz 平面。

接着创建由简单顶点和片元 shader 组成的 shader 程序。shader 资源是字符串中的硬编码。如果它们更复杂，我们将在不同的文件中存储它们，作为嵌入的资源，在 3.4 节进行描述。使用自动化 uniform 单元 og_modelViewPerspectiveMatrix，顶点 shader 转换输入位置，所以例子不必显式地设置转换矩阵。基于 u_color uniform 单元，片元 shader 输出纯色的颜色，它被设置成红色。

之后，在 xz 平面中，用于等腰三角形的顶点数组，通过先创建一个 Mesh，创建单位长度的边，然后调用 Context. CreateVertexArray，相似于代码表 3.24。

然后，使用禁用的面剔除和深度测试创建渲染状态。即使在 OpenGL 中这是默认状态，在我们的渲染中这些成员默认为 true，因为它是通用的案例。这个例子为了示范的目的而禁用它们；没有影响输出，它们也能够不被干扰。

最后，创建 shader 程序、顶点数组和先前创建的渲染状态的绘制状态。用相机辅助方法 ZoomToTarget 调整相机的位置，以便于三角形物体是充分可见的。

一旦创建了所有的渲染对象，渲染就简单了，如代码表 3.32 所示。清除帧缓冲区，利用一个绘制调用绘制三角形，并且指导渲染把顶点解释为三角形。

```
private void O n Render F r a m e( )
{
    Context context = _window. Context;
    context. Clear( _clearState) ;
    context. Draw( PrimitiveType. Triangles, _drawState, _sceneState) ;
}
```

代码表 3.32　Chapter03Triangle 的 OnRenderFrame 发布渲染三角形的绘制调用

小练习：

改变 PrimitiveType. Triangles 变量到 PrimitiveType. LineLoop。结果是什么？

当发布绘制调用时，我们能够明确指定索引偏距和计数，如下所示，使用零偏距和 3 个计数：

```
context. Draw( PrimitiveType. Triangles,0,3,_drawState,_sceneState);
```

当然，对于包含三个索引的索引缓冲区，与不提供偏距和计数的有相同的结果；它使用整个引导缓冲区绘制。虽然 Chapter03Triangle 是一个简单的例子，但是对于许多例子渲染代码来说都是这样容易：发布 Context. Draw，并且让渲染绑定 shader 程序、设置自动化 uniform 单元、绑定顶点数组、设置渲染状态，并最终绘制！唯一的不同在于更高级的例子可能也分配帧缓冲区、纹理和采样器，并设置 shaderuniform 单元。渲染通常是简明的，大量的工作在于创建和更新渲染对象。

小练习：

修改 Chapter03Triangle 以应用纹理到三角形物体中。使用 Device. CreateTexture2D 加载，来自磁盘上的影像它利用 Bitmap 创建纹理。使用 VertexAttributeHalfFloatVector2，添加纹理坐标到网格。分配纹理和一个采样器到纹理单元，并相应地修改顶点和片断着色器。

小练习：

修改 Chapter03Triangle 以渲染帧缓冲区，然后使用纹理的全屏四方形，渲染帧缓冲区的颜色附件到屏幕。使用 Context. CreateFramebuffer 创建帧缓冲区，并分配同帧缓冲区的颜色附件中的其中一个有着相同大小窗口的纹理。考虑在 OpenGlobe. Scene 中使用 ViewportQuad 渲染四方形，它读取纹理并渲染计算机屏幕显示的数据。

3.9 资源

利用 Google 的快速搜索可以获得关于 OpenGL 和 Direct3D 的大量信息。其中，OpenGL SDK [1] 和 DirectX Developer Center [2] 是最好的参考资料。

审视不同的渲染设计是有益的。Eric Bruneton 的 Ork [3]（OpenGL 渲染核

1 http://www. opengl. org/sdk/

2 http://msdn. microsoft. com/en - us/directx/

3 http://ork. gforge. inria. fr/

心)是一个建立在OpenGL之上的C++API。它与我们的渲染非常相似,而且也包括资源框架、场景图和任务图,使其更接近全3D引擎。

Wojciech Sterna的*GPU Pro*文章讨论了D3D 9和OpenGL 2之间的差异[157]。Blossom Engine的源码可从*GPU Pro*网站[1]获得,包括使用预处理器定义的支持D3D 9和GL 2的渲染,避免了虚调用,就像我们设计的抽象类一样。虽然两者的实现有很多共同之处,但是看到D3D和GL彼此实现之间的不同是有益的。

David Eberly的Wild Magic Engine[2]包含一个具有D3D 9和GL实现的抽象渲染。在该作者的许多著作中都使用和描述了该引擎,包括3D Game Engine Design[43]。

OGRE[3]是一个流行的开源3D引擎,通过抽象类RenderSystem支持OpenGL和Direct3D。

网站上有好的文章,涉及在渲染之前进行状态排序[47,52]。

在Game Engine Gems 2中的两篇文章详细介绍了本章中使用的延迟GL技术,以及在3.4.5节中使用的自动化uniform单元的方法[31,32]。

在本书的后面章节中,10.4节描述了OpenGL的多线程和渲染中的相关抽象。

小练习:

> 或许对于本章的最根本的练习是要写入OpenGlobe渲染的D3D操作。SlimDX、DirectX.NET封装能用于进行来自C#的Direct3D调用。一个好的第一步是要通过确定随后的扩展使得GL操作更像D3D,这些扩展是OpenGL3.2:ARB_vertex_array_bgra[86]、ARB_fragment_coord_conventions和ARB_provoking_vertex[85]的核心特征。你如何处理着色器?

小练习:

> 写入OpenGlobe渲染的OpenGL ES2.0操作。来自GL3.x操作的多少代码能够重复使用?你如何处理几何图元着色器的缺乏?

Patrick 说:

> 如果你大胆进行上述活动中的任何一个,我们将很热切地听说它。

---

1 http://www.akpeters.com/gpupro/

2 http://www.geometrictools.com/

3 http://www.ogre3d.org/

第四章　球面渲染

本章涉及数字地球的核心主题：地球渲染，聚焦于椭球体分格化和着色算法。

我们研究三种三角形的分格化算法用于球面的近似表示。首先，我们讨论一个简单的用于单位球体的细分表面的算法，它是典型的基础的计算机图形学内容。然后，在立方图和大地测量网格的基础上，我们研究椭球体的网格化。

对于着色部分，首先从回顾简单的预先片断光照和用低分辨率卫星获取的地球图像的纹理映射开始。我们比较预先片断过程和基于纹理坐标预先计算的法线和纹理坐标。在着色部分，我们讨论了特殊的虚拟地球技术用于渲染经纬度网格以及使用片断 shader 进行夜间光照。

通过使用 GPU 光照投射，本章以用于渲染未分格化地球的技术作为本章总结。

4.1　分格化

GPU 的主要功能是渲染三角形，所以渲染基于椭球体的地球，需要首先对椭球体的表面进行三角网格近似，该过程称为分格化，然后提供给 GPU 用于渲染。本部分包括三种常用的椭球体分格化算法和各个算法间的权衡。

4.1.1　细分表面

第一个算法所分割的球体是位于原点处的单位球体。该算法可以通过将每一个点按照椭球体的半径(a,b,c)进行放缩扩展到椭球体表面，然后计算用于着色的大地表面法向量（见 2.2.3 小节）。

细分表面算法非常简洁，并很容易执行，甚至不需要任何三角学知识。以一个正四面体开始，即由具有位于单位球体上的端点的四个等边三角形组成的金字塔形状开始，如图 4.1 所示。

四面体的端点 $p0$、$p1$、$p2$ 和 $p3$ 定义如下：

$$
\begin{aligned}
p0 &= (0,0,1) \\
p1 &= \frac{(0,2\sqrt{2},-1)}{3} \\
p2 &= \frac{(-\sqrt{6},-\sqrt{2},-1)}{3} \\
p3 &= \frac{(\sqrt{6},-\sqrt{2},-1)}{3}
\end{aligned} \tag{4.1}
$$

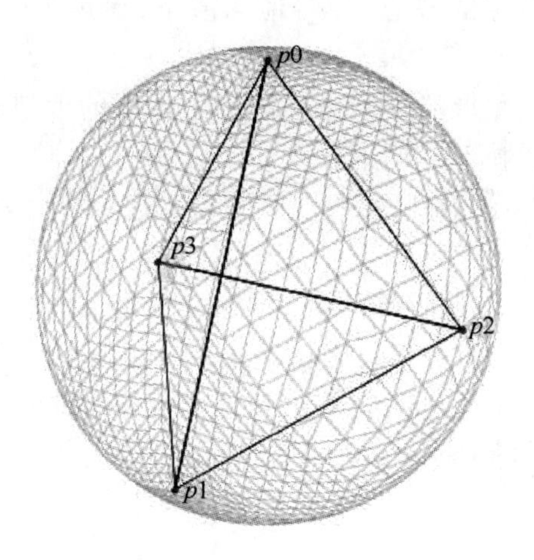

图 4.1　在单位球体上的具有端点的四面体。四面体的面被递归地细分，并投影于单位球体以近似球体的表面。

四面体是非常粗糙的单位球体的多边形近似。为了得到更好的近似，每个三角形被细分为四个新的等边三角形，如图 4.2(a)和(b)所示。对于所给的三角形，通过创建三个新的点引入四个新的三角形，每一个新创建的点是初始三角形的边的中点：

$$
\begin{aligned}
p01 &= \frac{(p0+p1)}{2} \\
p12 &= \frac{(p1+p2)}{2} \\
p20 &= \frac{(p2+p0)}{2}
\end{aligned} \tag{4.2}
$$

切分一个三角形到四个单独的新的三角形不能提高近似性；中点是与最初的三角形位于相同的平面上，因此，并不在单位球面上。为了将中点投影到单位球体上以提高相似性，简单地对每个点进行归一化：

$$p01 = \frac{p01}{\| \boldsymbol{p01} \|}$$
$$p12 = \frac{p12}{\| \boldsymbol{p12} \|} \tag{4.3}$$
$$p20 = \frac{p20}{\| \boldsymbol{p20} \|}$$

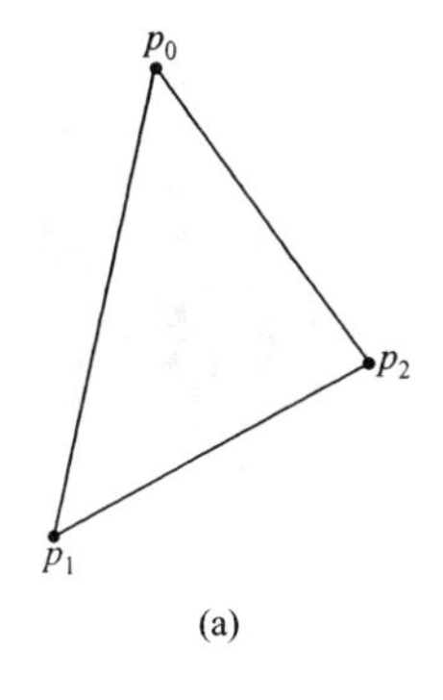

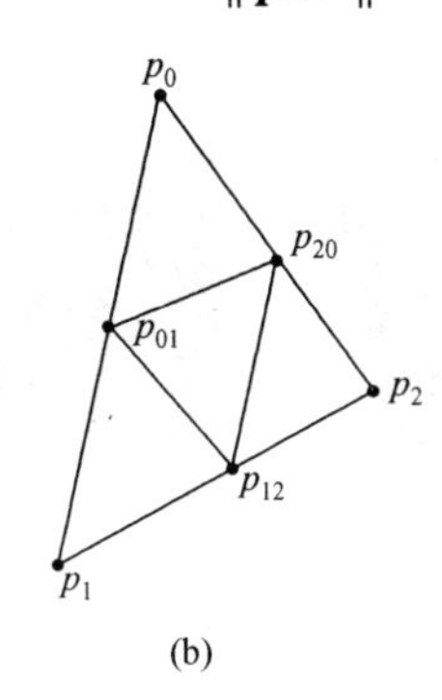

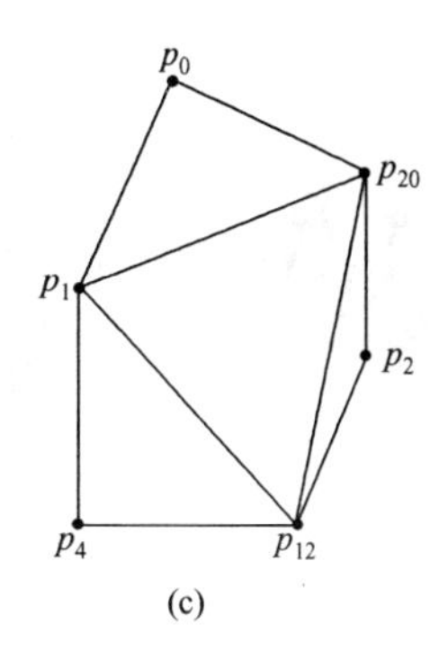

图 4.2　细分一个三角形并投影新的点到单位球体上。这个过程被重复递归直到分格化足够近似球体表面。(a)在单位球体上具有端点的三角形;(b)三角形被细分到四个新三角形;(c)新的点被归一化以使得它们位于单位球体上。

几何示意如图 4.2(c)所示。

细分的方法产生近乎全等的等边三角形[1]。其他的细分选择,如根据最初的三角形矩心创建三个新的三角形,创建长的、变细的三角形,由于插值的距离过长,因此它能反向影响着色。

细分持续递归直到满足停止条件。一个简单的停止条件是显示的细分数量 n。对于 $n=0$,使用 $4(4^1)$ 个三角形表示最初生成的四面体;对于 $n=1$,使用 $16(4^2)$ 个三角形;对于 $n=2$,生成了 $64(4^3)$ 个三角形来表示最初的三角形。一般地,n 次细分产生 4^{n+1} 个三角形。图 4.3 给出 n 的不同取值的三维网格模型和纹理球面。

n 的取值较大时能够对球体更好地近似,但是具有更大的计算时间复杂度和内存开销。当 n 太小时,影响可视化质量,因为我们只能看到球体内部的多边形近似。当 n 太大时,因为额外的计算和内存使用性能会受到影响。幸运的是,对于所有观察者位置,n 没有必要是相同的。当观察者接近球体时,可以使用较大的 n 值。类似地,当观察者是远离球体,球体包括比较少的像素,可以选择比较小的 n 值。这项通用技术,称之为层次细节,将在 12.1 节进行讨论。

1　在归一化后,不是所有三角形都是等边的。

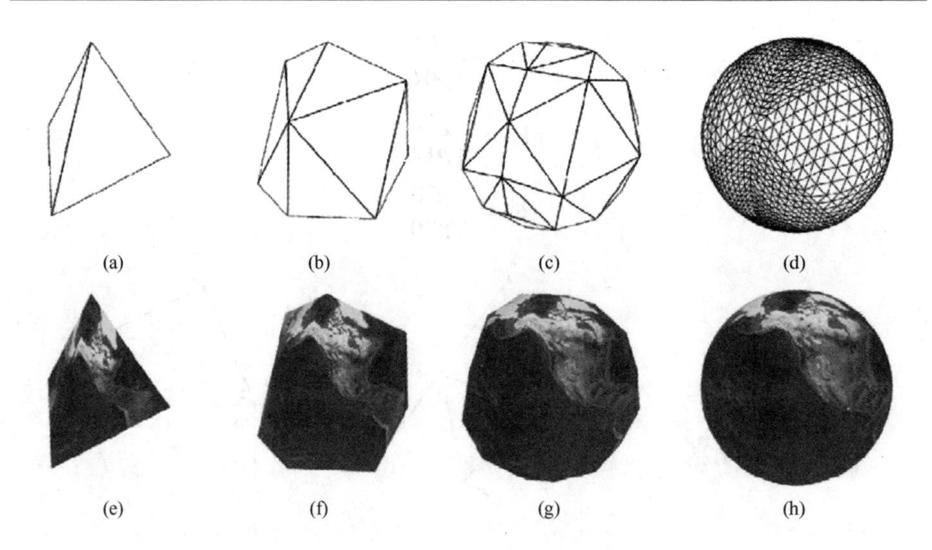

图 4.3 (a)和(e)$n=0$ 产生 4 个三角形;(b)和(f)$n=1$ 产生 16 个三角形;(c)和(g)$n=2$ 产生 64 个三角形;(d)和(h)$n=5$ 产生 4096 个三角形。

四面体是 5 个理想实体中的一个。理想实体是相等的面组成的凸对象,每个面都是全等顶点正多边形。我们使用四面体,因为它是最简单的,仅有 4 个面,但是通过使用相同算法可以将任何理想实体细分成一个球体。每个理想实体具有不同的优缺点:拥有多个面的理想实体需要比较少的细分。关于细分一个八面体(8 个面)和二十面体(20 个面)的例子代码以及讨论由 Whitacre[179] 和 Laugerotte[95] 提供。

4.1.2 细分表面操作

OpenGlobe 中包括在本章描述的球面分格化算法执行的例子。对于单位球体的细分表面分格化在 SubdivisionSphereTessellatorSimple 中执行。公共接口,在代码表 4.1 中给出,是具有一个名为 Compute 函数的一个静态类,该函数的参数是细分的数量,返回值是表示球体近似的三角形的列表索引。

Compute 函数的首项操作是初始化用于返回三角形列表的 Mesh 对象。这个网格,在代码表 4.2 中进行初始化,简单地包含位置属性的集合和索引的集合。执行分格化并且使得对于三角形正面的顶点顺序是逆时针方向的。

为了提高效率,只进行所设置数量的顶点和三角形的计算,并分别用于设置位置和索引集合。这样做能够避免不必要的拷贝和内存分配。

代码表 4.3 给出 Compute 函数的实际操作,该函数使用式(4.1)的 4 个端点来创建最初的四面体。一旦这些点被加到位置属性集合中,对于最初四面体的 4 个三角形的每一个调用 Subdivide 来生成四面体。函数 Subdivide 是私有的,它递归地进行三角形细分。被传递给每个 Subdivide 函数的顶点的索引是逆时针方向(见图 4.1)。

```
public static class SubdivisionSphereTessellatorSimple
{
    public static Mesh Compute(int numberOfSubdivisions)
    {/*... */}
}
```

代码表 4.1　SubdivisionSphereTessellatorSimple 公共接口

```
Mesh mesh = new Mesh();
mesh.PrimitiveType = PrimitiveType.Triangles;
mesh.FrontFaceWindingOrder = WindingOrder.Counterclockwise;
VertexAttributeDoubleVector3positionsAttribute =
    new VertexAttributeDoubleVector3(
        "position",SubdivisionUtility.NumberOfVertices(
            numberOfSubdivisions)
mesh.Attributes.Add(positionsAttribute);
IndicesInt indices = new IndicesInt(3 *
    SubdivisionUtility.NumberOfTriangles(numberOfSubdivisions));
mesh.Indices = indices;
```

代码表 4.2　SubdivisionSphereTessellatorSimple 类的 Compute 函数进行网格初始化

```
double negativeRootTwoOverThree = -Math.Sqrt(2.0) / 3.0;
const double negativeOneThird = -1.0 / 3.0;
double rootSixOverThree = Math.Sqrt(6.0) / 3.0;
IList<Vector3d> positions = positionsAttribute.Values;
positions.Add(new Vector3d(0,0,1));
positions.Add(new Vector3d(
    0,2.0 * Math.Sqrt(2.0) / 3.0,negativeOneThird));
positions.Add(new Vector3d(
    -rootSixOverThree,negativeRootTwoOverThree,negativeOneThird));
positions.Add(new Vector3d(
    rootSixOverThree,negativeRootTwoOverThree,negativeOneThird));
Subdivide(positions,indices,
    new TriangleIndices<int>(0,1,2),numberOfSubdivisions);
Subdivide(positions,indices,
```

```
    new TriangleIndices < int > (0,2,3) ,numberOfSubdivisions) ;
Subdivide( positions,indices,
    new TriangleIndices < int > (0,3,1) ,numberOfSubdivisions) ;
Subdivide( positions,indices,
    new TriangleIndices < int > (1,3,2) ,numberOfSubdivisions) ;
return mesh;
```

代码表 4.3　SubdivisionSphereTessellatorSimple 类的 Compute 函数进行四面体初始化

```
private static void Subdivide( IList < Vector3d > positions,
IndicesInt indices,TriangleIndices < int > triangle,int level)
{
    if( level >0)
    {
        positions. Add( Vector3d. Normalize( ( positions [ triangle. I0 ]
            + positions [ triangle. I1 ] ) * 0. 5) ) ;
        positions. Add( Vector3d. Normalize( ( positions [ triangle. I1 ]
            + positions [ triangle. I2 ] ) * 0. 5) ) ;
        positions. Add( Vector3d. Normalize( ( positions [ triangle. I2 ]
            + positions [ triangle. I0 ] ) * 0. 5) ) ;
        int i01 = positions. Count - 3;
        int i12 = positions. Count - 2;
        int i20 = positions. Count - 1;
        -- level;
        Subdivide( positions,indices,new TriangleIndices < int > (
            triangle. I0,i01,i20) ,level) ;
        Subdivide( positions,indices,new TriangleIndices < int > (
            i01,triangle. I1,i12) ,level) ;
        Subdivide( positions,indices,new TriangleIndices < int > (
            i01,i12,i20) ,level) ;
        Subdivide( positions,indices,new TriangleIndices < int > (
            i20,i12,triangle. I2) ,level) ;
    }
    else
    {
        indices. Values. Add( triangle. I0) ;
        indices. Values. Add( triangle. I1) ;
```

```
            indices. Values. Add( triangle. I2) ;
        }
}
```

代码表 4.4　SubdivisionSphereTessellatorSimple 类的 Subdivide 函数

对函数 Subdivide 的递归调用(见代码表 4.4)是本算法中的关键步骤。如果不需要更多的细分(即,*level* =0),则该方法简单地为输入三角形到网格增加三个索引并返回。因此,在最简单的情况下,当用户调用函数 SubdivisionSphereTessellatorSimple. Compute(0),Subdivide 被每个四面体三角形调用一次,生成的网格如图 4.3(a)所示。如果需要更多的细分(例如 *level* >0),则需要使用式(4.2)和式(4.3)将每个三角形边的中点通过归一化映射到单位球中。将当前等级减少并对于每一个新的三角形顶点调用 Subdivide 函数。4 个新的三角形比输入的三角形更相似于球体。在递归终止前,并不将输入三角形的索引添加到网格的索引集合。因为添加输入三角形的索引的话会增加网格底部的三角形。

小练习:

> 运行 Chapter04SubdivisionSphere1 的 SubdivisionSphereTessellatorSimple 的实际执行效果。进行细分的数量的影响,并证实你的输出与图 4.3 匹配。

小练习:

> 这个操作引入复制的顶点,因为有共享边的三角形在边的中点创建相同的顶点。改进操作以避免复制顶点。

4.1.3　立方体图分格化

分格化一个椭球体的另一种有趣的方法是将分格化的立方体映射到椭球体的表面。这种方法被称为立方体贴图细分(cube - map tessellation)。通过将位于 WGS84 坐标系的原点附近的轴对其立方体围绕 z 轴旋转 45°能够避免三角形穿过国际日期变更线。在这种情况下,正方形的四个角点的坐标为(-1,0)、(0, -1)、(1,0)和(0,1)。

立方体图分格化由该立方体开始。每一面被分格成均匀网格,使得每一面为由额外的三角形组成的平面[1]。具有 2 个、4 个和 8 个分格的立方体分别在图

1　仅当单顶点光照是可能的情况下[88],像这样的分格化被用于提高在固定功能 OpenGL 中的反射高光和聚光的质量。

4.4(a)、(b)和(c)中给出。分格越多,对椭球体的近似越精确。分格立方体上的每个点被归一化用来创建单位球体。椭球体通过将归一化的点的坐标与椭球体的半径相乘得到。图4.4(d)、(e)和(f)给出由2个、4个和8个网格分区创建的椭球体。

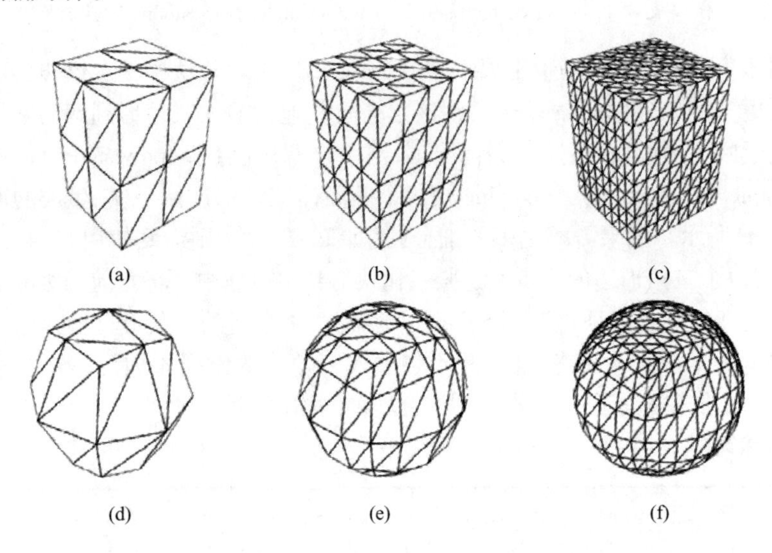

图4.4　立方体图分格化把立方体的面分成平面格,然后把点映射到椭球体上。(a)2个分区;(b)4个分区;(c)8个分区;(d)2个分区;(e)4个分区;(f) 8个分区。

通过透视投影法归一化和缩放原点。这导致立方体上的直线映射为椭球体上的测地线,并不一定是固定的经线和纬线。在图4.4(f)中可以看到,会出现一些扭曲,尤其是立方体顶点处的三角形。在面中间的网格正方形并没有产生比较大的扭曲。扭曲不是无益的;实际上,使用立方图分格化用于程序上生成球面行星,偏爱它是因为其不像其他分格化算法那样产生极点扭曲[28]。

像细分表面算法,这一方法避免了在极点的采样过密,但可能创建穿过极点的三角形。理论上,立方体图分格化算法是同其他细分技术一样简单,需要更多的内容知识。

在CubeMapEllipsoidTessellator中给出了一个执行实例。给定一个椭球体形状,网格分区的数量和需要的顶点属性数量,Compute函数返回一个表示近似椭球体的多边形的网格。首先,它创建8个顶点的立方体。然后,计算沿着每个立方体的由分区数量决定的粒度的12条边的位置,例如,2个分区将导致在边的中点处添加一个位置点,如图4.4(a)所示。其次,从底端行开始,逐行分割每个面。最后的步骤是将每个点映射到椭圆体,并计算法线和纹理坐标。

小练习：

> 通过 Chapter04SubdivisionSphere1 中对 CubeMapEllipsoidTessellator. Compute 的调用替代对 SubdivisionSphereTessellatorSimple. Compute 的调用，进行立方图分格化实验。

分格立方体面算法另一种可选择的操作是像四叉树分割一样递归地把每个面分割成 4 个新面，每个面能够作为独立的树使用 chunked LOD 算法，如 Wittens 所实现的[182]。

对于分格每个面的操作，一种可选择的方法是要分格一个面，然后旋转到对应位置，并映射到椭圆中。该操作在 CPU 或 GPU 上能够实现；对于后者，内存消耗需要用于单个立方体面。

Miller 和 Gaskins 描述了一种用于 NASA World Wind 的实验的球面分格化算法，它与立方体图分格化算法非常相似[116]。该算法将立方体映射到椭球体表面，并且使得其中一条边与国际日期变更线重合。4 个没有位于两极的面被细分成表示沿着固定经纬线的长方形网格。注意到该算法与立方体图分格化相比是不同的，立方体图分格化算法创建的是测地线。

在极点平面运用不同的分格机制以减少所带来的问题。首先，极平面被分成 4 个区域，类似于在平面上放置一个 X(见图 4.5(a))。然后，在每个边的中点处，极地被细分成 4 个区域(见图 4.5(b))。注意在极地的边并不是固定的经纬线而是测地线。当把与极地和非极地共享一个边的四边形分成三角形时，要采取特殊的机制以避免断裂。

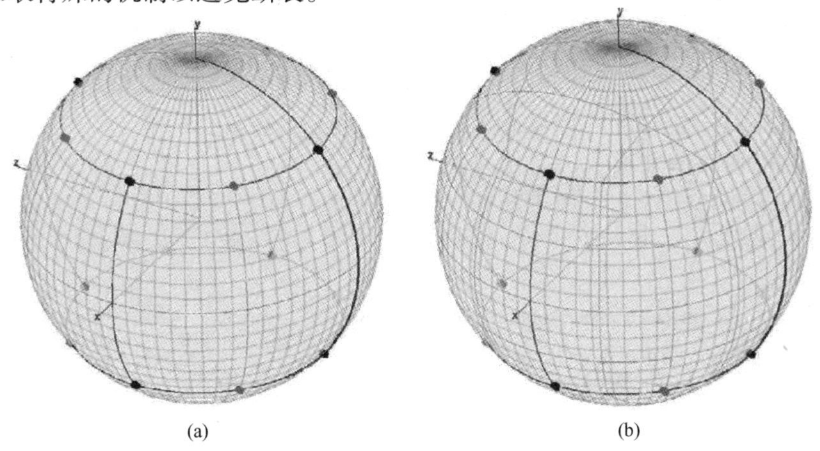

图 4.5　NASA World Wind 实验的球面分格化算法。(James Miller (堪萨斯州大学)和 Tom Gaskins，NASA 提供的图像[116])

对于极地,Miller 和 Gaskins 建议使用两种准则来选择纬度范围。如果目标要最大化固定经纬线的数量,唯有在高纬(如,60°或 70°)之上或低纬之下的区域是极地区域。最后,它们使用之上/之下 +/ -40°的范围作为极地区域,所以所有四边形是近似相同尺寸。

4.1.4 地理网格分格化

或许最具指导作用的椭圆体分格化算法是 *geographic grid*。这个算法有两步。

首先,计算分布在椭圆体上的点的集合。以选择的间隔尺度在球面坐标 $\phi \in [0,\pi]$ 和 $\theta \in [0,2\pi]$ 上使用嵌套的 for 循环操作迭代获取。ϕ 类似于纬度,θ 类似于经度。对于 ϕ 和 θ,许多应用使用不同的间隔尺度,因为它们的范围是不同的[1]。使用式(4.4),每个格点被从球坐标转换到笛卡儿坐标:

$$
\begin{aligned}
x &= a\cos\theta\sin\phi \\
y &= b\sin\theta\sin\phi \\
z &= c\cos\phi
\end{aligned}
\tag{4.4}
$$

(a,b,c) 是椭圆体的半径,在普通的单位球体中它是(1,1,1)。由于 $\sin(0) = \sin\pi = 0$,北极点($\phi = 0$)和南极点($\phi = \pi$)被作为 for 循环外的特殊情况。这两个点使用一个单独的点$(0,0,\pm c)$来表示。算法在这一步执行如代码表 4.5 所示。注意 Math. Cos(theta)和 Math. Sin(theta)仅需要被计算一次并且被存储在查找表中。

```
IList<Vector3d> positions = //...
positions.Add(new Vector3d(0,0,ellipsoid.Radii.Z));
for(int i = 1;i < numberOfStackPartitions; ++i)
{
    double phi = Math.PI * (((double) i) / numberOfStackPartitions);
    double cosPhi = Math.Cos(phi);
    double sinPhi = Math.Sin(phi);
    for(int j = 0;j < numberOfSlicePartitions; ++j)
    {
        double theta = (2.0 * Math.PI) * (((double) j) / numberOfSlicePartitions);
        double cosTheta = Math.Cos(theta);
```

1 例如,GLUT 的 gluSphere 函数利用沿着 z 轴堆栈的数量和围绕 z 轴分片的数量。这些分别被用于决定 ϕ 和 θ 的间隔尺度。

```
            double sinTheta = Math.Sin(theta);
            positions.Add(new Vector3d(
                ellipsoid.Radii.X * cosTheta * sinPhi,
                ellipsoid.Radii.Y * sinTheta * sinPhi,
                ellipsoid.Radii.Z * cosPhi));
        }
}
positions.Add(new Vector3d(0,0, -ellipsoid.Radii.Z));
```

代码表 4.5 用于地理坐标分格化的计算点

一旦用于分格化的点计算完毕,算法的第二步就是要计算三角形索引。除了与极地邻近的行,用于三角形的索引在每一行之间产生。为了避免三角形三边共线,使用三角形扇面,将这些行被连接到与它们最靠近的极地。完整的操作可参阅 GeographicGridEllipsoidTessellator。

图 4.6(a)给出一个使用两行三角扇面的非常粗糙的椭圆体近似。在图 4.6(b)中,无极的行是三角形的带状区域。图 4.6(c)刚开始看起来像一个椭圆体。

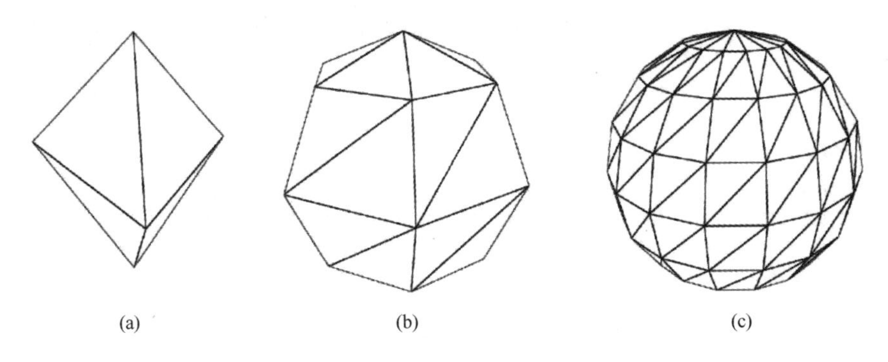

图 4.6 地理坐标分格化连接椭圆体上的点的分布与三角形。(a)$\Delta\theta = 2\pi/3$, $\Delta\phi = \pi/2$;(b)$\Delta\theta = \pi/3$, $\Delta\phi = \pi/4$;(c)$\Delta\theta = \pi/8$, $\Delta\phi = \pi/8$。

这一算法是理论上易懂的并被广泛使用。它在 STK 和 Insight3D 中以及 NASA World Wind [116] 的最初发布版本中使用。它避免了通过国际日期变更线的三角形,并且产生的三角形的边是固定经纬线,当然除了等分的边。

这一方法的主要缺点是在极地创建的奇点,在图 4.7 中给出。在极地附近变细的三角形能够导致光照和纹理伪影。由于在共享边上的片断被大量着色,这增加片断着色的成本[139]。在极地的过度拥挤的三角形导致额外的性能问题,因为视锥体裁剪在极地附近是无效的(如,在极地附近的视点包含的三角形远远多于在赤道附近的视点)。

极点附近的过度三角化可以通过基于维度的自适应分格化来解决。靠近极点的行采用更少的点,因此在两行之间需要更少的三角形。Gerstner 建议通过投影到球面区域面积的 $\sin\phi$ 倍限制三角形的面积[61]。

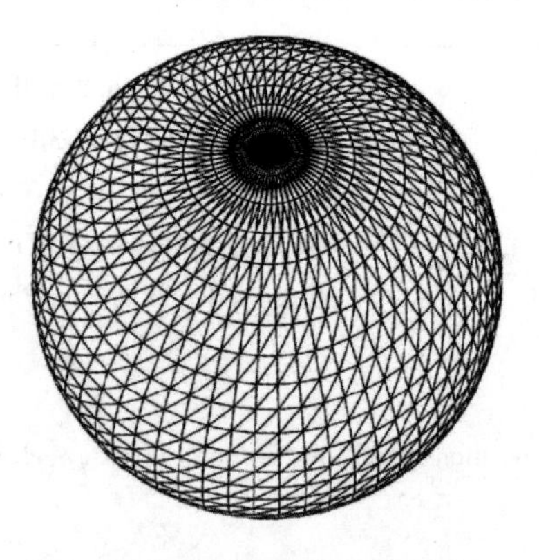

图 4.7　标准地理网格分格化导致在极地有过多的三角形

4.1.5　分格化算法比较

在讨论的三种椭圆体分格化算法中,很难说哪种比较好。它们很容易执行并成功地应用于大量应用中。表 4.1 列出在选择它们时要考虑的一些性质。这不困难并能很快列出;算法的变量取值能够改变它们的属性。例如通过基于纬度调整分格化,地理网格分格化能够最小化在极地的采样过密问题。同样地,通过分割通过国际日期变更线的三角形,任何分格化都能避免通过其的三角形。

表 4.1　椭圆体分格化算法的属性

算　法	极点处是否过采样	避免穿过极点的三角形	避免穿过国际日期变更线的三角形	具有相似形状的三角形	边是否与固定的经纬度重合
表面细分	否	否	否	是	否
立方体地图	否	否	是	否	否
地理网格	是	是	是	否	是

4.2　着色

分格化仅仅是球面渲染的第一步。下一步是着色,即,将光照和材料的相互作用进行仿真以产生像素的颜色。本小节首先回顾基本的光照和纹理,然后本章讨论用于渲染经纬度网格和夜晚光照的特定的数字地球技术。

4.2.1　光照

这一部分简单地讨论用于着色球面的顶点和片断 shader 中的光照计算方法。以代码表 4.6 的通用 shader 开始,逐步添加散射和反射的作用。

```
//顶点 shader
in vec4 position;
```

```
uniform mat4 og_modelViewPerspectiveMatrix;
void main( )
{
    gl_Position = og_modelViewPerspectiveMatrix * position;
}
//片元 shader
out vec3FragmentColor;
void main( ) {FragmentColor = vec3(0.0,0.0,0.0);}
```

代码表 4.6　通用 shader

顶点 shader 通过将自动化 uniform 单元,og_modelViewPerspective,与输入坐标进行相乘来将其转换到裁剪坐标系。与 OpenGlobe 的自动化 uniform 单元类似,简单地声明 shader 中的这一 uniform 单元就可以使用它。在 C#代码中,不需要明确地赋值;其在 Context. Draw 中通过基于 SceneState 中的值被自动地设置。

正如你所设想的,这些 shader 产生一个纯黑的球面,在图 4.8(a)中给出。

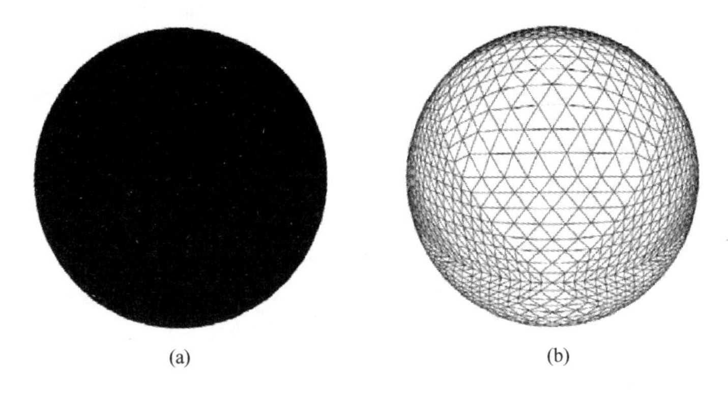

图 4.8　通用 shader 产生没有纹理和光照的纯色。(a)纯色球面;(b)三维模型球面。

小练习:

当读这部分时,用这部分中的顶点和片断着色器替代 SubdivisionSphere1 的构造函数中的 vs 和 fs 字符,看你是否能再现图案。

没有光照,球面的曲率不是清晰可见的。为了给球面添加光照,我们将使用位于视点位置的单点光源,就像观察者在他或她的头旁边举着一个灯笼。为了保持 shader 的简洁,光照在世界坐标中进行计算。在许多应用中,光照在视点坐标中进行计算。虽然这使得一些光照计算简化,因为视点位于(0,0,0),使用视点坐标也需要将世界坐标和法线转换到视点坐标系。在不同的模型坐标中具有多种光照和对象的应用，这是一个非常好的方法。由于我们的例子中仅有一个单坐标空间，为了简洁化，光照在世界坐标中进行计算。

为了提高可视的质量，需要逐片断计算光照。这阻止了球面的底层分格化的穿透显示，并消除反射强光度的人为因素，这些因素对于单顶点光照是常见的。单片断光照与在4.2.5节讨论的基于纹理的显示效果能够很好地集成。

为了计算预先片断的*Phong*光照，散射、反射和外界环境光的线性组合决定了光照强度，该强度在[0,1]区间中。首先，考虑散射术语。这是不平表面的特征，散射光向所有方向分散，并能够定义一个物体的形状。散射光照取决于光照的位置和表面方向，而不是观察参数。为了计算散射项，通用顶点shader需要变换世界坐标和位置到光照的矢量传递给片断shader，如在代码表4.7中所给出。

```
in vec4 position;
out vec3 worldPosition;
out vec3positionToLight;
uniform mat4 og_modelViewPerspectiveMatrix;
uniform vec3 og_CameraLightPosition;
void main( )
{
    gl_Position = og_modelViewPerspectiveMatrix * position;
    worldPosition = position. xyz;
    positionToLight = og_CameraLightPosition - worldPosition;
}
```

代码表4.7　散射光照顶点shader

顶点shader利用自动化uniform单元og_cameraLightPosition来表示世界坐标中光照的位置。代码表4.8中的片断shader使用散射项计算片断的强度。

```
in vec3worldPosition;
in vec3positionToLight;
out vec3FragmentColor;
void main( )
{
vec3 toLight = normalize( positionToLight) ;
vec3 normal = normalize( worldPosition) ;
float diffuse = max( dot( toLight,normal) ,0. 0) ;
```

```
FragmentColor = vec3(diffuse,diffuse,diffuse);
}
```

代码表 4.8 散射光照片断 shader

点乘被用于近似计算散射项，因此当从片断到光照的矢量与片断（cos(0)=1）的表面法线相同，散射光照是强烈的，并且随着矢量之间的角度增加（cos接近0），强度是减弱的。矢量 positionToLight 在片断 shader 中需要被归一化，因为由于在顶点和片断 shader 之间的插值它可能并不是单位长度，即使在顶点 shader 中它被归一化。由于在这个例子中通过球体对地球进行近似，通过简单归一化世界坐标，片断的表面法线被解析地计算。计算椭圆体上一个点的大地表面法线的一般情况需要使用 2.2.2 小节介绍的 GeodeticSurfaceNormal。图 4.9(a)给出仅仅使用散射光照着色的球面。

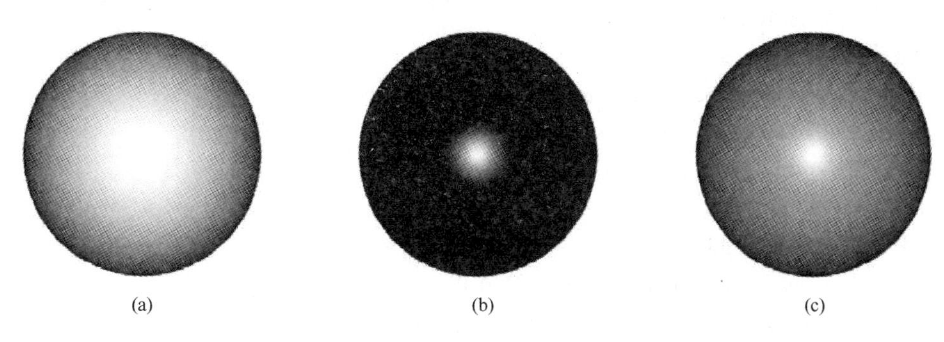

图 4.9 使用定位在相机的光照的 Phong 光照。(a)散射光照分散在各个方向；(b)反射的光照照亮具有光泽的表面；(c)70% 散射和 30% 反射光被使用。

反射光显示强光能够捕获光泽面的反射光，例如水体。图 4.9(b)显示用反射光着色的球面，图 4.9(c)显示用散射和反射光着色的球面。反射光依赖眼的位置，所以在代码表 4.7 中顶点 shader 需要输出一个从顶点到视点的矢量。代码表 4.9 显示用于 Phong 光照的最终顶点 shader。这个 shader 是在本书中许多 shader 的基础。

```
in vec4 position;
out vec3 worldPosition;
out vec3 positionToLight;
out vec3 positionToEye;
uniform mat4 og_modelViewPerspectiveMatrix;
uniform vec3 og_cameraEye;
```

```
uniform vec3og_CameraLightPosition;
void main()
{
    gl_Position = og_modelViewPerspectiveMatrix * position;
    worldPosition = position.xyz;
    positionToLight = og_CameraLightPosition - worldPosition;
    positionToEye = og_cameraEye - worldPosition;
}
```

代码表 4.9 用于散射和反射光照的顶点 shader

```
in vec3 worldPosition;
in vec3 positionToLight;
in vec3 positionToEye;
out vec3 FragmentColor;
uniform vec4 og_diffuseSpecularAmbientShininess;
float LightIntensity(vec3 normal,vec3 toLight,vec3 toEye,
                vec4 diffuseSpecularAmbientShininess)
{
    vec3 toReflectedLight = reflect( -toLight,normal);
    float diffuse = max(dot(toLight,normal),0.0);
    float specular = max(dot(toReflectedLight,toEye),0.0);
    specular = pow(specular,diffuseSpecularAmbientShininess.w);
    return (diffuseSpecularAmbientShininess.x * diffuse) +
           (diffuseSpecularAmbientShininess.y * specular) +
           diffuseSpecularAmbientShininess.z;
}
void main()
{
    vec3 normal = normalize(worldPosition);
    float intensity = Light Intensity(normal,
        normalize(positionToLight),normalize(positionToEye),
        og_diffuseSpecularAmbientShininess);
    FragmentColor = vec3(intensity,intensity,intensity);
}
```

代码表 4.10 最终 Phong 光照片断 shader

片断 shader 中,镜面反射项通过表面法向量的反射向量以及该向量与光源和视点之间的向量的点乘来近似。当矢量到视点和法线之间的角度与矢量到光照和法线之间的角度是相同的,反射更强烈。随着角度增加,强度是减弱的。代码表4.10给出最终的Phong光照片断shader。

大量的工作在新的函数LightIntensity中实现,该函数在本书后续部分使用。散射同以前一样计算,反射通过上面的描述进行计算。增加镜面反射项到一个固定强度用来决定其形状。小的指数产生大范围的、晦暗的反射强光,高的参数创建不透光的强光。最后,散射和反射通过与用户定义的系数相乘,和一个环境项用于表示整个场景的光照,增加这两项用于创建最终的光照强度。

4.2.2　纹理

光照能够显示球面的曲率,但真正的乐趣在于纹理映射。纹理映射能够帮助获取虚拟数字地球的主任务:显示高分辨率图像。我们的讨论集中在对于每一个单片断计算纹理坐标,相似于在以前章节每一个单片断计算法线的方法。目前,假设纹理已经存储到内存中,并且在GLSL的float对于整个地球的纹理坐标具有足够的精度。

世界光栅图像,如图4.10所示,典型的有2:1纵横比和WGS84数据。为了把这个纹理映射到球面,需要计算纹理坐标。给定地球表面的分片,其法线为n并且法线分量在区间[-1,1]中。我们的目的是要在区间[0,1]计算纹理坐标s和t。这一映射在公式(4.5)中给出:

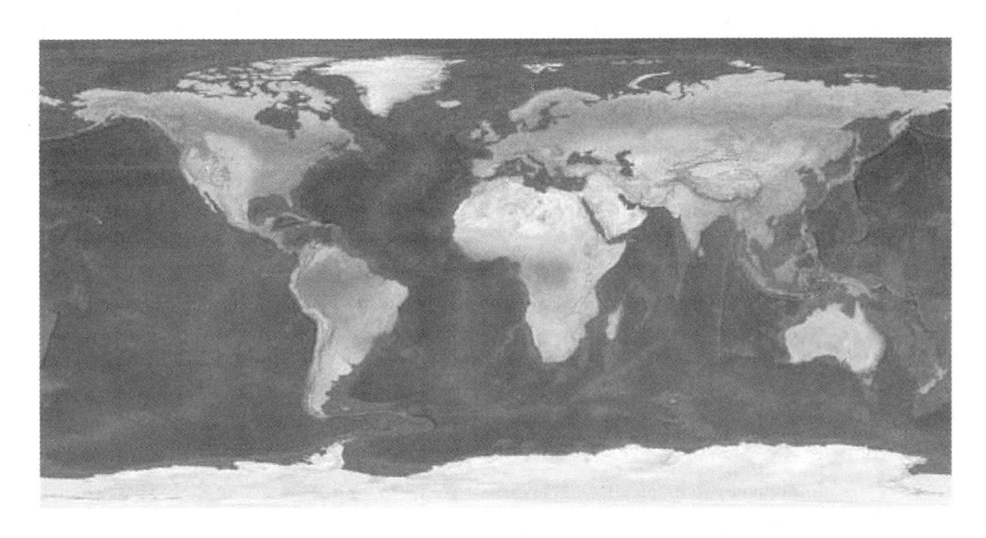

图4.10　卫星得到的来自自然地球的用于着色的陆地和水地图像

$$s = \frac{\mathrm{atan2}(n_y, n_x)}{2\pi} + 0.5$$
$$t = \frac{\arcsin n_z}{\pi} + 0.5 \tag{4.5}$$

首先,考虑t,因为它是两个表达式比较简单。由于n_z与纬度相关,可用于计算垂直纹理坐标t。直观地,当n_z取值为1时(北极),t应该为1;当n_z取值为0时(赤道),t为0.5;当n_z是-1时(南极),t为0。由于地球具有表面曲率,因此映射不是线性的,所以使用反正弦来获取曲率。给定x的值,在[-1,1]区间内,反正弦返回角度ϕ,在[$-\pi/2,\pi/2$]区间内,并且满足$x=\sin(\phi)$。在上述公式中,$\frac{\arcsin n_z}{\pi}$在区间[-0.5,0.5]内。增加0.5把t放于期望的[0,1]区间中。

同样地,与经度相关的n_x和n_y,可以用于计算横轴的纹理坐标s。以$n_x=-1$和$n_y=0$(日界线)作为起始位置,围绕正z轴扫描向量[n_x,n_y]。当θ增加(向量[n_x,n_y]和负x轴之间的夹角),atan2(n_x,n_y)从$-\pi$增加到π。将该值除以2π把它放入[-0.5,0.5]区间内。最后,增加0.5把s放于期望的[0,1]区间。

基于公式(4.5)的纹理映射球面的片断shader由代码表4.11中给出。计算纹理坐标的函数同样给出片断的法线,在本书中使用函数ComputeTextureCoordinates实现该功能。注意GLSL函数atan与atan2是等价的。

```
in vec3 worldPosition;
out vec3 FragmentColor;
uniform sampler2D og_texture0;
uniform vec3 u_globeOneOverRadiiSquared;
vec3 GeodeticSurfaceNormal(vec3 positionOnEllipsoid,
    vec3 oneOverEllipsoidRadiiSquared)
{
    return normalize(positionOnEllipsoid * oneOverEllipsoidRadiiSquared);
}
vec2 C o m p u t eTextureCoordinate s(vec3 normal)
{
    return vec2(
        atan(normal.y, normal.x) * og_oneOverTwoPi + 0.5,
        asin(normal.z) * og_oneOverPi + 0.5);
}
```

```
void main()
{
    vec3 normal = GeodeticSurfaceNormal(
        worldPosition,u_globeOneOverRadiiSquared);
    vec2textureCoordinate = ComputeTextureCoordinates(normal);
    FragmentColor = texture(og_texture0,textureCoordinate).rgb;
}
```

代码表 4.11 球面纹理片断 shader

该片断 shader 的映射效果在图 4.11(a)中给出。虽然纹理映射非常成功，但是球面缺少曲率，因为该 shader 不包含光照。一种合并光照和纹理映射的简单的办法是根据纹理的颜色来调整光的强度：

```
FragmentColor = intensity * texture(og_texture0,textureCoordinate).rgb;
```

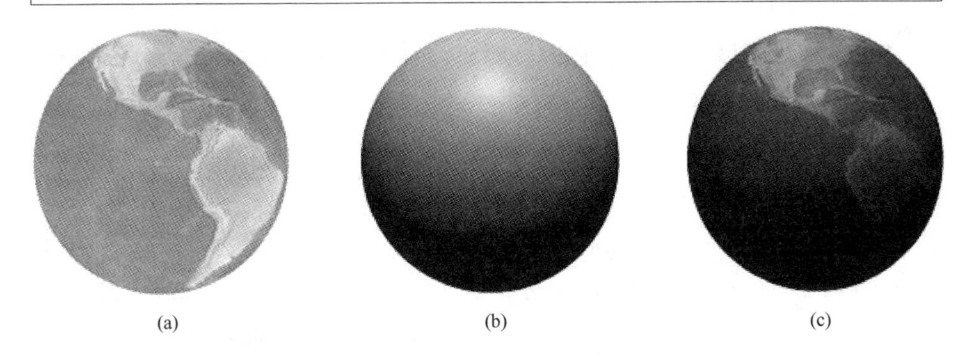

图 4.11 合并纹理和光照。(a)没有光照的纹理映射提供颜色但不提供形状；(b)没有纹理映射的光照提供形状但不提供颜色；(c)合并纹理映射和光照既产生形状又产生颜色。

最终结果由图 4.11(c)给出。最终的片断颜色是由图 4.11(a)和(b)的颜色的综合产生的。

将矩形纹理映射到地球在极地位置会有问题，因为纹理单元与像素具有较高的比例。纹理滤波并不能解决该问题，反而使得问题更糟。通过两个纹理坐标间的内插，EVEOnline 解决了这一问题，请思考：这两个纹理坐标是对于极地的平面投影和对于"腹部"的球面投影[109]。另一个避免在极地纹理扭曲的方法是将球面纹理作为一个立方体图存储[57]。这样做带来的另外一个优点是对于整个地球纹理细节的分布更加均匀，但是在每个立方体面的边界位置，立方体图会带来轻微的扭曲。

4.2.3 CPU/GPU 权衡

现在我们已经成功地计算了球面的几何面片并对其着色，让我们考虑算法关于处理器和内存消耗情况。在 CPU 中只计算椭圆的位置并存储于顶点的属性中。着色所需要的法线和纹理坐标在 GPU 中逐片断进行计算。另一种方法是，法线和纹理坐标对于每一个顶点在 CPU 中计算并且存储 1 次。逐个片断方法有几个好处：

- 由于单顶点法线和纹理坐标不需要被存储，因此可以减少内存使用。较少的顶点数据导致少的系统阻塞、低的存储宽带需求和比较低的顶点合并成本[123]。
- 由于单片断的法线能够解析地进行计算，而不是通过三角插值，因此能够提高可视的质量。这一质量提升相似于法线和拐点映射，它基于纹理查找法对每一个片断进行法线计算，使得由于光照改变，平面三角形具有更多细节。
- 由于 CPU 分格化被简化而没有增加 shader 的显著的复杂性，因此代码更加简洁。

小练习：

> 为了更好地明白单顶点和单片断方法之间的权衡，用单顶点例子进行实验，Chapter04SubdivisionSphere2，并且看它与单片断例子 Chapter04SubdivisionSphere1 如何不同。尤其是，SubdivisionSphereTessellator，计算位置、法线和纹理坐标的分格化函数，它是计算位置的曲面细分器 SubdivisionSphereTessellatorSimple 长度的两倍。

最后一条是尤其重要的，因为当编写完图像代码时，很容易注意性能，而不会意识到提供简单、干净、简洁的代码是多么重要。单片断方法简化了 CPU 分格器，因为曲面细分器不需要计算和存储单顶点的法线和纹理坐标。由于穿过三角形的单顶点纹理坐标通过插值计算，因此需要关注穿过国际日期变更线和极地的三角形[132]。简单地使用公式(4.5)导致三角形的某一个顶点在 IDL 的一个边上，其纹理坐标 s 接近 1；而另一个顶点在国际日期变更线的另一个边，其 s 接近 0，所以几乎整个纹理在三角形内部被插值。产生的结果如图 4.12 所示。当然，这种错误能够被发现，并且纹理坐标能采用重复过滤被调整，但是单片断方法不需要对特殊情况下代码的需求。

单片断方法有不利的一面。在当前 GPU 上，反三角函数不能很好地被优化或得到比较高的精度。

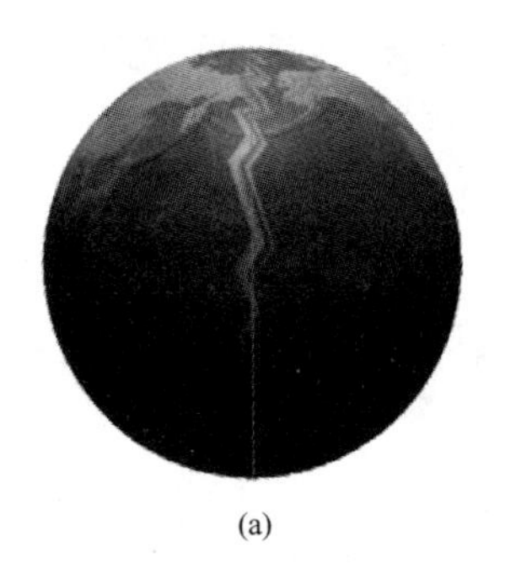
(a)

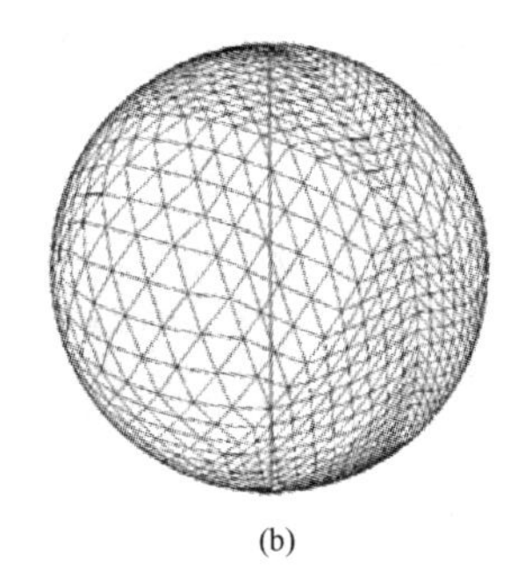
(b)

图 4.12 如果不对穿过国际日期变更线的三角形特别的注意,对穿过 IDL 的单顶点纹理坐标内插导致人为误差。(a)国际日期变更线处的人为误差;(b)三维网格模型显示了穿过国际日期变更线的三角形。

4.2.4 经纬度网格

在球面上,几乎所有数字地球有能力显示经纬度网格,也称之为经/纬网格,如图 4.13 所示。网格使用户能很容易快速识别球面上点的近似地理位置。

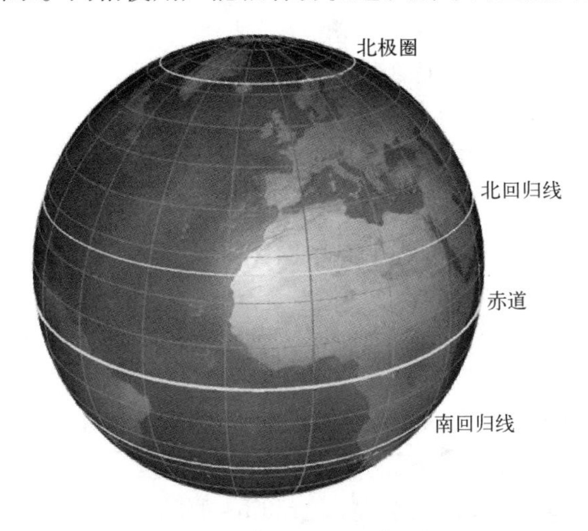

图 4.13 有注释的经纬网格

网格是由固定的纬度线(经常突出显示赤道、北极圈、北回归线、南回归线和南极圈)和经度线(经常突出显示本初子午线和国际日期变更线)组成。当观察者放大地图时,网格的分辨率通常增加,类似于细节层次算法随着观察者靠近增加网格的细节,如图 4.14(a)~(c)所示。

许多网格渲染方法根据当前视线的分辨率计算经纬线,并在此观察点使用线或线条的基单元渲染网格。使用引导线有一个好处,因为经纬线共享相同的顶点。如果观察者不剧烈移动,在许多帧中可以重用相同的网格分格化。

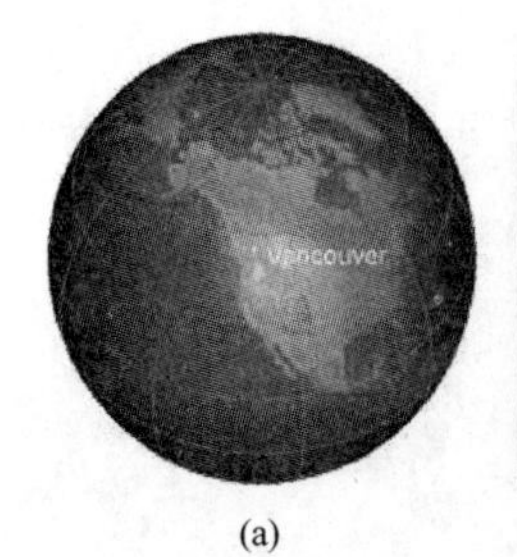

(a)

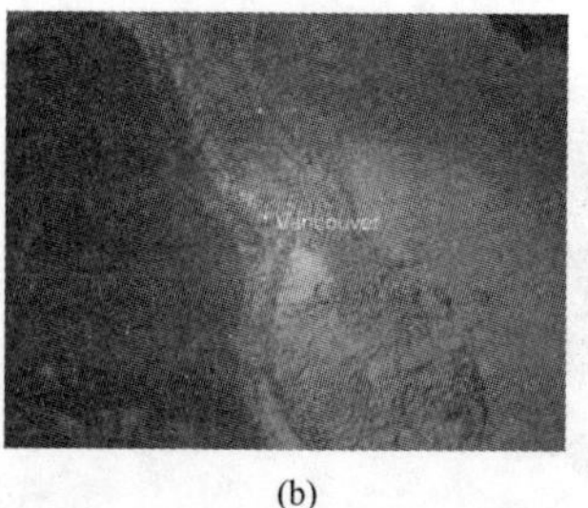

(b)

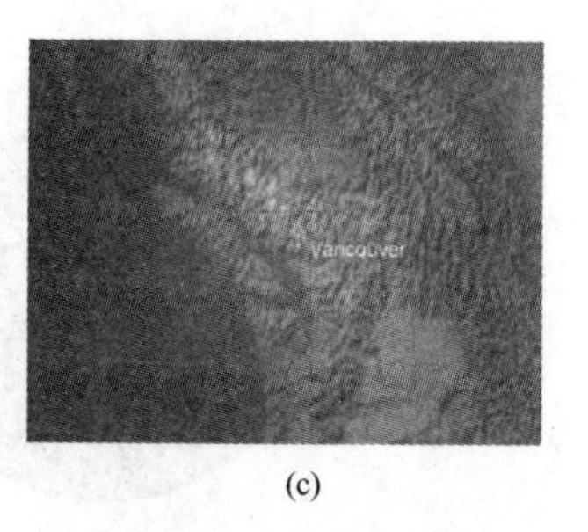

(c)

图 4.14 随着观察者的放大,经纬度网格增加分辨率。依赖观察者网格分辨率确保在远距离观测时网格不会扰乱球面,近距离观察时具有充足的细节。

这一方法被实验并且证实是对的,实际上,我们在 STK 中使用它,有一个例外是使用的分辨率是用户定义的分辨率,不是根据观察者位置计算的当前的变焦层次。即使如此,我们在这提供基于 shader 的方法,它在片断 shader 中运用程序产生网格,同时球面被渲染。这有几个好处:

- CPU 时间不需要计算网格。
- 不需要额外的通道用于渲染网格。
- 不需要附加的内存或者系统总线。
- 不会发生在网格和球面之间的缓冲冲突。

当然,也有不利之处:

- 在一个通道中,用于渲染球面和网格的时间相对于仅用于渲染球面的时间更多。
- 准确性受到 GPU 的 32 位浮点精度的限制。
- 文本注释仍旧需要单独处理。

即使有这些不利因素,在片断 shader 中,程序上产生的网格仍旧是具有吸引力的方法。

我们的典型的光照和纹理片断 shader 需要代码表 4.12 中给出的额外的 uniform单元。每个 uniform 单元的 x 部分对应于经度,y 部分对应于纬度。uniform 单元 u_gridLineWidth 定义线宽,u_gridResolution 定义了网格分辨率,即,线条之间的距离在区间[0,1]内。分片的数量由 $\frac{1}{\text{resolution}}$ 决定。例如,0.05 的纬线距离导致固定纬线划分的 20 个分区。

```
uniform vec2 u_gridLineWidth;
uniform vec2 u_gridResolution;
```

代码表 4.12 用于经纬度网格片断 shader 的 uniform 单元

纹理坐标被用于决定是否某一片断位于网格线上。如果是,运用此方法对片断着色,否则通常使用球面的纹理对片断着色。纹理坐标 s 和 t 分别从西到东和南到北跨越球面。mod 函数被用于判断是否线分辨率均匀地划分纹理坐标。如果这样,片断在网格线上。最简单查找网格线的方法是判断(any(equal(mod(textureCoordinate,u_gridResolution),vec2(0.0,0.0))))。在实际中,这导致在网格上没有分片,因为明确地把浮点数与 0 相比是具备风险的的事情。

另一种明显的尝试是要测试该值是否在 0 的某一邻域中,例如判断 any(lessThan(mod(textureCoordinate,u_gridResolution),vec2(0.001,0.001)))。这样做能够检测网格上的片断,但是由于使用固定的ε ,像素中网格线的宽度根据距观察者距离不同而发生变化。当观察者距离球面较远时,在屏幕空间中纹理坐标迅速从片断到片断进行改变,以 0.001 创建细的线。当观察者接近表面,纹理坐标缓慢地从片断到片断改变,以 0.001 创建粗线。

为了对不依赖于视点的固定宽度线条进行着色,ε 应该与从片断到片断导致的纹理坐标中的变换率相关。作为 ε,关键是要决定在邻近的片断之间改变时多少纹理坐标的变化,使用这个变化率或其他多种参数。幸运的是,GLSL 提供了函数能够返回从片断到片断的值的变化率(如,导数)。dFdx 函数返回 x 屏方向的表达式的变化率,dFdy 返回 y 方向的变化率。例如,dFdx(texture Coordinate)返回一个二维向量,它描述纹理坐标 s 和 t 在 x 屏方向变化速度。

决定是否是网格线上片断的变量 ε 应该是一个 vec2 类型变量,它的 s 分量代表用于在 x 或 y 屏幕空间方向的 s 纹理坐标的最大偏差。同样地,它的 t 分量代表用于在 x 和 y 屏幕空间方向的 t 纹理坐标的最大偏差。在代码表 4.13 中,还有整个片断 shader 的 main 函数。运行 Chapter04LatitudeLongitudeGrid 来观看完整的例子。

网格上的片断用纯红色着色。存在大量的着色选择。颜色可能是一个或两个 uniform 单元,一个用于纬线,另一个用于经线。某些线,像赤道和本初子午线,能够基于纹理坐标进行检测,如图 4.13 所示。线的颜色能够与球面纹理混合,并且根据观察者的变焦而增强/渐弱。最后,反锯齿和线型能够被计算。

小练习:

通过利用基于 Brentzen 的 OpenGlobe. Scene. Wireframe 片断着色器中的预过滤,在 Chapter04LatitudeLongitudeGrid 中增加反锯齿到网格线[10]。基于 Gateau 描述的例子增加图形到网格线[56]。

```
void main()
{
```

```
    vec3 normal = GeodeticSurfaceNormal(
        worldPosition,u_globeOneOverRadiiSquared);
    vec2 textureCoordinate = ComputeTextureCoordinates(normal);
    vec2 DistanceToLine = mod(textureCoordinate,u_gridResolution);
    vec2 dx = abs(dFdx(textureCoordinate));
    vec2 dy = abs(dFdy(textureCoordinate));
    vec2 dF = vec2(max(dx.s,dy.s),
    max(dx.t,dy.t)) * u_gridLineWidth;
    if(any(lessThan(distanceToLine,dF)))
    {
        FragmentColor = vec3(1.0,0.0,0.0);
    }
    else
    {
        float intensity =
            Light Intensity(normal,
            normalize(positionToLight),
            normalize(positionToEye),
            og_diffuseSpecularAmbientShininess);
        FragmentColor = intensity * texture(og_texture0,textureCoordinate).rgb;
    }
}
```

代码表 4.13　经/纬片断网格 shader

基于观察者的高度通过修改 CPU 上的 u_gridResolution,能够使得网格分辨率依赖于视线。能够使用任何映射观察者高度到网格分辨率的函数实现该目的。一个灵活的方法是要定义一系列不相重叠的的高度区间(如,[0,100),[100,1,000),[1,000,10,000)),每个都对应于一个网格分辨率。当球面被渲染,或观察者移动时,可以得到观察者高度的区间,并且使用相应的网格分辨率。

对于大量的区间,树型数据结构能够被用于迅速发现包含观察者高度的区间,但这通常是不需要的。通过利用时间相干性,一个简单的区间分类列表能够被有效使用;而不需要按顺序测试整个区间列表,首先测试与上一次观察者的高度对应的。如果它在区间的外边,则测试邻近区间,等等。在大量的例子里,查找所消耗的时间是固定的。

4.2.5　夜间照明

数字地球和行星中央运行的共同特征是要显示在不被太阳照亮的球面的

一侧的夜间城市光照。这是典型的多纹理的综合使用:在太阳照到的表面,日光纹理被使用;在太阳照不到的地方,夜间照明纹理被使用。图 4.15 中的纹理给出在夜间地球的城市光照。

许多夜间照明操作我们是在片断 shader 中执行的。可以使用法线穿过顶点 shader 来实现该目的,如 Chapter04SubdivisionSphere1,但有个例外是光照位置 uniform 单元应该使用太阳位置 og_sunPosition 代替与相机相关的光照 og_cameraLightPosition。

我们的法线片断 shader 需要进行更多的修改,包括在代码表 4.14 中给出的 4 个新的 uniform 单元。同时需要白天纹理 u_dayTexture 和夜间纹理 u_nightTexture。用球面混合的黄昏和黎明代替在白天和夜间之间剧烈的过渡,在该区域基于 u_blendDuration 对白天和夜间纹理进行混合,过渡周期的宽度在区间 [0,1] 中。函数 u_blendDurationScale 通过 $\frac{1}{(2 * u\_blendDuration)}$ 进行简单的预计算,以避免在片断 shader 中的大量计算。

图 4.15 城市夜间纹理,来自 NASA Visible 地球,被应用到不是通过太阳照射的球面。

```
uniform sampler2D u_dayTexture;
uniform sampler2D u_nightTexture;
uniform float u_blendDuration;
uniform float u_blendDurationScale;
```

代码表 4.14 用于夜间照明 shader 的 uniforms 单元

大量的片断 shader 在代码表 4.15 中给出。散射照明成分被用于决定是否片断应该被着色为白天、夜间或黄昏/黎明。如果散射比混合区间更大,使用白天纹理和 Phong 光照着色片断。考虑没有过渡周期(u_blendDuration =0);如果片断表面法线和到光照的矢量之间的点积是正的,片断被太阳照亮。类似地,如果散射比小于 - u_blendDuration,使用夜间纹理并且不使用光照着色片断。最后通过终止状态处理黄昏/黎明,即当散射值在[- u_blendDuration, u_blendDuration]区间中通过使用 mix 混合白天和夜间颜色。

```
vec3 NightColor(vec3 normal)
{
    return texture(u_nightTexture, ComputeTextureCoordinates(normal)).rgb;
}
vec3 DayColor(vec3 normal, vec3 toLight, vec3 toEye,
    float diffuseDot, vec4 diffuseSpecularAmbientShininess)
{
    float intensity = Light Intensity(normal, toLight, toEye,
        diffuseDot, diffuseSpecularAmbientShininess);
    return intensity * texture(u_dayTexture,
        ComputeTextureCoordinates(normal)).rgb;
}
void main()
{
    vec3 normal = normalize(worldPosition);
    vec3 toLight = normalize(positionToLight);
    float diffuse = dot(toLight, normal);
    if(diffuse > u_blendDuration)
    {
        FragmentColor = DayColor(normal, toLight,
            normalize(positionToEye), diffuse,
            og_diffuseSpecularAmbientShininess);
    }
    else if(diffuse < - u_blendDuration)
    {
        FragmentColor = NightColor(normal);
    }
    else
    {
        vec3 night = NightColor(normal);
        vec3 day = DayColor(normal, toLight,
```

```
            normalize(positionToEye),diffuse,
            og_diffuseSpecularAmbientShininess);
        FragmentColor = mix(night,day,
            (diffuse + u_blendDuration) * u_blendDurationScale);
    }
}
```

代码表 4.15　夜间光照片断 shader

具体实例图 4.16 中给出,一个完整的例子在代码 Chapter04NightLights 提供。如白天和夜间的颜色总是被计算,shader 能够被更简洁地编写。对于不在黄昏/黎明中的片断,这导致多余的纹理读取并可能导致对 LightIntensity 的多余调用。

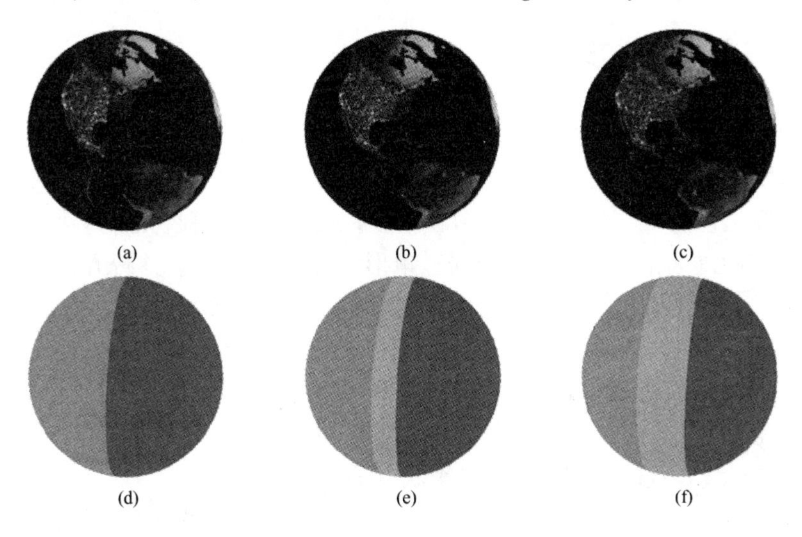

图 4.16　夜间光照有多种混合区间。在底行中,夜间是灰色的,白天是蓝色的,过渡期间是橘色的。顶端行显示着色结果。(a)u_blendDuration = 0;(b)u_blendDuration = 0.1f;(c)u_blendDuration = 0.2f;(d)u_blendDuration = 0;(e)u_blendDuration = 0.1f;(f)u_blendDuration = 0.2f。

小练习:

> 用帧频工具运行夜间光照例子。注意当仅观察球面的白天边和仅观察夜间边时的帧频变化。为什么夜间的帧频比较高?因为夜间光照纹理比白天纹理的分辨率更低,不需要任何的光照计算。这一实验说明可以使用动态转移来提高性能。

虚拟地球应用使用诸如来自于卫星图像的夜间光照纹理的真实世界的数

据。另一方面,计算机游戏一般致力于创建一个使用占用非常少存储的令人信服的人工数据的数组。例如,EVEOnline 采用一种有趣的方法渲染他们的行星的夜间光照[109]。这种方法不是依赖夜间光照纹理,其纹理单元通过在夜间光照的纹理图例集中直接查找获得。球状映射纹理坐标被用于查找替代纹理坐标,它被映射到纹理图例集中。这使得来自单纹理图例集具备更大的变化空间,因为剖面能被旋转和反射。

渲染夜间光照是在地球渲染中多种纹理综合使用的一个例子。其他的使用包括云纹理和高光贴图用于在水体上进行展示反射着色。在多种纹理硬件实现之前,这些效果需要多通道渲染。STK 是使用多通道方法实现夜间光照的第一个工具。

4.3 GPU 光线投射

GPU 能够以非常快的速度建立用于光栅化三角形。椭球体分格化算法的目的是要创建近似球面形状的三角形集合。这些三角形被提供给 GPU,GPU 迅速地光栅化它们以得到着色像素,并创建球面的交互式可视化。这个过程是非常快的,因为它是同时并行的;个别三角形和片断以大规模并行方式被单独处理。由于需要分格化,这种方式渲染一个球面也是具有缺点的:

- 没有一种分格化方法是完美的,每个都有不同的优点和缺点。
- 分格化不充分导致一个粗糙的三角形网格,它不能很好地近似表面,过度分格化创建过多三角形,影响性能和内存使用。许多应用需要采用基于视线依赖的细节层次算法来获得平衡。
- 虽然 GPU 利用光栅化的并行,内存不需要与增加的计算力保持一致,所以大量的三角形影响性能。尤其是对一些新的网格经常被发给系统总线的细节层次的算法。

光线跟踪是光栅化的另一个替换选择。光栅化由三角形开始,以像素结束。光线跟踪采取相反的方法:它以像素开始,并且寻求哪一个三角形或对象提供像素的颜色。对于透视图,光线被从视点通过每个像素投射进入场景。在最简单的情况下,称之为光线投射。每个光线最初交叉的对象被发现,并且进行照明计算以产生最终图像。

光线投射的好处是绘制对象不需要被分格成用于渲染的三角形。如果我们能够解决光线与对象是如何交叉的,我们就能够渲染它。因此,用于渲染由椭圆体表示的球面不需要进行分格化,因为对于光线与椭圆体的隐式表达式表面交叉计算具有解析表达式。光线投射球面的好处如下:

- 椭圆体能够使用无限的细节层次自动地渲染。例如,如观察者放大地图,虽然潜在的三角形网格不能成为可见的,但是由于没有三角形网格,光线与一个椭圆体交叉产生无限光滑的表面。
- 由于绘制不是基于三角形,不用关心创建变细的三角形、穿过极地的三角形,或者穿过国际日期变更线的三角形。避免了分格化算法的许多缺点。
- 重要的是这种方法只需要比较少的内存,因为不需要存储三角形网格或传送给系统总线。这对于大小决定速度的绘制中非常重要。

由于当前 GPU 能够用于光栅化,你可能疑惑光线如何有效地投射到球面。在 CPU 操作中,在场景中每个像素上使用嵌套的 for 循环迭代,并且执行光线/椭圆体交叉。像光栅化一样,光线投射能够同时并行计算。因此,在今天的 CPU 上,可以运用多种最优化方法进行优化,包括在独立线程中反射每个光线,并利用单指令多数据(SIMD)指令。即使使用这些优化,CPU 不支持 GPU 的大量并行化。由于 GPU 的建立是用于光栅化,问题是我们如何使用 GPU 进行有效的光线反射计算?

在 GPU 上,片断 shader 为光线投射提供了完美的方法。通过为围绕椭圆体的包围盒创建几何图元代替分格一个椭圆体来实现。然后,使用法线光栅渲染盒子,并从视点向由盒子创建的每个片断投射光线。如果光线交叉内切的椭圆体,对该片断着色;否则,放弃对其着色。

我们使用正面剔除渲染盒子,如图 4.17(a)给出。使用正面的剔除代替背面的剔除,所以当观察者在盒子内部时,仍然可以看到球面。

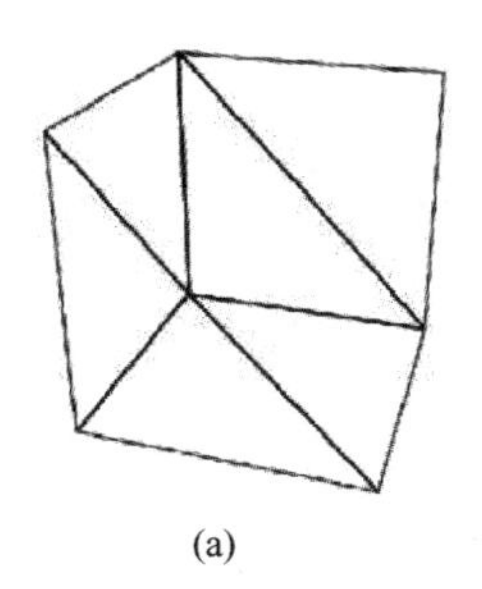
(a)

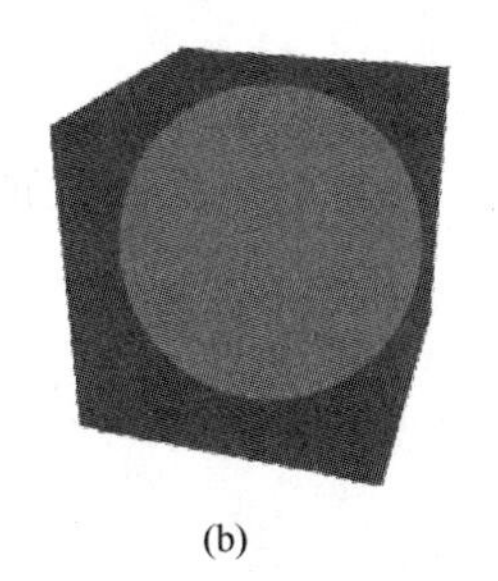
(b)

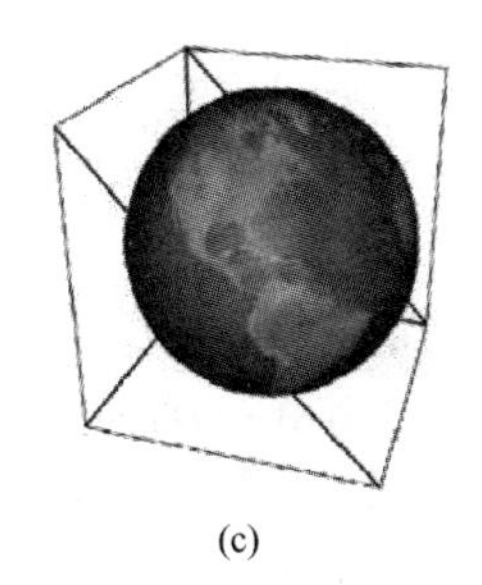
(c)

图 4.17 在 GPU 光线投射中:(a)一个用于渲染盒子;(b)激活一个光线反射片断 shader,当一个交叉被发现,它找到椭圆体的可见表面;(c)大地的表面法线被用于着色。

这是光线投射算法唯一需要被处理用于渲染椭圆体的几何图元,通过 12 个三角形的固定顶点来实现。使用正面剔除,对于许多视点仅需要处理其中的 6 个三角形包含的片断。真实结果是片断 shader 被运行用于我们想要投射光线的每个片断。由于通过一个 uniform 单元,片断 shader 能够访问相机的世界空间位置，并且顶点 shader 能将顶点插值的世界空间位置传递给片断 shader，通过视点和每个片断的位置来创建光线[1]。光线有一个 og_cameraEye 的起点和一个 normalize(worldPosition − og_cameraEye)的方向。

片断 shader 也需要存取椭圆体的中心和半径。由于假设椭圆体的中心位于原点，片断 shader 仅需要一个 uniform 单元来存储椭圆体的半径。实际上，和椭圆体交叉光线需要参数$\frac{1}{\text{radii}^2}$，所以该参数在 CPU 上它应该被提前计算一次，并且作为一个 uniform 单元被传递给片断 shader。鉴于光线和椭圆体信息，代码表 4. 16 给出片断 shader 代码，如果光线通过片断交叉椭圆体，颜色片断置为绿色；如果光线不交叉，则着色红色，如图 4. 17(b)中给出。

shader 有两个缺点。首先，它不需要进行任何着色。幸运的是，给出光线交叉的位置和表面法线，着色能够利用本章中使用的相同技术，即 LightIntensity()和 ComputeTextureCoordinates()来实现。代码表 4. 17 增加着色代码，使用 i. Time 并像往常一样着色，通过沿着光线计算交叉的位置。如果光线不与椭圆体交叉，该片断被放弃。不幸的是，这种丢弃对 GPU 的深度缓冲区优化产生负面影响，包括有细密纹理的早期 z 剔除和粗糙纹理的 z 剔除，如在 12. 4. 5 节的讨论。

```
in vec3 worldPosition;
out vec3 FragmentColor;
uniform vec3 og_cameraEye;
uniform vec3 u_globeOneOverRadiiSquared;
struct Intersection
{
    bool Intersects;
    float Time;                          // 光线交叉的时间
};
Intersection RayIntersectEllipsoid(vec3 rayOrigin,
    vec3 rayDirection, vec3 oneOverEllipsoidRadiiSquared)
{//...}
void main()
{
    vec3 rayDirection = normalize(worldPosition - og_cameraEye);
```

1 在这种情况下，使用椭圆体的中心位于原点的世界坐标来投射光线。另一种通常的做法是在肉眼坐标中进行光线投射，光线的起点是系统坐标系的原点。真正需要关心的是光线和目标是否在同一坐标系统中。

```
    Intersection i = RayIntersectEllipsoid(og_cameraEye,
        rayDirection,u_globeOneOverRadiiSquared);
    FragmentColor = vec3(i.Intersects,! i.Intersects,0.0);
}
```

代码表 4.16　用于光线投射的基础 GLSL 片断 shader

```
//...
vec3 GeodeticSurfaceNormal(vec3 positionOnEllipsoid,
    vec3 oneOverEllipsoidRadiiSquared)
{
    return normalize(position OnEllipsoid * oneOverEllipsoidRadiiSquared);
}
void main()
{
    vec3 rayDirection = normalize(worldPosition - og_cameraEye);
    Intersection i = RayIntersectEllipsoid(og_cameraEye,
        rayDirection,u_globeOneOverRadiiSquared);
    if(i.Intersects)
    {
        vec3 position = og_cameraEye + (i.Time * rayDirection);
        vec3 normal = GeodeticSurfaceNormal(position,
            u_globeOneOverRadiiSquared);
        vec3 toLight = normalize(og_CameraLightPosition - position);
        vec3 toEye = normalize(og_cameraEye - position);
        float intensity = Light Intensity(normal,toLight,toEye,
            og_diffuseSpecularAmbientShininess);
        FragmentColor = intensity * texture(og_texture0,
            ComputeTextureCoordinate s(normal)).rgb;
    }
    else
    {
        discard;
    }
}
```

代码表 4.17　基于光线投射的着色或丢弃片断代码

```
float ComputeWorldPositionDepth(vec3 position)
{
    vec4 v = og_modelViewPerspectiveMatrix * vec4(position,1);
    v.z /= v.w;
    v.z = (v.z + 1.0) * 0.5;
    return v.z;
}
```

代码表 4.18　用于世界空间位置的计算深度

另一个缺点,直到在场景中其他目标都被渲染才会出现,是写入了不正确的深度值。这是因为当发生交叉时,用写入盒子的深度来替代椭球体的深度。这种错误可以通过计算椭圆体的深度进行纠正,如代码表 4.18 给出,并且把它写到 gl_FragDepth。通过将交叉点的世界空间坐标转换到裁剪坐标,然后转换 z 值到归一化的设备坐标系中,最后转换到窗口坐标系中。GPU 光线投射具有着色和正确深度的最终结果在图 4.17(c)中给出。

由于算法没有任何夸大,在图 4.17(b)中的所有红色像素是无用的片断着色。使用背面剔除渲染分格的椭圆体,不具有无效片断。在许多 GPS 上,这看起来并不是那样差,因为动态分支方法会避免着色计算[135,144,168],包括用于纹理坐标产生的反三角函数计算。此外,由于分支是相关的,也就是说,在屏幕空间中邻近片断是可能采取相同分支,除了围绕椭圆体的轮廓,GPU 的并行化能够被很好地使用[168]。

为了减少未接触到椭圆体的光线的数量,可以使用来自观察者的视角与观察点对齐的凸多边形包围椭圆体来替代包围盒[30]。包围多边形中的点的数量决定拟合的精确度,同时也决定有多少光线未接触到椭圆体。这在顶点和片断处理之间创建了一个权衡点。

GPU 光线投射算法把椭圆体无缝地投射到光栅管道中,使得它能够用于近似地渲染分格。在通常的情况下,GPU 光线投射,尤其是全光线跟踪,是非常困难的。不是所有对象能够像椭圆体一样具有有效的光线交叉测试,对于比较大的场景需要分层的空间数据结构用于快速发现哪个对象的光线可能交叉。这些相关的的数据结构在今天的 GPU 上很难操作,尤其对于动态场景。此外,在光线跟踪中,由于像软性阴影和反锯齿的影响,光线的数量迅速激增。但是,GPU 光线跟踪是一个有希望的、具有活力的研究领域[134,178]。

4.4　资源

使用细分表面,为了启发图形学方向的学生[7],Angel 提供了计算近似球体的多边形近似的具体描述。这本书是计算机图形学方向的一部很好的著作。在《实时渲染》[3]中提供了细分表面算法的综述。这本书是实时渲染的必不可少的综述文献。关于使用片断 shader 中的多纹理渲染地球的更多信息,可参阅“橘皮书”[147]。这本书是非常有用的,因为其完全覆盖了 GLSL 相关知识,并提供大范围的 shader 样例。

获得来自足球的图片的基于蜂窝状结构的椭圆体分格式化[39],能够证明细分理想的实体的好处,它会导致了不均匀的分格化。在本章进行了讨论的另一种分格化算法参见 HEALPix[65]。

关于程序上产生 3D 星球涵盖许多相关主题,包括立方体图分格化,细节层级和着色[182]。用于 NASA World Wind 的球面分格化算法实验由 Miller and Gaskins[116]在其文献中进行描述。

实时光线跟踪的整个领域由 Wald 讨论[178],包括 GPU 方法。关于光线跟踪虚拟地球的高级讨论,主要集中于提高可视质量方面,由 Christen 在其文献中给出[26]。

第二部分　精 度 修 正

第五章　顶点位置精度修正

假设一个包含几个简单图元的三维场景：一个位于坐标原点的点和两个在 $x=0$ 平面两侧相距 1m 的三角形，如图 5.1(a)所示。当视点接近时，两个平面是共面的，如图 5.1(b)所示。

如果我们将这样的场景放在平均半径是 6,378,137m 的地球表面上时，会发生什么样的事情呢？当我们从远处观察时，场景中的物体跟我们预计的一样（不受 z 缓冲的影响，下一节中将会讲到），但是当观察视点逐步接近时，一些不正常的现象出现了：场景中的这些物体看上去在抖动，当视点在移动时，物体在其周围不固定地来回跳动，点和两个平面看上去不再共面了，如图 5.1(c)所示，它们处在一种与视点移动相关的弹跳状态之中。

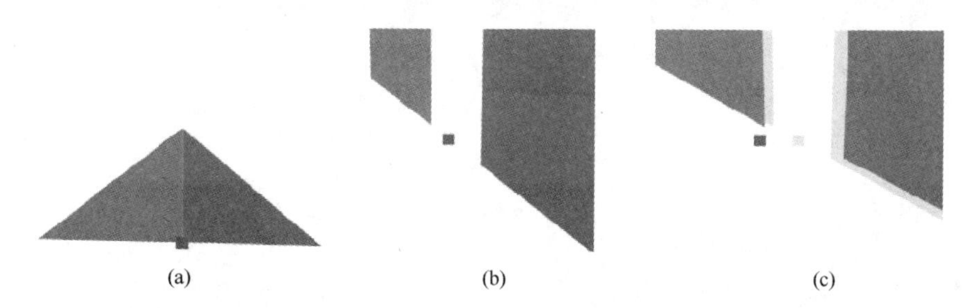

图 5.1　(a)包含一个点和两个面的简单场景。(b)视点接近时，点和面明显处于同一平面。(c)场景在大的世界坐标系中，当视点比图(b)更接近场景时，场景中物体会发生抖动。图中灰色部分为物体的正确位置，实体颜色部分为物体的当前位置。

总的来说，抖动是由于 32 位浮点型变量在处理类似 6,378,137 这样大的数值时精度不够导致的。在经典的 WGS84 坐标系下构建三维数字地球，用户要求能够在数字地球上进行自由的缩放和漫游，因此，抖动是不能容忍的。本节主要阐述抖动产生的原因以及如何解决它。

5.1　抖动产生原因

在类似于数字地球这样的大的坐标系统中，抖动通常发生在视点靠近物体状态下视点移动、旋转或者物体移动时。抖动让观察者很难确定物体的具体位置。抖动通常表现在三维数字地球上的建筑来回移动，矢量数据在影像数据上上下跳动，地形瓦片一会重叠，一会分离。

不同距离的抖动效果展示如图 5.2 所示。要想感受真实的抖动效果，最好的方法是运行一个会出现这种情况的应用程序（不是目前存在的所有数字地球应用程序都解决了这个问题，比如在老版本的 Geofusion 数字地球中会出现此类问题）。如果不能运行应用程序，也可以观看类似的视频，比如在 Ohlarik 发表的文章网页上就有类似的视频[126]。

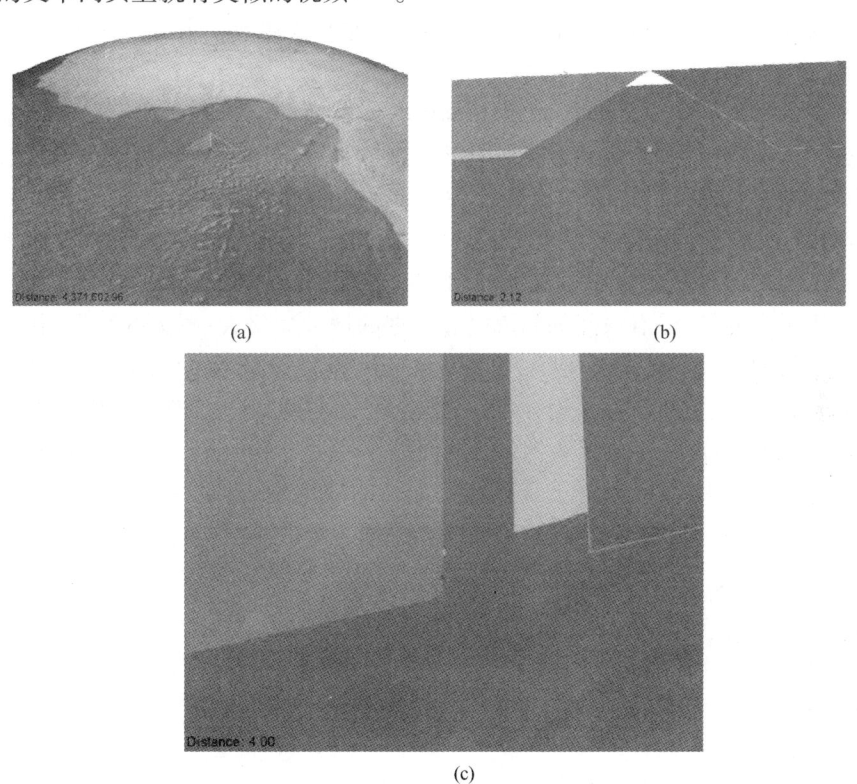

图 5.2　(a)在远处，抖动没有发生。(b)和(c)当视点拉近时，抖动开始发生。正确的顶点位置和三角形位置用灰色图表示。两个三角形之间的距离是 1m，两幅图中，视点与中间顶点的距离都只有几米。

目前，大部分的 GPU 只支持 32 位浮点精度，这对于大范围的类似于 WGS84 坐标系来说是不够的。CPU 支持 64 位双精度，能够提供足够的精度支持，因此，在很多应用中，都采用在 CPU 使用双精度计算替换 GPU 计算来消除抖动。虽然，目前基于最新的 Shader Model 5 的 GPU 硬件已经能够支持双精度，但是，本节中介绍的方法还是能够很好地解决目前广泛应用的其他 GPU 中存在的问题。除了双精度方法，在 5.2 节中还介绍了一种叫 RTC 的方法，可以通过采用保存高精度数据的方式来解决抖动问题。

5.1.1 浮点舍入误差

让我们通过深入了解计算机中浮点数的作用原理来理解为什么会发生抖动。仅仅说抖动是由于 32 位浮点数精度不够是不能解决问题的。当然我们也没必要去详细分析阐述有关浮点运算的 IEEE - 754 标准。虽然 GPU 的计算采用了 IEEE - 754 标准，但是，IEEE - 754 标准本身并不是抖动产生的原因。

抖动产生的主要原因是 32 位单精度数字有效数字只有 7 位，而 64 位双精度数字有效数字有 16 位。不是所有的有理数都可以用单精度数字或者是双精度数字来表示，所以，许多浮点数都被用它的近似数来代替。代码表 5.1 显示 6378137.0f 后面的数字就是 6378137.5。比如 6378137.25f 在计算机存储中就用 6378137.0f 来近似了，同样的，6378137.26f 就用 6378137.5f 来代替了。

更不幸的是，浮点数间的间隔随着数据的增大而增大：越大的数据，相邻两个数之间的间隔就越大。实际上，如果数字足够大，大部分的数字都将被略过。代码表 5.2 显示 17000000.0f 后面的数就是 17000002.0f。当建模用的世界坐标度量是米（m）时，这就是 2 米（m）的间隔。17000000m 听起来很大，但是也就是在地面上方 10000km，对于三维数字地球的应用来说，也是非常有用的。比如对于一些太空应用而言，这也就是一个中轨卫星的高度。

```
float f = 6378137.0 f;// 6378137.0
float f1 = 6378137.1 f;// 6378137.0
float f2 = 6378137.2 f;// 6378137.0
float f25 = 6378137.25 f;// 6378137.0
float f26 = 6378137.26 f;// 6378137.5
float f3 = 6378137.3 f;// 6378137.5
float f4 = 6378137.4 f;// 6378137.5
float f5 = 6378137.5 f;// 6378137.5
```

代码表 5.1　32 位单精度数值的舍入误差

```
float f = 17000000.0 f;// 17000000.0
float f1 = 17000001.0 f;// 17000000.0
float f2 = 17000002.0 f;// 17000002.0
```

代码表 5.2　数值越大舍入误差越大

从上面我们可以知道,浮点数可以表示的数值是有限的,数值越大,相邻两个数值之间的间隔也就越大。不能表示的浮点通过舍入用能表示的浮点进行代替,这就是误差产生的原因;在实际应用中,数字的加法和减法也会导致误差,进行运算的两个数值相差越大,计算的误差也就越大,另外,舍入误差在计算的过程中是累积的,计算次数越多,累积误差也就越大。

5.1.2　导致抖动的根本原因

让我们记住浮点数的这些特点,再回过头来看看我们在最开始介绍的场景。假设顶点的坐标是(6378137.0,0,0)。当视点离它有 800m 远,且视点绕着这个点旋转时,顶点开始抖动,当视点逐渐拉近时,抖动越来越明显。

为什么会有抖动?为什么视点拉近时,抖动会越来越明显呢?

```
in vec4 position;
uniform mat4 og_modelViewPerspectiveMatrix;
void main()
{
gl_Position = og_modelViewPerspectiveMatrixposition;
}
```

代码表 5.3　表面上看无错的顶点 shader 代码导致了抖动

代码表 5.3 中展示了在顶点 shader 中是如何对抖动的节点进行坐标变换的。从表面上看没有什么,请思考:一个 ModelView 投影矩阵将输入节点由模型坐标(比如 WGS84 坐标)转换到了 clip 坐标。这个 ModelView 投影转换矩阵是在 CPU 中通过对模型矩阵($\boldsymbol{M}$)、视点矩阵($\boldsymbol{V}$)和投影矩阵($\boldsymbol{P}$)三个矩阵进行相乘得到的,这三个矩阵用到的都是双精度。当视点距离顶点 800m 远时,$\boldsymbol{M}$、$\boldsymbol{V}$、$\boldsymbol{P}$ 三个矩阵如下所示:

$$\boldsymbol{M}=\begin{pmatrix}1&0&0&0\\0&1&0&0\\0&0&1&0\\0&0&0&1\end{pmatrix}$$

$$
\boldsymbol{V}=\begin{pmatrix}0.78 & 0.63 & 0.00 & -4,946,218.10\\ 0.20 & -0.25 & 0.95 & -13,304,368.35\\ 0.60 & -0.73 & -0.32 & -3,810,548.19\\ 0.00 & 0.00 & 0.00 & 1.00\end{pmatrix}
$$

$$
\boldsymbol{P}=\begin{pmatrix}2.80 & 0.00 & 0.00 & 0.00\\ 0.00 & 3.73 & 0.00 & 0.00\\ 0.00 & 0.00 & -1.00 & -0.02\\ 0.00 & 0.00 & -1.00 & 0.00\end{pmatrix} \tag{5.1}
$$

如上所示，$\boldsymbol{V}$ 矩阵的第 4 列，表示的是视点的偏移量，包含了 3 个非常大的数字，这是因为当视点离顶点很近时，视点相对于 WGS84 坐标系统的原点（也就是地球的球心）是非常远的。$\boldsymbol{MVP}$ 矩阵是以 $\boldsymbol{P} * \boldsymbol{V} * \boldsymbol{M}$ 的形式进行相乘的。所以它的第 4 列的数值比 $\boldsymbol{V}$ 矩阵第 4 列的数值还大：

$$
\boldsymbol{MVP}=\begin{pmatrix}2.17 & 1.77 & 0.00 & -13,844,652.95\\ 0.76 & -0.94 & 3.53 & -4,867,968.95\\ -0.60 & 0.73 & 0.32 & 3,810,548.18\\ -0.60 & 0.73 & 0.32 & 3,810,548.19\end{pmatrix} \tag{5.2}
$$

当 $\boldsymbol{MVP}$ 矩阵分配到 GPU 的顶点 shader 单元时，将会由 64 位精度转化为 32 位精度，此时矩阵的第 4 列将会出现舍入误差：

```
(float) -13,844,652.95 = -13,844,653.0 f
(float) -4,867,968.95 = -4,867,969.0 f
(float)3,810,548.18 =3,810,548.25 f
(float)3,810,548.19 =3,810,548.25 f
```

顶点 shader 将会用这个有误差的 32 位 $\boldsymbol{MVP}$ 矩阵乘以 WGS84 坐标系的顶点位置 p_{WGS84} 以得到顶点在 clip 坐标系下的坐标：

$$
\begin{aligned}
p_{\mathrm{clip}} &= \boldsymbol{MVP} * p_{\mathrm{WGS84}}\\
&=\begin{pmatrix}2.17f & 1.77f & 0.00f & -13,844,652.95f\\ 0.76f & -0.94f & 3.53f & -4,867,968.95f\\ -0.60f & 0.73f & 0.32f & 3,810,548.18f\\ -0.60f & 0.73f & 0.32f & 3,810,548.19f\end{pmatrix}\begin{pmatrix}6,378,137.0f\\ 0.0f\\ 0.0f\\ 1.0f\end{pmatrix}\\
&=\begin{pmatrix}(2.17f)(6,378137.0f) + -13,844,652.95f\\ (0.76f)(6,378137.0f) + -4,867,968.95f\\ (-0.60f)(6,378137.0f) + 3,810,548.18f\\ (-0.60f)(6,378137.0f) + 3,810,548.19f\end{pmatrix}
\end{aligned}
$$

如上所示，这就是抖动产生的原因：在利用 32 位 GPU 顶点 shader 进行矩阵相乘的过程中,存在大量的大数据相乘和加减操作。视点或者物体发生的微小改变,可能会导致矩阵中的大数据由一个值不连续地跳到另一个值,从而导致物体的抖动。

抖动在视点较近时产生(对于地球这么大的场景而言,800m 已经足够近了),但在视点较远时感觉不到抖动。这是为什么呢?为什么在离顶点100,000m 远点的地方进行观察就感觉不到抖动了呢?是数字变小了吗?顶点没有变动,所以 p_{WGS84} 没有变,同样,$\boldsymbol{M}$ 矩阵和 $\boldsymbol{P}$ 矩阵也没有变,只有视点矩阵 $\boldsymbol{V}$ 变化了,比如:

$$\boldsymbol{V}=\begin{pmatrix} 0.78 & 0.63 & 0.00 & -13,844,652.95 \\ 0.20 & -0.25 & 0.95 & -4,867,968.95 \\ 0.60 & -0.73 & -0.32 & 3,909,748.18 \\ 0.00 & 0.00 & 0.00 & 3,909,748.19 \end{pmatrix}$$

$$\boldsymbol{MVP}=\begin{pmatrix} 2.17 & 1.77 & 0.00 & -13,844,652.95 \\ 0.76 & -0.94 & 3.53 & -4,867,968.95 \\ -0.60 & 0.73 & 0.32 & 3,909,748.18 \\ -0.60 & 0.73 & 0.32 & 3,909,748.19 \end{pmatrix}$$

看上去,这两个矩阵和之前的视点 800m 距离时的两个矩阵(5.1)和(5.2)非常相似。如果值相似,但它们为什么不出现之前出现的顶点精度问题呢?

实际上,同样的精度问题也出现了,只是我们观察不到它,顶点的误差在屏幕上的距离已经小于一个像素了。因此,抖动是视点相关的:当视点非常接近物体时,一个像素能够覆盖的范围小于 1m,有时候甚至是小于 1cm,因此,抖动就非常明显;当视点逐渐变远时,一个像素覆盖的距离达几百米,甚至是上千米,所以,物体的一点点误差在屏幕的像素坐标上就体现不出来了。视场越狭窄,单个像素覆盖的空间也就越小,也就越容易受到抖动的影响。

总之,抖动是由物体坐标数值的大小和单像素能够覆盖的范围决定的。当物体的坐标数值越大(离坐标原点越远)抖动就越厉害。单像素覆盖的范围越小(离物体越近或视域越窄)抖动就越明显。只有抖动控制在屏幕一个像素之内,抖动才是可以接受的。

小练习:

> Jitter 是与本章内容相对应的简单实例。主要是包含一个顶点和两个三角形的简单三维场景渲染。允许用户通过改变算法去减少抖动。程序在默认状态下,是没有消除抖动的。运行这个程序,推近、推远视点或者绕点旋转,观察什么时候抖动开始发生。观察物体什么样的移动能够影响抖动。

5.1.3 为什么缩放不能解决抖动问题

我们已经知道抖动是由大数字舍入误差产生的，能不能通过消除大数字来消除抖动呢？不用米来进行度量，将每一个顶点的位置乘以$\frac{1}{6,378,137}$，这样每个顶点的坐标不都接近1了吗。32位浮点数中1周边的浮点数字要远远多于6,378,137周围的浮点数字。

可惜的是，通过缩放的这种方法并不能解决抖动问题。虽然1周围的浮点数要多于6,378,137周围的浮点数字，但这些数字仍旧不够，因为单元被缩小了，这就需要更小的数字间隔。比如，在以米（m）为度量的世界坐标系中6,378,137.0f和6,378,137.5f是相邻的两个数，它们之间的距离是0.5m。如果世界坐标被缩小了$\frac{1}{6,378,137}$，0.5m也同样被缩小至$\frac{0.5}{6,378,137}$，也就是0.000000078，这样，如果32位浮点数1周围的数字间隔是1.0f和1.00000078f，它和缩小前的精度就是一致的，但事实却是32位浮点数1周围的相邻两个数是1.0f和1.0000001，甚至还不如缩小前。

缩放能够让数字本身变得更小，但是同时它也需要能表示的相邻两个数字之间的间隔更小，所以通过缩放的方式来解决抖动问题是行不通的。

小练习：

运行演示程序Jitter，通过设置参数将世界坐标的度量单元由米（m）更改为6,378,137m（也就是说设置地球的半径为1），然后拉近视点，并旋转视点，发现并不能消除抖动。顶点没有抖动，而三角形还在抖动，这又是为什么？顶点位置的特殊性是什么？如果我们稍微移动一下顶点的位置又会发生什么？顶点是否又开始抖动了？

如果缩放不能解决抖动问题，接下来我们介绍几种解决抖动问题的方法。这些方法并不是通过使用64位CPU或者是在GPU中消除抖动，适用目前大部分的显卡。

5.2 根据中心渲染物体

在视点坐标系中，根据对象的中心（RTC）渲染对象的位置。对于正常大小的渲染对象是一种避免跳变失真的方法。这种方式使得顶点位置在模型视点映射的矩阵值使用32位浮点数的精度是足够的，因此能够避免跳变失真。

考虑地球上某一个区域的矢量数据，例如某一块行政区域或者城市区域边界,这些数据在几何坐标系中提供,并且转化到 WGS84 坐标系下进行渲染(见第2.3.1节),但是使用如此大的位置坐标容易导致可见的跳变失真。

使用 RTC 进行避免跳变失真的第一步是计算所有顶点的中心位置,记作 $\text{center}_{\text{WGS84}}$,可以通过确定顶点位置的 x、y、z 坐标的最大值和最小值,然后进行平均来进行计算。可以查看 OpenGlobe 中的 AxisAlignedBoundingBox 的中心的属性来查看代码。

下一步,通过将对象每一个顶点的坐标与 $\text{center}_{\text{WGS84}}$ 相减可以将对象由 WGS84 坐标系转化到局部坐标系,对象的中心为 $\text{center}_{\text{WGS84}}$。相减过程可以在 CPU 中使用双精度数据来实现。这样坐标点 $\text{center}_{\text{WGS84}}$ 会包含比较大的 x、y、z 坐标,但是每一个坐标值会相对于以前具有比较小的分量,这是因为它们相对于 WGS84 坐标原点更加接近 $\text{center}_{\text{WGS84}}$。

如果不是矢量数据,而是一个三维模型,例如一栋建筑或者一座桥梁,该三维模型可能本来就是这种形式:WGS84 坐标系的中心(或者原点)具有比较大的分量,与中心相关的坐标使用 32 位浮点数据进行表示。这样模型可能会相比较 WGS84 具有不同的方向,但是没有关系。

具有较小的顶点位置只是完成了一半,另一半需要实现的是在 $\boldsymbol{MVP}$ 变换(比如第四列)时具有较小的数值。这一半可以通过将 $\text{center}_{\text{WGS84}}$ 变换到视点坐标系中来实现,这样计算的数值记为 $\text{center}_{\text{eye}}$。该计算过程可以在 CPU 中在双精度数值下通过将 $\text{center}_{\text{WGS84}}$ 与 $\boldsymbol{MV}$ 相乘来获得。当视点移向对象的中心时,由于视点和中心的距离逐步变小,$\text{center}_{\text{eye}}$ 也会变小,如图 5.3 所示。然后将 $\boldsymbol{MV}$ 矩阵第四列的 x、y、z 的对应成分替换为 $\text{center}_{\text{eye}}$ 来构建 $\boldsymbol{MV}_{\text{RTC}}$:

$$\boldsymbol{MV}_{\text{RTC}} = \begin{pmatrix} MV_{00} & MV_{01} & MV_{02} & \text{center}_{\text{eye}}x \\ MV_{10} & MV_{11} & MV_{12} & \text{center}_{\text{eye}}y \\ MV_{20} & MV_{21} & MV_{22} & \text{center}_{\text{eye}}z \\ MV_{30} & MV_{31} & MV_{32} & MV_{33} \end{pmatrix}$$

最终的模型视点变换矩阵 $\boldsymbol{MVP}_{\text{RTC}}$ 通过在 CPU 中计算 $\boldsymbol{P} * \boldsymbol{MV}_{\text{RTC}}$ 来实现。然后将该矩阵数值转化到 32 比特浮点精度数值,在着色器中根据 $\text{center}_{\text{eye}}$ 进行变换并进行裁剪用来避免跳变失真。

例:考虑例子中的点 $p_{\text{WGS84}} = (6378137, 0, 0)$。假设这是唯一的几何点,那么 $\text{center}_{\text{WGS84}} = (6378137, 0, 0)$。点的位置与中心点 p_{center} 有关系,为 $p_{\text{WGS84}} - \text{center}_{\text{WGS84}}$,或者为 $(6378137, 0, 0) - (6378137, 0, 0)$,也就是 $(0, 0, 0)$,使用 32 位浮点数据足够表示该数字!

像前面一样,使用 800m 的视点位置,模型视点矩阵 $\boldsymbol{MV}$ 是

图 5.3 当视点由(a)移动到(b)时,对象的 WGS84 坐标没有发生变化,其分量由于太大不适合使用单精度数值进行表示,但是视点和对象之间的距离使用单精度数据表示是合适的。(图像由 STK. Imagery 提供© 2010 Microsoft Corporation 和© NAVTEQ)

$$\boldsymbol{MV}=\boldsymbol{V}*\boldsymbol{M}=\begin{pmatrix}0.78 & 0.00 & 0.00 & -4946218.10\\ 0.20 & -0.25 & 0.95 & -1304368.35\\ 0.60 & -0.73 & -0.32 & -3810548.19\\ 0.00 & 0.00 & 0.00 & 1.00\end{pmatrix}$$

在对点进行渲染之前,要使用 $\boldsymbol{MV}$ 计算 $\text{center}_{\text{eye}}$:

$$\begin{aligned}\text{center}_{\text{eye}} &= \boldsymbol{MV}*\text{center}_{\text{WSG84}}\\ &=\begin{pmatrix}0.78 & 0.63 & 0.00 & -4946218.10\\ 0.20 & -0.25 & 0.95 & -1304368.35\\ 0.60 & -0.73 & -0.32 & -3810548.19\\ 0.00 & 0.00 & 0.00 & 1.00\end{pmatrix}\begin{pmatrix}6378137.0\\ 0.0\\ 0.0\\ 1.0\end{pmatrix}\end{aligned} \tag{5.3}$$

$$= \begin{pmatrix} 0.0 \\ 0.0 \\ -800.0 \\ 1.0 \end{pmatrix}$$

由于在这种情况下，视线直接指向点 $center_{eye}$ 的位置，x、y、z 坐标为（0，0，-800）[1]，我们可以通过将 $\boldsymbol{MV}$ 的第四列的 x、y、z 替换为 $center_{eye}$ 来创建 $\boldsymbol{MVP}_{RTC}$ 矩阵，最终的模型视点变换矩阵可以通过 $\boldsymbol{P} * \boldsymbol{MVP}_{RTC}$ 来进行计算。这样顶点着色器的精度就足够处理顶点位置（0，0，0）和矩阵 $\boldsymbol{MVP}_{RTC}$ 的第四列 $(0,0,-800,1)^T$。

执行过程。矩阵 $\boldsymbol{MVP}_{RTC}$ 需要对每一个对象进行计算。或者更严格地说需要对具有共同的中心的不同对象的每一个中心计算矩阵 $\boldsymbol{MVP}_{RTC}$。如果中心发生了变化或者视点发生了移动，矩阵 $\boldsymbol{MVP}_{RTC}$ 需要重新计算。这仅需要少数几行代码就可以实现，如代码表 5.4 所示。注意在矩阵第二行中矩阵的相乘使用了双精度。完整的 RTC 代码实例可以参见 Chapter05Jitter 的类 RelativeToCenter 中的代码。

```
Matrix4D m = sceneState.ModelViewMatrix;
Vector4D centerEye = m * new Vector4D(_center,1.0);
Matrix4D mv = new Matrix4D(
m.Column0Row0,m.Column1Row0,m.Column2Row0,centerEye.X,
m.Column0Row1,m.Column1Row1,m.Column2Row1,centerEye.Y,
m.Column0Row2,m.Column1Row2,m.Column2Row2,centerEye.Z,
m.Column0Row3,m.Column1Row3,m.Column2Row3,m.Column3Row3);
// Set shader uniform
_modelViewPerspectiveMatrixRelativeToCenter.Value =
(sceneState.PerspectiveMatrix * mv).ToMatrix4F();
//..draw call
```

代码表 5.4　为 RTC 创建模型视点投影矩阵

RTC 避免跳变失真的代价是需要对每一个对象（或者中心）计算一个特殊的模型视点变换矩阵。除此之外，需要计算一个中心并且计算每一个对象相对该中心的位置。这对于静态数据来说非常容易实现，但是对于动态数据来说，由于对于每一帧都会发生变化，因此会导致 CPU 资源额外消耗。

1　由于在这里只显示了两个重要的数字，因此运用公式（5.3）中进行相乘不会直接得到该值。

RTC 最大的缺点是对于比较大的对象并不是很有效，RTC 创建的顶点位置能够使用 32 位浮点数据比较小的数据的条件是顶点的位置与中心的距离不会太远，那么如果物体非常大会发生什么呢？那就是很多的顶点与中心具有很远的距离，这种情况下同样会产生跳变失真，这是因为顶点的位置由于太大无法使用浮点精度表示。

那么物体在多大的情况下会发生跳变失真呢，对于 1 厘米（cm）的精度，Ohlarik 的建议是边缘的半径不要超过 131,071m，这是因为 32 位浮点数据的有效数字的位数是 7 位[126]。很多模型是符合该大小限制的，例如地形面片（图 5.4），建筑物甚至是城市。但是也有一些不符合该限制，例如一个国家或者省份的矢量数据，卫星的轨道，或者一个更加极端的例子，图 5.5 所示的平面不满足该限制。

图 5.4 （a）具有跳变失真的场景。（b）显示网格来突出跳变失真。（c）对于同一幅场景，使用 RTC 来渲染地形面片。面片的中心位于地形四叉树的父节点的中心。四叉树的规则结构使得没有必要根据每一个位置明确地计算中心位置。（图像由 Brano Kemen，Outerra 提供）

图 5.5　RTC 对于比较大的对象并不能避免跳变失真，例如空间中的这样一个平面。
（图像使用 STK 进行截图，蓝色的图像使用 NASA 的地球可视化投影）

小练习：

运行 Chapter05Jitter 并且放大到 50m 左右，然后进行旋转会导致跳变失真。转换到 RTC 来证明能够避免跳变失真。放大到 2m，点和三角形会发生跳变失真，原因是什么呢？这是因为点和三角形是根据单个中心进行渲染的，但是对于 RTC 来说还是太大了。类 Jitter 中表示三角形大小的变量 triangleLength 的值是 200,000，将该数值替换为一个比较小的数，使用 RTC 还会发生跳变失真吗？

对于比较大的对象该如何避免跳变失真呢？一种方法是将该对象分割为多个对象，每一个对象具有单独的中心。这样做需要对于每一个中心计算不同的 $\boldsymbol{MVP}_{\mathrm{RTC}}$，因此调用不同的绘制函数。对于更加规则的模型，如地形，这是非常自然的方法，但是对于任意的模型，没必要这么麻烦，这是由于有其他的一些方法，例如根据视点进行渲染可以避免跳变失真。

5.3　使用 CPU 根据视点进行渲染

由于 RTC 对渲染对象的大小具有限制，为了克服该缺点，可以根据视点渲染对象（RTE）。RTC 和 RTE 都是利用 CPU 的双精度特点来保证顶点的位置和模型视点变换矩阵值足够小并且可以使用 GPU 的单精度进行表示。

在 RTE 中，根据视点的位置渲染每一个顶点，在 CPU 中修改模型视点变换矩阵来保证观察者位于场景的中心，然后对每一个顶点进行变换使其与视点相关，而不是使用视点的原始模型坐标。与 RTC 中 $\boldsymbol{MVP}_{\mathrm{RTC}}$ 相类似，在 RTE 中，随着观察者靠近,顶点的坐标分量逐步变小,这是因为顶点位置和视点的距离在逐渐减小。

执行过程:为了执行 RTE,首先将 $\boldsymbol{MV}$ 中的变换设置为 0,这样场景就是以视点为中心。

$$\boldsymbol{MV}_{\mathrm{RTE}}=\begin{pmatrix} MV_{00} & MV_{01} & MV_{02} & 0 \\ MV_{10} & MV_{11} & MV_{12} & 0 \\ MV_{20} & MV_{21} & MV_{22} & 0 \\ MV_{30} & MV_{31} & MV_{32} & MV_{33} \end{pmatrix}$$

与 RTC 不同的是,这个矩阵可以用于相同模型坐标系统的所有的对象。每当视点发生移动时或者对象位置更新时,与视点相关的位置移动就写入动态顶点缓冲器。通过将模型坐标中的位置与视点的位置坐标进行相减可以得到 RTE。

$$p_{\mathrm{RTE}}=p_{\mathrm{WGS84}}=\mathrm{eye}_{\mathrm{WGS84}}$$

该相减过程在 64 位的 CPU 上使用双精度数据进行计算,然后在绘制调用前,将 p_{RTE}转化为 32bit 的浮点数并且写入到动态顶点缓冲器中。注意,与视点相关和在视点坐标系中是不同的,前者只进行了平移变换,并没有进行旋转变换。

小练习:

运行 Chapter05Jitter 转换至 CPU RTE。观察屏幕会发生跳变失真吗?在 CPU RTE 模式和 RTC 模式下进行互换,给定比较大的三角形的默认大小(200,000m),当移动到比较接近时,RTC 会发生跳变失真,但是 CPU RTE 不会发生。

代码表 5.5 显示了 CPU RTE 中多使用的 $\boldsymbol{MVP}$ 和位置的更新代码。首先,将模型视点矩阵置为零变换,保证是 RTE,然后将每一个顶点位置减去视点的位置 eye,并将结果复制保存到临时数组,以便用来进行动态顶点缓冲器的更新。完整的 RTC 代码在 Chapter05Jitter 中的 CPURelativeToEye 类里面。

```
Matrix4D m = sceneState. ModelViewMatrix;
Matrix4D mv = new Matrix4D(
m. Column0Row0, m. Column1Row0, m. Column2Row0, 0. 0,
m. Column0Row1, m. Column1Row1, m. Column2Row1, 0. 0,
m. Column0Row2, m. Column1Row2, m. Column2Row2, 0. 0,
m. Column0Row3, m. Column1Row3, m. Column2Row3, m. Column3Row3);
```

```
// Set shader uniform
_modelViewPerspectiveMatrixRelativeToEye. Value =
(sceneState. PerspectiveMatrix * mv). ToMatrix4F();
for(int i = 0;i < _positions. Length; ++i)
{
    _positionsRelativeToEye[i] =
    (_positions [i] - eye). ToVector3F();
}
_positionBuffer. CopyFromSystemMemory(_positionsRelativeToEye);
//.. draw c a l l
//... elsewhere :
private readonly Vector3D [ ]_positions;
private readonly Vector3F [ ]_positionsRelativeToEye;
private readonly VertexBuffer_positionBuffer;
```

代码表 5.5　CPU RTE 实现代码

如果只有 n 个位置改变了，只有这 n 个位置需要写入，如果观察者发生移动，那么所有的位置需要写入。在本质上，前面提到的静态对象，例如国家的边界，不是动态的，其在模型坐标系中不会发生移动，但是每当视点发生移动时，其与视点的相对位置会发生变化。

静态对象的其他一些顶点属性可以存储于静态的顶点缓冲器中，只是 RTE 的位置需要动态顶点缓冲器进行存储。但是顶点缓冲器可以通过同样的顶点数组对象进行引用（见 3.5.3 小节），因此可以用于相同的绘制调用。

这种 RTE 方法之所以称为 CPU RTE，是因为从模型坐标系变换到 RTE 的相减过程 $p_{RTE} = p_{WGS84} - eye_{WGS84}$ 发生在 CPU 中。这种方式可以避免实际虚拟地球总的跳变失真，产生非常逼真的效果。缺点就是性能消耗：CPU RTE 会消耗 CPU 资源，增加系统总线的占用，并且需要在系统内存中存储原始的双精度位置数组。对于不能够使用静态顶点数组来存储位置的静态对象对系统内存的占用会更加多。

CPU RTE 通过利用 CPU 双精度的特点实现避免失真，这样做的代价是每当视点发生移动时都需要访问每一个顶点的位置，为什么不能在顶点着色器中进行 p_{RTE} 的计算呢？使用顶点着色器可以使我们更好地利用 GPU 强大的平行特性（如 10.1.2 小节所述），从而解放 CPU，减少对系统总线的占用，对于静态对象重新使用静态的顶点缓冲器。那么由于 RTE 是进行 64 位的减法操作，我们如何在 32 位的 GPU 上利用顶点着色器呢？

5.4 在 GPU 上根据视点进行渲染

为了克服 CPU RTE 的性能缺点,一个双精度的位置可以通过两个 32 位单精度点位置进行近似编码并且存储于顶点的属性中。这样可以在顶点着色器中进行双精度相减 $p_{WGS84} - eye_{WGS84}$。这种方法被称为 GPU RTE,这是因为相减过程发生在 GPU 上。

执行过程:如 CPU RTE 类似,通过设置变换为$(0,0,0)^T$将视点置于场景中心。有两个重要的问题是如何通过两个浮点数编码一个双精度数值,以及如何使用这两个浮点数计算双精度数值的减法操作。

使用 Ohlarik 的执行方法可以获得接近 1cm 的精度[126]。这样并不会得到 CPU RTE 的精度,这是因为 CPU RTE 是直接使用真实的双精度数据进行计算。但是我们会发现,这个精度对于虚拟数字地球足够了。一个双精度数据通过定点表示来进行编码,其中通过代码表 5.6 中的函数实现两个单精度浮点数据的 low 和 high 的计算。

```
private static void DoubleToTwoFloats(
double value, out float high, out float low)
{
    if(value >= 0.0)
    {
        double doubleHigh = Math.Floor(value / 65536.0) * 65536.0;
        high = (float)doubleHigh;
        low = (float)(value - doubleHigh);
    }
    else
    {
        double doubleHigh = Math.Floor( - value / 65536.0) * 65536.0;
        high = (float) - doubleHigh;
        low = (float)(value + doubleHigh);
    }
}
```

代码表 5.6 将双精度数据近似编码为两个单精度数据的方法

除了用于获取溢出的比特标志位以外,在 IEEE - 754 中单精度浮点数据值具有 23bit 用于表示小数部分。在 Ohlarik 的规划中,当使用两个浮点数表示双精度数值时,low 使用 7bit 用于存储数字的小数值(例如十进制小数点后面的部分)。

剩下的16bit用于表示在$[0,2^{16}-1]$范围中或者0到65,535的一个整数。high中的32bit用于表示$[2^{16},(2^{23}-1)(2^{16})]$范围中或者65,535到549,755,748,352的数值,在后面我们会指出,浮点类型的额外的8bit未使用的空间可以用于确保单精度数据的相加和相减能够顺利进行。编码过程如图5.6所示。

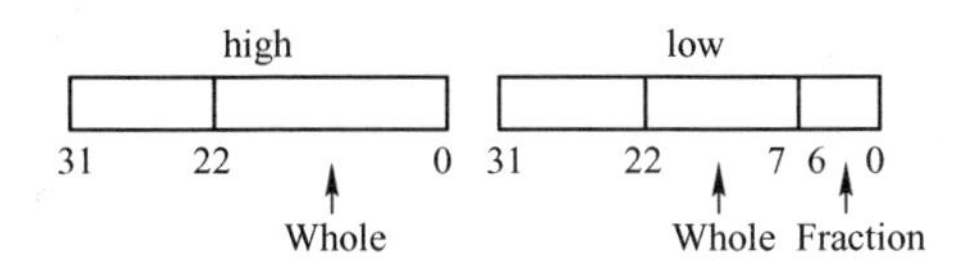

图5.6　GPU RTE所使用的编码过程

这种方式所能够表示的数值最大为549,755,748,352m,比地球的赤道半径要大6,378,137m,该大小非常适合用于表示地球表面的位置。low中的7bit小数位用于存储小数部分,精度为2^{-7},或者0.0078125。因此在一维情况下,由于舍入,精度会小于1cm。在三维情况下,最大的误差为$\sqrt{0.0078125^2+0.0078125^2+0.0078125^2}$,或者1.353cm,这就是这种GPU RTE方法的精度。

与传统的浮点型数据表示不同,传统数值表示的精度依赖于表示数值的大小,但是这种顶点编码方法的精度是固定的。也就是说即使对于接近0的数值,其精度仍然为1.353cm,而对于接近5亿的数值,其精度也是1.353cm。

表示整数部分和小数部分的比特数可以进行灵活的变化以获取更高的精度,但是对于许多虚拟地球的使用,例如GIS来说,39bit整数和7bit小数的精度会远远高于需求。但是对于其他应用,例如对于航空需求来说,需要更大的范围。

当一个双精度的WGS84坐标值p_{WGS84}被编码为两个单精度的数值p^{high}和p^{low},并且WGS84坐标下的视点坐标$\text{eye}_{\text{WGS84}}$通过$\text{eye}^{\text{high}}$和$\text{eye}^{\text{low}}$进行编码,$p_{\text{WGS84}}-\text{eye}_{\text{WGS84}}$可以通过下式进行计算:

$$\begin{aligned} p_{\text{RTE}} &= p_{\text{WGS84}} - \text{eye}_{\text{WGS84}} \\ &\approx (p^{\text{high}} - \text{eye}^{\text{high}}) + (p^{\text{low}} - \text{eye}^{\text{low}}) \end{aligned}$$

当视点较远时,p_{RTE}主要由$p^{\text{high}}-\text{eye}^{\text{high}}$所主导,当视点比较近时,$p^{\text{high}}-\text{eye}^{\text{high}}$的值为0,$p_{\text{RTE}}$由$p^{\text{low}}-\text{eye}^{\text{low}}$进行定义。

在CPU中,顶点位置的x、y、z分量通过两个浮点数值进行编码并且写入到顶点缓冲器中,对于每一个位置存储两个属性。与CPU RTE不同的是,当视点发生移动时不需要对顶点缓冲器进行更新,这是因为计算$p_{\text{WGS84}}-\text{eye}_{\text{WGS84}}$是在顶点着色器中进行的,如代码表5.7所示,除了对位置进行编码以外,着色器需要对视点位置进行编码以保证统一性。完整的代码示例可以参阅 Chapter05Jitter 中的 GPURelativeToEye。

```
in vec3 positionHigh;
in vec3 positionLow;
uniform vec3 u_cameraEyeHigh;
uniform vec3 u_cameraEyeLow;
uniform mat4 u_modelViewPerspectiveMatrixRelativeToEye;
voidmain()
{
    vec3 highDifference = positionHigh - u_cameraEyeHigh;
    vec3 lowDifference = positionLow - u_cameraEyeLow;
    gl_Position = u_modelViewPerspectiveMatrixRelativeToEye *
    vec4(highDifference + lowDifference,1.0);
}
```

代码表 5.7 GPU RTE 中的顶点着色器

由于顶点着色器只需要进行两次额外的减法运算和一次加法运算，GPU RTE 对于位置存储需要的顶点缓冲的内存是原来的两倍。除非只需要存储位置，否则是没有必要申请两倍的内存空间的。与 CPU RTE 不同的是，这种方法不需要在系统内存中保存位置信息，也不需要额外的 CPU 消耗的系统总线占用。运用 GPU RTE 方法，静态对象可以在静态顶点缓存中存储位置，这是因为不需要使用 CPU 更新每一个点的位置。

GPU RTE 的主要缺点是当视点非常接近时仍然会发生跳变失真，因此对于一些应用，额外的顶点缓冲内存是非常必要的。

小练习：

运行 Chapter05Jitter 比较 CPU RTE 和 GPU RTE。在 GPU RTE 中当视点距离接近给定的精度 1.353cm 时，会产生跳变失真。前面提到三角形以 1m 的距离进行分割，所以当将视点移动到三角形内部时，一个像素点表示的距离小于 1.353cm，因此发生跳变，如何改变代码表 5.6 中的 DoubleToTwoFloats 来减少跳变呢？这样做的优缺点是什么？

5.4.1 通过 DSFUN90 提高精度

对于一些需要视点非常接近的应用，GPU RTE 的精度可以通过另一种编码机制进行改进。DSFUN90 Fortran 库[1]包含表示双精度结构的通常方法。这种方法基于 Knuth 的研究,能够表示近似 15 位十进制有效数字[92]。通过实验可以得到,将该库的双精度 - 单精度减法引入到 GPU RTE 执行的 GLSL 结果中可以用来代替 CPU RTE。我们称这种方法为 GPU RTE DSFUN90。

使用代码表 5.8 的方法对双精度数据通过两个单精度数值进行编码,其中 high 是将该双精度值轻质转化为单精度值的结果,low 是这种强制类型转换的单精度类型的误差值。

```
private static void DoubleToTwoFloats(
double value,out float high,out float low)
{
    high = (float)value;
    low = (float)(value - high);
}
```

代码表 5.8　GPU RTE DSFUN90 中将双精度数值编码为两个单精度数值

运用这种编码方式在 GPU 中进行双精度 - 单精度减法的顶点着色器代码如代码表 5.9 所示,由于进行了八次减法和四次加法,顶点着色器的复杂度要高于原来的 GPU RTE。原来的 GPU RTE 只需要进行两次减法和一次加法。由于这两种方法对于内存的消耗以及顶点属性的存储是相同的,其他额外的消耗并不是很多。完整的代码示例参阅 Chapter05Jitter 中的 GPURelativeToEyeDSFUN90。

```
in vec3 positionHigh;
in vec3 positionLow;
uniform vec3 u_cameraEyeHigh;
uniform vec3 u_cameraEyeLow;
uniform mat4 u_modelViewPerspectiveMatrixRelativeToEye;
void main()
{
    vec3 t1 = positionLow - u_cameraEyeLow;
    vec3 e = t1 - positionLow;
    vec3 t2 = (( - u_cameraEyeLow - e) + (positionLow - (t1 - e))) +
    positionHigh - u_cameraEyeHigh;
    vec3 highDifference = t1 + t2;
```

1　http://crd.lbl.gov/~dhbailey/mpdist/

```
    vec3 lowDifference = t2  - ( highDifference - t1 ) ;
    gl_Position = u_modelViewPerspectiveMatrixRelativeToEye  *
    vec4( highDifference + lowDifference,1.0) ;
}
```

代码表 5.9 GPU RTE DSFUN90 中的顶点着色器

其他的 DSFUN90 的算术运算已经通过 CUDA 给 GPU 提供了接口[1]。可以直接将这些接口提供给 GLSL。

小练习:

运行 Chapter05Jitter 比较 GPU RTE 和 GPU RTE DSFUN90。不断放大直至 CPU RTE 出现跳变失真,然后切换至 DSFUN90。在哪些情况下你会使用原始的 GPU RTE 来替换 DSFUN90,CPU RTE 与 DSFUN90 的比较会怎么样呢?在什么情况下你会使用 CPU RTE 而不是 DSFUN90 呢?

5.4.2 精度 LOD

为了增加精度,可以利用 GPU RTE DSFUN90 本身来增加层次细节模型(LOD)的精度。让我们再一次回顾一下一个双精度的值如何编码为两个单精度数值:

```
double value =//...
float high = (float) value;
float low = (float) (value - high) ;
```

high 值的计算是直接将数值转化为浮点类型来获得,如果在不考虑跳变失真的情况下,通过未修改的 ***MVP*** 简单地将对象渲染到世界坐标系中会使用相同的类型转换。这样只需要一个 32bit 的顶点属性,但是随着视点的靠近会出现跳变失真,如 5.1.2 节所述,一种综合的方法是当缩小时使用 RTW,当放大时使用 DSFUN90,这种方法能够综合两种方式的优点,当靠近对象时会具有较高的精度,当远离对象时具有较小的内存消耗,并且不会发生跳变失真。与几何 LOD 根据视点参数来改变几何属性不同,精度 LOD 根据视点来变换精度。

RTW 和 DSFUN90 都是使用顶点缓存来存储 high 变量,但是只有 DSFUN90

---

1 http://sites.virtualglobebook.com/virtual-globe-book/_les/dsmath.h

需要使用顶点缓存来存储变量 low。当视点远离对象时,RTW 着色器使用 high 的顶点缓存来更好地利用 RTW 中 GPU 内存和性能。当视点靠近对象时,high 和 low 的顶点缓存都会被使用,同时也会使用 DSFUN90 着色器来进行高精度的渲染。

这两类顶点缓存可以同时创建,或者 low 顶点缓存可以在减小 GPU 内存消耗量的需要时进行创建,并且可以减少属性值的设置存储代价以及顶点着色器复杂性。在大多数场景下,视点仅仅靠近少数比例的对象,所以在需要时创建顶点缓存是有很多好处的。这样做的缺点就是原始的双精度位置至少单精度点的 low 部分需要一直存储在系统内存中,或者进行分页存储在 low 顶点缓存中。使用分离的顶点缓存来替代在同一个顶点缓存中交替存储 high 和 low 部分,当两个部分都需要引用时会导致轻微的降低性能(如 3.5.1 小节所示)。

精度 LOD 是一种离散的 LOD,仅仅具有两个离散的状态:high 和 low。当视点靠近对象时,LOD 水平需要在不引起跳变失真的情况下切换到 high 模式。视点的位置需要根据对象位置的最大分量、视点位置的最大分量和视区面积来进行确定,与屏幕空间误差的确定是非常类似的。

在存储大小即速度的情况下,节省内存是非常明智的选择。但是计算精度 LOD 能够节省多少内存同样非常重要。首先,对于大多数场景用于纹理的内存会远远多于顶点数据。一些虚拟地球场景,特别是具有大量矢量数据的,会使用大量的内存用于存储节点。其次,对于较远的对象,精度 LOD 将用于位置存储的内存减半,但这并不意味着矢量数据被减半。矢量数据可能会包含一些诸如法向量、纹理坐标等属性。如果将着色器进行层次细节化,那么对于简单的着色器将不需要存储一些属性(例如对于简化的光照模型不需要正弦向量)。

正如前面所提示的,精度 LOD 可以与几何和着色器 LOD 联合使用。当视点远离时,可以适当减少渲染顶点的数目、每个顶点的大小以及着色复杂度。当减少着色复杂度时,减少其他顶点属性的内存使用同样是有好处的(例如使用半浮点数据替换浮点数值的法向量)。

精度 LOD 的完整代码可以参见 Chapter05Jitter 中的 SceneGPURelativeToEyeLOD。

小练习:

运行 Chapter05Jitter 比较 GPU RTE DSFUN90 和精度 LOD。观察在哪个距离区间会导致精度 LOD 发生跳变失真?为什么会发生?在该例子中需要调整什么来避免该跳变失真?

5.5 一些建议

基于表 5.1 中的指标均衡,我们给出的建议如下:

- 当可以负担起额外的顶点内存和顶点着色器结构的情况下,对于定义位置是在 WGS84 坐标系下的对象可以使用 GPU RTE DSFUN90。这种方式顶点内存的消耗相对于纹理内存来说是可以忽略的。同样对顶点着色器复杂度的增加相对于片断着色器来说也是可以忽略的,就像具有复杂片断着色器的游戏一样。这样会使得软件设计非常简单并且精度非常高。
- 对于定义在对象坐标系统的对象,当边界大小小于 131,071m 时可以使用 RTC。
- 为了得到更好的性能和内存使用,可以考虑一种综合的方法:
  —— 对于高度动态的对象可以使用 CPU RTE。如果随着视点的移动,几何坐标会频繁地发生变化,额外的 CPU 消耗将不是很重要。在这种情况下,使用 CPU RTE 可以降低顶点内存的消耗,并且能够降低系统总线的占用。
  —— 对于边界半径小于 131,071m 的静态几何对象适合使用 RTC。尽管这种方式对于每一个对象需要一个单独的模型矩阵,但是每个对象只需要 32bit 的位置信息,并不需要在系统内存中存储。
  —— 对于边界半径大于 131,071m 的静态几何对象使用 GPU RTE DSFUN90。如果使用 RTC,由于需要设置归一化的模型矩阵(或者模型视点矩阵)会导致产生许多细小的片断,使用 GPU RTE DSFUN90 能够增大片断的大小。
- 如果不是用精度 LOD 时,由于不需要后者的额外的精度,可以使用 GPU RTE 来替代 GPU RTE DSFUN90。

表 5.1 避免跳变失真的方法总结

算　法	优　点	缺　点
RTW(与世界坐标相关)	简单,直接,许多对象可以使用相同的模型矩阵进行渲染,只需要使用 32bit 的位置数据	当在 32bit 的 GPU 上进行放大时会导致跳变失真,即使是在几百米之外也会发生跳变失真。将坐标缩小可以减少跳变,但是不能避免跳变
RTC(与中心相关)	对于一些诸如模型等几何对象比较自然,对于合理大小的几何对象会具有比较高的精度,仅仅使用 32bit 的位置数据	对于较大的几何对象仍然会发生跳变失真,但是相对于 RTW 会少很多,每一个对象需要不同的模型视点变换矩阵,使得统一化更新会比较复杂,并且具有比较少的大块。对定义待世界坐标系下的典型的几何数据(例如矢量数据)是不自然的

（续）

算　法	优　点	缺　点
CPU RTE（与视点相关）	精度较高，许多对象可以使用相同的模型视点矩阵进行渲染，在GPU中仅仅32bit的位置信息可以使用一系列的动态缓存来替代静态缓存，适合表示动态几何对象	由于相机移动时，CPU需要访问每一个位置，因此会消耗大量的CPU资源，甚至影响性能。由于相机的移动，静态几何对象会变成动态对象，使得不能对于位置信息使用静态的顶点缓存。这是唯一一种需要将位置信息存储于系统内存中的方法，并且需要消耗内存用于将对象变换到与视点相关
GPU RTE	即使对于比较大的几何对象都具有较高的精度，可以放大到几米的精度。对CPU消耗比较小，可以使用相同的模型视点变换矩阵来渲染多个对象，适合静态几何对象	当移动到与对象非常接近时仍然会发生跳变失真。每个位置信息需要顶点缓存中两个32bit的位置进行存储，并且需要额外的顶点着色器内容
GPU RTE DSFUN90	与GPU RTE类似，不会产生跳变失真，相对于GPU RTE具有更加简单的CPU代码，运用精度LOD可以产生较好的结果	当不使用LOD时，每个位置信息需要顶点缓存中两个32bit的位置进行存储，顶点着色器需要一些特殊结构：执行八次减法和四次加法

Patrick 说：

当我于2004年加入AGI的时候，大多数STK中的三维代码使用的是CPU RTE。但是模型和地形绘制是个例外，由于它们足够小，因此可以使用RTC。尽管CPU RTE并不是很理想，这是因为几乎很多对象是动态的，在CPU RTE提出以后，在GPU能够进行顶点处理以前，该方法能够取得比较好的效果。

在2008年研究Insight3D时，我们重新对跳变失真进行评估。这时候，GPU的改进较大，它们包含可编程的快速顶点着色器，并且在大多数情况下，CPU并不能够满足GPU的需求。我们希望寻找一种方式来利用着色器可以解脱CPU的部分工作，于是我的同事提出了GPU RTE。我非常高兴，但是我认为我们可以做得更好。

对于大小比较合适的几何对象，RTC能够达到与GPU RTE相同的渲染精度，并且其使用的位置存储内存仅仅是GPU RTE的一半。为了能够进一步节省内存，我们提出一种综合方法，其简要描述如下：

- 如果几何对象是动态的，使用GPU RTE。
- 如果几何对象是静态的，并且其边缘半径小于131,071m，则使用RTC。

如果几何对象是静态的,但是其边缘半径大于131,071m,将集合对象分为不同的区域,对每一区域采用RTC进行渲染。如果分割方法会得到过多或者过少区域,则不进行分割,并且运用GPU RTE进行渲染,对于比较大的三角形或者线段适合采用GPU RTE进行渲染,在渲染时要创建不同的RTC群组,而不是进行分割。

我们的总结就有这些,并且编写了大量代码用于实现这些算法。事实上大量的几何对象都属于第三类,分割过程具有问题并且非常慢速。另外,编写顶点着色器是个非常痛苦的过程,因为在抽象过程中需要使用GPU RTE算法、RTC算法,甚至两者都需要使用。考虑到时间问题,在很多情况下我们更希望使用GPU RTE来代替该抽象过程。我们更喜欢RTC的简单性,尽管其会消耗大量内存。

大量的游戏也需要避免跳变失真,但是这样会消耗部分速度来使用一些额外的技术。例如,游戏Microsoft Flight Simulator使用过与CPU RTE相类似的技术来实现[163]。原点并不总是视点,而是逐渐进行更新保证其位于视点的数千米范围内。给定飞机的速度,原点的变化并不频繁,并不是每一次视点移动都进行更新。当原点发生改变时,更新的顶点会占用双倍的缓存,这是因为更新会访问数帧内容,双倍缓存增加了内存代价,所以全部节点存储的CPU RTE算法不适合进行运用。

飞行模拟方法非常有效,这是因为视点的速度是有范围的,在虚拟地球中,视点可能在某一个位置,但是数帧后会在一个完全不同的位置,观察者可能在一秒钟内通过缩小进入太空鸟瞰整个地球,而在下一秒通过放大到数米的量级观看高分辨率的图像信息。

5.6 资源

更加扎实地理解浮点数据是非常有用的,而不仅仅是用于顶点的变化。在虚拟地球中随处都有大浮点数值的计算。幸运的是有很多文献是关于这个内容的,包括Bush的具有很多例子的文章[23],Hecker在GameDeveloper Magazine上的文章[67],Ericson的关于数值鲁棒性的课件[46],以及Van Verth和Bishop关于游戏数学的一章内容[176]。

跳变失真的解决引起了足够的重视,Thorne的博士论文描述了跳变失真和深度域连续的浮点类型原点[169]。Ohlarik在其论文中提出GPU RTE算法并且将其与其他算法进行比较[126].

Thall 研究了 32bit GPU 的双精度和四精度数据的表示策略,提供了 Cg4 用于执行算术运算、指数运算和三角运算[167]。其中的减法运算可以用于执行 GPU RTE。

Forsyth 建议对于固定顶点位置的对象使用 RTC,而不是双精度浮点数据来获取更好的性能,更恒定的精度和 64bit 的全精度[51]。5.4 节所介绍的 GPU RTE 的编码策略通过使用两个单精度浮点数据的小数比特来表示固定小数点位置的数据,所以并没有达到 64 位的全精度。

除了虚拟地球以外,大区域的游戏也是有跳变失真的。Persson 描述了在游戏“Just Cause 2”中所使用的避免跳变失真的策略[140]。

第六章 深度缓存精度

在职业生涯中的某些时刻，每一个图形开发者都会问，“我应当将近平面和远平面的距离设置为多少呢？”充满雄心的开发者甚至可能会问，“我为何不将近平面设置成一个很小的值，而且将远平面设置成一个很大的值呢？”当他们懂得这样做的戏剧性影响时，他们脸上惊奇的表情是极为有趣的！

我们都曾经对视觉失真(visual artifact)感到困惑，如图6.1(a)所示。这些失真要归因于z冲突(z-fighting)——深度缓存不能够区分哪个对象在前。更为糟糕的是，当视点移动时，这些失真有产生闪烁的趋势。

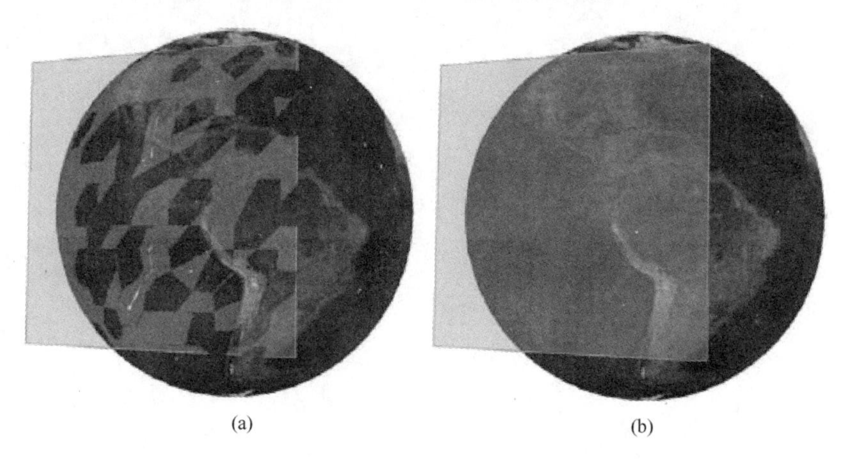

图6.1 (a)由于限制了远距离对象的深度精度，1m距离处的近平面出现了失真；(b)近平面往外移动35m，消除失真。在这两种情况下，灰色平面在地球切点上方1,000,000m，远平面设置为距离27,000,000m。

当我们第一次经历z冲突时，近平面与远平面的距离以及它们对深度缓存精度的影响是我们认为应该最后去考虑的[1]。幸运的是，这样做有充分的理由和技术来提高精度，因此可以减小或者完全消除失真。本章讨论了这些技术，以及它们之间的综合考量，囊括了简单的单线性到系统级的变化。

---

1 当我们在绘制共面几何图元(相同位置的两个三角形)时，也可能发生z冲突。本章不考虑这种z冲突，而是将聚焦在由大场景而产生的z冲突。

6.1 深度缓存误差的原因

数字地球是比较独特的,在大多数场景中,既有离视点非常近的对象,也有离视点非常远的对象。与此不同,其他的3D应用通常会明确定义视距的上界,就像室内环境中的第一人称射击游戏那样。在数字地球和开放式世界游戏中,视点能够去到任何地方,并且能够投向任意方向,这对于玩家而言是非常有趣的,但是对于开发者而言恐怕就没那么有趣了。放大视点,使其靠近模型,远处有座山,如图6.2(a)所示;或者放大视点到一颗卫星内部,远处有一颗星球,如图6.2(c)所示。假定地球的短半轴是6,356,752.3142m(参见2.2.1节),那么即便是只有一个地球的场景也需要非常大的视距。

(a)

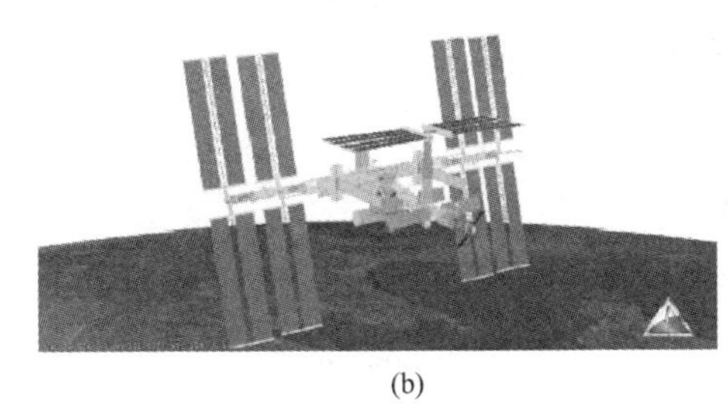

(b)

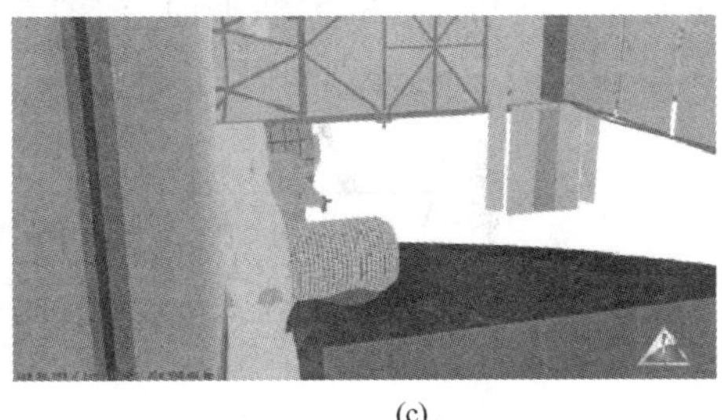

(c)

图6.2 (a)在同一场景中浏览近处的模型和远处的地形,要做到没有深度缓存失真具有挑战性。该图采用对数深度缓存绘制(参见6.4节)以消除失真,图片由Brano Kemen和Outerra提供。(b)国际空间站(ISS)绕地球运转,它的太阳能板指向太阳。(c)当视点朝向ISS进行缩放,必须对距离上缺乏深度缓存精度修正作出解释。((b)和(c)中的图片取自STK,采用多视景体渲染以消除z冲突,参见6.5节中的讨论)

这样的视图需要一个近的近平面和一个非常远距离的远平面,因此比较困难。正交投影不太关心这一点,因为眼动空间z、z_{eye}和窗口空间z、z_{window}之间是线性关系;然而,在透视投影中,这一关系是非线性的[2,11]。靠近视点的对象,

z_{eye}值较小,可以映射到大量的潜在z_{window}值,因此允许深度缓存正确地辨别可见性。对象越远,它的z_{eye}值越大。由于非线性关系的原因,这些z_{eye}值能够映射的z_{window}值非常少,因此,深度缓存难以辨别那些相互靠近的远距离对象,就会产生如图6.1(a)那样的z冲突失真。

近距离对象(z_{eye}值小)具有较高的深度缓存精度(大量的潜在的z_{window}值);对象越远,精度越小。远平面f和近平面n的比率控制了z_{eye}和z_{window}之间的非线性关系,$\frac{f}{n}$值越大,非线性越强[2]。

要弄清这一行为的原理,需要进一步考察透视投影矩阵,它的 OpenGL 版本是:

$$\begin{pmatrix} \frac{2n}{r-l} & 0 & \frac{r+l}{r-l} & 0 \\ 0 & \frac{2n}{t-b} & \frac{t+b}{t-b} & 0 \\ 0 & 0 & -\frac{f+n}{f-n} & -\frac{2fn}{f-n} \\ 0 & 0 & -1 & 0 \end{pmatrix}$$

参数(l,r,b,t,n,f)定义了一个视锥体[1]。变量l和r分别定义了左侧和右侧的剪切平面,变量b和t分别定义了底部和顶部的剪切平面,变量n和f分别定义了近处和远处的剪切平面,如图6.3所示,视点位于$(0,0,0)$,角点$(l,b,-n)$和$(r,t,-n)$分别映射到窗口的左下角和右上角。

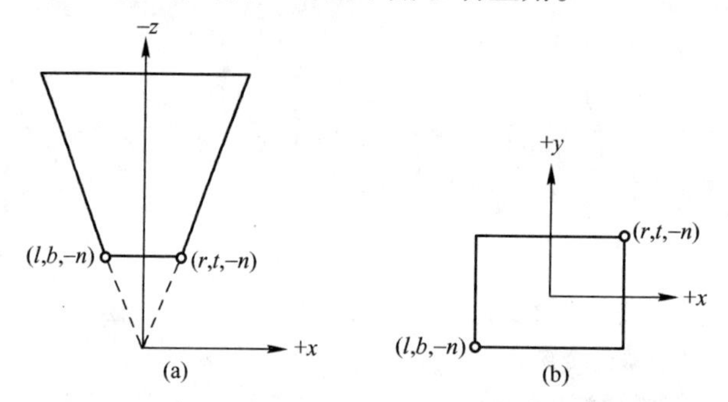

图6.3 由参数(l,r,b,t,n,f)定义的一个锥体,用于透视投影。
(a) 从 xz 平面观察锥体;(b) 从 xy 平面观察锥体。

下面让我们来看一看,透视投影及其后续转换如何为视点坐标系中的一个点$p_{eye}=(x_{eye},y_{eye},z_{eye})$决定其最终的深度值$z_{window}$。首先,透视投影矩阵将$p_{eye}$转

1 过去的 glFrustum 函数就是传递这些参数,但是现在已经不用该函数了。

换到裁剪坐标(clip coordinates):

$$p_{clip} = \begin{pmatrix} \frac{2n}{r-l} & 0 & \frac{r+l}{r-l} & 0 \\ 0 & \frac{2n}{t-b} & \frac{t+b}{t-b} & 0 \\ 0 & 0 & -\frac{f+n}{f-n} & -\frac{2fn}{f-n} \\ 0 & 0 & -1 & 0 \end{pmatrix} \begin{pmatrix} x_{eye} \\ y_{eye} \\ z_{eye} \\ 1 \end{pmatrix} = \begin{pmatrix} x_{clip} \\ y_{clip} \\ -\left(\frac{f+n}{f-n} z_{eye} + \frac{2fn}{f-n}\right) \\ -z_{eye} \end{pmatrix}$$

下一步转换是透视除法(perspective division),p_{clip} 的每一个因子都除以 w_{clip},生成归一化设备坐标(normalized device coordinates):

$$p_{ndc} = \begin{pmatrix} \frac{x_{clip}}{-z_{eye}} \\ \frac{y_{clip}}{-z_{eye}} \\ \frac{-\left(\frac{f+n}{f-n} z_{eye} + \frac{2fn}{f-n}\right)}{-z_{eye}} \\ \frac{-z_{eye}}{-z_{eye}} \end{pmatrix} = \begin{pmatrix} x_{ndc} \\ y_{ndc} \\ \frac{\left(\frac{f+n}{f-n} z_{eye} + \frac{2fn}{f-n}\right)}{z_{eye}} \\ 1 \end{pmatrix} \tag{6.1}$$

因此,

$$z_{ndc} = \frac{\left(\frac{f+n}{f-n} z_{eye} + \frac{2fn}{f-n}\right)}{z_{eye}} = \frac{f+n}{f-n} + \frac{2fn}{z_{eye}(f-n)}$$

在归一化设备坐标系中,场景位于轴对齐的立方体内,其角点为(-1,-1,-1)和(1,1,1);因此,z_{ndc} 在[-1,1]中。最终的视口转换,将 z_{ndc} 映射到 $z_{windows}$ 中,$z_{windows}$ 的范围由 glDepthRange(n_{range},f_{range})定义:

$$\begin{aligned} z_{windows} &= z_{ndc}\left(\frac{f_{range} - n_{range}}{2}\right) + \frac{n_{range} + f_{range}}{2} \\ &= \left(\frac{f+n}{f-n} + \frac{2fn}{z_{eye}(f-n)}\right)\left(\frac{f_{range} - n_{range}}{2}\right) + \frac{n_{range} + f_{range}}{2} \end{aligned}$$

通常情况下,$n_{range}=0$,$f_{range}=1$,z_{window} 可以简化为

$$z_{window} = \left(\frac{f+n}{f-n} + \frac{2fn}{z_{eye}(f-n)}\right)\left(\frac{1}{2}\right) + \frac{1}{2} = \frac{\left(\frac{f+n}{f-n} + \frac{2fn}{z_{eye}(f-n)}\right) + 1}{2} \tag{6.2}$$

对于给定的透视投影,式(6.2)中除 z_{eye} 之外的所有变量均为常数,因此

$$z_{window} \propto \frac{1}{z_{eye}}$$

这种关系是式(6.1)进行透视除法的结果。这一除法引起透视收缩,使得远处的对象看起来更小,且平行线在远处相互靠拢。x_{clip}和y_{clip}除以z_{eye}是有意义的;当z_{eye}较大时,远处的对象被缩小。同时,z_{clip}除以z_{eye},使得它与z_{eye}也成反比。

考虑图6.4:当z_{eye}比较小,$\frac{1}{z_{eye}}$是一个迅速变化的函数;因此,z_{eye}的微小变化会带来z_{window}足够大的改变,这使得深度缓存能够正确辨别深度。随着z_{eye}变大,$\frac{1}{z_{eye}}$变成慢慢变化的函数;因此,z_{eye}较小的改变可能生成相同的z_{window}值,从而产生渲染失真。

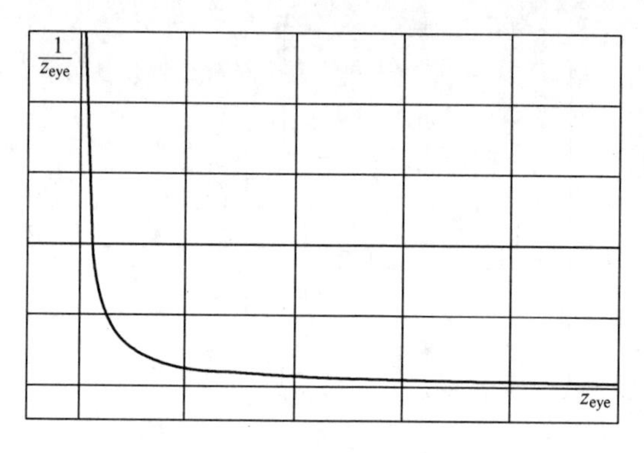

图6.4　假设$z_{window}\propto\frac{1}{z_{eye}}$,当$z_{eye}$较小时,$z_{eye}$的较小改变会导致$z_{window}$产生较大的改变。当$z_{eye}$较大时,$z_{eye}$较小的改变仅仅会轻微改变$\frac{1}{z_{eye}}$,从而产生$z$冲突失真。

z_{eye}和z_{window}之间的关系也依赖于f和n。图6.5表现了式(6.2)对于n不同取值的曲线。较小的n值具有更灵敏的深度缓存精度,较大的n值在精度上的扩展更加均匀,图中曲线的形状说明了上述结果。

小练习:

> 若想观察移动近平面的效果,请运行Chapter06DepthBuffer Precision。移动近平面,直到消除灰色平面与地球之间的z冲突为止。然后将灰色平面移动到更加靠近地球的位置。再次发生失真,因为对象之间的世界空间间隔不足以支持创建唯一的窗口空间z值。拉出近平面,消除失真。

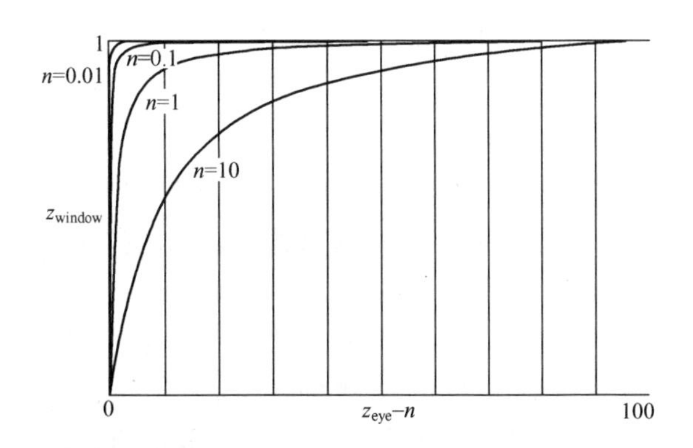

图 6.5　当视距 $f-n$ 取固定值 100 时，近平面距离 n 对 z_{eye} 和 z_{window} 之间关系的影响。x 轴表示与近平面的距离。当 n 变大时，精度的扩展更加均匀。

6.1.1　最小三角分隔

相对于与眼睛的距离 z_{eye}，最小三角分隔 S_{min} 是正确辨别两个三角形之间深度遮挡所需要的最小的世界空间分隔。这也涉及给定距离上的深度缓存的分辨率。基于我们目前的讨论，很明显可以发现，较远的对象需要较大的 S_{min}。对于 x 轴上的固定点的深度缓存，它与近平面的距离 n 远小于与远平面的距离 f。Baker[11] 提供了 S_{min} 的一个近似值：

$$S_{min} \approx \frac{z_{eye}^2}{2^x n - z_{eye}}$$

图 6.6 展示了 S_{min} 对于 n 不同取值的曲线。正如期望的那样，较大的 n 值导致较平坦的曲线。较小的 S_{min} 的取值允许对象相互靠近而不会产生渲染失真。

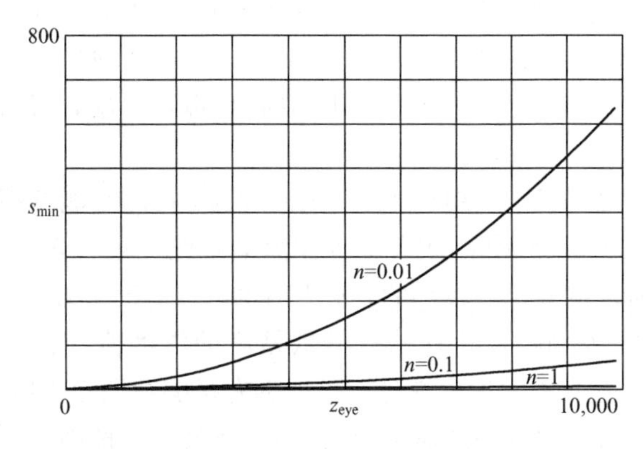

图 6.6　对于变化的近平面值，近似最小三角分隔是一个关于距离的函数。n 值越大，曲线越平坦，允许对象更加接近。

尽管通常都认为该非线性行为是产生深度缓存误差的原因，Akeley 和 Su[1] 认为，视窗坐标精度、视场、单精度投影的误差累积、视点和光栅化算法等都对高效的深度缓存分辨率具有明显的作用。

视窗坐标x_{window}和y_{window}通常存储在 GPU 上，以带有 4 到 12 个分数位的定点数来表示。在光栅化之前，将顶点转换为这种描述，改变它的位置，从而也改变它的光栅化深度值。对于一个给定的z_{eye}，S_{min}依赖于x_{eye}和y_{eye}；当x_{eye}和y_{eye}远离原点移动时S_{min}变大。视场越大，S_{min}增长越大。结果是，深度缓存误差，即 z 冲突，更加可能沿着视窗边界和具有更宽视场的场景中产生。

我们对于造成 z 冲突的根源有了理解，现在是我们将注意力转向如何解决这一问题的时候了。我们从一些简单的规则开始，然后进入到较深的技术上。

6.2 基本解决方案

幸运的是，要消除因深度缓存精度而产生的失真，一些最简单的方法却是最有效的。将近平面尽量推远，保证了较远处对象具有最好的精度。同时，近平面的位置不需要在每一帧中都相同。例如，如果视点缩小到从太空观察地球，近平面则可能被动态推向远处。当然，推远近平面会产生新的渲染失真；对象不是整体被近平面剪切掉，就是被剪切掉一部分，使观察者能够看到对象的“内部”。可以通过融合来缓解这一现象，也就是说，当趋近于近平面时，对象逐渐淡出视野。

同样地，将远平面尽可能拉近，也可以帮助提高精度。就远近比率 f/n 而言，减小 f 或者增加 n，对精度的影响是均等的，但是，事实上“将远平面拉近”比“将近平面推远”的效率更低。例如，假设初始值 $n=1$，$f=1000$，远平面必须拉近 500m 才能够获得近平面推远 1m 相同的比率。虽然如此，减小远平面的距离仍然值得推荐。当对象趋近于远处平面时，可以通过融合或者雾效来生成不错的淡出效果。

除提高精度之外，让远平面和近平面尽可能的接近，能够提高性能。更多的对象可能在 CPU 上被剔除，或者至少在渲染管线中被剪切掉，以消除它们在光栅化和着色阶段的开销。较小的 f/n 比率也可以有助于 GPU 的 Z 剔除(也称为 Z 等级)优化。Z 剔除瓦片存储一个低精度的深度值，因此，当深度差很小时[136]，f/n 越小，瓦片的深度值就越有可能拥有足够被剔除的精度。

主动移除或者淡出远处的对象，是另一个在数字地球中经常采用的有效技术。例如，在一个包括地球和主要高速公路矢量数据的场景中，当观察者到达某个高度时，高速公路将会隐去。移除远处对象可以使场景变得简洁，尤其是当场景中包括许多文本标签和布告板时(见第九章),因为它们的像素尺寸并不会随着距离的增加而减小。这与 LOD 比较类似,在 LOD 中,经常基于对象的像素尺寸减小其几何尺寸或者 shader 复杂度,从而提高性能。

6.3　补偿深度缓存

OpenGL 支持三种深度缓存格式:16 位定点、24 位定点和 32 位浮点。今天大部分的应用采用 24 位定点深度缓存,因为它受到一系列的视频卡支持。定点表示的一个特性是值的均匀分布,这与浮点表示方法的非均匀分布不同。前面提到典型的浮点值在接近于 0 时比较接近,在值离 0 越来越远时分开越来越大。

一种称为补偿深度缓存[66,94,137]的技术利用了 32 位浮点数深度缓存来补偿非线性深度映射。对于标准深度缓存,其$n_{range}=0$,$f_{range}=1$,净深度为 1,深度比较函数为"less(小于)",到近平面的距离小于到远平面的距离,即 $n<f$。补偿深度缓存具有相同的n_{range}和f_{range},净深度为 0,深度比较函数采用"greater(大于)",且在构建透视投影矩阵时交换 n 和 f(对照观察代码表 6.1 和 6.2)。

```
ClearState clearState = new ClearState();
clearState.Depth = 1;
context.Clear(clearState);
sceneState.Camera.PerspectiveNearPlaneDistance = nearDistance;
sceneState.Camera.PerspectiveFarPlaneDistance = farDistance;
renderState.DepthTest.Function = DepthTestFunction.Less;
```

代码表 6.1　标准深度缓存。深度缓存设置为 1,近平面和远平面如常设置,采用"less"深度比较函数。

```
ClearState clearState = new ClearState();
clearState.Depth = 0;
context.Clear(clearState);
sceneState.Camera.PerspectiveNearPlaneDistance = farDistance;
sceneState.Camera.PerspectiveFarPlaneDistance = nearDistance;
renderState.DepthTest.Function = DepthTestFunction.Greater;
```

代码表 6.2　补偿深度缓存提高了远处对象的精度。深度缓存设置为 0,交换近平面和远平面,采用"greater"深度缓存函数。

这样做是怎样提高远处对象的深度缓存精度的呢？浮点数表示是非线性的，正如深度值一样。当浮点数远离 0 而去时，只有很少的离散表达。通过反转深度映射，最高的浮点精度用于具有最低深度精度的远平面。类似地，最低浮点精度用于具有最高精度的近平面。这些相反的做法对每一个对象做了相当多的平衡。Persson 推荐这种技术，即使是采用定点缓存，它仍然可以在变换过程中提高精度[137]。图 6.7 展示了采用定点和浮点缓存的补偿深度缓存。

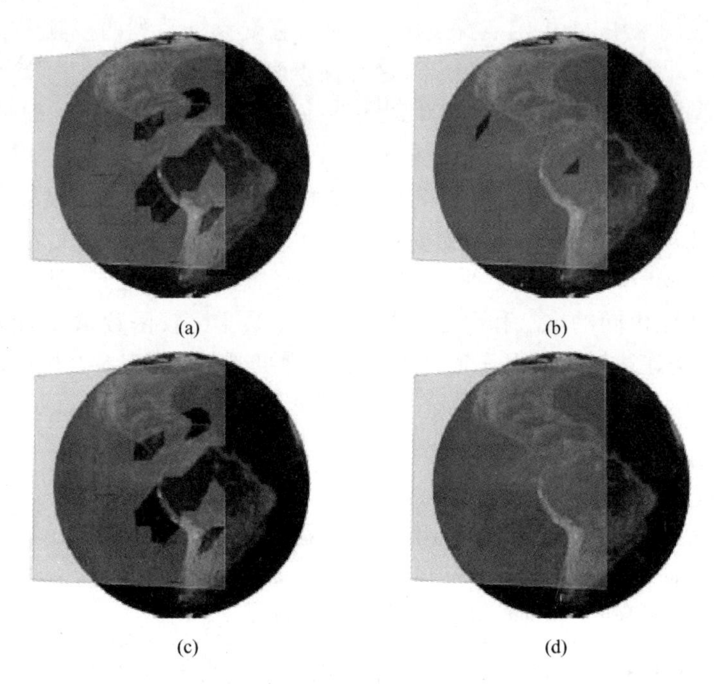

图 6.7　采用不同深度缓存格式的补充深度缓存。近平面位于 14m 处。与图 6.1 类似，灰平面位于地球上方 1,000,000m 的切点处，远平面被设置为距离 27,000,000m。在这个场景中，(a)24 位定点和(c)32 位浮点缓存的差异并不明显。当采用 24 位定点缓存时，(a)和(b)补充深度缓存提供了令人满意的性能提升。当采用 32 位浮点缓存时，(c)和(d)补充深度缓存最有效。

小练习：

在操作中观察该技术，运行 Chapter06DepthBufferPrecision。切换各种不同的深度缓存格式，触发补偿深度缓存。采用浮点缓存的补偿深度缓存的效率也可以通过运行 NVIDIA 的简单深度浮点算例来观察(见 http://developer. download. nvidia. com/SDK/10. 5/opengl/samples. html)。

6.4 对数深度缓存

通过采用z_{screen}的对数分布,对数深度缓存可以提高远处对象的深度缓存精度[82]。它用较近对象的精度换取较远对象的精度。它拥有一个直接的实现,仅需要采用如下方程在 shader 中对z_{clip}进行修正[1]:

$$z_{clip}=\frac{2\ln(C\,z_{clip}+1)}{\ln(Cf+1)}-1 \tag{6.3}$$

正如在 6.1 节中那样,z_{clip}是剪切空间中的 z 坐标,管线中的剪切空间紧紧位于透视投影变换之后,但位于透视除法之前。变量 f 是到远平面的距离,C 是常数,它决定了靠近观察者附近的分辨率。

减小 C 值能够提高远处的精度,但是降低靠近观察者处的精度。给定 C 和一个 x 位定点深度缓存,在z_{eye}处的近似最小三角分隔S_{min}是:

$$S_{min}=\frac{\ln(Cf+1)}{(2^x-1)\dfrac{C}{Cz_{eye}+1}}$$

图 6.8 绘出了对于 24 位定点深度缓存不同的 C 取值和一个 10,000,000m 的远处平面。图 6.8(a)表明较低的 C 取值提供了更高的远处精度。图 6.8(b)表明了较低的 C 取值在接近观察者时精度上的相反的效果。该精度在许多场

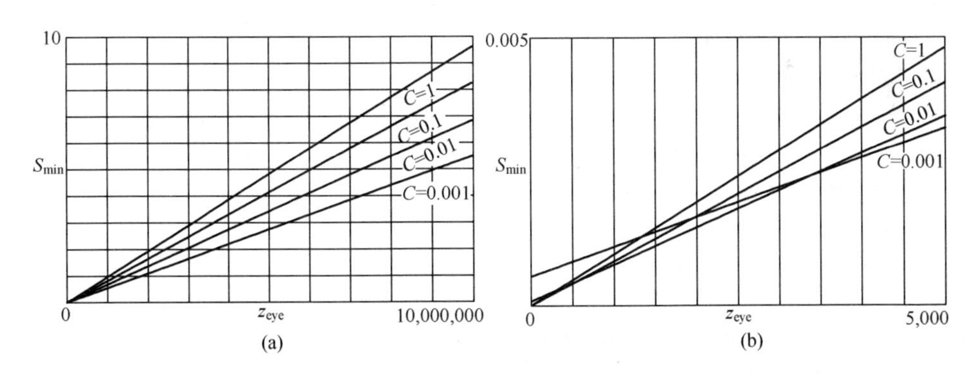

图 6.8　对于采用对数深度缓存的变量 C,近似最小三角分隔是一个关于距离的函数。C 取值越小,导致(a)远处拥有更高的精度(S_{min}越小),但是(b)近处的精度越小。与图 6.6 中的标准深度缓存相比较,观察包括缩放比例在内的图的变化。

1　该方程采用 OpenGL 的归一化设备坐标,其中$z_{ndc}\in[-1,1]$。在 Direct3D 中,$z_{ndc}\in[0,1]$,方程是$\frac{\ln(C\,z_{clip}+1)}{\ln(Cf+1)}$。

景中是可以接受的，考虑到在远平面处 $C = 0.001$ 带来$S_{min} = 5.49$，然而，当 $C = 1m$ 时带来$S_{min} = 0.0005$。

对数深度缓存可以产生极好的结果，如图 6.9 所示。

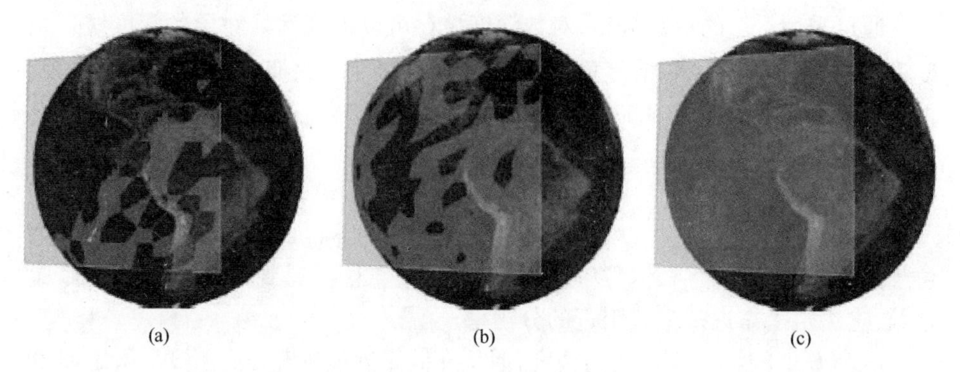

图 6.9 三种深度缓存的对比，(a)标准深度缓存，(b)补偿深度缓存，(c)对数深度缓存。对数深度缓存对于远处对象产生了极好的结果。在该场景中，近平面位于 1m 处，远平面位于 27,000,000m 处。灰平面位于地球上方 20,000m 的切点处。

```
in vec4 position;
uniform mat4 og_modelViewPerspectiveMatrix;
uniform float og_perspectiveFarPlaneDistance;
uniform bool u_logarithmicDepth;
uniform float u_logarithmicDepthConstant;
vec4 ModelToClipCoordinates(
vec4 position,
mat4 modelViewPerspectiveMatrix,
bool logarithmicDepth,
float logarithmicDepthConstant,
float perspectiveFarPlaneDistance)
{
    vec4 clip = modelViewPerspectiveMatrix * position;
    if(logarithmicDepth)
    {
        clip.z =
        ((2.0 * log(logarithmicDepthConstant * clip.z + 1.0)/
        log(logarithmicDepthConstant *
        perspectiveFarPlaneDistance + 1.0)) - 1.0) *
        clip.w;
```

```
    }
    return clip;
}
void main()
{
    gl_Position = ModelToClipCoordinates(position,
    og_modelViewPerspectiveMatrix,
    u_logarithmicDepth, u_logarithmicDepthConstant,
    og_perspectiveFarPlaneDistance);
}
```

代码表 6.3　对数深度缓存的顶点 shader

小练习：

运行 Chapter06DepthBu_erPrecision，启动对数深度缓存。移动场景中的灰平面，使其更加靠近地球。比较渲染结果，与补偿深度缓存比较，或者与简单修正近平面的结果比较。

在顶点 shader 实现中，正如代码表 6.3 中所示，式(6.3)应当乘以w_{clip}以抵消接下来的透视除法。采用顶点 shader 导致高效的实现，尤其是考虑到 $2/\ln(Cf+1)$ 在对所有顶点而言都是常数，因此可以作为投影矩阵的一部分。但是，顶点 shader 的实现导致视觉失真，因为可视的三角形会有一个顶点位于观察者后面。产生失真的原因是，固定函数在正确计算透视深度时，使用了 z/w 和 $1/w$ 的线性插值。在顶点 shader 中将z_{clip}乘以w_{clip}，意味着用于插值的 z/w 实际上就是 z。为了消除这个问题，Brebion 采用式(6.3)在片元 shader 中写入深度，z_{clip} 也从顶点 shader 传递到片元 shader[21]。

6.5　多视锥体渲染

多视锥体渲染，也称为深度分区（depth partitioning），用于解决深度缓存的精度问题。它的基本原理基于一个事实：并非每个对象都需要相同的近平面和远平面。假设对于 24 位定点深度缓存的一个合理的 f/n 比率是 1000[2]，只有少数独特的视锥体被要求采用充分的深度精度来覆盖非常远的距离。

例如，对于一个数字地球应用而言，其近平面和远平面距离可能分别是 1m 和 100,000,000m。给定地球的长半轴为 6,378,137m，这些距离允许相当程度地缩小视点以观察整个星球，甚至可能是围绕其运行的卫星。采用 f/n 比率为

1000 的多视锥体绘制，最靠近观察者的视锥体的近平面为 1m，远平面为 1,000m；第二近的视锥体近平面为 1,000m，远平面为 1,000,000m；最远的视锥体近平面为 1,000,000m，远平面为 100,000,000m（或者甚至 1,000,000,000m），如图 6.10 所示。正如在 6.2 节中解释的那样，一旦近平面被推到足够远，单个的视锥体将有足够的深度精度去覆盖非常远的距离。

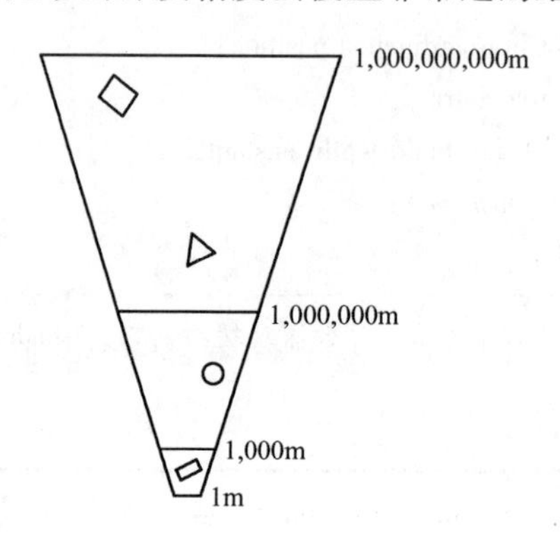

图 6.10　多视锥体绘制，采用近平面 1m，远平面 100,000,000m，*f/n* 比率 1000（并非按比例绘图）。当场景绘制时，首先绘制紫色和绿色的对象，然后是青色的对象，最后是红色的对象。为了避免失真，视锥体需要有轻微重叠。

场景绘制的顺序是：从离观察者最远的与视锥体重叠的对象开始，然后继之以次远的视锥体，如此类推，直到距离最近的视锥体被绘制出来。在绘制视锥体对象之前，根据视锥体的近平面和远平面计算透视投影矩阵视锥体，同时清除深度缓存。清空深度缓存保证了对象不会丢失深度测试，因为当前保存的是较远处视锥体内对象的深度值，不断重写才能实现更新，因为视锥体是按照从远及近进行排序的。

绘制一个这样的场景需要决定哪个对象位于哪个视锥体内。即使对象不会移动，当观察者移动时，对象/视锥体关系将会改变。高效处理这个问题的一个方法是，首先，执行分层次的视锥体剔除，防止单个视锥体组合在一起（即，以最近视锥体的近平面为近平面，以最远视锥体的远平面为远平面的一个视锥体）。其次，以到视点的距离进行对象排序。最后，采用该排序列表将对象分组到正确的视锥体中，并且在每个视锥体中以从前到后的顺序绘制对象视锥体，来辅助硬件的 Z 缓存优化。

为避免图像撕裂失真（tearing artifacts），相邻的视锥体应当有轻微的重叠。在我们的例子中，中间的视锥体的近平面与第一个视锥体的远平面相同，都是 1000m 视锥体。为了避免绘制图像中出现间隙，中间的视锥体的近平面应当轻微重叠（例如，设置为 990m）。

Patrick 说：

> STK 采用了多视锥体绘制。它的近平面默认为 1m，远平面为 100,000,000m，且 f/n 比率为 1000。这允许用户可以放大视点到非常接近卫星，并且同时可以准确地看见远处的星球。基于观察的对象，STK 尝试通过将近平面推至尽可能远，以最小化视锥体的总量。这里存在一个高级面板，它允许用户改变近平面、远平面以及 f/n 比率，但是，幸运的是，几乎没有这方面的需求。

多视锥体渲染允许虚拟无限深度精度，并且即使是在老旧的视频卡上运行也可以。它允许一个足够大的观察距离，6.2 节中的雾化和半透明技巧通常不是必需的。然而，多视锥体绘图不能免于它的缺点。它使得根据深度重建位置变得困难，而这在延迟着色（deferred shading）中非常有用。如果使用不小心，它对性能也会有明显的影响。

6.5.1　性能影响

需要非常小心来避免对性能的明显影响。对于 STK 和 Insight3D 中的许多场景而言，需要三个或者四个视锥体。由于在大多数的视锥体中都是通过近平面和远平面来剔除对象，因此，视锥体的分级剔除对于避免时间浪费非常关键。在每一个视锥体上简单遍历每个对象，将在检查视锥体上浪费大量的 CPU 时间。

除了分级剔除之外，其他优化方法也可以应用或者替代。在第一遍扫描中，对象可以根据左、下、右、上平面来进行剔除。当绘制视锥体时，只有近平面和远平面需要被检查，以提高视锥体检查的效率。

另一个优化方法完整地在视锥体内部利用对象。采用一个允许高效移除的数据结构来存储待绘制的对象，例如双向链表。在每一个视锥体中迭代链表。当一个对象完全位于一个视锥体中时，从链表中将其移除，因为它将不会在任何其他的视锥体中被绘制。当每一个视锥体绘制时，剩下的对象越来越少。当然，在绘制下一帧之前，被移除的对象又回到列表中。这对于动态对象尤其有用，为分级的视锥体剔除维护一个空间数据结构，相对于它所节省的时间而言，会引入更多的开销。

近平面距离观察者越远，视锥体越大。因此，将最近的视锥体的近平面移到尽可能远的位置，对于减少所需视锥体的总量是有益的。

无论有效剔除如何，对于在两个或者更多视锥体上的对象，多视锥体绘制产生了一个性能和可视化质量问题。在这种情况下，对象必须被绘制两次。这导致了少量片元级的过度绘制(overdraw),但是与单视锥体相比,它确实导致了额外的 CPU 时间、网络拥堵、顶点处理等方面的开销。

多视锥体绘制也增加了剔除和批处理之间的紧张程度(tension)。将许多对象批处理成一个单次的绘制调用对于性能非常重要[123,183]。典型地,这样做将会导致围绕对象形成更大的包围盒。包围盒越大,它越可能与多个视锥体重叠,并且因此导致多次绘制对象。这使得更难实现批处理的有效使用。硬件供应方开始发布扩展,以支持减少绘图指令上的 CPU 过度绘制[124],这可能有助于减少批处理的需求,但是它明显无法避免特定应用中每一个对象的开销。

除了引起性能问题,多次绘制对象可能导致图 6.11 所示的失真。假设相邻视锥体有轻微的重叠,在重叠部分,冗余绘制的半透明对象看起来更暗或者更亮,因为对象是一层一层融合在一起的。当视点放大或缩小的时候,看起来像有一个带状区域从对象上滑过。

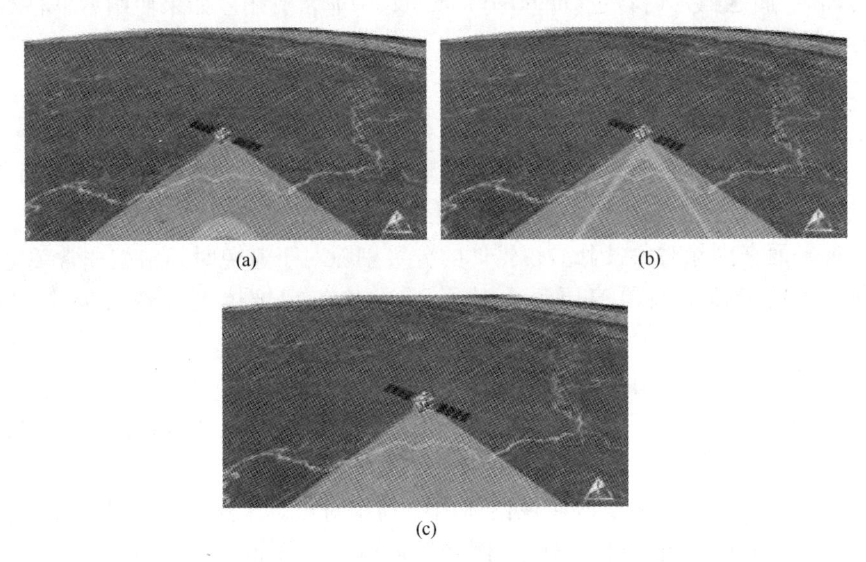

(a) (b) (c)

图 6.11 尽管多视锥体渲染消除了遮挡失真,但是它引入了跨越两个或者更多视锥体的半透明对象的失真。在上述图像序列中,当视点缩放时,两个半透明的重叠部分看起来像是划过了黄色的卫星传感器。

多视锥体绘制也会通过减小 early - z 的有效性(见 12.4.5 节)来影响性能,这种有效性得益于按照距视点由近而远的顺序绘制对象。在多视锥体渲染中,视锥体以相反顺序绘制,即由远及近,尽管在每一个独立的视锥体中仍然可以由近至远绘制对象。

对于多视锥体渲染最终的性能考虑是为了避免冗余计算。由于一个对象可能被多次绘制,因此,在一个对象的绘制方法中,避免昂贵的计算非常重要,并且作为替代的,将这一操作移到很少调用的方法中,类似于一个更新方法。

Patrick 说:

尽管它解决了一个重要的问题,多视锥体渲染也有一点恼人。除了要求集中精力来剔除,它还使得渲染循环复杂化,且使得调试更加困难,因为一个对象可能被多次绘制。它甚至使得较小的明显的代码路径复杂化,如同拾取(picking)一样。

6.6 w 缓存

当分辨远处对象的可见度时,w 缓存是 z 缓存的一个替代选择,能够提高精度。w 缓存采用w_{clip},原来的z_{eye},来分辨可见性。它在视场空间是线性的,并且在浮点描述的约束下,均匀地分布在近平面和远平面之间。因此,相比于 z 缓存,w 缓存在接近近平面时具有较低的精度,但是在向远平面移动时具有更高的精度。表 6.1 比较了 w 缓存和 z 缓存的异同。

问题是 w 在视窗空间中是非线性的。这使得对于光栅化,w 插值比 z 插值更加昂贵,因为 z 在视窗空间中是线性的。透视修正光栅化仅仅需要在每一个顶点计算 $1/z$,并且在三角形中进行线性插值。更进一步,z 在视窗空间的线性提升了硬件优化,包括粗粒度的 z 裁剪和 z 压缩,因为在给定的三角中深度值的梯度是常数[137]。如今的硬件不再实现 w 缓存。

表 6.1　存储的 z 缓存和 w 缓存值及其与视场和视窗空间值的关系

缓冲器	视点空间	窗口空间
z 缓存	非线性	线性
w 缓存	线性	非线性
w 缓存在视场空间中是线性关系,在视场空间中均匀分布精度,但这是以性能为代价的		

6.7 算法总结

深度缓存精度误差会引起 z 冲突,减少或者完全消除它的主要方法如表 6.2 所示。当决定采用何种方法时,需要考虑到许多方法是可以合并的。例如,为了减少所需视锥体的数量,可以在多视锥体渲染中采用补充或者对数深度缓存。此外,推远近平面和拉近远平面,在所有情况中都是有所帮助的。

表 6.2 算法总结(以解决深度缓存精度误差)

算法	总结
调整近/远平面	易于实现。推远近平面比拉近远平面更有效。使用雾效或者融合,使对象在被裁剪之前就淡出视野
移除远处对象	远处对象需要一个更大的S_{min}以分辨可见性,因此,移除那些与其他对象靠得比较近的远处的对象,有助于消除失真。此方法也能用于清理某些场景
补偿深度缓存	易于实现。需要一个浮点深度缓存来发挥最大的效力(最近的显卡支持该功能)。适用于较远处的对象
对数深度缓存	对远距离非常高效。不仅需要一个顶点或片元 shader 的小变化,而且所有 shader 都需要改变。以损失硬件 z 缓存优化为代价,通过使用片元 shader,可以消除因使用顶点 shader 而产生的失真
多视锥体渲染	允许任意长度的视距,并且在所有显卡上都可以工作。某些对象可能不得不多次绘制,导致半透明对象上出现失真。为了性能最好,需要小心去实现它

本章中描述的大多数方法都在 Chapter06DepthBufferPrecision 中实现。使用这个应用程序,帮助你选择最合适的方法。

6.8 资源

关于转换的全面介绍,包括透视投影,可以从“红宝书”上找到[155]。“OpenGL 深度缓存 FAQ”包含关于精度方面的极好的信息[110]。此外,网络上有许多有价值的深度缓存精度方面的文章[11,81,82,111,137]。

另外一个克服深度缓存精度误差的技术是采用诈欺模型(imposters),每一个被绘制对象使用自身的投影矩阵[130]。

从深度重构世界或者视场空间位置,对于延迟着色是非常有用的。重构位置的精度取决于存储的深度类型以及存储格式。Pettineo 对上述内容进行了比较,给出了简单的代码[141]。

第三部分 矢量数据

第七章 矢量数据和折线

数字地球主要采用两种类型的数据:栅格和矢量。地域和高分辨率图像,以栅格数据的形式,产生激动人心的图景,这吸引了我们中的许多人来到数字地球领域。另一方面,矢量数据,它可能不会拥有同样的视觉感染力,但是,它使得数字地球对于“真正的工作”非常有用——任何事情,从城市规划到指挥控制应用。

矢量数据以折线、多边形和点集的形式出现。如图7.1(b)所示,河流是折线,国家是多边形,大城市是点集。当我们对比图7.1(a)和(b)时,可以很明显地看出,数字地球中加入了丰富的矢量数据。

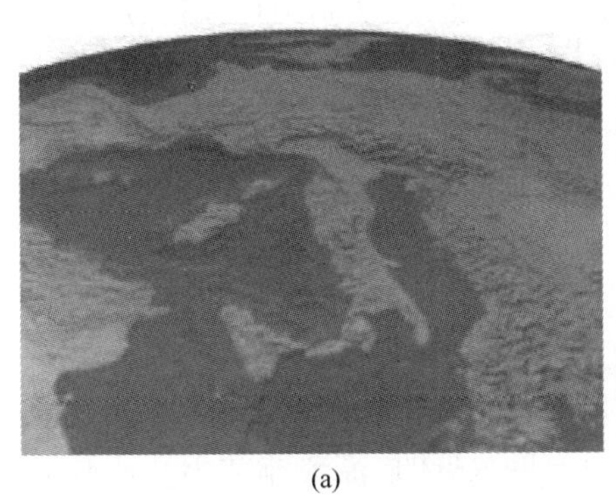
(a)

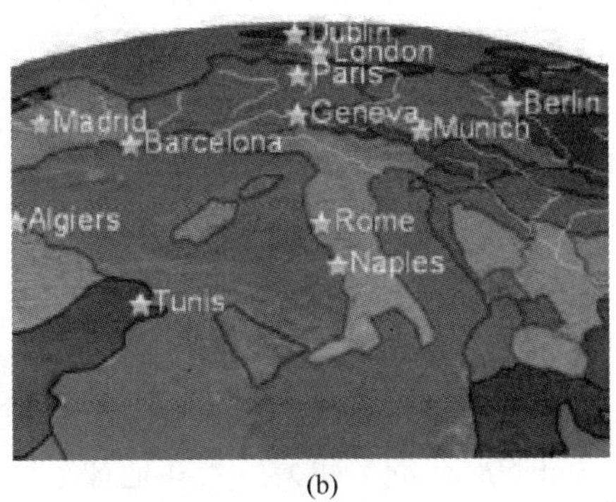

(b)

图7.1 (a)仅有栅格数据的地球;(b)同样的地球,但拥有河流、国家和大城市的矢量数据。

接下来我们将用三个章节的篇幅来讨论在椭球体上绘制折线、多边形和点集的现代技术,本章是第一章,包括绘制和预处理。例如,多边形需要在一个称作三角化的过程中被转换成为三角形,且点集的图像在一个被称为打包的过程中被合并成为一个单一的纹理,称作纹理图集。你将对那些用于绘制矢量数据的有趣的计算机图形学技术感到惊讶。表面上,绘制折线、多边形和点集听起来相当容易,但是事实上,有许多因素需要考虑。

7.1 矢量数据源

尽管我们主要关注绘制算法,但我们仍然需要对矢量数据的存储文件格式有充分的了解。或许,最为流行的两种格式是 Esri 图形文件[49]和开放地球空间企业(OGC)标准 KML[131]。

图形文件存储地球空间矢量数据的非拓扑几何数据和属性信息,包括线、区域和点特征。采用我们的术语来说,一个图形文件的线特征是一条折线,区域特征是一个多边形。一个特征的几何构造由一系列矢量坐标来定义。一个特征的属性信息是指元数据,例如图 7.1(b)中的城市名称。

一个图形文件实际上由多个文件组合而成:主要的 . shp 文件包含几何特征,. shx 检索文件用于高效查找,. dbf dBase iV 文件包含特征属性信息。所有统一图形文件中的特征必须是相同类型的(例如,所有的折线)。该格式在 *Esri* 图形文件技术说明中进行了详细介绍[49]。参见代码 OpenGlobe. Core. Shapefile 中可以读取点、折线和多边形图形文件的类。

另外一个格式,KML(Keyhole Markup Language),受益于谷歌地球的流行,近年来获得了广泛的应用。KML 是基于 XML 的用于地理可视化的语言。它超越了折线、多边形和点集方面的简单地理定位功能,扩展到图形风格、用户导航和链接到其他 KML 文件的能力。KML 语言在 KML2. 2 说明中进行了介绍[13]。谷歌的开源库 libkml,可以采用 C + + 、Java 或者 Python 语言用来读写 KML 文件。

7.2 解决 z 冲突

在我们进入有趣的真正绘制矢量数据的过程之前,我们需要考虑第六章中讨论过的潜在的 z 冲突。当在地球上绘制矢量数据时,需要非常小心地避免矢量数据和地球的 z 冲突。这一问题与通常的共面三角形深度测试略有不同。考虑一个完全嵌合的椭球体和椭球体上的一条折线。由于二者都是近似等于真实的椭球体的曲率,在某些情况下,线段可能与椭球体上的三角形共面;而在其他情况下,线段可能实际上会在三角形下方被剪切。在前一种情况下,会产生 z 冲突;在后一种情况下,要么产生 z 冲突,要么折线无法通过深度测试。即使椭球体采用光线投射,如 4. 3 节中所述,仍然会产生失真(见图 7. 2(a))。

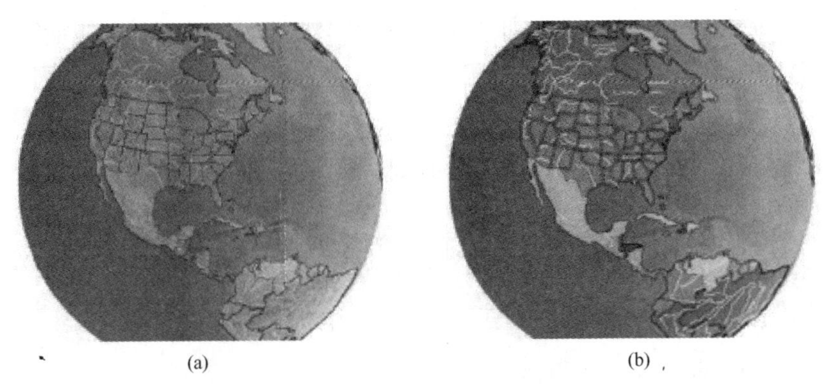

图 7.2　(a)z 冲突带来的误差和矢量数据深度测试失败;(b)采用前表面和后表面平均深度值来绘制椭球体,消除了误差。

可以通过一个简单的技术消除失真。当绘制椭球体时,不采用前表面三角形的深度值,而采用它的前表面和后表面三角形的平均深度值,如图 7.3 所示。在片元 shader 中采用光线投射一个椭球体时,这非常容易实现。光线与椭球体的交叉测试需要返回两个交点:

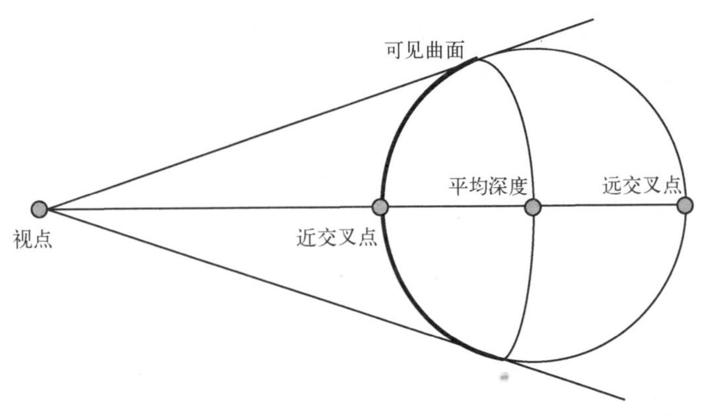

图 7.3　椭球体前表面和后表面深度平均值在图中以蓝色标示。采用这些深度值,而不是前表面深度值,该值以红色标示,可以避免矢量数据的 z 冲突,仍然遮盖椭球体另一面的对象。

```
struct Intersection
{
bool Intersects;
float NearTime;// Along ray
float FarTime;// Along ray
};
```

第二步和最后一步将改变 gl_FragDepth 的分配方式。当采用前表面写入深度时，代码如下：

```
vec3 position = og_cameraEye + (i. NearTime  * rayDirection);
gl_FragDepth = ComputeWorldPositionDepth(position,
og_modelZToClipCoordinates);
```

它可以简单地由 i. NearTime 和 i. FarTime 的平均值来替换，从而获得沿光线的距离：

```
vec3 averagePosition = og_cameraEye +
mix(i. NearTime,i. FarTime,0. 5) * rayDirection;
gl_FragDepth = ComputeWorldPositionDepth(averagePosition,
og_modelZToClipCoordinates);
```

光线的计算仍然应当采用原来的 position，因为它是真正的产生光线的位置。要了解完全实现过程，请看 OpenGlobe. Scene. RayCastedGlobe 中的片元 shader 部分。

当采用了平均深度时，椭球体后表面对象仍然在深度测试中失败，但是略低于前表面的对象能够通过测试。这对于折线而言非常好，它的线段只是略低于椭球体，该现象可以在图 7. 2(a) 和(b) 中乔治亚和阿拉巴马的南方边界看到。对于其他的对象，例如模型，该方法可能不奏效。该方法可被拓展使用两个深度缓存：一个采用平均深度，另一个采用椭球体前表面三角的深度值。对于那些可能导致失真的对象，可以采用平均深度缓存；对于其他对象，可以采用常用的深度值进行绘制。

Patrick 说：

我们在 STK 中使用了该方法的一个变种，称为深度锥(depth cone)。首先，采用常用的深度值绘制椭球体，继而绘制那些应当由椭球体前表面裁剪的对象。然后，在 CPU 上计算深度锥。锥体的底部位于椭球体的切点上，从观察者的视角看，它的尖端是椭球体另外一面的中心。可以根据能够使用的深度来进行锥体的绘制，没有深度测试或者色彩写入。最后，先前产生误差的对象“在椭球体上”进行绘制。

7.3 折线

数字地球中的简单折线的里程数是令人惊讶的。折线用于表示具有封闭特征的对象的周围边界,如邮递区域、国家、地区、公园、学校和湖泊。这份列表可以延伸再延伸。折线也用于具有开放特征的对象的可视化,如河流、高速公路和铁路线。折线不受地理信息限制;也可用于表达驾驶路线,环法自行车赛的路线,或者甚至飞机航线和卫星轨道。由于不是所有的折线都位于地面上,本节包括了一般性的折线绘制内容,7.3.5 节讨论了专门的,但是通常直接在地面上绘制折线的案例。

数字地球中采用的大部分的折线数据采用线带(line strips)格式。线带是指,除了第一个点之外,用线段将一系列的点依次相连构成,如图 7.4 所示。为了表达闭合特征,可以复制第一个点并且存储起来,将其作为最后一个点。另外一种表达方式是线回路(line loop),它是一个首尾点总是连在一起的线带,避免为了获得闭合折线而出现额外一个点的存储需求。

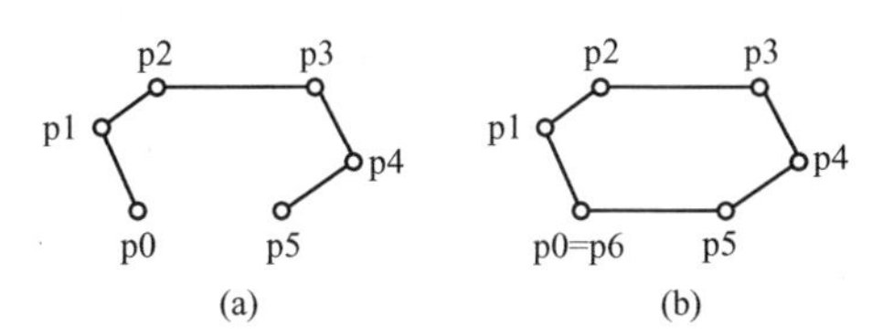

图 7.4　(a)开环线带,固有的采用线段将每一个点与其前点相连,除第一个点之外;(b)通过复制第一个点在最后产生闭合线带。

7.3.1　批处理

利用代码 PrimitiveType. LineStrip 可以很容易绘制一条线带——简单地创建一个顶点缓存,折线上的每一点都有一个顶点,并且使用线带图元发出一个绘制调用。但是,你怎样绘制多个线带呢? 对于几十个或者可能几百个线带,通过为每一条折线创建顶点缓存,并且为每条折线进行一次绘制调用,或许是合理的。但是,该方法的问题在于,创建许多较小的顶点缓存和发出多次绘制调用,可能显著地增加应用程序和驱动的 CPU 开销。解决方法当然是将线带合并到更少的顶点缓存并且使用少量的绘制调用来绘制它们。这就是我们所说的批处理[123,183]。

有三种方法来进行线带的批处理:

1. 线段。最简单的方法是采用 PrimitiveType. Lines,它将任意连续的两点视为独立线段,如图 7.5(a)中所示。由于线段之间不需要连接,因此,通过复制线带中除去首尾点之外的每一个点,就可以在一个顶点缓存中存储多个线带,如图 7.5(b)所示。这将每一个线带转换成为一系列的线段。所有线带的线段可以被存储在一个顶点缓存中,且可以由一个单次的绘制调用来绘制。该方法的缺点在于，一个拥有 n 个顶点的线带(其中 $n \geq 2$)，现在需要 $2+2(n-2)=2n-2$ 个顶点——实际上是双倍的内存开销！尽管如此，在许多场合下，相对于每一条线带都具有顶点缓存和绘制调用，采用单次绘制调用来绘制线段的顶点缓存更好。

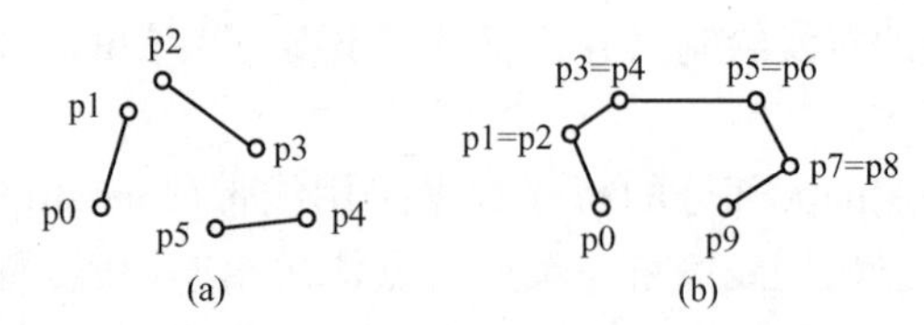

图 7.5　(a)采用线段图元，每两个点定义一个独立的线段；(b)通过复制内部点，线段图元可以用来描述线带。

2. 索引线段。通过增加一个索引缓存，可以减少 PrimitiveType. Lines 所占用的内存(见图 7.6)。对于大多数网格来说，三角形列表的索引比单个三角形的索引更节省内存；与此相同，当大多数线段处于连接状态时，索引线段比非索引线段更节省内存。在批处理线带的情况中，除线带与线带之间，所有的线段都是相互连接的。对于 $n \geq 2$ 的情况，采用索引线段存储的线带需要 n 个顶点和 $2n-2$ 个索引。由于一个索引所需要的内存几乎总是比一个顶点要少，索引线段通常比非索引线段消耗较少的内存。例如，假设 32 字节的顶点和 2 字节的索引，一个具有 n 个顶点的线带的需求如下：

- 线带需要 $32n$ 字节；
- 非索引线段需要 $32(2n-2)=64n-64$ 字节；
- 索引线段需要 $32n+2(2n-2)=40n-4$ 字节。

在该例中，对于 $n \geq 3$ 的情况，索引线段总是比非索引线段占用更少的内存，且仅仅略多于线带的占用内存，因为顶点数据主导了内存占用。例如，一个 1,000 点的线带需要 32,000 字节作为线带存储，63,936 字节作为非索引线段存储，39,996 字节作为索引线段存储。当然，基于顶点和索引的数量不同，线带和索引线段的内存占用量将会变化。

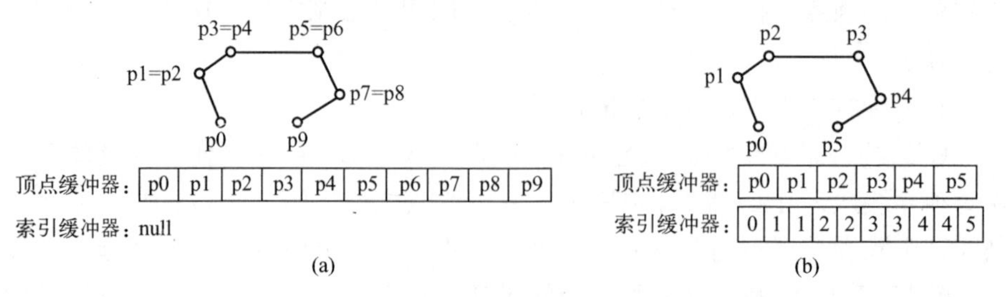

图 7.6　(a)非检索线段复制点到存储线带中；(b)检索线段仅复制索引。

索引线段偏爱较多的顶点和较小的索引。当处理大批线带时，采用4字节的索引是屡见不鲜的。如果这变成我们关心的问题，你可以限制每一次批处理的顶点数量，这样，可以采用2字节的索引。

与三角形列表索引类似，索引线段也可以利用GPU的顶点缓存来避免对相同顶点的冗余处理。

3. 索引线带和图元重启。另一个高内存利用率的线带批处理方法是采用索引线带。除最后一个线带需要仅仅 n 个索引外，每一个线带需要 n 个顶点和仅仅 $n+1$ 个索引(见图7.7)。内部线带在其末端存储了一个额外的索引，用来发出一个图元重启的信号[34]，它是一个专门的标志，插入该标志是为了表示一个线带的结束和一个新的线带的启动。

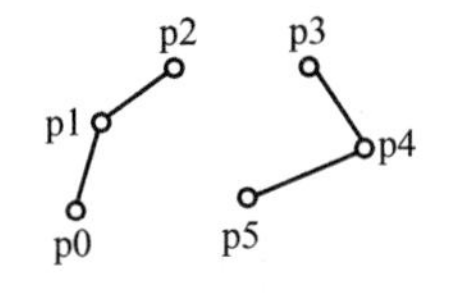

顶点缓冲器：	p0	p1	p2	p3	p4	p5

索引缓冲器：	0	1	2	0xFFFF	3	4	5

图7.7　通过使用图元重启，可以在一个单次绘图调用中绘制多个索引线带。图中的重启索引是oxFFFF。

图元重启支持在一个单次绘图调用中绘制多个索引线带，是渲染状态的一部分，受到一个打开或关闭标志的控制，可以发出一个重启信号，如代码表7.1所示。

```
RenderState renderState = new RenderState( ) ;
renderState. PrimitiveRestart. Enabled = true;
renderState. PrimitiveRestart. Index = 0xFFFF;
```

代码表7.1　开启图元重启

在前述示例中，索引线段需要39,996字节，索引线带需要34,002字节，仅比线带多出2,002字节。当考虑一个单次批处理(至少一个 $n\geqslant 3$ 的线带)时，索引线带总是比索引线段占用更少的内存。

7.3.2　静态缓存

除批处理外，还可以采用静态顶点和检索缓存，实现最好的折线绘制性能[120]。乡村边界、公园边界或者甚至公路会经常发生改变吗？许多折线数据集是静态的。这样，它们应当只需要上传到 GPU 一次，并且存储在 GPU 内存中。通过避免系统存储到显卡存储的通信，使得绘制调用更有效率，进而产生显著的性能提升。通过将 BufferHint. StaticDraw 传递至 Device. Create Vertex-Buffer，Device. CreateIndexBuffer，或者 Context. CreateVertexArray 产生一个静态缓存请求。

有时甚至将静态索引缓存和动态或者流顶点缓存一起使用。例如，考虑一个飞行航线路径的线带。当应用程序接收到一个位置更新，新的位置附加到顶点缓存（它可能常常需要增长）。如果采用索引线段或者索引线带，新的索引就可以提前知道。因此，静态索引缓存可以包含大量的顶点索引数，并且仅有传递给 Context. Draw 的参数 count 索引需要改变以更新位置。索引缓存仅仅在容量不足时进行重分配和重写。

7.3.3 线宽

让我们将注意力从性能转向外观。线宽、纯色和轮廓颜色等简单技术对于折线绘制大有帮助。这些简单的视觉暗示可以使得事情有很大不同。例如，GIS 用户可能想要使得乡村边界比州边界更宽。另外一个例子，在用于战场空间可视化的数字地球中，具有威胁的区域可能以红色轮廓标示，而安全区域则以绿色标示。如果有一件事情可以肯定的话，用户可能想要能够定制任何事情！

对于线宽，我们希望能够以像素定义的宽度来进行绘图。在旧版本的 OpenGL 中，这通过函数 glLineWidth 来实现。由于对线宽的支持在 OpenGL3 中废弃不用，我们转向几何渲染来绘制宽线条[1]。

想法非常简单：几何 shader 将一条线段作为输入，将其转换到视窗坐标系中，将其扩展为给定像素宽度的双三角形带，然后输出三角形带，形成一条宽线条（见图 7.8）。

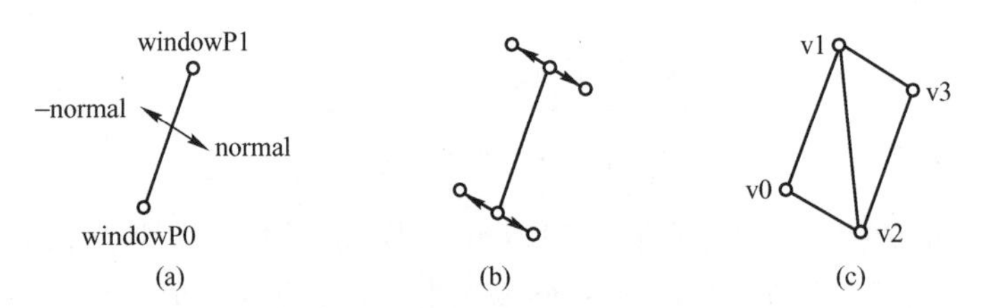

图 7.8 （a）视窗坐标系中的一个线段，显示指向相反方向的法线；（b）每一个端点沿着双向法线方向偏移，创建四个新点；（c）新点之间通过三角带相连，形成一条宽线条。

1 非常有趣的是，glLineWidth 仍然存在，但是宽度值大于 1 的时候将产生错误。

顶点 shader 简单地传递顶点的模型空间位置,如代码表 7.2 所示。

```
in vec4 position;
void main()
{
    gl_Position = position;
}
```

代码表 7.2 宽线条顶点渲染器

几何渲染的第一件事是将直线端点投影到视窗坐标系中。采用视窗坐标系使得创建像素计量的三角形带更加简单。为了避免失真,线段需要被近平面裁剪,正如几何渲染之后每一个视锥体和裁剪平面的固定功能那样。否则,一个或者两个端点将被转换到错误的视窗坐标系中。

通过将端点转换到裁剪坐标系中,并检查它们是否位于邻近平面的两个相反面上,来完成裁剪。如果是这样的话,线段会与近平面交叉,需要用近平面上的点取代近平面后面的点,以完成裁剪。如果两个端点均位于近平面后方,则应当剔除该线段。代码表 7.3 中的函数将端点从模型转换到裁剪坐标系,将其裁剪到近平面上。

```
void ClipLineSegmentToNearPlane(f l o a t nearPlaneDistance,
mat4 modelViewPerspectiveMatrix,
vec4 modelP0,vec4 modelP1,
out vec4 clipP0,out vec4 clipP1,
out bool culledByNearPlane)
{
    clipP0 = modelViewPerspectiveMatrix * modelP0;
    clipP1 = modelViewPerspectiveMatrix * modelP1;
    culledByNearPlane = false;
    float distanceToP0 = clipP0.z + nearPlaneDistance;
    float distanceToP1 = clipP1.z + nearPlaneDistance;
    if((distanceToP0 * distanceToP1) < 0.0)
    {
        // Line segment i n t e r s e c t s near plane
        float t = distanceToP0 /(distanceToP0 - distanceToP1);
        vec3 modelV = vec3(modelP0) +
        t * (vec3(modelP1) - vec3(modelP0));
        vec4 clipV = modelViewPerspectiveMatrix * vec4(modelV,1);
```

```
        // Replace the end point closest to the viewer
        // with the intersection point
        if(distanceToP0 <0.0)
        {
            clipP0 = clipV;
        }
        else
        {
            clipP1 = clipV;
        }
    }
    else if(distanceToP0 <0.0)
    {
        // Line segment is in front of near plane
        culledByNearPlane = true;
    }
}
```

代码表 7.3　将一个线段裁剪到近平面上

如果线段没有被剔除，那么端点需要从裁剪坐标系转换到视窗坐标系中。透视除法将裁剪坐标系转换到归一化设备坐标系中，然后采用视点转换来产生视窗坐标系。这些转换过程作为几何渲染之后的固定功能阶段的一部分来完成，但是我们也需要在几何渲染之中来做这些工作，以允许我们在视窗坐标系中进行工作。这些转换被封装在一个函数中，如代码表 7.4 所示，该函数将一个点从裁剪坐标系转换到视窗坐标系中。

```
vec4 ClipToWindowCoordinates(vec4 v,
mat4 viewportTransformationMatrix)
{
    v.xyz /= v.w;
    v.xyz = (viewportTransformationMatrix * vec4(v.xyz,1.0)).xyz;
    return v;
}
```

代码表 7.4　从裁剪坐标系向视窗坐标系的转换

设视窗坐标系中两个端点分别为 windowP0 和 windowP1，将直线扩展为三角形带来获得宽线条是很容易的。从计算直线的法线开始。如图 7.8(a)中所示,一条二维直线拥有两条法线:一条指向“左”,而另一条指向“右”。法线被用来在每个端点处引入两个新点;每一个新点沿着其法线方向距离端点存在一定距离,如图 7.8(b)所示。

```
vec4 clipP0;
vec4 clipP1;
bool culledByNearPlane;
ClipLineSegmentToNearPlane(og_perspectiveNearPlaneDistance,
og_modelViewPerspectiveMatrix,
gl_in[0].glPosition,
gl_in[1].glPosition,
clipP0,clipP1,culledByNearPlane);
if(culledByNearPlane)
{
    return;
}
vec4 windowP0 = ClipToWindowCoordinates(clipP0,
og_viewportTransformationMatrix);
vec4 windowP1 = ClipToWindowCoordinates(clipP1,
og_viewportTransformationMatrix);
vec2 direction = windowP1.xy - windowP0.xy;
vec2 normal = normalize(vec2(direction.y, -direction.x));
vec4 v0 = vec4(windowP0.xy - (normal * u_fillDistance),
 -windowP0.z,1.0);
vec4 v1 = vec4(windowP1.xy - (normal * u_fillDistance),
 -windowP1.z,1.0);
vec4 v2 = vec4(windowP0.xy + (normal * u_fillDistance),
 -windowP0.z,1.0);
vec4 v3 = vec4(windowP1.xy + (normal * u_fillDistance),
 -windowP1.z,1.0);
gl_Position = og_viewportOrthographicMatrix * v0;
EmitVertex();
gl_Position = og_viewportOrthographicMatrix * v1;
EmitVertex();
gl_Position = og_viewportOrthographicMatrix * v2;
EmitVertex();
gl_Position = og_viewportOrthographicMatrix * v3;
```

```
EmitVertex();
```

代码表 7.5 几何渲染器生成宽线条的 main()函数

新点采用直线的像素宽度来设置偏移距离。对于一个 x 像素宽度的直线，每一点设置为沿双向法线方向缩放距离 $x/2$，如代码表 7.5 中的 u_fillDistance 所示。四个新点通过三角形带相连接，最终从几何渲染器中输出。视窗坐标系中的点通过正交投影矩阵来进行变换，正如我们需要在视窗坐标系中绘制任意事物所做的那样，例如平视显示器。几何渲染器的 main( ) 函数代码如代码表 7.5 中所示。

完整的对于宽线条的几何渲染参见 OpenGlobe. Scene. Polyline。图 7.9 显示一个线框图和实体线的绘制双双使用了该算法。数字地球中采用的大部分折线数据集不存在尖锐的转变。但是，如果线条足够宽的话，该算法确实会在线段之间产生明显的断裂，如图 7.10 所示。一个简单的圆化转角的方法是每一个端点绘制成与线宽相同尺寸的点。McReynolds 和 Blythe 论述了其他的方法[113]。

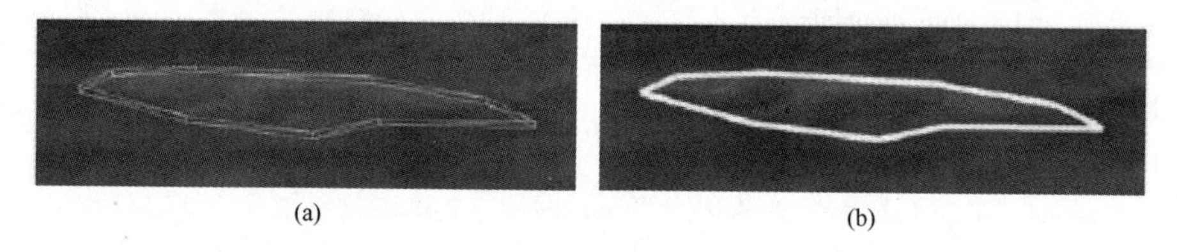

(a) (b)

图 7.9 采用几何渲染器绘制的十像素宽度的直线。(a)线框图；(b)实体图。

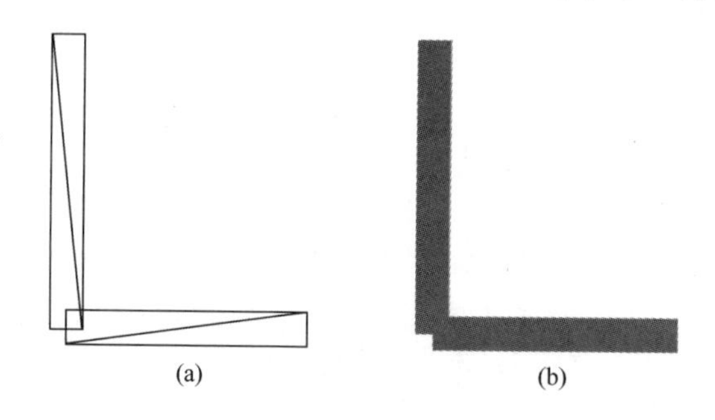

(a) (b)

图 7.10 带有尖锐转角的宽线带可能产生显著的断裂

7.3.4 轮廓线

除了线宽，设置折线的颜色也非常有用。当然，使得每条线带，甚至每条线段设置为不同的颜色非常容易。更为有趣的是采用两种颜色：一种用于线条内部,另一种用于轮廓线。轮廓线使得折线突出,如图 7.11 所示。

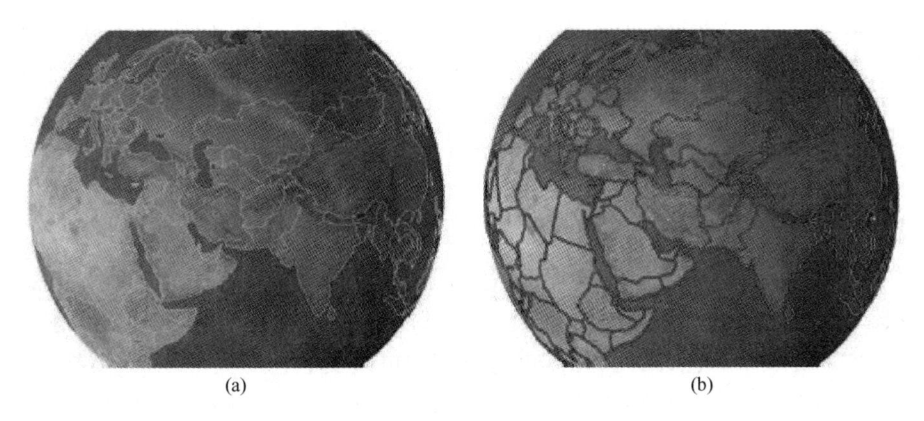

图 7.11　(a)无轮廓线;(b)轮廓线使得折线突出。

有许多方法可以用来绘制轮廓线。或许最直接的方法是两遍绘制线条:首先采用轮廓线颜色,使用外部宽度,然后采用内部颜色,使用内部宽度。即使第二次绘制时采用少于或者等于的深度比较函数,由于轮廓线和内部在深度测试中产生冲突,因此,这种自然的方法将导致 z 冲突。通过使用模板缓存消除第二次的深度测试,可以避免 z 冲突,相当于贴图[113]。这是一种很好的支持旧 GPU 的方法,也是我们在 Insight3d 中使用的实现方法。对于带有可编程 shader 的硬件,轮廓线可以在一遍绘制中完成。

一种方法是在几何 shader 中为轮廓线创建额外的三角形。不采用创建两个三角形的方法,而是创建六个三角形:两个用于描述线条内部,线条的每一侧有两个,作为轮廓线(见图 7.12(a),在代码 OpenGlobe. Scene. Outlined Polyline-GeometryShader 中实现)。该方法的缺点是有锯齿化的倾向,除非采用反锯齿化来渲染整个场景,如图 7.12(c)所示。锯齿状的边位于轮廓线的两侧,一侧与线条内部相邻,另一侧与剩余的场景相邻,分别称其为内部锯齿和外部锯齿。即使没有采用轮廓线,我们的线绘制算法也涉及了外部锯齿。

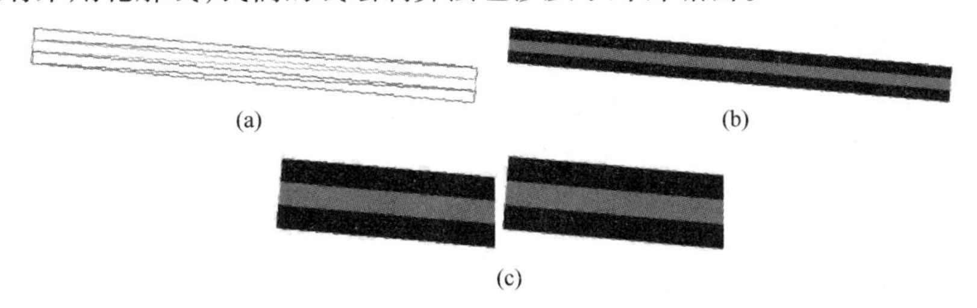

图 7.12　(a)采用几何着色方法,为轮廓线构建额外的三角形;(b)纯色渲染;(c)左边表示采用几何着色方法出现的锯齿,右边表示采用纹理方法避免锯齿。

通过采用1D纹理或者单像素的高度2D纹理,而不是为轮廓线创建额外的三角形,可以避免锯齿。基本思路是采用纹理来覆盖线宽。在片元shader中读取纹理,然后决定片元是否属于线条的内部或者轮廓。采用线性纹理滤波,内部和外部颜色光滑地融合在一起,没有内部锯齿。通过存储额外的纹素(texel),在每一个纹理的末端描述一个alpha值为0的像素点,可以避免外部锯齿。

纹理的宽度是interiorWidth + outlineWidth + outlineWidth + 2。例如,线条的内部宽度为3,轮廓线宽度是1,那么,使用的纹理宽度将是7个像素(见图7.13)。用两个通道创建纹理:红色通道,1表示内部,0表示轮廓线;绿色通道,0表示最左边和最右边的纹素,1表示其他。纹理仅仅存储一系列的0和1,没有实际的线条颜色,因此,无需重写纹理即可改变颜色。类似地,只要线带具有相同的内部宽度和轮廓线宽度,则同样的纹理可以用于具有不同颜色的不同线带。

红色通道:	0	0	1	1	1	0	0
绿色通道:	0	1	1	1	1	1	0

图7.13　用于轮廓线的一个示例纹理。这里,内部宽度是3个像素,轮廓线宽度是1个像素。红色通道的1表示内部线,绿色通道的1表示内部或外部线。

几何shader在创建三角形带时指定纹理坐标。简单地,指定线条左边的纹理坐标为0,指定右边的纹理坐标为1。为了在外部反锯齿中捕获最左边和最右边的纹素,通过在每个方向上增加额外的半个像素来突出三角形带,使其不发生线宽收缩。

片元shader读取纹理时,使用了几何shader中的插值纹理坐标。然后,为了内部反锯齿,红色通道用于融合内部和外部颜色。为了外部反锯齿,绿色通道被解释为一个a/pha值,并且用颜色的a/pha值做乘法。完整的片元shader参见代码表7.6。

```
flat in vec4 fsColor;
flat in vec4 fsOutlineColor;
in float fsTextureCoordinate;
out vec4 fragmentColor;
uniform sampler2D og_texture0;
void main()
{
```

```
    vec2 texel =
    texture(og_texture0,vec2(fsTextureCoordinate,0.5)).rg;
    float interior = texel.r;
    float alpha = texel.g;
    vec4 color = mix(fsOutlineColor,fsColor,interior);
    fragmentColor = vec4(color.rgb,color.a * alpha);
}
```

代码表 7.6 采用纹理表示轮廓线

OpenGlobe.Scene.OutlinedPolylineTexture 中包括完全的实现。该方法的一个缺点是，由于采用融合来实现外部反锯齿，重叠线条会产生失真。当然，通过采用由后至前的渲染顺序，可以消除这样的失真，但是，将以潜在的性能消耗为代价。

7.3.5 采样

我们的折线绘制算法采用笛卡儿空间中的直线段将各个点连接起来。想象一下，如果椭球体面上的两个点相距较远，会发生什么？例如，洛杉矶和纽约之间的直线段，看起来像什么？显然，线段将位于椭球体的表面之下。事实上，如果不采用平均深度，大多数的线段都无法通过深度测试。解决办法是在椭球体上创建曲线，采用 2.4 节中的算法，以折线的方式对线段进行子采样。这样，可以使得折线更好地近似于椭球体曲线。

某些折线有大量的点。例如，像俄罗斯和中国这样的大国的边界线。子采样之后，这些折线甚至具有更多的点。可以采用算法来计算离散的 LOD，例如流行的 Douglas - Peucker 下降算法之类[40,73]。然后，采用传统的选择技术（例如屏幕空间误差）来绘制 LOD。

单个折线的 LOD 未必总是有用。在数字地球中，典型地，将折线绘制成一个层的一部分，可能仅仅在特定的视觉高度和视距上可见。在折线的低层 LOD 被绘制之前，有可能关闭折线所在的层，因此，降低了单个折线 LOD 的重要性。也许，最好的平衡办法是，将层和少数的层感知的离散 LOD 联合起来。

小练习：

运行 Chapter07VectorData，观察从形状文件中绘制的折线、多边形和布告板。

7.4 资源

为了更好地理解矢量数据文件格式,值得去阅读以下资料:Esri 形状文件技术说明[49],OGC 的 KML 2.2 说明[131]和 Google 的"KML 参考"[64]。

第八章 多 边 形

一旦我们能够绘制折线,下一步就是在球体上或者在球体上固定高度的地方绘制多边形。数字地球中多边形的实例包括邮政区域、州、国家、冰川覆盖区等,如图 8.1 所示。我们采用闭合曲线定义多边形的内部,闭合曲线是指其最后一个点被设定为与第一个点相连接。

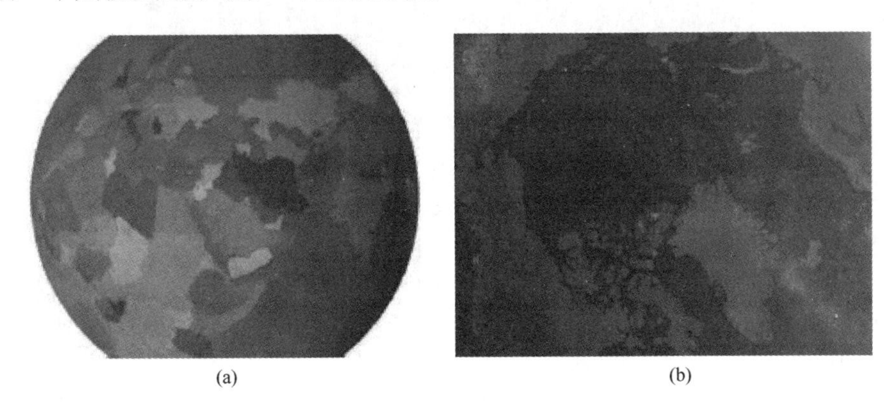

(a) (b)

图 8.1 随机着色的多边形。(a)国家;(b)冰川覆盖区。

8.1 纹理渲染

渲染球体上的多边形的方法之一是对多边形采用纹理渲染,我们将其称为*多边形地图*,并且采用多纹理对球体进行渲染。多边形地图可以采用栅格技术比如填色或者扫描线填充方法来创建。最简单的情况,采用单一的单通道纹理,取值为 0 表示纹理元素位于多边形之外,取值大于 1 表示位于多边形内部及其不透明度。当对球体进行渲染时,基于多边形地图,基本纹理的颜色与多边形的颜色会融合在一起。如果要求使用多种多边形色彩,可以扩展多边形地图至四通道或者采用多纹理。多纹理对于支持重叠多边形也非常有用。

采用这种方法的主要好处在于:即使球体的绘制带有地形,多边形也能够自动适应球体。此外,性能上与多边形数量或者定义多边形的点数无关。作为替代性的选择,性能受到多边形地图的尺寸及分辨率的影响,这也是它的弱点。

图 8.2 展示了采用这种方法绘制的北美地区的多边形。由于多边形地图的分辨率不够高,前景产生了混淆,导致块状的失真。当然,采用更高分辨率的地图可以解决该问题,其代价是占用大量的内存。

图 8.2　采用多边形地图进行渲染的北美地区多边形。
地图的低分辨率导致了前景的锯齿。

最后,多边形地图可以向其他高分辨率纹理那样来对待,且可以采用第四部分中讨论的 LOD 技术进行绘制。这种方法已经应用于谷歌地球和 ArcGIS 浏览器中。

8.2　多边形镶嵌

如果不采用多边形地图,作为替代的,我们将详细描述把多边形镶嵌到三角形网格中的细节实现,该网格可以独立于球体进行绘制。这种基于几何的方法不会受到纹理消耗大量内存需求的困扰,也不会在其边界产生锯齿失真。它也可以接近独立于球体绘制算法来实现,从而减少耦合,并且使得引擎设计比较简洁。

图 8.3 展示了一个将闭合线转换为三角形网格的管线,闭合线描述了球体上的多边形边界,三角形网格可以采用简单的 shader 进行绘制。首先,清理闭合线,以便于后续步骤对其进行处理。接下来,多边形被划分为一系列的三角形,该过程称为三角化。为了使得三角形网格符合椭球体表面,对三角形进行细分,直至其容差满足要求。最后,所有点被提升至椭球体表面或者一个固定的高度。

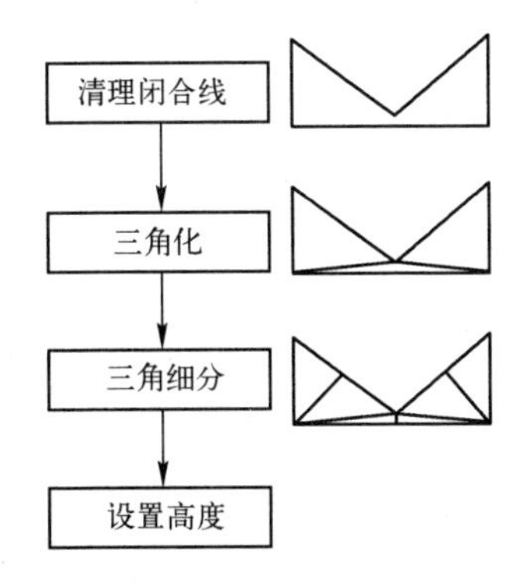

图 8.3　将一个多边形的闭合线转换至三角形网格的管线，该三角形网格能够符合椭球体表面标准。

8.2.1　输入整理

使得数字地球如此有趣的原因之一在于，一系列广泛的地理空间数据可以被用在视觉观察上。事情的另一面则是有过多的文件格式存在，每一种格式都拥有自己的用法。例如，KML 和图形文件是两种非常流行的多边形数据源。在 KML 中，<Polygon>元素的弯转顺序是逆时针方向[64]，然而，在图形文件格式中对于多边形的弯转顺序则是顺时针方向[49]。更加糟糕的是，某些文件并不总是遵从格式约定。

为了使我们的代码鲁棒性尽可能好，在开始三角形网格化步骤之前，考虑如下这些整理措施是非常重要的：

- 消除复制点。在我们的管线中，接下来的算法假设多边形的边界是回路；因此，最后一个点不应当是第一个点的复制点。在某些格式中，沿着边界对任意点连续进行复制是允许的，例如图形文件格式，但是这些应当移除，因为它们将在三角化的过程中导致三角形退化。移除复制点的方法之一是点迭代，只有当一个点与其前一个点不相同时，才能将其复制到新列表中，如同代码表 8.1 中所做的那样。

```
public static IList<T> Cleanup<T>(IEnumerable<T> positions)
{
    IList<T> positionsList =
    CollectionAlgorithms.EnumerableToList(positions);
    List<T> cleanedPositions =
    new List<T>(positionsList.Count);
    for(int i0 = positionsList.Count - 1, i1 = 0;
```

```
    i1 < positionsList. Count; i0 = i1 ++ )
    {
        T v0 = positionsList [ i0 ];
        T v1 = positionsList [ i1 ];
        if( !v0. Equals( v1 ) )
        {
            cleanedPositions. Add( v1 );
        }
    }
    cleanedPositions. TrimExcess( );
    return cleanedPositions;
}
```

代码表 8.1 移除点列表中的复制点

这种方法阐明了一种对多边形边界线进行迭代计算的非常有用的技术[13]。在每次迭代计算时,我们想要知道当前点 $v1$ 和前一个点 $v0$。由于最后一个点隐含的与第一点相连接,i0 被初始化为最后点的索引,i1 被初始化为 0。每次迭代计算后,i0 被设置为 i1,i1 递增。这允许我们对所有边界线进行迭代计算,而不用将最后一点作为特殊情况对待或者采用模运算方法。

小练习:

> 使得 Cleanup <T> 更加高效:修正已有的列表并且调整其大小,而不是创建一个新的列表。你将需要修改方法的签名。

- 检测自相交。除非管线中的三角形网格化步骤可以处理自相交的情况,否则核实多边形没有自相交是非常重要的,如图 8.4(c)中所做的那样。

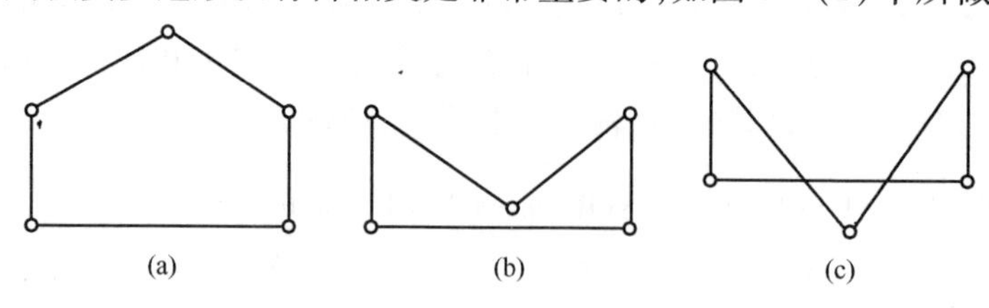

图 8.4 (a)简单凸多边形;(b)简单凹多边形;(c)非简单多边形。

即使某些格式约定将“确保”没有自相交情况,对其进行检查仍然是有价值的。检测自相交的一种技术是将点投影到一个在多边形形心处与球体相切的平面上。这将允许我们将 3D 多边形作为 2D 多边形来看待。现在,验证没有哪条边与其他边相交变成了一件简单的事情。该方法的最大缺陷是,当投影到切平面时,球面上比较大的多边形可能会变形。解决办法是,仅投影那些包围球半径小于某个阈值的多边形。参见代码 OpenGlobe. Core. EllipsoidTangentPlane,计算切平面并将多边形的点投影在它上面。

- 判断弯转顺序。某些格式采用顺时针顺序存储多边形的点,而另一些采用逆时针方向。我们的算法要么可以处理两种弯转顺序,要么仅能处理一种弯转顺序但是可以将另一种弯转顺序翻转以与其匹配。通过交换第一个点和最后一个点,然后重复不断地交换内部的点直至中间点,翻转过程可以在复杂度是 $O(n)$ 高效执行。大部分的平台为此提供了方法,如 . NET 的 List <T>. Reverse。

我们的管线中,接下来的算法假设为逆时针方向的顺序,因此,如果提供的点是顺时针的,它们将需要被翻转。判断弯转顺序的一种技术是如同上文提到的那样将多边形投影至一个切平面上,然后计算 2D 多边形的面积。面积的符号决定了弯转的顺序:非负表示逆时针方向,负表示顺时针方向(见代码表 8.2)。

```
public static PolygonWindingOrder ComputeWindingOrder(
IEnumerable < Vector2D > positions)
{
    return(ComputeArea(positions) >= 0.0)
    ? PolygonWindingOrder. Counterclockwise
    : PolygonWindingOrder. Clockwise;
}
public static double ComputeArea(IEnumerable < Vector2D > positions)
{
    IList < Vector2D > positionsList =
    CollectionAlgorithms. EnumerableToList(positions);
    double area = 0.0;
    for(int i0 = positionsList. Count - 1, i1 = 0;
    i1 < positionsList. Count; i0 = i1 ++ )
    {
        Vector2D v0 = positionsList [i0];
        Vector2D v1 = positionsList [i1];
        area += (v0. X * v1. Y) - (v1. X * v0. Y);
    }
    return area * 0.5;
}
```

代码表 8.2 采用多边形的面积来计算它的弯转顺序

消除复制点、检测自相交和判断弯转顺序会消耗部分 CPU 时间。检测自相交的一个简单实现是 $O(n^2)$，另外两个步骤是 $O(n)$。虽然大多数的时间将会消耗在我们管线中的后续步骤上，但是能够跳过上面那些步骤是非常好的，尤其是考虑到利用切平面可能会在某些时候引发问题。然而，我们建议不跳过这些整理步骤，除非你在使用你自己的文件格式（仅仅你的应用程序可用）。这是数字地球面临的诸多问题中的一个：处理多种数据格式。

8.2.2 三角化

GPU 不会光栅化多边形，它们只会光栅化三角形。三角形使得硬件算法简单并且速度更快，因为它们保证了是凸的和平面的。即使 GPU 能够直接光栅化多边形，它们也不知道我们在球体上绘制多边形的需求。因此，一旦我们整理了一个多边形，我们管线中接下来的步骤是三角化：将多边形分解为一系列的三角形而不引入新点。我们将自己限定其为简单多边形，也即不包括连续复制点或者自相交，并且每个点精确共享两条边。

凸多边形是指每一个内角小于 180° 的多边形，如图 8.4（a）所示。因为一个多边形是简单的并不意味着它需要是凸的。尽管许多有用的形状比如圆和矩形是凸的，大部分真实世界中的地理空间多边形将拥有一个或者多个内角大于 180°，这使得它们成为凹形（见图 8.4（b））。

简单多边形的一个非常好的特性是每一个简单多边形都可以三角化。一个拥有 n 个点的简单多边形总将产生 $n-2$ 个三角形。对于凸多边形，三角化在 $O(n)$ 复杂度上是简单和快速的。如图 8.5 所示，一个凸多边形可以简单地被分解为三角形扇，并围绕边界上的一个点转动。

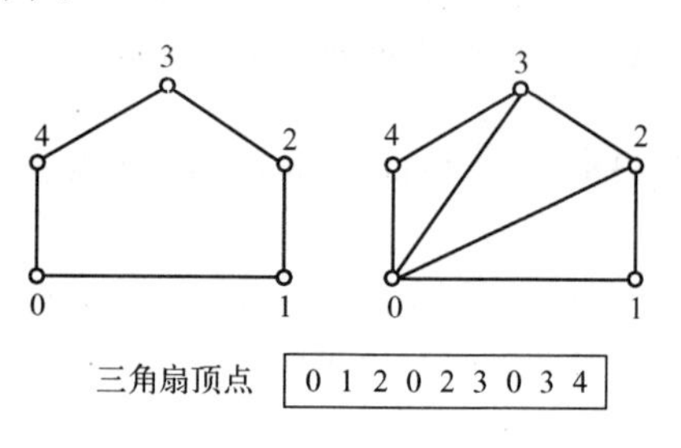

图 8.5 凸多边形被分解为三角形扇

扇形会导致许多长而且薄的三角形（例如，考虑圆的扇形）。这些三角形的光栅化会产生反作用，因为沿着共享三角形边的片元会过度着色。基于创建最大可能面积的三角形，Persson 提出了一种快速的三角化算法[139]。如果凸多边形在你的应用中是普遍的，考虑对其采用独立的代码路径，因为对凹多边形进行三角化会显著地增加开销。

有许多算法对凹多边形进行三角化，它们的运行时间不同，从简单的 $O(n^3)$ 算法到复杂的 $O(n)$ 算法[25]。我们将要关注一种简单的、鲁棒性强的算法，称为剪耳法，我们已经发现该算法能够对广泛的地理空间多边形产生很好的效果：邮区、州、国家边界，等等。为了理解其基本原理，我们将首先描述 $O(n^3)$ 执行复杂度的实现方法，然后简要考虑优化方法，使得算法在实际当中运行速度比较快。

由于三角化的多边形是定义在椭球体表面上的，它们极少是三维空间中的平面图形（例如，它们在 WGS84 坐标系中形成弯曲的表面）。幸运的是，剪耳法可以被扩展到处理这样的问题。我们从解释剪耳法对平面 2D 多边形的处理开始，然后将剪耳法拓展到椭球体上的 3D 多边形。

二维空间中的剪耳法。多边形的耳部是一个由三个连续点 p_{i-1}、p_i、p_{i+1} 形成的三角形，它不包含多边形的任何其他点，并且耳部的尖端 p_i 是凸的。如果由共享边 $p_{i-1}-p_i$、$p_{i+1}-p_i$ 形成的内角不大于 180°，那么这个点是凸的。

剪耳法的主要运算是遍历多边形的点，并且测试三个连续点是否形成了耳部。如果是的话，移除耳部的尖端，并且记录耳部的索引。剪耳法将继续处理余下的多边形，直到剩下最后一个三角形，形成最后的耳部为止。由于耳部被移除，且多边形被削减，新的耳部将出现直至算法最终收敛。耳部的联合形成了多边形的三角化。

一段实现代码可以简单地将多边形的边界点作为输入，并且返回一个索引列表，这里每三个索引是多边形三角化中的一个三角形。OpenGlobe.Core.EarClipping 提供了一个完整的实现。通过浏览图 8.6(a) 中所示的多边形三角化的例子，我们这里将概述其主要步骤。

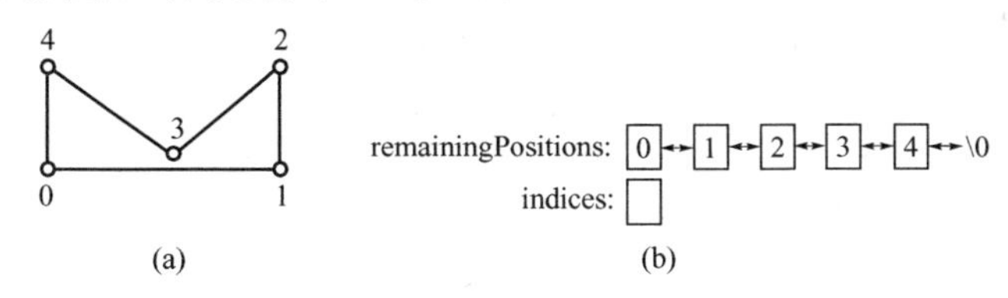

图 8.6　(a) 剪耳之前的简单平面多边形；(b) 剪耳之前的初始数据结构，在 remainingPositions 列表中仅显示了索引。

由于我们并非真正的移除输入多边形的点，第一步，我们将点复制到一个新的数据结构中。双向链表是一个很好的选择，因为它支持常量时间移除。假设我们想要返回索引列表至输入位置，链接列表的每一个节点应当包括该点及其索引[1]，需要采用一种如代码表 8.3 所示的 IndexedVector < T > 类型。

1　如果已经将点集存储在一个可索引的集合中，只要将索引存储到每个链表节点中。在我们的实现中，遵循 .NET 的习惯，使用 IEnumerable 传递集合，不支持索引。

```
internal struct IndexedVector < T > : IEquatable < IndexedVector < T > >
{
    public IndexedVector( T vector,int index) { /*... */ }
    public T Vector { get; }
    public intIndex { get; }
    //...
}
```

代码表 8.3　一种用于处理点和索引的类型

采用 IndexedVector < T >,能够采用如下的代码来创建链表:

```
public static class EarClipping
{
    public static IndicesUnsignedIntTriangulate(
    IEnumerable < Vector2D > positions)
    {
        LinkedList < IndexedVector < Vector2D > > remainingPositions =
        new LinkedList < IndexedVector < Vector2D > > ( );
        int index =0;
        for each( Vector2D position in positions)
        {
            remainingPositions. AddLast(
            new IndexedVector < Vector2D > ( position,index ++ ) );
        }
        IndicesUnsignedIntindices = new IndicesUnsignedInt(
        3 * ( remainingPositions. Count - 2) );
        //...
    }
}
```

上述代码也分配了内存给输出索引,它采用了这样的事实,即一个具有 n 个点的简单多边形的三角化会创建 $n-2$ 个三角形。在这样初始化之后,remainingPoints 和 indices 的内容如图 8.6(b)中所示。通过移除 remainingPoints 中的点和增加三角形到 indices 中,算法中的其余部分在这两个数据结构上进行运算。

首先,测试由点(p_0,p_1,p_2)形成的三角形,如图 8.7 所示,看它是否是一个耳部。测试的第一部分是确保其尖端是凸的。根据我们管线中的整理步骤,我们确信输入点是逆时针方向的顺序，我们可以通过如下方法测试该点是否是凸的：沿着三角形外沿的两个矢量，叉乘的符号是否是非负的，如代码表 8.4 所示。

```
private static bool IsTipConvex(Vector2D p0,Vector2D p1,
Vector2Dp2)
{
    Vector2D u = p1 - p0;
    Vector2D v = p2 - p1;
    return((u.X * v.Y) - (u.Y * v.X)) >= 0.0;
}
```

代码表 8.4　测试一个潜在的耳部尖端是否是凸的

如果尖端是凸的，紧接着是三角形包容测试，它用来检查除形成三角形的点之外多边形的其他点是否位于三角形内。如果所有的点都位于三角形外，该三角形就是一个耳部，且它的索引加入到 indices 并且它的尖端从 remainingPositions 中移除。在我们的例子中，尽管三角形的尖端(p_0, p_1, p_2)是凸的，但是p_3位于三角形内，使得它不能通过三角形包容测试。

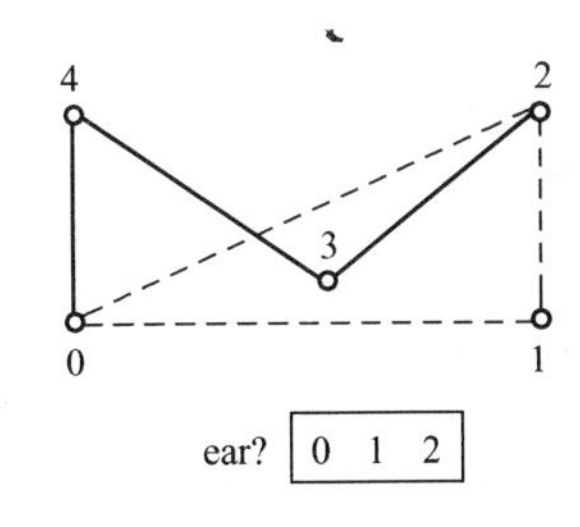

图 8.7　三角形(p_0, p_1, p_2)耳部测试

因此，剪耳法转移到三角形(p_1, p_2, p_3)测试上，如图 8.8(a)所示。该三角形通过了凸形尖端以及三角形包容测试，使得它成为一个可以被剪除的耳部，因此将p_2从 remainingPositions 中移除，且索引(1,2,3)加入到了 indices。更新之后的多边形和数据结构见图 8.8(b)和(c)所示。

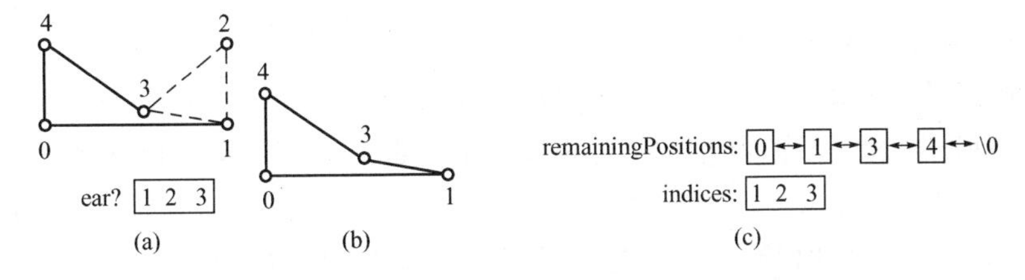

图 8.8　(a)三角形(p_1, p_2, p_3)耳部测试；(b)移除p_2后的多边形；(c)移除p_2后的数据结构。

另一个需要考虑的三角形是(p_1, p_3, p_4)，如图 8.9 所示，它未能通过凸形尖端测试。因此，剪耳法转移到三角形(p_3, p_4, p_0)上，它是一个耳部，导致产生如

图 8.10 所示的变化。

在移除p_4后,仅有一个三角形剩余,如图 8.10(b)所示。该三角形的索引加入到 indices 中,且耳部剪除完成。最终的三角化如图 8.11 所示。

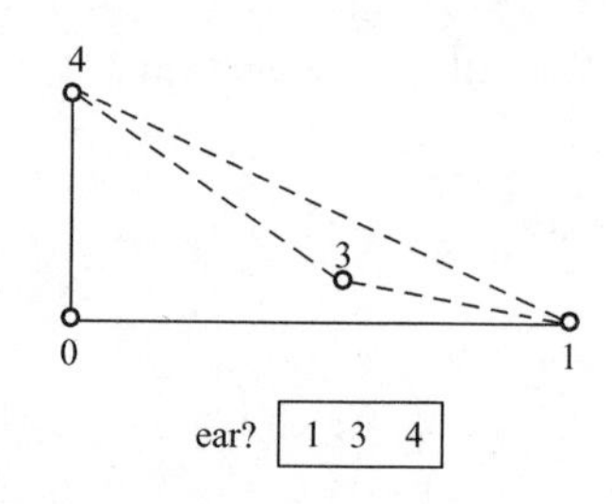

图 8.9 三角形(p_1,p_3,p_4)耳部测试

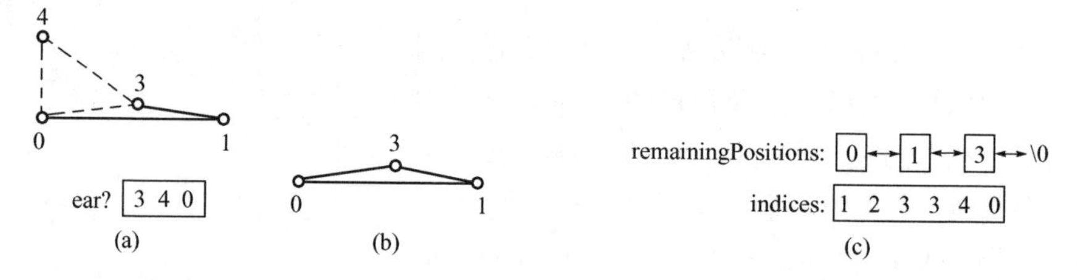

图 8.10 (a)三角形(p_3,p_4,p_0)耳部测试;
(b)移除p_4后的多边形;(c)移除p_4后的数据结构。

图 8.12 展示了对于一个复杂得多的、真实世界中的多边形的三角化。除非每一个三角形保证是一个耳部,否则为凸多边形创建三角形扇是一个基本的耳部剪除动作,这样可以使得算法运算更快,因为没有耳部测试的需求。

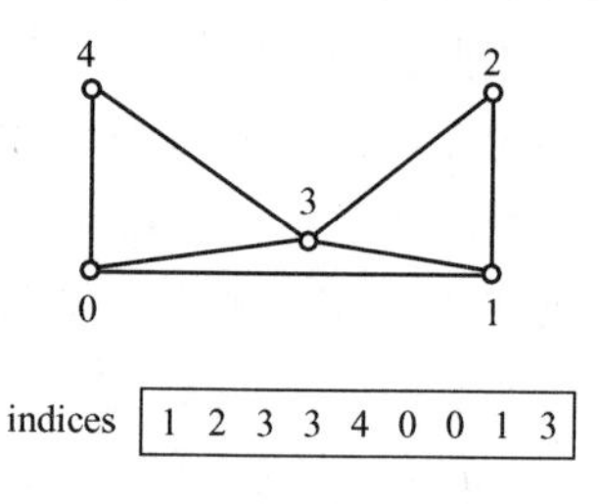

图 8.11 耳部剪除后最终的三角化

椭球体上的耳部剪除。我们的方法对于平面 2D 多边形的耳部剪除效果非常好,但是它对球体上的地理数据对(经度、纬度)定义的多边形不起作用。我们可能尝试将经度作为 x,将纬度作为 y,这样,就可以简单地利用我们 2D 耳部剪除中的代码。除了极地隐藏的问题以及国际日期变更线,该方法还有一个更为基础的,请思考:我们的 IsTipConvex 和 PointInsideTriangle 实现是为笛卡儿坐标系设计的,而不是地理坐标系,这使得耳部剪除中的主要运算,即耳部测试,是不正确的。例如,考虑三个位于相同纬度但经度分别为 10°、20°、30°的点。如果大地坐标系被作为笛卡儿坐标系来用,这将是一条直线段。实际上,在笛卡儿 WGS84 坐标系中,它是两条线段,并在交汇处存在夹角。结果

是,耳部测试会产生错误的或正或负的符号,产生不正确的三角形网格,如图 8.13(a)中所示的那样。

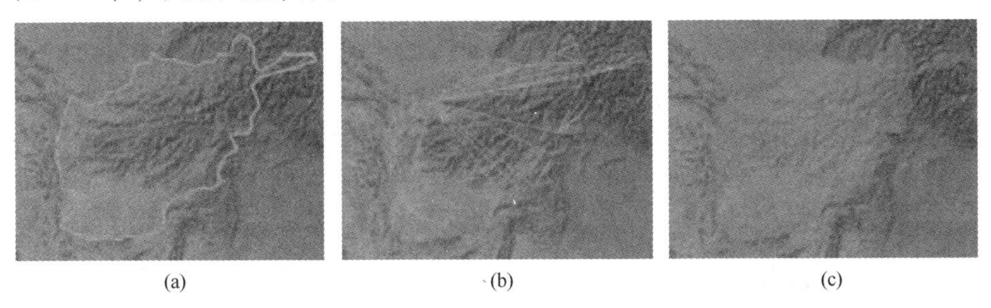

(a)　(b)　(c)

图 8.12　(a)阿富汗边界地封闭曲线多边形;(b)多边形的三角化;(c)采用半透明法绘制三角形。

(a)　(b)

图 8.13　(a)简单地将经度作为 x、将纬度作为 y 对椭球体上的多边形进行三角形化会产生不正确的三角形网格;(b)正确的三角化可以通过将多边形投影到切平面上或者将三角形测试中的 2D 点替换为无限锥体测试中的 3D 点来实现。

有两种方法可以实现正确的三角化,如图 8.13(b)中所示。一种方法是,将边界点投影到一个切平面中,然后采用 2D 耳部剪除来对平面上的点进行三角化。想象你位于椭球体的中心,向外看切平面。考虑多边形上的两个连续点。两条发自球体中心的穿过每个点的射线位于一个平面上,该平面与椭球体的相交在两点之间形成一条曲线(见 2.4 节)。这会产生一个特性,曲线被投影到平面上的线段,允许我们的耳部测试重返正确结果。通过投影到平面上将 3D 多边形三角化是一种常用的方法,并且是 FIST(快速高效三角形化)中采用的方法[70]。

另一种方法是修改耳部剪除方法来处理椭球体上的点。主要的着眼点在于,三角形测试中的 2D 点可以用无限锥体测试中的 3D 点来代替。无限锥体是由椭球体中心作为顶点,以椭球体表面上的三个点作为锥体底面,从中心点延伸线通过这三个点形成,如图 8.14 所示。锥体的内部是三个交平面的内部空间。每一个平面包含椭球体的中心以及两个三角形上的点。一个平面与椭球体的相交形成一条表面上两点之间的曲线,如图 8.14 所示。

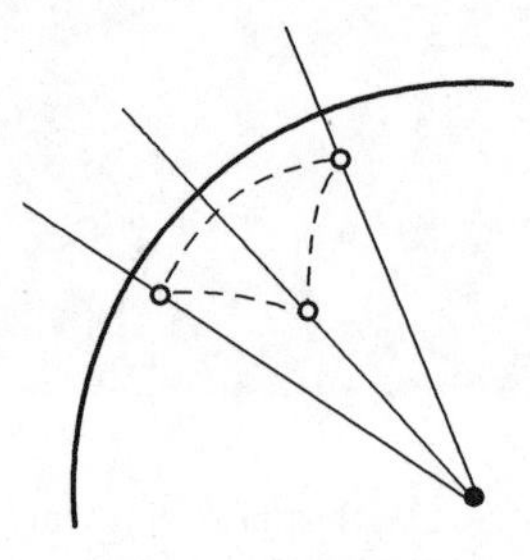

图 8.14　由椭球体中心点和三个表面上的点形成的无限锥体。当耳部剪除多边形位于椭球体上,在三角形上的点应当被无限锥体测试中的点代替。

无限锥体中的点的测试是由首先计算每一个平面的向外的法线来进行的。一个点如果位于每一个平面后,则它是位于锥体中的。由于锥体顶点位于所有的三个平面上,从顶点到考虑中的点的矢量与平面的法线矢量的点乘的符号决定了点位于哪个平面上。如果所有的三个点乘均为负,那么该点位于锥体中(见代码表 8.5)。

```
public static boolPointInsideThreeSidedInfinitePyramid(
Vector3D point,
Vector3D pyramidApex,
Vector3D pyramidBase0,
Vector3D pyramidBase1,
Vector3D pyramidBase2)
{
    Vector3D v0 = pyramidBase0 - pyramidApex;
    Vector3D v1 = pyramidBase1 - pyramidApex;
    Vector3D v2 = pyramidBase2 - pyramidApex;
    Vector3D n0 = v1.Cross(v0);
    Vector3D n1 = v2.Cross(v1);
    Vector3D n2 = v0.Cross(v2);
    Vector3D planeToPoint = point - pyramidApex;
    return(planeToPoint.Dot(n0) < 0)&&
    (planeToPoint.Dot(n1) < 0)&&
    (planeToPoint.Dot(n2) < 0);
}
```

代码表 8.5　如果点位于无限锥体中的测试

采用无限锥体测试中的点来代替三角形测试中的点,使得剪除椭球体上的多边形耳部的工作完成了一半。另一半是判断潜在的耳部的尖端是否是凸的。假设三个点形成椭球体表面上的三角形,(p_0,p_1,p_2),相对于多边形,沿着三角形外沿形成两个矢量:$\boldsymbol{u}=p_1-p_0$和$\boldsymbol{v}=p_2-p_1$。如果尖端p_1是凸的,$\boldsymbol{u}$ 和 $\boldsymbol{v}$ 的叉乘应当服从表面向上的矢量方向。这可以通过检查点乘p_1-0 的符号来进行验证,如代码表 8.6 所示。

```
private static bool IsTipConvex(Vector3D p0,Vector3D p1,
Vector3D p2)
{
    Vector3D u = p1 - p0;
    Vector3D v = p2 - p1;
    return u.Cross(v).Dot(p1) >= 0.0;
}
```

代码表 8.6 测试椭球体上潜在的耳部是否是凸的

椭球体上多边形的耳部剪除现在是一个简单的事情,即采用 Vector3D 代替 Vector2D,并且采用我们新的 PointInsideThreeSidedInfinitePyramd 和 IsTipConvex 方法,来改变我们的 2D 耳部剪除实现。输入是 WGS84 坐标系中的多边形的闭合线。完整的代码执行在 OpenGlobe. Core. EarClippingOnEllipsoid 中提供。可以将它与 OpenGlobe. Core. EarClipping 中的二维实现进行对比。

除了创建三角形网格用于绘图,三角化在对于多边形中的点测试也非常有用。一个椭球体表面上的点,如果它位于多边形三角化的由每一个三角形形成的任何无限锥体中,那它也位于表面上的多边形内。一个相当高效的做法是,为每一个锥体平面预计算法线,并简化每一个点的锥体测试为三个点乘。地理空间分析,例如多边形点测试,是 GIS 应用的面包和黄油。

8.2.3 耳部剪除优化

假设数字地球用户想要对大量的地理空间多边形进行可视化,且每一个多边形包含大量的点,那么对耳部剪除进行优化就非常重要,因为通常的实现方法具有 $O(n^3)$复杂度,可缩放性较差。幸运地,这是最糟糕情况下的运行时间,实际上,通常的实现方法的复杂度更接近于 $O(n^2)$。但是仍然有足够的优化空间。

首先,让我们来理解为什么运行时间是 $O(n^3)$;三角形包容测试为 $O(n)$,寻找下一个耳部为 $O(n)$,并且耳部需要 $O(n)$。尽管三角形包容测试为 $O(n)$,当耳部尖端被移除时,n 减小。实际上,发现下一个耳部比 $O(n)$ 被发现得更快,这也是为什么利用真实多边形时算法很少触及它的上限 $O(n^3)$ 的上限。

至少耳部的复杂度 $O(n)$ 总是需要的,但是另外两步可以被进一步提升。事实上,$O(n)$ 对于下一个耳部的寻找是可以被消除的,从而导致最糟糕情况的运行时间 $O(n^2)$。关键在于,移除耳部尖端仅仅影响三角形耳部至其左方和右方,因此,在初始多边形建立后,对于下一个耳部的 $O(n)$ 寻找是不作要求的。这确实需要一些额外的开销。

Eberly 描述了一种同时维持四个双向链表的实现:所有多边形点的链表,仅包含映射点(reflex points)的链表,仅包含凹形点的链表,以及耳部尖端链表[44]。映射点是指那些入射边形成的内角大于 180°的边点。维持这样一个链表的原因是只有映射点需要在三角形包容测试中被考虑,该测试将运行时间降至 $O(nr)$,其中 r 为映射点数。对于地理空间多边形,包括邮区、州和国家,Ohlarik 发现,一个多边形的 40% ~50% 的初始点为映射点[127]。

最后一个需要考虑的瓶颈是用于三角形包容测试的线性搜索,现在的 $O(r)$。这可以通过将映射点存储在空间二叉树的叶节点来替代[127]。线性搜索这时可以仅仅用对叶子映射点的测试来替代,该叶子以 AABB 的形式覆盖问题中的三角形。经验上,尽管需要创建树结构,该优化对地理空间多边形具有非常好的缩放效果。

类似地,Held 陈述了对于地理空间散列法的详细使用描述和分析,同时采用了包围盒树和常规网格方法,来优化耳部剪除[69]。尽管几何散列法不需要提高最糟糕情况的运行时间,在实际上,它可以获得接近于 $O(n)$ 的运行时间。

小练习:

> 将上述优化方法的任何一种加入到 OpenGlobe. Core. EarClipping 中。记录前后时间。运行结果是否总是如你所期望?

8.2.4 细分

如果球体是平坦的,在三角形化之后就可以进行多边形绘制了,但是请考虑图 8.15(a)中所示的大三角形的线框图的绘制。从该视角看去,该三角形看起来是在椭球体的表面上的。通过观察三角形的边,如图 8.15(b)和(c)所示,很清楚仅仅三角形的端点是在椭球体上的;三角形本身明显是在表面之下的。我们真正想要的是三角形在椭球体上的投影,如图 8.15(d)所示,或者甚至是在椭球体之上一个固定的高度。事实上,我们想要一条近似的椭球体和无限锥体的交线,该无限锥体由椭球体的中心和三角形形成(回顾图 8.14)。这将会产生三角形端点之间的曲线。

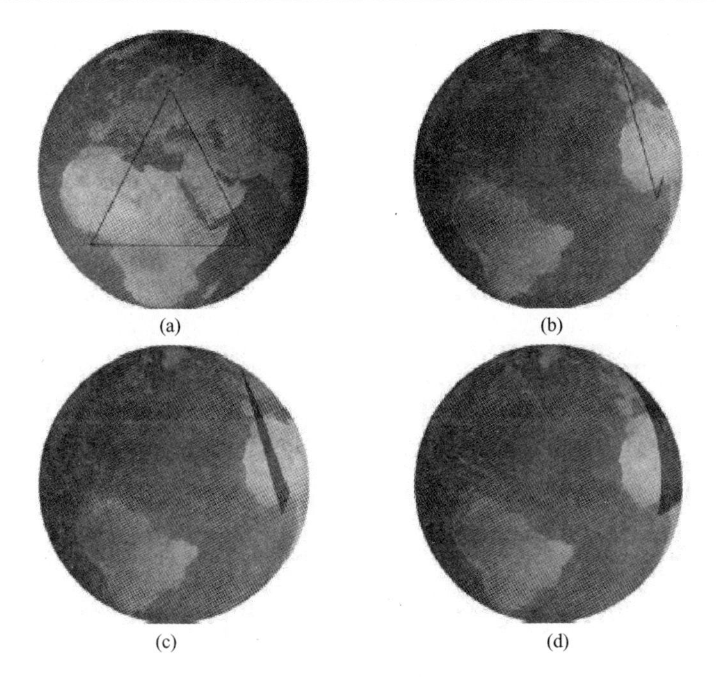

图 8.15　(a)从该视角看,三角形看起来位于球体上;(b)实际上,仅仅其端点位于球体上;(c)填充后,该三角形表现为位于球体下方且部分切割;(d)希望的结果,要求对三角形进行细分。

为了近似三角形的投影,我们在三角形化之后立即采用一个细分步骤(见图 8.16)。该步骤非常类似于 4.1.1 节中讨论过的表面细分算法,该算法将一个常规的四面体细分为椭球体。这里,我们的想法是将每一个三角形细分为两个新的三角形,直至满足停止条件。

我们采用粒度作为我们的停止条件。考虑两个点,p 和 q,形成三角形的一条边。粒度为 $\boldsymbol{p}-\mathbf{0}$ 和 $\boldsymbol{q}-\mathbf{0}$ 之间的夹角。为了满足我们的停止条件,三角形中的每条边的粒度需要少于或者等于一个给定的粒度(例如:1°)。如果停止条件没有被满足,通过采用最大的粒度将边一分为二,三角形被分为两个。通过该方法递归继续下去,直至所有的三角形满足停止条件。在此时,细分三角形仍然与初始三角形位于同一平面上。我们管线的最后一步是将其提升至椭球体的表面或者上方。

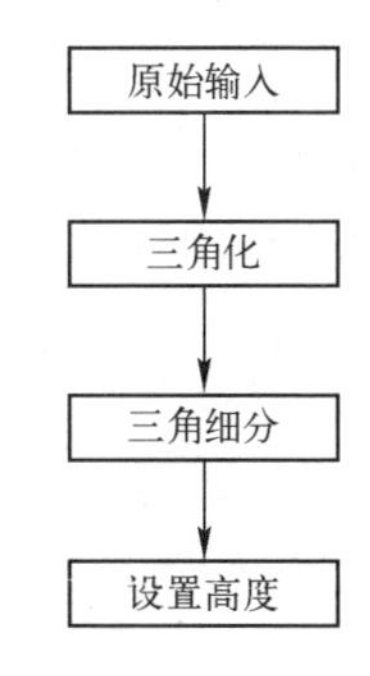

图 8.16　紧随三角形化之后的细分步骤

在 4.1.2 节中,我们提出了一种四面体细分算法的递归实现。这里,我们将提出一种基于队列的细分实现。完整的代码包含在 OpenGlobe. Core. TriangleMeshSubdivision 中。该方法以位置和从三角形化和粒度计算而来的索引作为输入,返回一系列新的满足停止条件的位置和索引(见代码表 8.7)。

```
public class TriangleMeshSubdivisionResult
{
    public ICollection < Vector3D > Positions { get; }
    public IndicesUnsignedInt Indices { get; }
    //...
}
public static class TriangleMeshSubdivision
{
    public static TriangleMeshSubdivisionResultCompute(
    IEnumerable < Vector3D > positions,
    IndicesUnsignedInt indices, double granularity)
    {
        //..
    }
}
```

代码表 8.7　用于细分的方法

该算法通过管理两个队列和一个位置链表来发挥作用。triangle 队列包括可能被细分的三角形,done 队列包括已经满足停止条件的三角形。首先,所有输入三角形的索引被置于 triangle 队列中,输入位置被复制到一个新的位置链表 subdividedPositions 中。当 triangle 队列非空时,一个三角形被取出并且计算每一条边的粒度。如果没有比输入粒度更大的粒度,该三角形则被置于已完成队列。否则,具有最大粒度边的中点被计算,并且被增加到 subdividePositions 中。这时,两个新的细分三角形被置于 triangle 中,并且该算法继续进行。一个细分例子如图 8.17 所示。

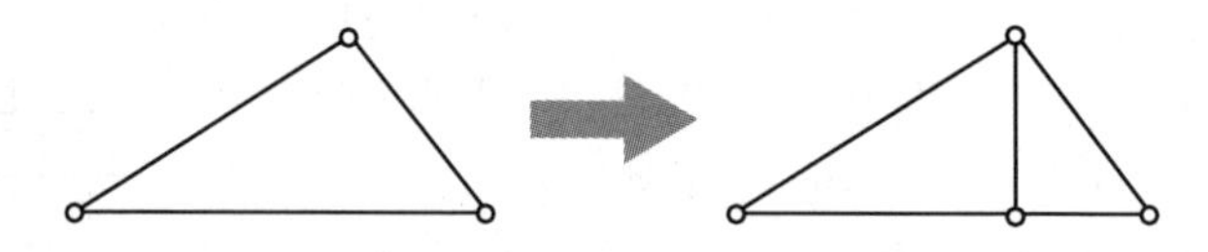

图 8.17　通过将具有最大粒度的边一分为二,将三角形细分为两个。

该实现可以导致许多复制点。例如,考虑两个共享一条边的相邻的三角形。由于每一个三角形被独立地细分,每一个三角形都将细分这条共享边,并且将相同的位置加入到 subdividePositions 中。一个避免这种复制的简单方式是建立一个细分边缓存,并且在细分一条边之前检查缓存。为了执行该方法,首先创建一个三角形边类。它仅简单地需要存储两个索引,如代码表 8.8 中所示。

```
public struct Edge : IEquatable < Edge >
{
    public Edge(int index0,int index1) { /*... */}
    public int Index0 { get;}
    public int Index1 { get;}
    //...
}
```

代码表 8.8　三角形的一条边

这时,细分算法需要一个从边到位置索引的词典,当边被细分,该位置索引可以创建,如下所示:

```
Dictionary < Edge,int > edges = new Dictionary < Edge,int >();
```

考虑一个需要沿着边被细分的三角形,该边的索引为 triangle. I0 和 triangle. I1,它们与位置 p0 和 p1 相对应。不考虑边缓存,代码如下:

```
subdividedPositions. Add((p0 + p1) * 0.5);
int i = subdividedPositions. Count - 1;
triangles. Enqueue(
new TriangleIndicesUnsignedInt(triangle. I0,i,triangle. I2));
triangles. Enqueue(
new TriangleIndicesUnsignedInt(i,triangle. I1,triangle. I2));
```

包含边缓存,首先对一个具有相同索引的细分边检查缓存。如果该边存在,则细分点的索引从缓存中检索。否则,边被细分,新的位置加入到 subdividePositions,一个缓存中的入口建立如下:

```
Edge edge = new Edge(Math. Min(triangle. I0,triangle. I1),
Math. Max(triangle. I0,triangle. I1));
int i;
if(!edges. TryGetValue(edge,out i))
{
    subdividedPositions. Add((p0 + p1) * 0.5);
    i = subdividedPositions. Count - 1;
```

```
    edges.Add(edge,i);
}
//...
```

边的查找方式是:采用最小索引作为第一个参数,最大索引作为第二个参数,因此,边(i_0,i_1)与(i_1,i_0)。相等。

小练习:

> 尝试利用 OpenGL 4 中介绍的可编程嵌入式步骤,在 GPU 上实现一个合适的细分算法。

8.2.5 设置高度

我们管线中的最后一步也是最简单的一步。通过调用 Ellipsoid.ScaleToGeocentricSurface(见 2.3.2 节),细分步骤中的每一个位置都被缩放到表面。线框图结果如图 8.18 所示。

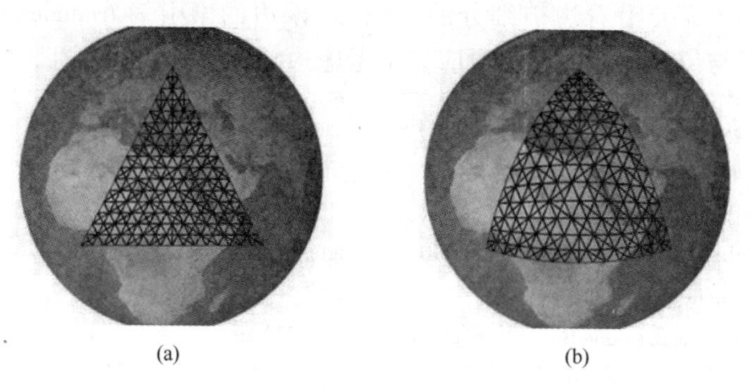

(a) (b)

图 8.18 (a)图 8.15(a)中的三角形采用 5°分隔尺寸粒度细分之后的状态;(b)相同的线框图,缩放所有位置至表面后。

8.2.6 绘制

一旦根据多边形管线产生三角形网格,绘制会很容易。多边形通常采用半透明绘制,如贯穿本章的图片所示。这可以通过采用一个融合方程来实现,该方程在源参数$source_{\alpha}$和上增加一个目标参数 $1 - source_{\alpha}$。

对于光照,可以采用椭球体的几何表面法线(见 2.2.2 节),在片元 shader 中预先计算多边形的法线。这利用了多边形位于椭球体上的优势;我们不能为空间中的任意多边形采用椭球体的法线。

即使后端面剔除通常仅用于闭合不透明的对象，也可以用于绘制我们的半透明多边形，前提是多边形直接绘制在椭球体上，也就是说，采用高度为0。这消除了球体背面三角形的栅格碎片。

多边形管线及绘制的完整实现包含在 OpenGlobe. Scene. Polygon 中。

8.2.7 管线修正

多边形管线是我们已经在 STK 和 Insight3D 中多年所用的子集。有一些额外的步骤和有价值的修正值得考虑。对于初学者而言，三角化步骤可以被修正为支持带孔多边形。典型地，常见规则是外部边界有一个弯转顺序，内部孔边界有相反的弯转顺序。利用耳部剪除对这些多边形进行三角形化的关键是，首先，对于每一个孔，通过在两个方向上增加连接彼此可见点的两条边，将多边形转换为一个简单的多边形。Eberly 描述了这种算法[44]。

可以增加一些步骤以提高绘制性能。可以计算多 LOD。一种方法是在高度设定步骤之后计算分散 LOD。对于一个快速和容易编程的算法而言，可参考顶点聚类[106,146]。对于一个速度和可视化逼真度之间的平衡，考虑二次曲面误差测度[55]。通过在早期停止细分，可以计算 LOD，作为细分步骤的一部分，以创建低阶 LOD。缺点是，在最初的三角形化中，每个 LOD 将包括所有三角形。

与折线类似，数字地球中的多边形被典型地绘制为层的一部分，该层可能仅对特定观察高度或者观察距离可见。这可以使得个别多边形的 LOD 不是那么有用，因为在多边形的低阶 LOD 被绘制之前，多边形的层可能就已经被关闭了。

为了提高绘制量，顶点和索引可以被存储在 GPU 顶点缓存布局中[50,148]。该步骤可以放在细分之后或者 LOD 计算之后。如果使用 LOD，每一个 LOD 的索引应当被独立地记录。

如果多边形将被剔除，那么一个包围球或者其他包围盒计算步骤可以加入到管线中。在许多情况下，只有边界点是判断球体所必需的。然而，我们可以构想一个真实的扁椭球上的多边形，该扁椭球不是真实的，这要求一个鲁棒性强的解决方法来考虑细分之后所有的点。

最后，通过合并管线步骤实现性能提升是一个值得关注的方法。多边形的遍历次数越少，导致内存访问越少，从而缓存缺失就越少。特别地是，合并细分步骤和高度设定步骤非常容易。包围盒也可以与其他步骤合并。尽管合并步骤可以导致一个性能提升，但也带来了更少的整理代码的维护开销。

8.3 地形上的多边形

多边形管线是一个绘制椭球体上多边形的极好的方法。我们已经在商业产品上获得多年的成功应用。然而,如果球体不是简单椭球体,并且包括地形,会发生什么?多边形的三角形网格将会在地形之下进行绘制,或者在海下地形中高于它。这是因为三角形网格近似于椭球体,而不是地形。这里,我们引入对多边形管线的修正,以及一种基于阴影体的新方法来绘制地形网格,使得多边形适应地形,如图 8.19 和图 8.20(a)所示。

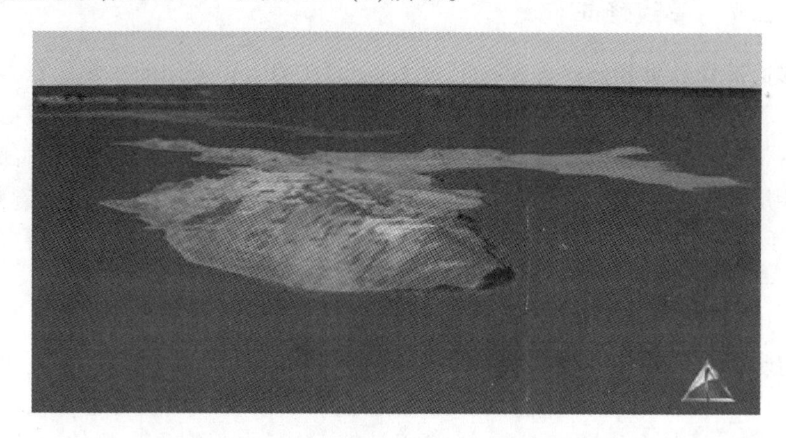

图 8.19　基于阴影体来绘制的多边形可以适应地形(图片来自 STK)

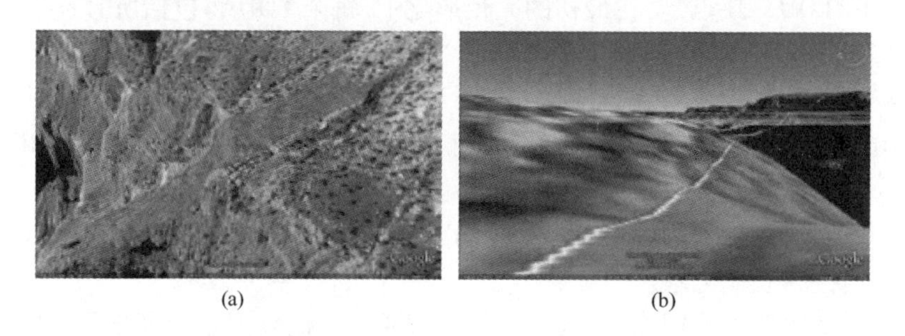

(a)　(b)

图 8.20　(a)采用纹理绘制的适应地形的多边形(图片版权:2010 DigitalGlobe);(b)当缩放较近时,沿着边界产生的锯齿。(图片 USDA 农场服务局,图片 NMRGIS,版权:2010 DigitalGlobe,从谷歌地球中获取)

8.3.1　绘制方法

在详细描述我们的方法之前,让我们考虑一些可供选择的方法:

- 地形近似三角形网格。或许,使得三角形网格适应地形的直观方式是修改管线中的高度设置步骤(见 8.2.5 节)。也就是说,不是将网格中的每一个位置提升至椭球体表面,而是将每个位置提升至地形表面。当然,这需要一个函数,可以返回给定地理位置的地形高度。

尽管该方法很简单,它确实不能产生满意的视觉质量。有时一个多边形的三角形将与地形共面,另一些时候,它们将位于地形之下,从而产生明显的绘制失真。这不能通过技术方式比如平均深度(见 7.2 节)来解决,因为三角形网格需要进行以地形的真实深度值为标准的深度测试。更进一步,大部分地形是采用 LOD 实现的;当地形 LOD 随着观察者缩放视角发生改变时,将出现不同的失真。

- 绘制到纹理。一个替代性的方法是绘制多边形到纹理中,然后利用多纹理混合将纹理绘制到地形上。如 8.1 节中所述,该方法的一个主要的缺点是如果纹理分辨率不够高,会产生锯齿,如图 8.20(b)所示。另外,创建纹理是一个缓慢的过程,使得该方法对于动态多边形变得不那么有吸引力。

第三种方法基于阴影体[36,149]。一个三角形化的多边形被提升至地形之上,复制一份,然后被降低至地形之下,形成一个包围该地形的封闭立体,如图 8.23(b)所示。地形与立体图形的相交部分采用阴影体绘制方法进行投影。该方法有如下几个好处:

- 视觉质量。沿着多边形边界线没有锯齿产生。阴影体和地形的交叉精确至像素。当观察者缩放时,多边形的视觉质量不会改变。
- 从地形绘制分开。分别绘制多边形且与地形保持独立。采用何种地形 LOD 算法或者根本就是用了 LOD 方法是没有关系的。仅有的要求是,多边形的阴影体需要把地形围起来,并且它需要在地形之后进行绘制,此时地形深度缓存是可以利用的。
- 低内存要求。对于许多多边形,该方法比绘制纹理利用更少的内存。阴影体拉伸可以在几何渲染器中完成,进一步减小内存要求。
- 多功能性。该方法通常可以被推广用于投影模型或者任何与阴影体相交的几何体。

8.3.2　阴影体

在详述怎样用其绘制多边形之前,让我们首先看一看一般意义上的阴影体。一种阴影绘制的方法是采用阴影体和模板缓存来判断阴影中的面积[68]。这些面积仅仅利用周围的和发射状的组件来进行投影,然而场景的其余部分被完全投影,包括散射和反射的部分。

考虑一个点光源和一个单独的三角形。投射三条光线,每条光线穿过三角形的一个点。在三角形的旁边,与点光线方向相反的方向,形成一个截去顶端的无限四面体,即阴影体,如图 8.21(a)所示。

位于阴影体内的对象当然就处于阴影中。这是由一个个像素的基础决定的。想象从眼睛发射的射线穿过一个像素。初始计数值为0。当射线与阴影体的前表面相交时,计数增加。当射线与后表面相交时,计算减小。当射线最终与对象相交,如果计数非零,对象就处于阴影中。否则,对象就不处于阴影中(见图8.21(b))。这对于非凸形体积和多重叠体积是有效的。

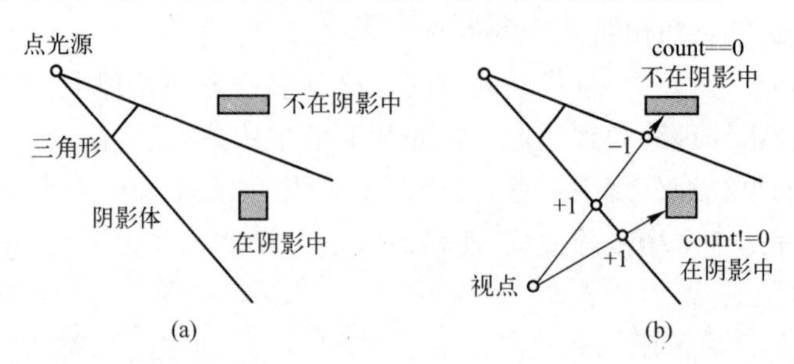

图8.21 (a)由点光线和三角形形成的阴影体的侧视角。位于体积内的对象处于阴影中;(b)概念上,射线从眼睛出发,穿过像素来判断一个对象是否位于阴影中。

在实际中,这通常采用模板缓存来实施。场景绘制算法如下所示:

- 将整个场景绘制到颜色缓存,以及仅有环境和运动组建的深度缓存。
- 关闭颜色缓存和深度缓存的写入功能。
- 清空模板缓存,打开模板测试。
- 绘制所有阴影体的前表面。每个投影了阴影的对象将拥有一个阴影体。在该过程中,为片元增加模板值,片元将传递到深度测试。
- 绘制阴影体后表面,减小片元的模板值,片元将传递到深度测试。
- 此时,如果像素的模板值非零,那么就处于阴影中。
- 打开颜色缓存的写功能,设置深度测试为小于或者等于0。
- 再次绘制整个场景,带有附加的散射和反射组件,以及当值非零时传递的模板测试。仅仅那些不处于阴影中的片元将利用散射和反射组件进行投影。

当绘制阴影体前表面和后表面时,分别增加和减少模板值,发射射线穿过场景来判断处于阴影中的面积。尽管这被描述为两个步骤,但它可以在一次实现中通过双面模板来完成,在同一次绘制中,模板允许对前表面和后表面的三角形进行不同的模板操作。这是OpenGL 2.0的核心特征。

上文中描述的算法被称为z-pass,因为当片元通过深度测试时,模板值被修正。当观察者在体内或者近平面与其相交,该算法不能通过。由于部分阴影体被近平面剪切掉,计算出现错误,导致不正确的阴影测试,如图8.22所示。可以将问题移到远平面处,通过采用z-fail阴影体,可以更加容易地进行处理[15,89]。采用z-fail,阴影体的前表面和后表面绘制改变为:

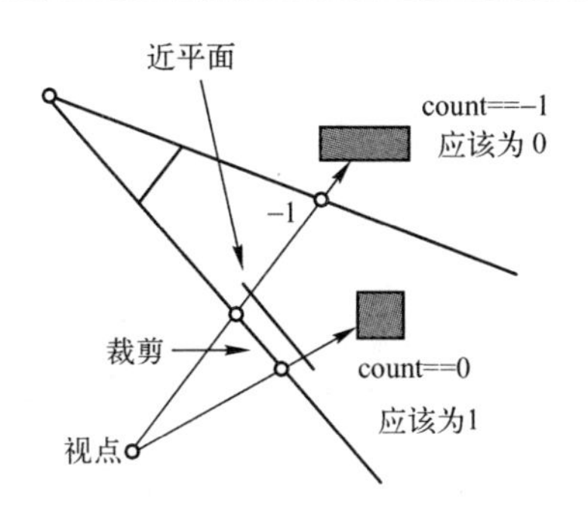

图 8.22　当阴影体被近平面剪裁时 z - pass 阴影体导致不正确的计数

- 绘制阴影体后表面,如果碎片未能通过“少于”深度测试,增加模板值。
- 绘制阴影体前表面,如果碎片未能通过“少于”深度测试,减小模板值。

这也要求阴影体在其远端是闭合的。如果阴影体被远平面剪裁,不正确的计数仍然会产生。这可以采用深度压制在硬件中解决,它也是 OpenGL 3.2 中的核心特征。深度压制允许远平面或者近平面的几何裁剪,从而使其被光栅化,并且将深度值通过写入的方式压制到远处的深度范围。

8.3.3　采用阴影体绘制多边形

由于阴影体被用于绘制阴影,我们应怎样用它们来绘制适应于地形的多边形呢? 有两个关键点如下:

- 阴影体用于判定阴影中的面积。无论我们怎样选择,都能构建阴影体;事实上,它可以是包围一个地形多边形区域的体积,如图 8.23(b)中所示的那样。
- 阴影中的面积仅用环境和发射组件投影,但是无论我们更喜欢什么,我们可以真正投影阴影中的面积。我们可以如常绘制球体和地形,围绕包围地形的多边形建立阴影体,然后对“阴影中的”面积进行投影,也就是阴影体中的地形,用多边形的颜色调整颜色缓存。结果如图 8.23(c)所示。

算法从多边形的边界线开始,如图 8.23(a)所示。然后,遍历多边形管线中的所有步骤(除了最后一步):输入整理、三角化和细分。最后一步,设置高度,用“建立阴影体”来代替。

在这一步中,沿着椭球体的大地表面法线,提升每一个位置,形成一个位于地形之上的网格,这是阴影体的顶盖。类似地,沿着大地表面法线的反方向,降低每一个顶点,形成地形之下的底盖。最后,沿着多边形边界创建一道墙,该边界连接底盖和顶盖,形成一个闭合的阴影体。该过程如图 8.24 所示。

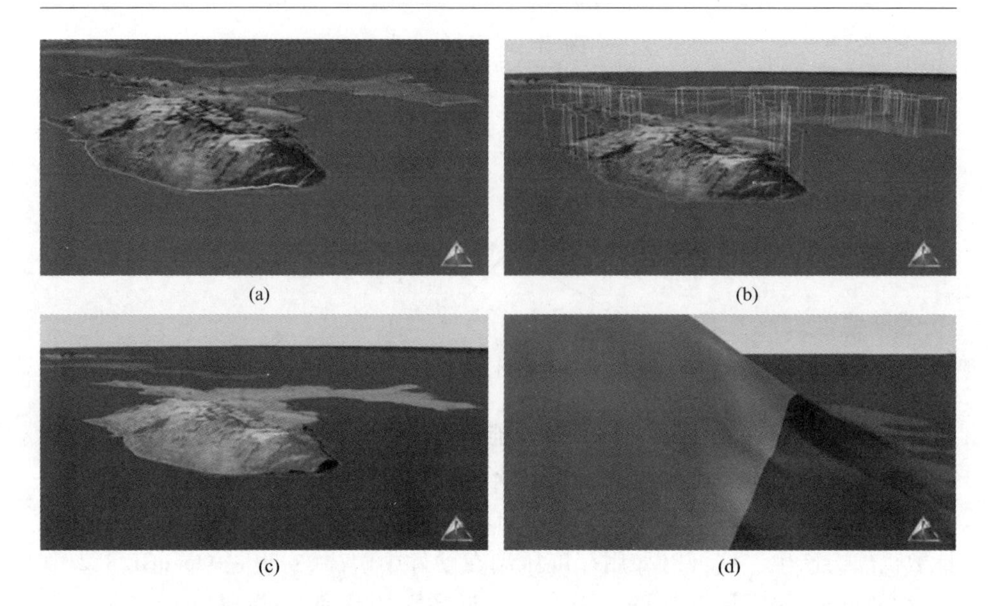

图 8.23 (a)多边形的轮廓表现为白色;(b)轮廓线被三角形化和拉伸,形成一个与地形相交的阴影体;(c)采用阴影体在地形上绘制多边形;(d)将多边形缩放至近处,不会产生锯齿失真。(图片从 STK 中截取)

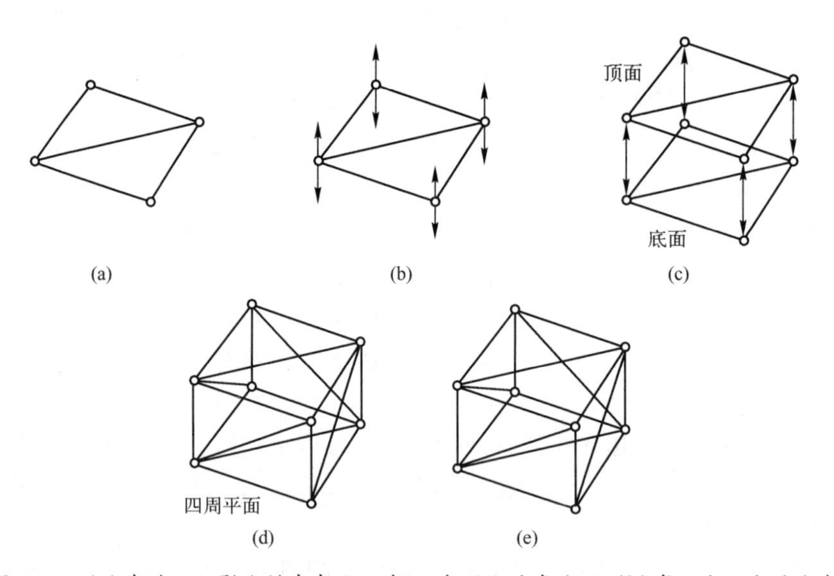

图 8.24 (a)在进入阴影体创建步骤之前,三角形化的多边形;(b)每一个顶点的法线及其相反方向;(c)通过拉伸每一个顶点形成顶盖和底盖;(d)三角形带形成连接顶盖和底盖的一道墙;(e)包含顶盖、底盖以及墙的多边形的完整的阴影体。

一旦为多边形创建了阴影体,绘制多边形与之前描述的阴影体的绘制算法相类似。多边形可以在含有地形的球体上绘制,或者只是在椭球体上。所有的要求是,在绘制多边形之前,写入深度缓存。步骤如下:

- 绘制球体和地形到颜色和深度缓存。
- 关闭颜色缓存和深度缓存的写入功能(见 8.3.2 节)。
- 清空模板缓存,打开模板测试(与 8.3.2 节相同)。
- 利用前文描述的 z - pass 或者 z - fail 算法,绘制每一个多边形的阴影体的前表面和后表面至模板缓存(见 8.3.2 节)。
- 在该点处,对于被多边形覆盖的球体/地形像素,模板缓存是非零的。
- 打开色彩缓存的写入功能,设置深度测试为小于或者等于 0(与 8.3.2 节相同)。
- 根据非零通过的模板测试,再次绘制每一个阴影体。最常用的片元投影的方式是,基于多边形的 alpha 值,采用融合方法,用球体/地形的颜色调整多边形的颜色。

和阴影不同,为多边形使用阴影体不需要两次绘制整个场景。作为替代选择,最后一遍仅仅绘制多边形阴影体,而不是全部场景。如果所有的多边形是相同的颜色,用"屏幕对齐平方"替代第二遍绘制,可以提升性能表现。这样做减少了几何负担,可以减少填充率,因为阴影体的深度复杂性非常高,尤其是对于水平观察,此时绘制四面块的深度复杂度总是为 1。

8.3.4　优化

利用阴影体法绘制多边形使用了大量的填充率。事实上,对于那些最后一轮中未通过模板测试的片元,存在大量的光栅化浪费。一条穿过这些像素的射线穿过阴影体,而不与球体或者地形相交。当直接向球体上看去时,没有光栅化浪费的开销,但是水平观察会有大量的开销,如图 8.25 所示。

最小化光栅化开销的一种方式是利用紧合的阴影体。最简单的拉伸顶盖和底盖的方式是沿着球体最大地形高度将顶盖上移,以及沿着最小地形高度将底盖下移。这可以产生很多浪费,它创建高而且薄的阴影体,其为水平观察者生成非常少的投影像素。一个更加复杂的方法是将最小和最大地形高度存储在网格或者覆盖球体的四叉树中。被多边形覆盖的地形的近似最小和最大高度被用来判定底盖和顶盖的高度。当地形具有高的尖峰以及低谷时,这仍然会导致许多光栅化浪费。为了解决这种情况,一个阴影体可以被打散为小块,每一块具有不同的顶盖和底盖高度。利用多个小块,通过增加顶点处理来平衡减少填充率。

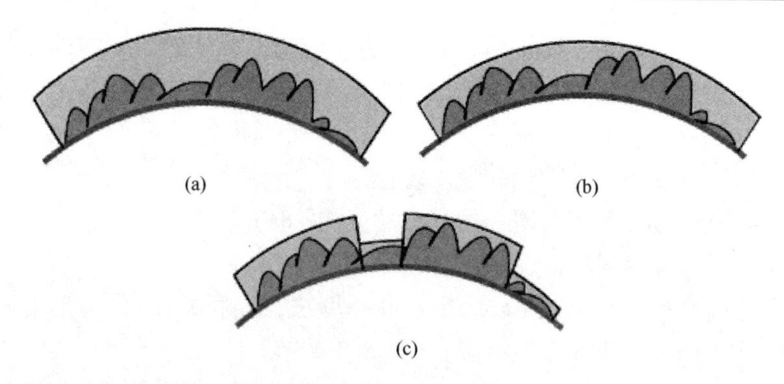

图 8.25　阴影体光栅化开销如图中灰色所示。(a)用球体的最大地形高度作为阴影体的顶盖,导致最浪费的光栅化;(b)用地形的最大地形高度作为阴影体地顶盖,可以减小光栅化的开销;(c)将阴影体打散为块,并且利用每一块中的最大地形高度作为顶盖,可以进一步减小光栅化开销。

通过使用一个几何 shader,可以减少顶点的内存需求。不在 CPU 上创建阴影体,作为代替,可以采用最初的多边形三角化在 GPU 上创建。几何 shader 输出拉伸的顶盖和底盖以及连接墙。该方法的额外好处是,如果地形 LOD 需要阴影体动态改变其高度,它也可以在 GPU 上完成。

就像正常的网格,GPU 顶点缓存的阴影体网格可以优化,并且有 LOD 应用。另外,当观察者足够远,阴影体可以用简单的悬浮于地形之上的网格来替代。在这样的观察距离上,由阴影体引发的额外的填充率通常不是一个问题,但是通过不使用阴影体,绘制次数的数量被减少。

8.4　资源

网络上有许多关于三角形化的讨论[44,69-71,127]。实时绘制包括极好的对于阴影体的一般综述[3]。近些年,利用阴影体来绘制折线和地形上的多边形已经在研究文献中获得关注[36,149]。

第九章　球面布告板

布告板是一个平行于视口的四边形纹理贴图，所以布告板能够始终面向观察者。为了能够支持非四边形的形状，纹理贴图支持透明的 alpha 通道，如图 9.1 所示。

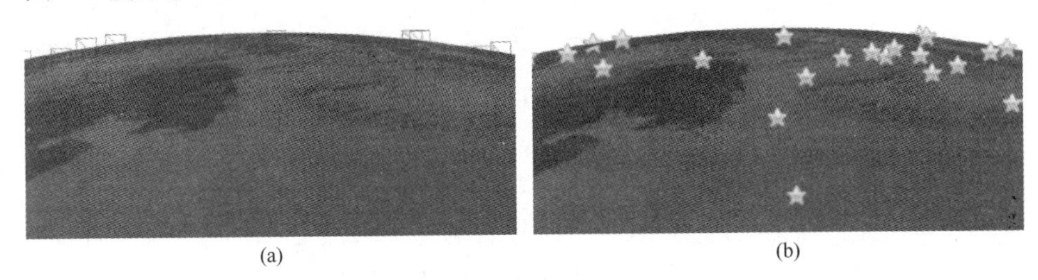

(a)　　(b)

图 9.1　(a)布告板利用两个与屏幕平行的三角形来生成一个四边形；(b)纹理 alpha 通道用于剔除透明的部分。

公告板也称为精灵(*sprite*)，在数字地球中有非常重要的应用，特别是在一些类似地名标注(比如城市、地标、图书馆、医院等)的单点标注中应用非常广泛(图 9.2(a))。这些标注点可以是静态的，也可以是动态的，比如可以用图标表示一个飞行中的飞机。很多数字地球应用还允许使用者动态地在球面上进行标注(比如 Google Earth 中的地名标注和 ArcGIS 中的标点)。

除了图标，布告板还被用于渲染始终朝向视点的文字，如图 9.2(b)所示。

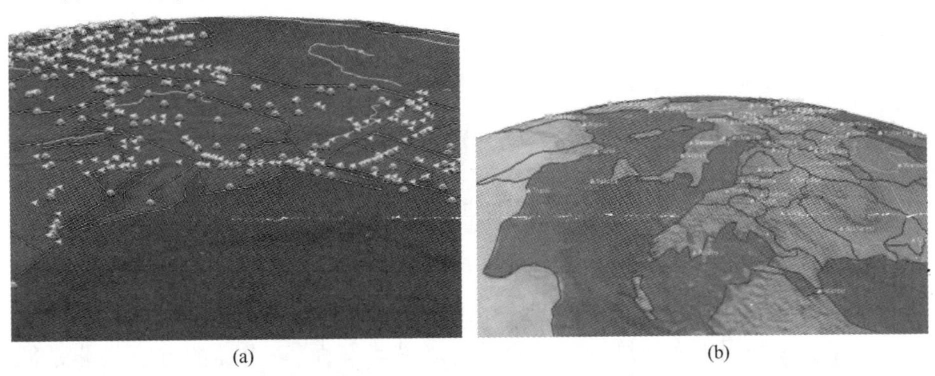

(a)　　(b)

图 9.2　(a)用布告板图标表示全美机场和火车站；(b)布告板图标表示的欧洲城市。

在很多情形下一个点包含了多个信息,比如在图标边上的文字标签。在数字地球中,有些文字还需要渲染卫星影像,比如说道路的名称渲染到道路影像中,对于这类文字,当观察者在影像一侧进行观察时,观察的效果不太好。

布告板还可以应用到其他很多的场景:植物的渲染,在低分辨率的情况下用以代替 3D 模型;可以用于许多基于图像的效果渲染(包括云、烟和火)。本章主要阐述利用布告板渲染基于 GIS 数据的图标和文字。

9.1 基础渲染

首先,我们将纹理放到一边,讨论一下布告板渲染算法,重点是渲染一个与屏幕平行的、像素大小恒定的四边形。需要注意到,布告板的位置是由模型坐标系或世界坐标系定义的,而它的大小是由像素定义的,因此,布告板的大小在模型空间中是随视点的变化而变化的,比如,一个大小为 32 ×32 像素的机场布告板,当视点很近时(街道级),布告板覆盖的大小是几米;当视点拉远时,布告板的像素尺寸依然不会改变,但是它所覆盖的面积必然增大。这也就意味着,当视点变化时,渲染算法需要重新计算布告板在世界坐标系中的大小,以使得其能够保持在屏幕上的大小。

基本方法是将布告板中心点的坐标由模型坐标系转换至窗口坐标系,然后缩放布告板的纹理大小,利用简单的 2D 偏移为视口对齐的方块计算角点。方块由两个三角形构成,采用正交投影进行绘制(见图 9.3)。在窗口坐标系中,布告板很容易与视口对齐,并且维持固定的像素大小。这一过程与 7.3.3 节中渲染具有固定像素宽度的线条非常相似。有多种方法可以实现上述转换:

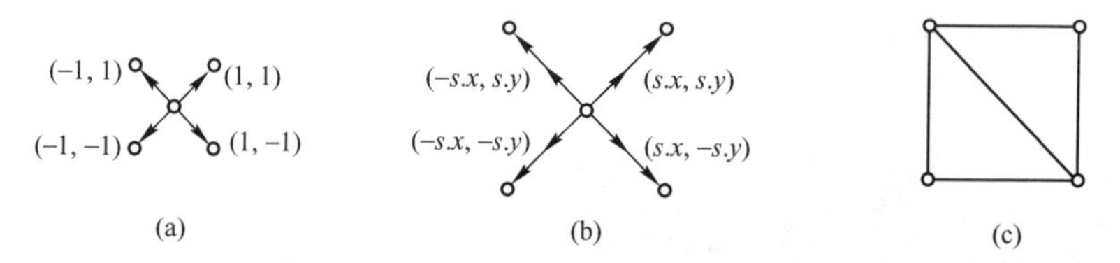

图 9.3 (a)一旦转换到窗口坐标,布告板的位置就被复制并移动到方块的每个角点;(b)转换被缩放为纹理尺寸 s 的 1/2,以计算实际的角点;(c)结果是用两个三角形组成的三角形带进行建模。

- CPU。在可编程硬件出现之前,通常采用 CPU 来转换布告板,然后绘制方块,要么采用 OpenGL 模式一次绘制一个,要么采用客户端的顶点数组在一次调用中完成绘制。就今天的硬件水平而言,上面的方法是非常低效的。事实上,每个布告板都导致了大量的 CPU 开销,系统总线流量,以及系统高速内存丢失。此外,当 CPU 不得不将布告板传送到 GPU 时,CPU 不能实现快速传递,从而不能得到充分利用。内存带宽和处理器能力之间的鸿沟不断增大,将导致上述方法更加糟糕。必须探索更好的方法!实际上,由于每个布告板都能被独立地转换,GPU 是理想的实现方法。

- 点精灵。为了利用 GPU 实现布告板绘制,OpenGL 和 Direct3D 都开发了一个称为点精灵的函数[33]。点精灵扩展了点渲染,允许在 GPU 上将所有点光栅化为纹理方块,消除了在 CPU 和系统总线上转换每个布告板的需求,且仅需要 1/4 的内存。尽管点精灵能够提供显著的性能改进,但今天我们也很少使用它,因为更灵活的方法已经出现,也就是使用 shader。实际上,Direct3D 10 已经抛弃了点精灵函数。
- 顶点 shader。布告板直接在顶点 shader 中实现。用两个三角形构成的四边形来描述布告板,四边形的 4 个顶点由自己定义。每个顶点存储了布告板的模型位置和 4 个点(-1, -1),(1, -1),(1,1),(-1,1)的偏移向量(见图 9.4)。顶点 shader 将布告板的模型位置转移到窗口坐标,并且使用偏移向量和纹理尺寸将顶点转移到四边形的角点。与点精灵相似,它将所有的转换移动到 GPU 上,但是它比点精灵消耗了四倍于顶点数量的时间,并且由于偏移向量的原因,它需要大量的顶点。幸运的是,几何 shader 可以用来保持一个基于 shader 方法的灵活性,而不需要复制顶点。

位置缓冲:	p0	p0	p0	p0
偏移缓冲:	(-1, -1)	(1, -1)	(1, 1)	(-1, 1)

图 9.4　使用顶点 shader 方法渲染单个布告板的顶点缓冲,布告板的位置 p0 复制到了布告板的每个顶点。

- 几何 shader。布告板渲染是非常重要的几何着色的例子,这也是为什么 NVIDIA 和 ATI 的编程指南都会提及它的原因(在点精灵主题之下)[123,135]。它的实现作为点精灵的固定功能之一,满足顶点 shader 布告板的要求。为每个布告板绘制一个点,几何 shader 将每个点转换到窗口坐标,并且输出一个视口对齐的四边形。这一操作具有顶点 shader 版本的所有灵活性,其时间消耗仅有顶点数量的 1/4,并且无需偏移向量。在一个极简的实现中,每个布告板仅仅需要它储存在顶点缓存中的位置。此外,几何 shader 减少了顶点设置的开销,消除了模型到窗口转换的复制操作,并且无需任何索引数据,使其成为布告板渲染中最具内存效率和最灵活的方式。

Patrick 说：

> 我有幸使用 CPU、顶点 shader 和几何 shader 在 Insight3D 中实现了布告板渲染。几何 shader 是最容易的实现方式(但调试 CPU 版本并不容易),也是在今天的硬件上最有效的。有趣的是,在第一代有几何 shader 支持的硬件上,顶点 shader 版本优于几何 shader 版本。我反对因为追求更快的速度而要移除几何 shader 版本,非常确定的是,它是可以的!

确信了几何 shader 版本的力量,让我们近一步考察它的实现。我们将使用 Open Globe. Scene. BillboardCollection 增加 shader。简单地,每个布告板一个顶点,包含布告板的模型空间位置。顶点 shader 用于将位置转换到窗口坐标(见代码表 9.1)。这一转换可以在几何 shader 中完成,但是为了最佳的性能,应该在顶点 shader 中实现逐顶点的操作,从而在几何 shader 中减少共享顶点的冗余处理。

```
in vec4 position;
uniform mat4 og_modelViewPerspectiveMatrix;
uniform mat4 og_viewportTransformationMatrix;
vec4 ModelToWindowCoordinates(
vec4 v,
mat4 modelViewPerspectiveMatrix,
mat4 viewportTransformationMatrix)
{
    v = modelViewPerspectiveMatrix v;// clip coordinates
    v. xyz / = v. w;// normalized device coordinates
    v. xyz = ( viewportTransformationMatrix
    vec4( v. xyz,1. 0) ). xyz;// window coordinates
    return v;
}
void main( )
{
    gl_Position =
    ModelToWindowCoordinates(
    position,
    og_modelViewPerspectiveMatrix,
    og_viewportTransformationMatrix);
}
```

代码表 9.1　布告板渲染的顶点 shader

代码表9.2中所示的几何 shader 是工作的大部分。目的是将输入点扩展为一个方块。这利用了一个事实,输入图元类型不需要与输出图元类型相同。在这种情况下,点被扩展为三角形带。所有三角形带由4个顶点组成,每个点代表一个角点,因此,容易显式地设置输出上限(最大顶点数是4)。如果顶点数是变化的,要保持数量尽可能小,才能在 NVIDIA 硬件上获得最佳的性能[123] 1。

```
layout(points)in;
layout(triangle_strip,max_vertices =4)out;
out vec2 fsTextureCoordinates;
uniform mat4 og_viewportOrthographicMatrix;
uniform sampler2D og_texture0;
void main()
{
    vec2 halfSize =0.5 * vec2(textureSize(og_texture0,0));
    vec4 center = gl_in [ 0 ]. glPosition;
    vec4 v0 = vec4(center. xy -  halfSize, - center. z,1.0);
    vec4 v1 = vec4(center. xy + vec2(halfSize. x, - halfSize. y),
     - center. z,1.0);
    vec4 v2 = vec4(center. xy + vec2( - halfSize. x,halfSize. y),
     - center. z,1.0);
    vec4 v3 = vec4(center. xy + halfSize, - center. z,1.0);
    gl_Position = og_viewportOrthographicMatrix * v0;
    fsTextureCoordinates = vec2( -1.0, -1.0);
    EmitVertex();
    gl_Position = og_viewportOrthographicMatrix * v1;
    fsTextureCoordinates = vec2(1.0, -1.0);
    EmitVertex();
    gl_Position = og_viewportOrthographicMatrix * v2;
    fsTextureCoordinates = vec2( -1.0,1.0);
    EmitVertex();
    gl_Position = og_viewportOrthographicMatrix * v3;
    fsTextureCoordinates = vec2(1.0,1.0);
```

1　另一方面,关于 ATI,第9页上面有一句话:“ATI Radeon HD 2000 系列对声明的最大顶点数量不敏感”,并且说道,当在编译时难以决定时,设置这个值到一个安全的上限都是没问题的[135].

```
    EmitVertex();
}
```

代码表 9.2 布告板渲染的几何 shader

为了将点扩展到三角形带，首先，几何 shader 使用 textureSize 函数决定了布告板纹理的像素大小，这个值除以 2，用于创建 4 个新的顶点，即方块的 4 个角点。这些顶点稍后以三角形带的形式按照顺时针弯曲方向输出。然而，弯曲方向在这里并不重要，因为三角形带总是面向视点，因此面剪裁没有任何好处。此外，当顶点输出时，很容易就生成了纹理坐标。

由于几何 shader 必须保持几何图元的渲染顺序，GPU 缓存的几何 shader 输出允许几个几何 shader 线程并行地运行。如果一个几何 shader 有显著的放大，并且依次输出大量的顶点，输出可以从片内缓存溢出到片外内存，这就是为什么几何图元 shader 的性能通常受到其输出大小的限制。我们的几何图元 shader 实现没有做过多的放大。假设输入 1 个顶点，输出 4 个，那么它的放大率则为 1:4，正好，ATI 硬件能够为此提供特殊的支持[135]。参见编程指南，了解其中的附加限制。

几何 shader 的输出大小通常以标量组件的数量作为测度。在我们的几何 shader 中，每个顶点输出由一个四元组标量点和一个二元组标量纹理坐标组成。由于我们输出的是 4 个顶点，因此标量的总数为 24。这个数值越低，几何 shader 的运行就越快。在 NVIDIA GeForce 8800 GTX 显卡上，当输出为 20 或更少的标量值时，shader 达到最高性能。当标量值数量增加时，性能以非光滑的方式降低。例如，当输出为 27 至 40 个标量值时，shader 的性能为 50%。因此，即使它要求在片元 shader 中做额外的计算，使几何 shader 中输出标量值数量实现最小化非常重要。

让我们将注意力转到代码表 9.3 中的片元 shader。在大多数的虚拟数字地球中，光照不会影响布告板的着色，因此使得片元着色显得非常简单。在最简单的情况下，布告板纹理中的纹素被指定为输出颜色。由于我们想要支持非矩形的形状，因此我们的 shader 也放弃了基于纹理 alpha 通道的片元。此外，不直接使用纹素。相反，采用用户定义的颜色来进行调整，这里展示的是一个 uniform，但是，也可以逐像素的定义，并且通过片元 shader 进行传递。在很多情况下，纹素将是白色。当用白色渲染布告板，而应该用不同的颜色着色时，频繁使用这种颜色。这减少了为相同纹理创建不同颜色版本的需求。

```
in vec2 fsTextureCoordinates;
out vec4 fragmentColor;
```

```
uniform sampler2D og_texture0;
uniform vec4 u_color;
void main()
{
    vec4 color = u_color * texture(og_texture0,
    fsTextureCoordinates);
    if(color.a ==0.0)
    {
        discard;
    }
    fragmentColor = color;
}
```

代码表 9.3 布告板渲染的片元 shader

所有这些顶点、几何图元、片元 shader,都是一个基本的布告板实现所需要的。然而,这里还有大量的功能,让我们的布告板更加有用。下面,就让我们开始高效地渲染大量的布告板,它们具有不同的纹理。

9.2 最小化纹理切换

为了获得最佳的性能,我们希望使用最少的绘图命令来渲染尽可能多的布告板,理想情况下,一条命令最好。将几个布告板的位置批处理到单一的顶点缓存通常不是什么问题,但是,工作才做了一半。如何将不同的纹理分配到每一个布告板呢?你最想要的代码如代码表 9.4 所示。

```
context.TextureUnits[0].Texture2D = Texture0;
context.Draw(PrimitiveType.Points,0,1,_drawState,
sceneState);
context.TextureUnits[0].Texture2D = Texture1;
context.Draw(PrimitiveType.Points,1,1,_drawState,
sceneState);
context.TextureUnits[0].Texture2D = Texture0;
context.Draw(PrimitiveType.Points,2,1,_drawState,
sceneState);
//...
```

代码表 9.4 布告板的纹理批量绑定

这里,绑定一个新纹理的需求,减少了在一次调用中能够渲染的布告板数量。这是个问题,甚至比布告板渲染本身更重要;NVIDIA 对 4 个 Direct3D 9 游戏进行内部调查,发现 SetTexture 是最频繁改变的渲染状态或者“批处理断电器”[121]。上面的代码展示了一个糟糕的案例场景;一次绘图调用仅仅渲染一个布告板。在第 3 条绘图调用中,第一个纹理被重绑定,从而实现了改善批大小的技术:纹理排序。让我们仔细分析该技术以及其他技术:

- 纹理排序。根据状态排序,无论是 shader、顶点数组还是纹理等,都是一个通用的技术,驱动 CPU 负载最小化和利用 GPU 的并行性(参见 3.3.6 节)。在我们的例子代码中,纹理排序允许我们联合第一和第三条绘图调用。如果顶点缓存也不是重新安排,像 glMultiDrawElements 这样的调用可以用于在一次调用中渲染多个索引集。如果仅有少数的独特纹理和大量的布告板,纹理排序可以导致大规模的批处理大小。小心地排序每一帧,由于增加的 CPU 负载可以超过批处理的性能。理想的情况是,在初始化阶段排序一次。然而,这使得动态改变布告板的纹理更加困难。排序的另外一个缺点是,如果使用了大量的独特纹理,同时也需要大量的绘图调用。
- 纹理图集。纹理排序的一个替代方法是使用单个的大纹理,称为纹理图集,包含给定批处理的所有图像,如图 9.5 所示。为了避免纹理滤波失真,用一个小的边框将图像隔开。当然,需要为每个布告板计算和储存纹理坐标,因为它们不再简单地位于(0,0)到(1,1)之间。除了能够比纹理排序提供更好的纹理内存管理和一致性之外,纹理图集允许非常大规模的批处理。纹理图集一次性绑定,然后在单次绘图调用中使用。缺点是,几何中不再程序化地生成纹理坐标,就像代码表 9.2 中完成的那样。相反,纹理坐标绑定一个纹理图集的子矩形,被储存到顶点缓存中的每个布告板中。并且,纹理图集本身应该是有组织的,因此,不能包含大量的空着的空间。纹理图集的一个缺点是,使用了[0,1]之外坐标的纹理寻址模式在 shader 中进行竞争[121]。幸运的是,对于虚拟数字地球的布告板而言,这不是特别受欢迎的。

图 9.5 由 7 张图像组成的纹理图集

当使用纹理图集时,在头脑中保持一个贴图分级细化是非常重要的。采用类似于 glGenerateMipmap 这样的调用,基于整个图集生成一个贴图分级,将使得图像在贴图链的更高层级上融合在一起。相反,应该为每个图像生成一个贴图分级链,然后组装纹理贴图。其他有关贴图分级细化的事项请参见 Improve Batching Using Texture Atlases[121]。

- 三维纹理和纹理数组。最小化纹理切换的第三种技术是使用 3D 纹理,其中的每个 2D 切片都储存了一个独一无二的图像。与纹理图集相似,这仅需要单一的纹理绑定和绘图调用。纹理图集的优势是,仅仅需要为每个布告板储存单一的纹理坐标组件,这个组件可以作为第三个纹理坐标来查看 2D 切片。对我们而言,该技术最主要的缺点是,所有的 2D 切片需要有相同的维度。

另外一个缺点是,该技术与贴图分级细化不兼容。整个 3D 体是贴图分级细化的,与每个单独的 2D 切片相反。正是因为这个原因,一个称为数组纹理的特征加入到 OpenGL [22,90];一个称为纹理数组的特征加入到 Direct3D 10。这基本上是一个 3D 纹理,其中的每个 2D 切片拥有自己的贴图链,切片之间没有滤波。因此,贴图纹理分级能够像单个切片一样地工作。数组纹理也可以是 2D 的,储存一系列单独的贴图分级细化的 1D 纹理。

由于我们的布告板维持着一个固定的像素大小,不需要贴图分级细化[1]。因此,3D 纹理上的数组纹理的优势对我们并不重要。当使用许多纹理时,纹理排序可能导致大量的小规模的批处理,很难具有高效和灵活的实现。对我们而言,争论存在于纹理图集和 3D 纹理之间。由于 3D 纹理中的每一个 2D 切片都需要具有相同的大小,要么是每个布告板纹理的大小相同,要么需要为每个布告板储存一个额外的纹理坐标,用于访问切片的子矩形。如果每个切片不用多个图像填充,那么,当图像尺寸有显著变化时,使用 3D 纹理可能浪费大量的内存。对于我们而言,最灵活的方法是使用纹理图集。

9.2.1 纹理图集装箱算法

在改变我们的 shader 以支持纹理图集之前,我们需要实现创建纹理图集的代码。纹理图集的创建可以在初始化阶段完成,在一个单独的资源准备线程的运行时,或者作为离线工具链处理的一部分,通常用于游戏中。NVIDIA 为此提供了一个工具[2]。在虚拟数字地球中,并非总是能够事先就知道什么图像将用于创建纹理图集,因此,我们将重点关注如何设计一个可用于运行时的类。特别地,给定一个输入图像列表,我们希望创建一个单一的图集,包含所有图像和

---

1 如果布告板的大小是动态变化的,也许,基于它们到视点的距离,贴图分级细化是有用的。例如,当视点缩放时,视点可能收缩,使得贴图分级细化有了用武之地。

2 http://developer.nvidia.com/legacy-texture-tools

每个输入图像的纹理坐标(见代码表9.5)。图9.6展示了一个例子,包含输入图像、输出图集和纹理坐标。

```
IList < Bitmap > bitmaps = new List < Bitmap > ( ) ;
bitmaps. Add( new Bitmap( " image0. png" ) ) ;
bitmaps. Add( new Bitmap( " image1. png" ) ) ;
//...
TextureAtlasatlas = new TextureAtlas( bitmaps) ;
Texture2D texture = Device. CreateTexture2D( atlas. B itmap,
TextureFormat. RedGreenBlueAlpha8 ,f a l s e) ;
// image0 has texture coordinate atlas. TextureCoordinates [ 0 ]
// image1 has texture coordinate atlas. TextureCoordinates [ 1 ]
//...
atlas. Dispose( ) ;
```

代码表9.5 使用TextureAtlas类

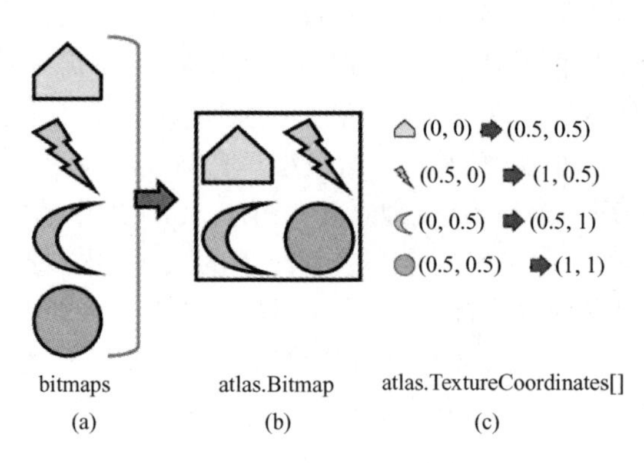

图9.6 (a)表示用于创建纹理图集的4个图像;(b)表示纹理图像;(c)表示源图片的纹理坐标。在.NET Bitmap的坐标中,y值从顶上开始增加,这与OpenGL相反,在OpenGL中,y值从底部开始增加。

纹理图集创建中的一个主要考虑,是使新纹理图集中空着的空间最小化。自然的算法导致大量的空间浪费。例如,考虑制造图集的最简单的方法,即高度取输入图像的最高高度,宽度取每个图像的宽度之和。如果一个图像高而窄,其他的图像低而宽,那么,图集的大部分空间都将被浪费掉!并且,该方法将快速超过OpenGL的最大纹理宽度限制[1],从而需要创建更多的纹理图集。

在纹理图集中使浪费的空间最小化是2D矩形装箱问题的应用,其结果是

1 对今天的硬件而言,OpenGL的最大纹理宽度和高度通常是8192纹素。

一个 NP 问题[54]。这里，我们将简要地介绍一个基于启发式的贪婪算法，易于实现，运行快速，不需要对输入图像的尺寸进行限制（例如需要二维或者方块），并且不需要 shader 来旋转纹理坐标。得到图集的浪费空间远不是最小，但是该算法在通常的虚拟数字地球的输入上执行得很好，尤其是对简单的案例，例如，当所有输入图像都是 32×32 时。完全的源代码在 OpenGlobe.Renderer.TextureAtlas 中。

我们装箱算法的第一步是确定纹理图集的宽度。我们希望图像是合理的方块，因此，当其他维度仍然有大量的空间时，不会遇到 OpenGL 的宽度或高度限制。我们的方法不能确保图集是方块的，但是为大多数真实的输入图像提供合理的结果。我们简单地取每个输入图像面积之和的平方根，包括边界（见代码表 9.6）。

```
private static int ComputeAtlasWidth(IEnumerable<Bitmap> bitmaps,
int borderWidthInPixels)
{
    int maxWidth = 0;
    int area = 0;
    foreach(Bitmap b in bitmaps)
    {
        area += (b.Width + borderWidthInPixels)
        (b.Height + borderWidthInPixels);
        maxWidth = Math.Max(maxWidth, b.Width);
    }
    return Math.Max((i n t)Math.Sqrt((double)area),
    maxWidth + borderWidthInPixels);
}
```

代码表 9.6　计算纹理图集的宽度

该函数也追踪输入图像的最大宽度，并且至少用这样的宽度创建图集。下一步，根据高度的降序对输入图像进行排序。输入图像的排序结果示例如图 9.7(b)所示。预期的复杂度是 $O(n \log n)$ [1]，理论上，这是最昂贵消耗的情况，假设每一次其他的遍历都是 $O(n)$，只与输入图像的数量相关。事实上，瓶颈在于从输入图像到图集的内存复制，尤其是当图像数量非常小而每个图像非

1　在 .NET 中，使用 Quicksort 实现 List<T>.Sort。对很多输入而言，值得编写一个基数排序法，复杂度为 $O(nk)$；在我们的例子中，n 是图像的数量，k 是高度需要的位数的数量。在大多数情况下，k 仅为 2 或 3。

常大的时候。

现在,图像已经按高度排序好,我们遍历图片来确定图集的高度和每个图像的子矩形边界。从图集的顶部开始,从左到右进行处理,按照排序的顺序迭代图像,并为每个图像临时保存子矩形的边界,当我们往图集中复制图像时,要使它与之前的图像没有重叠(见图9.7(c)~9.7(f))。当一行图片超过图集的宽度时,创建一个新的行,持续处理过程直到所有的图像都遍历一遍。对于一个给定的行,它的高度由第一张图像的高度确定,因为第一张图像是最高的图像,当然,前提是图像按高度的降序排列。图集的高度是所有行的高度之和。

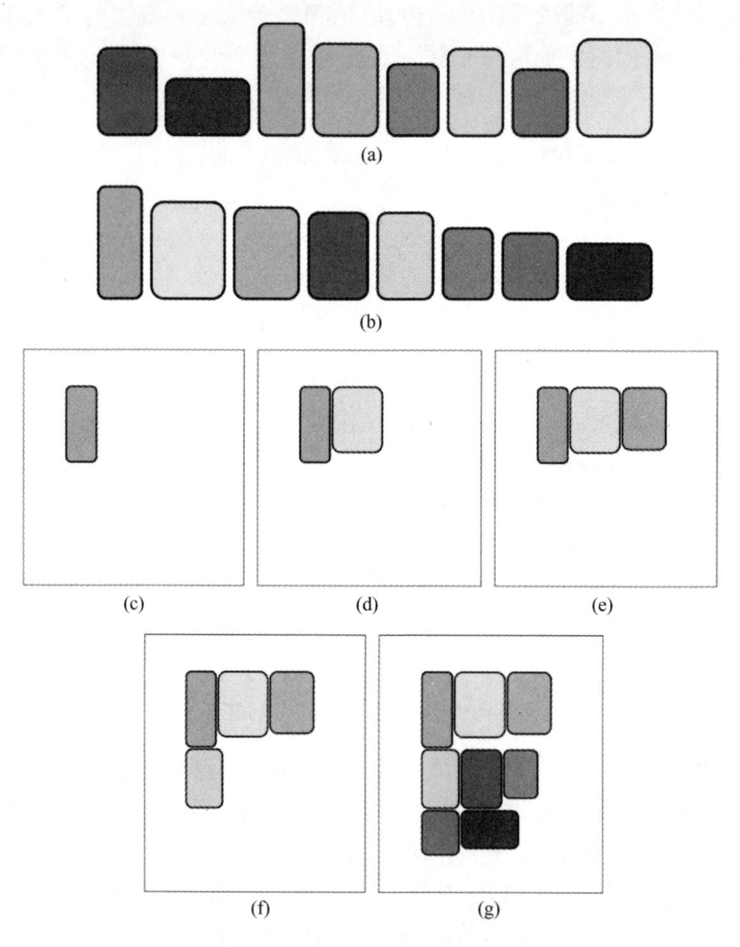

图9.7 (a)图像集合的随机排序;(b)以高度降序储存图像;(c)~(f)增加图像到图集的最初四步;(g)最终图集。

现在,我们知道了图集的高度和宽度,可以分配图集了。在最后的一次遍历中,将图像复制到图集中,使用在前一次遍历中计算的子矩形的边界,并且使用一个简单的线性映射计算纹理坐标。9.7(a)中图像的最终图集如图9.7(g)所示,以 Bitmap 的方式储存图集,因此适合离线使用(例如,写入磁盘)或者运行时使用(例如,作为纹理源)。如果纹理创建只在运行时完成,可以分配 Texture2D 而不是 Bitmap,并且单独地上传子矩形。

小练习:

> 修改 OpenGlobe. Renderer. TextureAtlas,获得将图集写入 Bitmap 或者 Texture2D 对象的选项。

创建没有空间浪费的图集有几种方式,最简单的方式是修剪图集的宽度。我们的算法也可以扩展到 Igarashi 和 Cosgrove 提出的方法[75]。在对输入图像进行排序之前,将宽度大于高度的图像旋转90°,让所有的图像都“站起来”。然后,按高度对图像进行排序,并将图像放置在图集中,从最顶部的一行开始。第一行从左至右放置,第二行从右至左放置,依此类推。在增加图像时,它们都是“向上”放置的,从而填充行与行之间的空间,就像图9.7(g)中头两行之间的空间一样。在使用以这种方式创建纹理图集时,那些之前旋转过的图像的纹理坐标也需要旋转。

还有其他的创建纹理图集的方式。在某些情况下,纹理图集是手工创建的,但是,考虑到虚拟数字地球的动态属性,一般不采用这种方式。Scott 使用递归空间细分的方法来填充光照地图,本质上与创建纹理图集是一样的[151]。John Ratcliff 为一种图像选择方法提供了 C++代码,该方法以最大面积和最大边优先,从图集的左下部开始填充,使用了空闲列表和图像旋转[143]。更全面的2D 矩形填充算法请参考 Jylanki 的综述[78]。

小练习:

> 修改 OpenGlobe. Renderer. TextureAtlas,实现 Igarashi 和 Cosgrove[75]描述的填充算法,或者上面描述的其他方法。将你的实现与最初的实现相比较,针对不同的输入,观察空间浪费的数量。

9.2.2 基于纹理图集的渲染

利用纹理图集渲染布告板仅仅比单个纹理渲染稍微复杂一点。好消息是,我们仅需一次绑定纹理图集,然后为所有布告板发出绘图调用。

毕竟,这是最终的目标——以大规模批处理的方式进行渲染。为了让每个布告板知道图集中的哪一个子矩形是它的纹理,需要为每个布告板储存纹理坐标。在我们的几何 shader 实现中,每个顶点需要两个2D 纹理坐标,一个是矩形的左下角点，另一个是右上角点。这两个纹理坐标可以用单个的 vec4 来储存。由于我们不使用镜像或者重复纹理寻址，纹理坐标将总是在[0,1]区间内，因此 VertexAttributeComponentType. HalfFloat 顶点类型提供足够的精度，并且每个组件仅仅消耗 2 字节。

为了支持纹理图集，只需要为代码表 9.1 中的布告板顶点 shader 添加传递纹理坐标：

```
in vec4 position;
in vec4 textureCoordinates;
out vec4 gsTextureCoordinates;
uniform mat4 og_modelViewPerspectiveMatrix;
uniform mat4 og_viewportTransformationMatrix;
vec4 ModelToWindowCoordinates(/*... */){/*... */}
void main()
{
    gl_Position =
    ModelToWindowCoordinates(position,
    og_modelViewPerspectiveMatrix,
    og_viewportTransformationMatrix);
    gsTextureCoordinates = textureCoordinates;
}
```

代码表 9.2 中对最初几何 shader 的修改只是稍微复杂一点。布告板的像素尺寸不再是整个纹理的尺寸，而是纹理尺寸除以布告板子矩形尺寸的结果，或者，相当于在纹理 - 坐标空间按照子矩形比例缩小的结果。另外，纹理坐标不再程序化地生成；相反，由顶点输入得到：

```
layout(points)in;
layout(triangle_strip,max_vertices =4)out;
in vec4 gsTextureCoordinates [ ];
out vec2 fsTextureCoordinates;
uniform mat4 og_viewportOrthographicMatrix;
uniform sampler2D og_texture0;
void main()
{
    vec4 textureCoordinate = gsTextureCoordinates [ 0 ];
    vec2 atlasSize = vec2(textureSize(og_texture0,0));
    vec2 subRectangleSize = vec2(
```

```
    atlasSize. x * (textureCoordinate. p - textureCoordinate. s),
    atlasSize. y * (textureCoordinate. q - textureCoordinate. t));
    vec2 halfSize = subRectangleSize * 0.5;
    vec4 center = gl_in[0].glPosition;
    vec4 v0 = vec4(center. xy - halfSize, - center. z,1.0);
    vec4 v1 = vec4(center. xy + vec2(halfSize. x, - halfSize. y),
     - center. z,1.0);
    vec4 v2 = vec4(center. xy + vec2( - halfSize. x,halfSize. y),
     - center. z,1.0);
    vec4 v3 = vec4(center. xy + halfSize, - center. z,1.0);
    gl_Position = og_viewportOrthographicMatrix * v0;
    fsTextureCoordinates = textureCoordinate. st;
    EmitVertex();
    gl_Position = og_viewportOrthographicMatrix * v1;
    fsTextureCoordinates = textureCoordinate. pt;
    EmitVertex();
    gl_Position = og_viewportOrthographicMatrix * v2;
    fsTextureCoordinates = textureCoordinate. sq;
    EmitVertex();
    gl_Position = og_viewportOrthographicMatrix * v3;
    fsTextureCoordinates = textureCoordinate. pq;
    EmitVertex();
}
```

9.3　原点与偏移

此时,我们的布告板实现就相当有用了:它可以高效地渲染大量的纹理布告板。当然,还有几个小的特征可以在几何 shader 中实现,使其更加有用,尤其是当布告板排成一条直线的时候。例如,就像图 9.8 中那样,你如何在图标布告板的右侧渲染一个标签布告板?

一个解决办法是,将图标和标签看作是一张图像。这会导致大量的复制操作,因为需要将每一对图标和标签制作成一张整体的图像。我们的几何 shader 将布告板的 3D 位置当作布告板的中心。如果当一对图标和标签当作一个布告板,它的中心点将朝向标签的中心,而不是通常情况下的图标中心。

我们的解决办法是,为每个布告板增加水平和垂直的原点,以及像素偏移。通过在窗口坐标中转换布告板的位置,这很容易在几何 shader 中实现。原点确

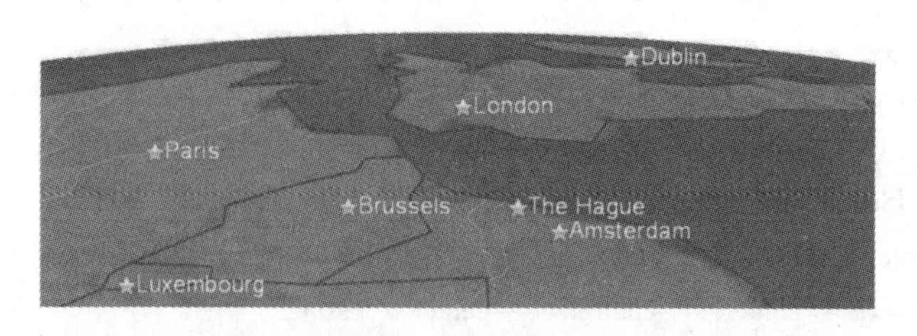

图 9.8 将图标和标签布告板放置在一起,需要向左对齐,并且在标签布告板上应用像素偏移。

定了布告板如何相对于转换位置进行定位(见图 9.9 和 9.10)。从而,我们的实现中隐式地使用了居中的水平和垂直原点。为了获得不同的原点,为每个顶点存储一个 vec2,每个分量都是 -1,0 或 1。对于 x 分量,各自对应于左、中和右的水平原点。对于 y 分量,各自对应于底部、中间和顶点垂直原点。通过在原点位置上乘以布告板宽度和高度的一半,几何 shader 简单地将布告板的位置转换到窗口坐标(见代码表 9.7)。

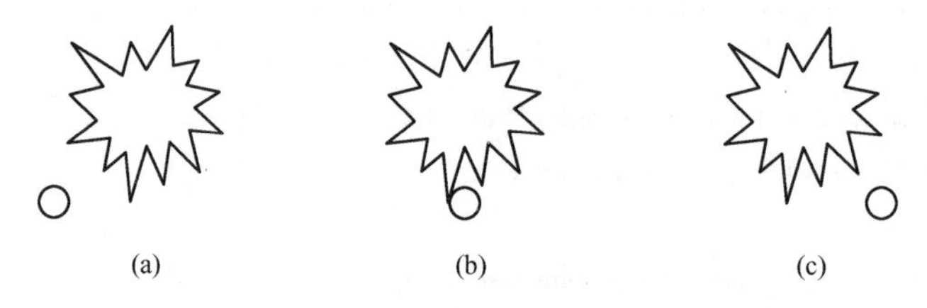

图 9.9 布告板的水平原点。(a)左;(b)中;(c)右。

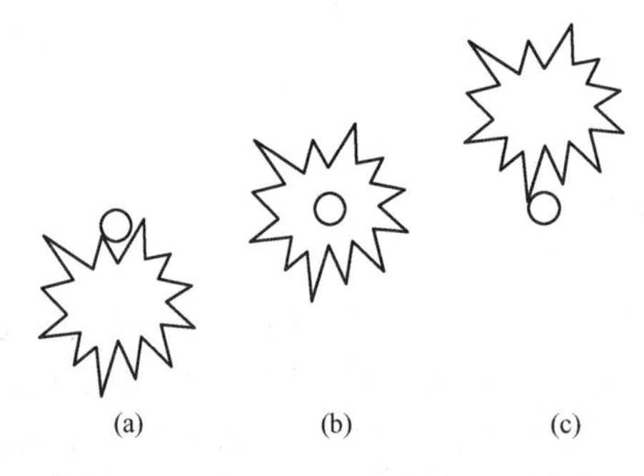

图 9.10 布告板的垂直原点。(a)底部;(b)中部;(c)顶部。

```
//...
in vec2 gsOrigin [ ];
void main()
{
```

```
    //...
    vec2 halfSize = /*... */;
    vec4 center = gl_in[0].gl_Position;
    center.xy += (halfSize * gsOrigin[0]);
    //...
}
```

代码表 9.7　水平和垂直布告板原点的几何 shader 片断

为了获得图 9.8 那样的效果,标签布告板和图标布告板有一样的位置,并且使用左水平原点。仅有的额外步骤是将标签转移到窗口坐标的右侧,因此不会在图标的上方。实现起来非常容易,只需为每个顶点储存一个 vec2 即可,这是一个像素偏移,因此,标签往图标右侧偏移,偏移距离是图标宽度的一半。几何 shader 的变化是不足为道的,如代码表 9.8 所示。

```
//...
in vec2 gsPixelOffset[];
void main()
{
    //...
    vec4 center = gl_in[0].gl_Position;
    center.xy += (halfSize * gsOrigin[0]);
    center.xy += gsPixelOffset;
    //...
}
```

代码表 9.8　像素偏移的几何 shader 片断

还有一些简单而有用的操作:例如,窗口坐标中的旋转可以用到沿着平面朝向给平面图标定位;缩放可用于控制到布告板的距离;布告板可以被转移到视觉坐标,例如,使其总是位于 3D 模型的上方。当增加这些功能时,需要注意以下事情:

- 尽管这些功能通常不会增加从几何 shader 中输出顶点的数量,但是,进入顶点和几何 shader 中顶点的数量有增加的趋势。应该尝试去为每个顶点使用最少数量的内存。例如,可以存储在单个分量中,并且在几何 shader 中使用位操作来提取,而不是用 vec2 来储存水平和垂直分量。观察 OpenGlobe.Scene.BillboardCollection 中的几何 shader。虽然不是那么灵活,你也能将相对于原点的像素偏移和用户定义的像素偏移结合起来,形成一个像素偏移,使得每个顶点的数据量比较少,而且几何 shader 中的指令也比较少。

- 仔细管理顶点缓存可以减少内存消耗并且提高性能。特别地,如果所有的布告板都有一个属性具有相同的值(例如,像素偏移都是(0,0)),不要将其存入顶点缓存。类似地,也要仔细地选择静态、动态和流式顶点缓存。例如,如果布告板用于展示美国所有当前飞机的位置,静态顶点缓存可以用于纹理坐标,因为布告板的纹理一般不会改变,而流式顶点缓存可以用于位置,因为它变化比较频繁。
- 如果在几何 shader 中裁剪布告板,那么,在偏移或旋转操作之后的裁剪就要万分小心。否则,当布告板应该处于可见状态时,可能被裁剪掉。很少使用 OpenGL 点精灵的一个原因是,基于中心点位置,整个点精灵都被裁剪掉,使得大的点精灵偶尔会突然出现/消失在视点的边缘。

至于性能,在考虑填充率时也显得非常重要。取决于纹理,大量的片元将被抛弃,浪费光栅化资源。当布告板重叠时,这在粒子系统中非常常见,重绘使得这个问题更加糟糕。Persson 提出一种方法和工具,通过为每个布告板使用更多的顶点来降低填充率,从而围绕图片的非空空间定义一个紧致的固定凸包[138](见图 9.11)。当然,需要在增加顶点处理和降低填充率之间寻找平衡。

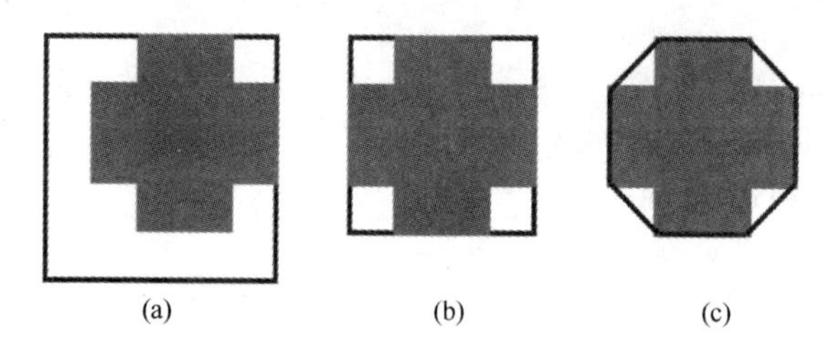

图 9.11 (a)方块仅需要 4 个顶点,但是存在大量空闲的空间,将导致片元抛弃;(b)紧致的固定一个包围矩形降低空闲空间的数量,并没有增加顶点数量;(c)使用凸包更多地减少了空闲空间数量,但是增加了该图片的顶点数量到 8 个。

9.4 文本渲染

给定我们的布告板实现,包括纹理图集和像素偏移支持,为标签渲染文本就是一件容易的事。事实上,不需要编写新的渲染代码。文本可以作为布告板顶上的一个薄层实现。

有两种通常的方法来渲染文本。在两种情况下,我们需要一种方式,使用一种特殊的字体将字符串写到 Bitmap 中。OpenGlobe 包含一个助手方法

Device. CreateBitmapFromText，如代码表 9.9 所示。

```
public static Bitmap CreateBitmapFromText(s t r i n g text,Font font)
{
    Size Fsize = /*... */
    Bitmap bitmap = new Bitmap(
    (int)Math. Ceiling(size. Width),
    (int)Math. Ceiling(size. Height),
    ImagingPixelFormat. Format32bppArgb);
    Graphics graphics = Graphics. FromImage(bitmap);
    Brush brush = new SolidBrush(Color. White);
    graphics. DrawString(text,font,brush,new PointF());
    return bitmap;
}
```

代码表 9.9　OpenGlobe 中写入字符串到 Bitmap

渲染文本的一种方法是，在纹理图集中储存每个单词、短语或句子，并且用一个布告板来进行渲染。例如，创建的纹理图集看起来像代码表 9.10。

```
Font font = new Font("Arial",24);
IList<Bitmap> bitmaps = new List<Bitmap>();
bitmaps. Add(Device. CreateBitmapFromText("Folsom,CA",font));
bitmaps. Add(Device. CreateBitmapFromText("Endicott,NY",font));
bitmaps. Add(Device. CreateBitmapFromText("San Jose,CA",font));
TextureAtlas atlas = new TextureAtlas(bitmaps);
Texture2D texture = Device. CreateTexture2D(atlas. B itmap,
TextureFormat. RedGreenBlueAlpha8,false);
```

代码表 9.10　为文本渲染创建纹理图集

这种方法的优点是容易实现，并且使用非常少的顶点数据。缺点是纹理图集会有大量的复制。在例子中，再次复制“，CA”。如果我们考虑更精细的粒度，将 4 次复制“o”。减少复制的一种方法是，对单词或短语进行缓存和重用。在上面的例子中，如果我们选择缓存单词，“CA”将仅仅在纹理图集中储存一次，但是需要 6 个布告板（假设将逗号和空格考虑为前一个单词的一部分）。对于更大的输入集，缓存可以更加高效。

如果我们将缓存用到极致，就得到另一种纹理渲染方法：在纹理图集中储存单个字符（见图 9.12），并且用单独的布告板渲染每个字符。使用的纹理内存数量比较小，但是顶点数据的数量变得比较大。对于给定的字符串，每个布告板存储相同的3D位置和不同的像素偏移，因此，在几何shader中，每个字符的正确位置得以在窗口坐标系中重构。除了用纹理图集为每个字符储存纹理坐标之外，还需要储存每个字符的像素偏移（例如宽度和高度）。实现该方法的一个陷阱是，在知道实际上使用哪个字符之前，为整个字符集计算纹理图集。对于ANSI字符集而言，图集不会很大，取决于使用的字体，但是某些Unicode字符集包含大量的字符，而其中的大多数都不会被用到！不管我们是否储存单个字符或者整个字符串，我们应该留心所创建纹理的尺寸。在某些情况下，将需要多个纹理。

图9.12 纹理图集为文本渲染储存独立的字符。字符的顺序由图集填充算法决定，而不是在字母表中的位置。

储存单独的字符增加了顶点和几何shader的工作任务，但是降低了填充率的数量。由于考虑了字符高度、空间和多行文本之间的差异，很少的片元需要着色。例如，在字符串“San Jose,”中，围绕小写字符的几何高度不必与大写字符相同，并且“San”和“Jose”之间的空格不需要片元着色，因为它可以通过像素偏移实现。当储存单个字符时，纹理缓存的机会也更好，因此字符被频繁使用。储存单个字符也为字符转换和动画提供了灵活性。

那么，哪种方法更好呢？储存整个字符串，单个字符，或者是一个融合缓存方法？储存整个字符串会更易于实现，但是浪费纹理内存。缓存模式对某些输入而言会比较高效，但是对另外一些输入而言未必如此；例如，想象名为“satellite0，” “satellite1，”等等的仿真对象——除非单词被打散分开，这样一来，缓存就执行得比较拙劣。在Insight3D中，我们在纹理中储存单个字符，就像我们知道的其他多数文本渲染实现一样。

9.5 资源

考虑到我们对于折线和布告板的实现使用了几何 shader,那么,搞清楚几何 shader 的性能特征就非常重要。最好的参考资料是 NVIDIA[123] 和 ATI[135] 的编程指南。我们的折线和布告板实现需要深入理解转换,红宝书里面有很好的介绍[155]。

NVIDIA 的白皮书 Improve Batching Using Texture Atlases 是一个非常好的信息源[121]。在 Gamasutra 的论文中,Ivanov 解释了他们如何将纹理图集集成到游戏的艺术管线和渲染器中[76]。对于创建纹理图集而言,Jylänki 提供了一个最近的关于 2D 矩形装箱问题的综述[78]。Jylänki 的网站上包含了 C ++ 例子代码[79]。

此外,Matthias Wloka 的幻灯片介绍了使用批处理减少 CPU 负载的大量细节[183]。

第十章　并行化资源准备

数字地球在绘制时需要频繁地从磁盘或网络上读取新的地形、影像和矢量数据。这些新数据在渲染之前,通常要经过 CPU 密集处理,并将处理结果存放到诸如顶点缓冲器或纹理之类的渲染器资源中。我们将所有这些一揽子任务称为资源准备。由于在进行资源准备过程中会频繁地锁定 I/O 线程或持续进行繁重的数值计算,严重影响了绘制指令传送给 GPU 的流程,极大地降低了场景绘制的性能和响应能力。

这一章将探讨如何将资源准备分配到多个线程,从而充分利用现代 CPU 的并行性。我们首先简单地回顾现代 CPU 和 GPU 的并行性,然后考虑多线程资源准备的多种引擎架构,最后讨论一下比较难以掌握的 OpenGL 多线程编程。另外,整章都将涉及线程间消息队列通信的学习。

如果你正在搭建一个高性能的图形化引擎,不管是不是数字地球,那么,本章将对你非常有用。

10.1　并行化无处不在

在执行我们那些看似串行的代码时,现代 CPU 和 GPU 已经大量地采用了并行化处理技术。

10.1.1　CPU 并行化

考虑一段用高级编程语言为 CPU 写的代码。此代码被编译为 CPU 可以执行的低级指令。为了提高性能,CPU 利用指令级的并行化(instruction - level parallelism,ILP)同时执行多条指令。也许,最著名的 ILP 是“流水线”,在前一条指令尚未完成时,它允许新的指令开始执行。假设指令的执行分为五个阶段:取指、译码、执行、访存、回写。没有流水线的情况下,每条指令需要 5 个时钟周期来执行。在这些周期中,大多数的硬件资源并没有被利用起来。在一个理想的流水线场景中,当一条新指令进入取指阶段时,每一个时钟周期内都有多个指令在同时执行。这与洗衣房里的场景很相似,洗衣机和烘干机同时工作。如果我们有很多衣服要洗(想象成指令),那么除非烘干机的工作已经完成,否则我们不会想要离开洗衣机。如果流水线没有停滞,则意味着没有指令处于停止状态,因为它们都依赖于前一条指令。每一个时钟周期都能完成一条指令,使得指令执行的速度直接与流水线的深度成正比,在我们的例子中,流水线的深度是5。

流水线并非ILP用于加速串行代码的唯一形式。超标量CPU能够同时执行多条指令。和乱序执行结合起来,可以采用调度算法使得相同指令流中的多条指令实现并行执行,调度算法处理指令依赖关系并且将指令阶段分配给复制的硬件单元。大多数CPU最多是四通的超标量,意味着它们能够在相同指令流中并行地执行4条指令。给定分支预测的精确度和实际代码的所有依赖关系,making processors any wider isn't currently effective [72].

除了ILP之外,很多CPU提供矢量指令来利用数据级并行化(data - level parallelism, DLP),包括广泛用于计算机图形学中矢量数学的单指令多数据流(Single Instruction Multiple Data,SIMD)运算。例如,使用一条单指令,点积中的每一次乘法都能并行执行。之所以称为SIMD,就因为它是单指令多数据流,就像我们例子中的多次乘法,多数据是指矢量而不是标量。超标量是指令间的并行化,而矢量指令是指令内的并行化。

所有这些计算机体系结构与数字地球有什么关系?表面上,它说明了CPU如何使用创造性的技术来高效地执行我们的单线程代码。此外,我们可以借鉴CPU并行化的思路,来设计和开发引擎代码的并行化。

在这么做之前,让我们看一看GPU的并行化。

10.1.2　GPU并行化

当前GPU拥有难以置信的三角形生成速度和填充率,这应该感谢两个方面:一是光栅化过程中的高度并行化,二是Moore定律提供越来越多的晶体管来实现并行化。如此多的光栅化并行,可以认为达到了高度的并行化。首先,考虑顶点和片元shader。由于顶点的转换和投影不再依赖于其他顶点,一个shader能够在多个顶点上并行执行。片元也是一样。

与CPU使用SIMD实现DLP一样,GPU使用单指令多线程(SIMT)在不同的数据上执行相同的指令。每个顶点或者片元采用一个轻量级的线程来着色。当相同的shader用于多个顶点或片元,采用SIMT,每条指令都在一个不同的顶点或片元上同时执行(指令数与线程数相同)。为获得最佳性能,在线程之间,SIMT需要合理的代码路径一致性,因此,线程运行在一个单一的硬件单元上,遵循相同的代码路径。不同的分支,例如if... else语句,每个其他的片元占用了分支的不同部分,可能影响性能。

三角形不需要经过流水线的所有阶段，在下一个三角形进入流水线之前，就将其写入帧缓存。就像 CPU 流水线同时执行多条指令，GPU 也可以同时操作多个三角形。GPU 旨在利用图形的高度并行性质。如今的 GPU 具有几百个核，能够支持几千个线程。当我们发出 context. Draw 命令，就等于正在调用用于渲染的大规模的并行计算，不仅 GPU 本身是并行的，CPU 和 GPU 也能在一起并行地工作。例如，在 GPU 正在执行一个绘图命令的同时，CPU 可能正在处理即将被绘制的几何图元。

10.1.3 多线程并行化

考虑到 CPU 和 GPU 背后的并行化已经非常成熟，那么，为什么我们要编写多线程代码？毕竟，我们已经通过编写 shader 程序写了大量的并行代码，这些并行化代码都是免费的，并且不容易出错；而多线程通常伴随着痛苦的调试。此外，我们经常听说，用 OpenGL 写的应用程序不能享受到多线程带来的好处。那么，为什么要用多线程？答案很简单，性能！

考虑到 CPU 核的增长趋势，软件开发者不能再编写串行代码并且希望它与新发布的 CPU 跑得一样快。尽管晶体管的增长速度依然符合 Moore 定律，但这并不意味着单指令流的性能会以相同的速率提升。由于实际代码中 ILP 的数量限制，以及存在包括热量、能量和泄漏之类的物理问题，这些额外的晶体管大量地用于提升多指令流的性能[1]。为了创建多指令流，我们需要多个线程。正如 Herb Sutter 所说的那样："免费的午餐已经结束了"[161]。

利用多指令流的 CPU 据说利用了线程级的并行化(thread - level parallelism，TLP)。CPU 能够采用多种方式来实现这一功能。多线程的 CPU 支持多个指令流之间的高效切换。当线程遗漏了 L2 缓存时，这一功能特别有用；不用使线程停止很多次的循环周期，而是快速地引入一个新的线程。尽管多线程 CPU 不会提升任何单指令流的延迟，但是能够通过容忍缓存遗漏来增加多指令流的吞吐量。

通过从不同的指令流同时执行指令，超线程 CPU 将 TCL 变成 ILP，这与超标量处理器如何从相同的指令流同时执行指令类似。与多指令流中并行化的数量相比，差别在于单指令流中并行化的数量是受限的。

为了将大量的晶体管利用起来，CPU 正在通过多核来利用多指令流；简单地说，就是将多个 CPU 放置在同一个芯片上。这允许真正地同时执行多指令流，与带有多个 CPU 的多处理器系统相似。考虑到如今的台式机可以有六核，

---

1 最突出的异常是，更大的高速缓存能够提升单指令流的性能。

笔记本计算机也可以有四核,如果我们不去编写能够利用多核的代码,那么将浪费大量的硬件资源。

10.2 数字地球中任务级的并行化

如果我们编写了多线程代码,运行在多线程、超线程和多核的 CPU 上,我们就能期望大量的好事发生:同时在不同的核上执行线程;在同一个核上,同时执行来自不同线程的指令;以及在面对 L2 缓存遗漏时,快速地把线程切换到其他核上。

但是我们如何利用这一点呢? 我们的大多数关键代码不都是串行的么,例如绑定顶点数组、绑定纹理、设置渲染状态、发出绘图调用等,难道需要重写这些代码吗? 总之,大多数的系统只有一个 GPU。那么好吧,是的,我们花了大量的时间,发出绘图调用,已经证明多线程可能提高性能[6,80,133],但是多线程还能用于提高应用程序的响应能力。考虑到数字地球经常在加载和处理新的数据,要想获得平滑的帧率,多线程是非常关键的。特别地,下列任务是极好的候选对象,可以将其主要的渲染线程移动到一个或多个工作线程上去:

- 从二级存储读取数据。从磁盘或者网络连接上读取数据非常慢,可能停止调用线程[1]。如此一来,在渲染线程中,就会使得应用程序停下来。将二级存储移动到工作线程中去,渲染线程能够持续进行绘图调用,同时工作线程锁定在 I/O 上。这样就利用了一个多线程处理器的能力,可以使其核心业务在没有锁定的线程中持续工作。
- CPU 密集处理。数字地球不缺乏 CPU 密集处理能力,包括三角化(见 8.2.2 节),纹理图集拾取(见 9.2.1 节),LOD 创建,计算顶点缓存一致布局,图像解压甚至再压,生成贴图,以及其他的一些处理,主要是为顶点缓存和纹理作准备。将这些任务移动到工作线程,我们正在利用一个超线程和多核处理器的能力来同时执行不同线程。
- 创建渲染器资源。可以将创建资源任务移动到一个单独的线程,例如顶点缓存、纹理、shader 和状态块等,从而减少相关的 CPU 开销。当然,顶点缓存和纹理的数据仍然需要经过相同的系统总线,通常考虑异步运算,甚至是在执行主要渲染线程的时候。通过将这些操作移到工作线程中去,我们可以简化应用程序的体系结构,避免了系统内存中工作线程不断复制数据,因为渲染器资源的创建不仅仅限制在渲染线程。

---

1 异步 I/O 是个例外,可以立即返回,并且当 I/O 完成时会发出一个事件。

将此类授权任务移动到工作线程中去是 TLP 的一些实例,也是本章的重点。使用这一类型的并行化,任务是工作的单位,并且可以在不同的 CPU 核上同时执行这些任务。

目标是减少由渲染线程完成的工作数量,因此,它可以持续发出绘图指令。如果渲染线程在等待 I/O 或者在 CPU 密集处理上花费了太多的时间,那么 GPU 的使用就不够充分。任何 3D 引擎的一个主要目标就是允许 CPU 和 GPU 并行工作,都获得充分利用。

引言中提到的资源准备是下列 3 个任务的流水线:I/O、处理和渲染器资源创建。资源准备是多线程的一个重要候选。

10.3 多线程的体系结构

为了探索将资源准备移动到工作线程的软件体系结构,我们以第七章的矢量数据为基础。开始的时候,应用程序在主要线程上加载几个图形文件,其代码与代码表 10.1 相似。

```
_countries = new ShapefileRenderer("110m_admin_0_countries.shp",/*…. */);
_states = new ShapefileRenderer("110m_admin_1_states_provinces_lines_shp.shp",/*….*/);
_rivers = new ShapefileRenderer("50m-rivers-lake-centerlines.shp",/*…. */);
_populatedPlaces = new ShapefileRenderer("110m_populated_places_simple.shp",/*….*/);
_airports = new ShapefileRenderer("amtrakx020.shp",/*…. */);
```

代码表 10.1. 第七章 VectorData 中主要线程中加载的图形文件

这涉及从磁盘取数据,像三角化那样使用 CPU 密集计算,以及创建渲染资源,这些都是多线程极好的候选对象。第七章 VectorData 的时间开销非常明显。通过将这些任务移动到工作线程中,提高了应用程序的响应时间:应用程序快速启动,用户可以与场景交互,旋转数字地球的同时加载图形文件,并且图形文件可以在准备好之后快速显示出来。简而言之,主要线程能够聚焦于渲染,同时由工作线程准备图形文件。

它的好处还远远不止程序启动这么简单。用户从打开文件对话框中选择文件之后,也可以获得很快的响应。更好的是,可以基于视图参数(比如视点高度)自动加载图形文件。如果我们将自动加载和替换策略结合起来,用于移除图形文件,那就非常接近于实时绘制引擎了。这一思路不仅可以应用到图形文件,也可以用于地形和影像。

10.3.1　消息队列

当采用多线程时，我们需要考虑线程之间如何通信。渲染线程需要告诉工作线程准备一个图形文件，工作线程需要告诉渲染线程图形文件已经准备好。这取决于劳动分工，工作线程可能甚至需要与其他线程通信。在所有情况下，通信是一个工作请求或者工作已经完成的标记。这些信息也包含数据（例如，图形文件的文件名，或者渲染的实际对象）。

线程通信的一种有效方式是通过共享的消息队列。消息队列允许一个线程发送消息（例如，"加载这个图形文件"或者"我已经完成了图形文件加载，这里是为渲染准备的对象"），以及另一个线程处理消息。消息队列不需要客户端去上锁，消息的所有权决定了哪一个线程能够访问它。

消息队列的代码在 OpenGlobe. Core. MessageQueue 队列中。附录 A 详细介绍了它的实现。这里，我们仅考虑它的最重要的公共成员：

```
public class MessageQueueEventArgs : EventArgs
{
    public MessageQueueEventArgs(object message);
    public object Message{get;}
}
public class MessageQueue : IDisposable
{
    public event EventHandler<MessageQueueEventArgs> MessageReceived;
    public void StartInAnotherThread();
    public void Post(object message);
    public void TerminateAndWait();
    // ...
}
```

Post 用于往队列中增加新的消息。消息的类型是 object[1]，它们可以是简单的固有类型 struct 或者 class。Post 是异步的；它增加一个消息到队列中，然后立即返回而不必等待处理。例如，渲染线程可以发送图形文件名称，然后立即去渲染。由于 Post 锁是在后台完成的，不需要用户操作，因此多个线程可以发送到相同队列中。

MessageReceived 是一个事件，获得调用命令，处理队列中的消息。这个消息作为 MessageQueueEventArgs. Message 被接收。这就是我们想要处理的工作。

1　如果采用 C/C++实现这一类型的消息队列，可以使用 void * 代替 object。

StartInAnotherThread 方法创建一个新的工作线程,处理传递到队列中的消息。该方法仅需要被调用一次。队列中的消息按时添加时的顺序被自动移除(例如先进先出),并且在工作线程上引入 MessageReceived 来处理每个消息。最终,TerminateAndWait 锁住调用线程,直到队列处理完所有消息。我们的消息队列包含了其他的有用公共成员,我们将在需要的时候引入它们。下面的控制台程序使用了一个消息队列和一个工作线程,求取平方数:

```
class Progras
{
    static void Main(string[] args)
    {
        MessageQueue queue = new MessageQueue();
        queue.StartInAnotherThread();
        queue.MessageReceived += SquareNumber;

        queue.Post(2.0);
        queue.Post(3.0);
        queue.Post(4.0);

        queue.TerminateAndWait();
    }
    private static void SquareNumber(object sender, MessageQueueEventArgs e)
    {
        double value = (double)e.Message;
        Console.WriteLine(value * value);
    }
}
```

输出 4.0、9.0 和 16.0。首先,创建一个消息队列,通过调用 StartInAnotherThread 立即在工作线程中启动它。线程将处理等待状态,直到有消息要处理。每个发送到队列的消息都由工作线程中的 SquareNumber 函数处理。然后,主线程发送 3 个双精度类型值到队列中。由于主线程没有更多的工作可以去做,因此调用 TerminateAndWait 进入等待,等待每个双精度类型值被处理。这只是一个小例子,因为在主线程和工作线程之间并没有很多并行化的内容,因为主线程并没有什么真正需要去做的事情。在一个 3D 引擎中,主线程持续渲染,同时工作线程不断准备资源。

假定我们已经理解了消息队列,下面让我们探讨一下,如何准备将图形文件从主线程中分离出来。

10.3.2　粗粒度线程

第七章矢量数据仅使用一个线程。首先准备图形文件,然后进入绘图循环。将其改为多线程,最简单的设计是增加一个工作线程,用于准备图形文件,允许主线程立即进入绘图循环,而不用等待所有的图形文件都准备好。主线程将时间用于发出绘图调用,同时工作线程准备图形文件。

我们将这种方法称为粗粒度设计,因为工作线程没有被划分为细粒度任务;准备图形文件的大量工作都要由工作线程去完成:加载、CPU 密集处理、渲染器资源创建。两个消息队列用于在渲染线程和工作线程之间通信:一个用于请求工作线程准备图形文件,另一个用于通知渲染线程图形文件已经准备好(见图 10.1)。

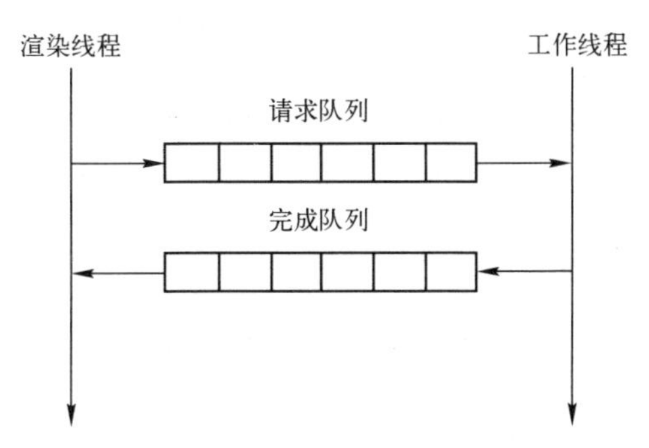

图 10.1　只有一个单独工作线程的粗粒度线程,渲染线程和工作线程使用消息队列进行通信。

第十章 Multithreading 扩展了第七章 VectorData 的功能,使用仅有一个工作线程的粗粒度线程。引入一个称为 ShapefileRequest 的小类,用于描述"加载图形文件"消息,渲染线程往工作线程发送请求,包括图形文件名称和视觉外观,如代码表 10.2 所示。

```
internal class ShapefileRequest
{
    public ShapefileRequest(string filename,ShapefileApperance appearance);
    public string Filename{get;}
    public ShapefileApperance Appearance{get;}
}
```

代码表 10.2　图形文件请求的公共接口

渲染线程涉及请求和完成队列。此外,为渲染维持了一个图形文件的列表:

```
private readonly MessageQueue   _requestQueue = new MessageQueue( ) ;
private readonly MessageQueue   _doneQueue = new MessageQueue( ) ;
private readonly IList < IRenderable >   _shapefiles = new List < IRenderable > ( ) ;
```

当图形文件脱离完成队列_doneQueue,将被放置到图形文件列表_shapefiles中用于渲染。当应用程序启动时,不用立即准备图形文件,如早前的代码表10.1所示,图形文件请求被增加到请求队列_requestedFiles中,等待工作线程来处理:

```
_requestQueue. Post( new ShapefileRequest( "110m_admin_0_countries. shp" ,/ * …. * /)) ;
_requestQueue. Post( new ShapefileRequest(
"110m_admin_1_states_provinces_lines_shp. shp" ,/ * …. * /)) ;
_requestQueue. Post( new ShapefileRequest( "airprtx020. shp" ,/ * …. * /)) ;
_requestQueue. Post( new ShapefileRequest( "amtrakx020. shp" ,/ * …. * /)) ;
_requestQueue. Post ( new ShapefileRequest ( " 110m _ populated _ places _ simple. shp" ,/ * …
. * /)) ;
_requestQueue. StartInAnotherThread( ) ;
```

和用于第七章VectorData中的代码表10.1相比,这段代码执行起来非常快,仅仅增加消息到队列而已。采用一个小类,将图形文件的准备移动到工作线程中:

```
internal class ShapefileWorker
{
   public ShapefileWorker( MessageQueue doneQueue)
   {
      _doneQueue = doneQueue;
   }
   public void Process( object sender, MessageQueueEventArgs e)
   {
      ShapefileRequest request = ( ShapefileRequest) e. Message;
      _doneQueue. Post( new ShapefileRenderer( request. Filename,/ * … * /) ;
   }
   private readonly MessageQueue _doneQueue;
}
```

类型ShapefileWorker表示工作线程,由渲染线程构建,并将其传递给完成队列：

```
_requestQueue. MessageReceived += new ShapefileWorker(_doneQueue). Process;
```

它的构造函数非常普通，在渲染线程中执行，但是，Process 涉及工作线程上消息队列中的每个图形文件。Process 调用简单地使用消息为渲染构建合适的图形文件对象。一旦构建成功，对象被放置到完成队列中，因此它能够被渲染线程快速拾取。渲染线程使用一个称为 ProcessNewShapefile 的方法来响应发送到完成队列上的消息：

```
_doneQueue. MessageReceived += ProcessNewShapefile;
```

为了渲染，简单地把图形文件增加到图形文件列表中：

```
public void ProcessNewShapefile(object sender, MessageQueueEventArgs e)
{
    _shapefiles. Add((IRenderable)e. Message);
}
```

渲染线程使用 ProcessQueue 消息队列方法（还没有介绍），显式地处理完成队列。该方法使队列变成空的，并且在调用线程中同步地处理每个消息。在我们的例子中，这是一个非常快的操作，由于消息被简单地增加到图形列表。整个渲染器－场景函数如下：

```
private void OnRenderFrame()
{
    _doneQueue. ProcessQueue();
    Context context    = _window. Context;
    context. Clear(_clearState);
    _globe. Render(context, _sceneState);
    foreach(IRenderable shapefile in_shapefiles)
    {
        shapefile. Render(context, _sceneState);
    }
}
```

使用完成队列的一种替代方式是允许辅助直接增加一个图形文件到图形文件列表中。这是不太合适的，因为降低了线程间的并行化。图形文件列表需要锁的保护。渲染线程需要保持这个锁，同时在渲染中迭代列表。在此期间，可能是渲染线程的大多数时间，工作线程将不能增加图形文件。此外，为工作线程提供访问图形文件的权限增加了线程之间的耦合。

第十章 Multithreading 中的代码比本章中的代码更加轻量级。因为我们的渲染器是采用 OpenGL 实现的,当在工作线程上创建渲染器线程时,还需要有额外的考虑(见 10.4 节)。

小练习:

改变第十章 Multithreading,从文件对话框中加载图形文件,而不是从开始菜单。

小练习:

增加一个打开文件对话框到第十章 Multithreading 之后,也就增加了一个能力,可以取消加载图形文件。这将如何影响同步性?

小练习:

比每个图形文件更频繁地改变第十章 Multithreading 中的同步粒度。使得渲染线程递增地绘制图形文件,例如,在准备 25% 的时候开始,在 50% 的时候更新,等等。这将提高响应能力,尤其是对大图形文件,因为特征开始抢先出现在数字地球上。这将如何影响准备一个图形文件的整体延迟?这将为设计过程增加多少复杂性?

多线程。带有单个工作线程的粗粒度线程完成了一件漂亮的工作,使得资源准备独立于渲染线程。但是,这完全利用到多核 CPU 了吗?它是如何响应的?考虑一个双核 CPU,一个核运行渲染线程,另一个核运行工作线程。那么,工作线程对 I/O 上锁的频率是多少?工作线程做 CPU 密集工作的频率是多少?当然,它也存在瓶颈;大规模折线图形文件准备的瓶颈可能是 I/O,同时多边形图形文件准备的瓶颈可能是 CPU 密集三角形化、LOD 创建、计算顶点缓存一致布局。

使用单一的工作线程不能完全利用第二个核,也不能完全利用 I/O 带宽。单一的工作线程不能缩放到更多的核。由于我们的消息队列按接收到的顺序处理消息,单一的工作线程不能提供理想的响应能力。如果一个较大的图形文件放置在队列中,那么就不会有其他的图形文件被渲染,直到最大的一个图形文件准备好为止。渲染其他能够快速准备好的图形文件将增加延迟。如果从磁盘中取数据,I/O 将成为一个不可靠的网络,则问题变得更加突出。在这种情况下,工作线程将被锁住,直到连接超时。

针对上述可缩放性和响应能力问题，一个简单的解决方案是，使用多个粗粒度的工作线程。图 10.2 展示了一个带有 3 个工作线程的例子。可将其与图 10.1 比较，图 10.1 中仅带有一个工作线程。当没有任何修改地使用我们的消息队列，每个工作线程可以发送到相同的完成队列，但是，每个工作线程需要一个不同的请求队列。最简单的请求队列调度算法是循环制：仅通过请求队列进行循环。

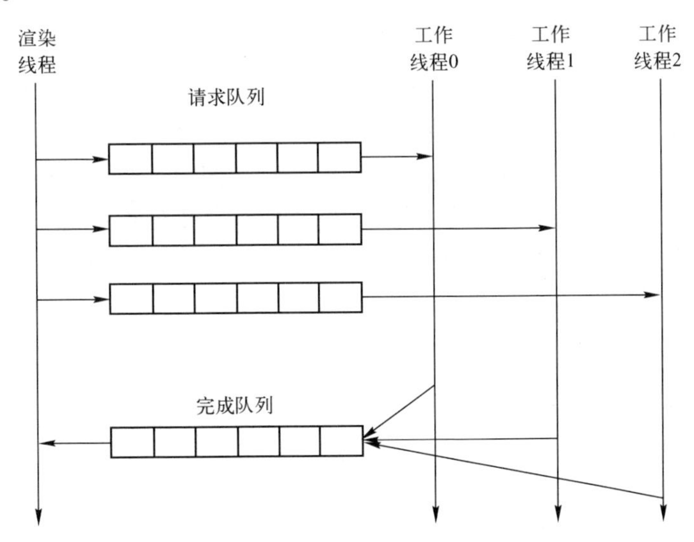

图 10.2　带有多工作线程的粗粒度线程

工作线程的理想数量依赖于很多因素，包括 CPU 核的数量、I/O 数量、I/O 类型等。例如，如果 I/O 总是在网络上，将使用更多的工作线程。这与网络浏览器如何采用一个不同的线程从网页下载图片类似。另一方面，如果是单个光学磁盘的 I/O，像 DVD 一样，多个线程能够事实上会降低性能，原因是过度搜寻。相似地，多个线程从磁盘读取数据也可能操作性能，因为占用了操作系统的文件缓存。更多的工作线程也意味着更多的内存、任务切换、以及同步开销。

当使用单个的工作线程时，以先入先出的方式，一次准备一个图形文件。当使用多个工作线程时，可以同时准备图形文件，读取图形文件的顺序也就不确定了。不同的图形文件可能会以不同的顺序被处理。

使用多个粗粒度的工作线程需要注意细节，避免紊乱。事实上，在分开的线程中创建多个独立的图形文件类型实例应该是安全的。幸运的是，这是相当直接的，因为像三角化任务很少有任何线程问题；在不同的线程中实现不同多边形的三角化是完全独立的。共享数据结构，例如 shader 程序缓存，应该由锁来保护，保持最少的时间需要。

小练习：

> 修改第十章 Multithreading，利用轮循调度模式来使用多个粗粒度工作线程。每个工作线程需要自己的 GraphicsWindow（见 10.4 节）。轮循的缺点是什么？有什么更好的办法？

10.3.3 细粒度线程

一个替代多粗粒度线程的方法是，通常消息队列，建立更精细的线程管线，如图 10.3 所示。这里，使用了两个工作线程。渲染线程通过负载队列发送请求到负载线程。这与粗粒度线程使用的请求是相同的。负载线程只对读取负责，从磁盘或者从网络读取数据。然后，为了 CPU 密集处理算法和渲染器资源创建，负载线程把数据发送到处理线程。最后，处理线程发送 ready – to – render 对象到完成队列。

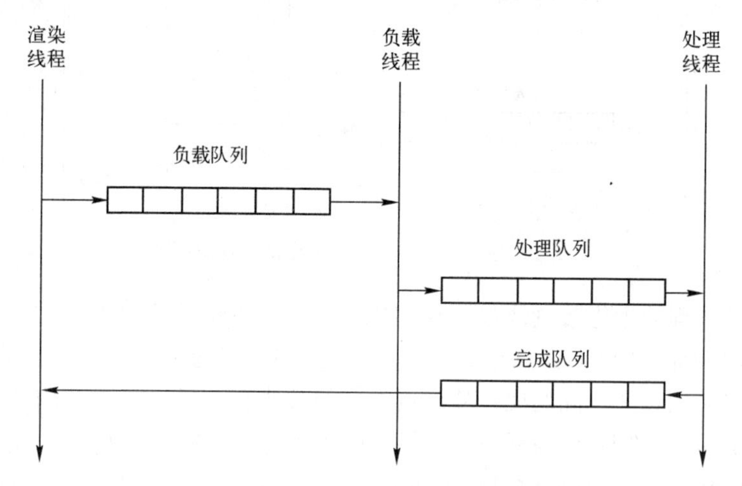

图 10.3 将负载和处理线程分开的细粒度线程（CPU 密集型算法和渲染器资源创建）

本质上，我们已经将粗粒度线程分裂成两个细粒度线程：一个是 I/O 绑定，另一个是 CPU 绑定。基本原理是：以这种方式将任务分开，更好地利用硬件。在多个粗粒度线程的情况下，在 CPU 核闲置时，线程可能在等待 I/O，或者反之。与 CPU 流水线相似，当细粒度线程试图获得更好的吞吐率时，可能带来更长的延迟。延迟是由更多消息队列带来的，因为它们潜在地需要制造中间复制过程。例如，在我们的管线中，磁盘中的数据不能直接读取到渲染器缓存中，因为负载线程和处理线程是独立的。

使用超过两个工作线程通常是值得的。处理线程的数量可以等于可用核的数量。正如前面所提到的,负载线程的数量应该基于 I/O 类型。如果所有的 I/O 类型来自于本地硬盘,过多的负载线程将竞争 I/O。如果 I/O 来自于不同的网络服务器,多个负载线程将有助于提高吞吐率。

小练习:

> 修改第十章 Multithreading,使用细粒度线程。在你的案例中,多少个负载线程和处理线程是比较理想的?

纹理流管线。Van Waveren 提出了一个流水线,采用细粒度线程对大规模纹理数据库进行流处理[172,173]。这与我们的图形文件的精细粒度流水线相似。它也设置了专门的 I/O 线程和处理线程,尽管只能渲染线程与图形化驱动进行会话。

一个纹理流线程采用与 JPEG 相似的格式读取有损压缩纹理。然后,将压缩纹理发送到转码线程中进行再压缩,同时,纹理流线程继续读取数据。转码线程对纹理进行解压缩,采用 SIMD 最优化解压缩器,然后解压纹理到 DXT。

DXT 压缩纹理可以在硬件中被有效地解码,因此使用很少的显存,通常可以更快地渲染,以及使用更低的带宽。DXT 是有损的,因此可能丢失某些质量,但是与非压缩的纹理相比,当 DXT 压缩纹理中使用相同数量的内存时,DXT 压缩纹理具有更好的质量。纹理不在磁盘上存储 DXT 压缩,因为采用其他算法能够实现更高的压缩率,减少 I/O 的数量。在 DXT 压缩之后,将纹理传送到渲染线程,与显卡驱动进行交互(见图 10.4)

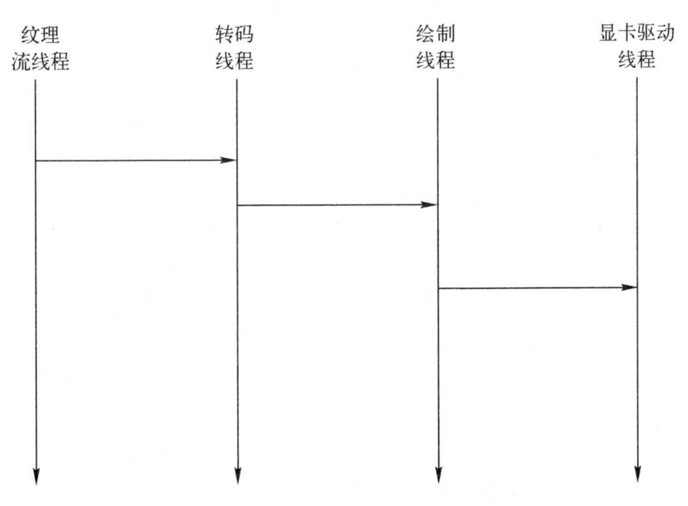

图 10.4　纹理流的流水线,将 I/O 和 CPU 处理分开,假设有一个线程化的显卡(见 10.4.4 节)。

Van Waveren 观察到，当流纹理线程读取完数据时，转码工作通常完全隐藏。因此，流线程将大多数时间开销在等待 I/O 上，大量的 CPU 时间可以用于转码线程。

10.3.4 异步 I/O

我们已经描述了细粒度线程，作为一种更好利用硬件的方式，将 I/O 绑定任务和 CPU 绑定任务分开成为独立的线程。在细粒度线程中，I/O 线程使用锁 I/O 系统调用。由于这些线程将大多数时间花在 I/O 等待上，CPU 是空闲的，可以执行处理和渲染线程。

还有另外一种没有细粒度线程的利用硬件方式：粗粒度线程结合异步 I/O。针对 I/O 系统调用，将锁改为非锁；异步 I/O 系统调用立即返回，并且当 I/O 操作完成时触发一个回调。这让操作系统来管理那些挂起的 I/O 请求，而不是应用程序来管理细粒度的 I/O 线程，使用很少的内存和 CPU，因为需要复制的线程和潜在的数据很少。

异步 I/O 可以和细粒度线程一起使用。在这种架构下，单一的负载线程使用异步 I/O，然后提供多个处理线程，如图 10.5 所示。与粗粒度线程加上异步 I/O 相比，Van Waveren 更偏好这种方法，因为分开的 I/O 线程允许对多个数据请求进行排序，以最小化搜索时间[173]。这对硬盘和 DVD 来说是重要的，但是对网络 I/O 而言就没有那么重要。

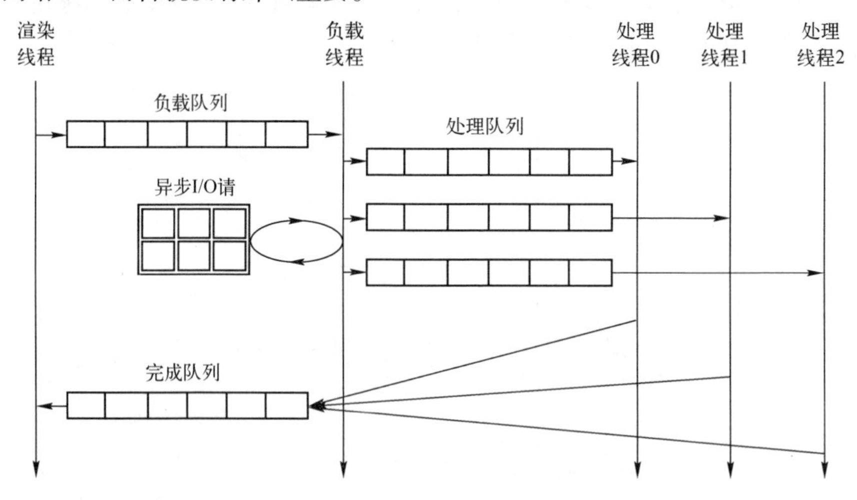

图 10.5 细粒度线程和单一的负载线程使用异步 I/O，允许操作系统处理多个挂起的 I/O 请求。

这种依赖于异步 I/O 的线程架构有一个缺点，它们与很多第三方库的兼容性不是很好。

10.3.5　单线程测试/调试模式

不管使用什么样的多线程架构,都值得包含一个选项在内,即在单线程中运行。这对调试和性能比较而言是非常有用的。事实上,有时候更容易在单线程上实现一个多线程架构,然后,在验证它的工作后,增加多线程。

第十章 Multithreading 有一个预处理器变量,SINGLE_THREADED,支持应用程序在一个单线程上运行。在单线程上运行的最大差异是,辅助“线程”不需要一个单独的 GraphicsWindow(见 10.4),而是创建一个线程来处理请求队列,在启动时就立即处理:

```
#if SINGLE_THREADED
   _requestQueue. ProcessQueue( ) ;
#else
   _requestQueue. StartInAnotherThread( ) ;
#endif
```

小练习:

运行第十章 Multithreading,带或不带定义的 SINGLE_THREADED。哪一个更快?哪一个在加载所有图形文件时更快?为什么?

10.4　OpenGL 多线程编程

我们已经详细描述了使用渲染线程中的工作线程离线加载输入输出数据和 CPU 加强的计算。但是到目前为止,我们忽略了渲染资源最终是如何创建的。本节通过研究 OpenGL 中的多线程操作和 OpenGlobe. Renderer 中的多线程实现来解释在 work 线程中如何创建渲染资源。类似的多线程技术可以通过 Direct3D 执行。

让我们考虑三线程结构来创建诸如顶点缓冲和纹理等 GL 资源

10.4.1　一个 GL 线程,多个工作线程

在这个结构中,工作线程不进行任何 GL 调用,而是仅仅准备用于在渲染线程中创建 GL 资源的数据,如图 10.6 所示,这是非常简单的方式,因为所有的 GL 调用都是从相同的线程中进行的,因此在 GL 调用时,不需要大量的代码和互斥锁,也不需要 GL 同步。在下面的内容中,由于 GL 资源在数据进入渲染线程之前没有被创建,因此需要一些特殊的工程结构来解决该问题。

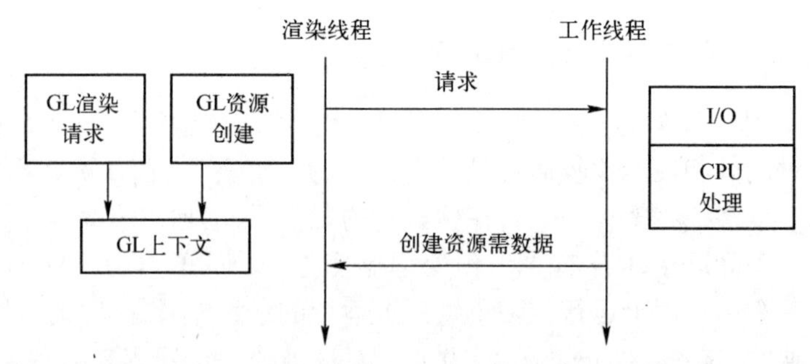

图 10.6　当只有渲染线程进行 GL 调用时,工作线程通过缓冲器对象在系统内存或者驱动控制内存中准备数据。

该方法大量地用于在渲染线程中创建顶点缓冲器对象(VBOs)或者像素缓冲器对象(PBOs)。然后通过大量的内存映射指针将其指向工作线程。工作线程可以通过这些映射指针在不适用 GL 调用的情况下向启动控制内存写入数据。遗憾的是,该项机制同样需要一些机构重建,因为缓冲器对象需要通过渲染线程提前创建。

10.4.2　多个线程,一个 GL 上下文

另一种 GL 多线程的方法是运用多个线程访问单个内容。该线程允许工作线程创建 GL 资源,如图 10.7 所示。因此需要对每一个 GL 调用设置一个粗略的锁机制,用来确保不同的线程不会在同一时间调用 GL。更进一步,一项内容在某一时刻只能够被一个 GL 进行调用,每一个 GL 调用需要被锁起来,如代码表 10.3 所示。通过使用更加粗略的同步机制,可以减少对 MakeCurrent 的调用次数。

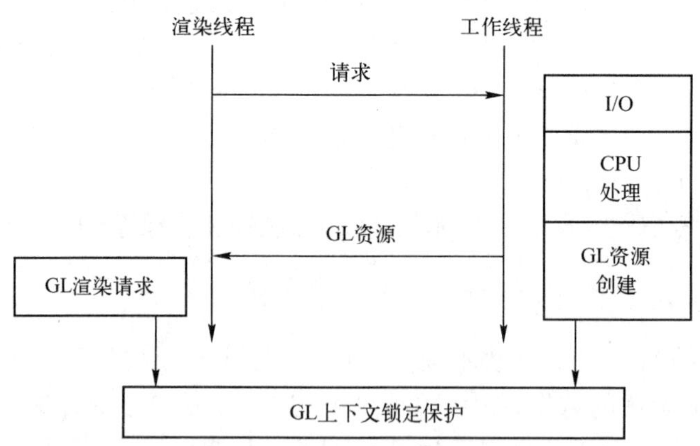

图 10.7　通过不同的线程访问单一的内容,该机制允许 GL 资源创建工作线程,但是需要对 GL 调用添加粗略的锁机制,并且关注每个线程的当前内容,如代码表 10.3 所示。

```
public class ThreadSafeContext
{
    public void GLCall( )
    {
        lock( _context)
        {
            _context. MakeCurrent( _window. WindowInfo) ;
            // GL call
            _context. MakeCurrent( null) ;
        }
    }
    private NativeWindow_window;
    private GraphicsContext_context;
}
```

代码表 10.3　通过不同线程访问同一内容需要加锁以保证只有一个线程能够访问当前的内容

该机制不推荐使用,因为大量的加锁操作抵消了通过多线程 GL 调用带来的并行优势。

10.4.3　多线程,多内容

我们强烈推荐的机制是使用多个线程,每个线程具有其独自拥有的内容,并且与其他线程共享该内容,如图 10.8 所示。这使得我们可以在不对每一个 GL 调用进行加锁的情况下,在工作线程中创建一个 GL 资源并且在渲染线程中使用该资源。该机制需要进行 GL 同步,因此当工作线程中创建 GL 资源结束时,需要告知渲染线程。由于在前两种机制中,只使用了单个内容,因此不需要 GL 同步机制。在这一层面上,前面的方法更加容易执行。

一旦创建了内容共享和同步机制,该方法能够得到比较简洁的结构,因为大多数 GL 调用能够在自己的时钟进行执行。这种方式相对于在单个线程中创建所有的 GL 调用要更加高效,这是因为 CPU 资源可以从渲染线程转移到工作线程。尽管对于一般的诸如顶点缓冲器加载等带宽限制的任务来说,CPU 资源并不是瓶颈,但是对于编译和链接 shader 等操作需要耗费大量的 CPU 资源。如果数据需要进行压缩或者转化为通用的格式,纹理加载也是需要耗费 CPU 资源的。注意到,显示性能是受到驱动器限制的,而驱动器可能具有锁机制。使用这种多线程机制的原因是其是一种比较自然的设计。

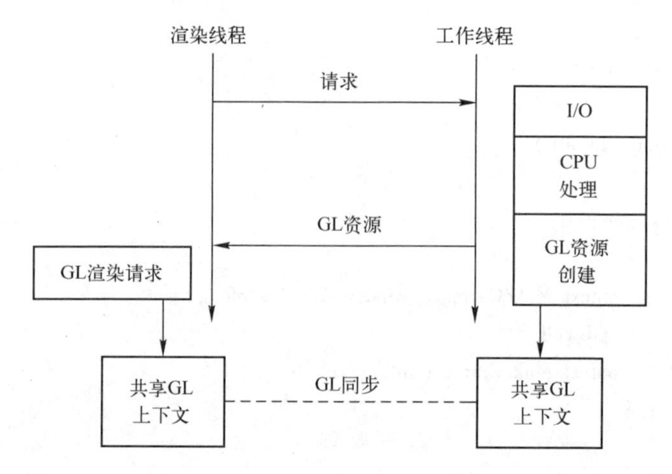

图 10.8　多线程,每一个具有共享的内容。需要 GL 同步机制,使得渲染线程能够知道什么时候工作线程创建完成了 GL 资源。

共享每一个线程的内容。我们提出的每个线程一个内容的方法需要每个线程具有一个 OpenGL 内容来与其他 OpenGL 内容共享其资源。在代码第十章 Multithreading 中,我们通过为渲染线程和工作线程创建窗口的形式在开始就为这两个线程创建了内容。

在这个例子中,Device. CreateWindow 在窗口中调用 wglCreateContextAttribs 和 wglMakeCurrent,通过这些调用将存在的内容创建一个共享,并将其作为调用线程所使用的内容:

```
_workerWindow = Device. CreateWindow(1,1);
_window = Device. CreateWindow(800,600,"Multithreading ");
```

工作线程所创建的窗口没有进行显示,工作线程的内容会优先进行创建,这是因为创建一个内容会将其默认为调用线程的当前内容。所有的内容在渲染线程中进行创建,其代码如下所示:

```
_window = Device. CreateWindow(800,600,"Multithreading ");
_workerWindow = Device. CreateWindow(1,1);
_window. Conetext. Makecurrent();
```

如代码表 10.4 所示,工作线程可以将其内容传递给工作线程,然后工作线程在其他 GL 调用执行前将其设置为当前内容。

共享的内容只是共享部分资源,而不是所有资源,需要特别注意的是,对于没有共享的资源在某一个内容中创建后不能用于其他内容。OpenGL 特别定义下列对象不能作为共享的内容:帧缓冲对象(FBOs)、请求对象和顶点数组对象(VAOs)[152]。之所以没有共享这些对象是因为其消耗的代价非常小,而将这些对象进行共享的代价会超过其本身的代价。FBOs 和 VAOs 听起来代价会非常高,但是它们分别是纹理/渲染缓存器和顶点/索引缓存器的一个容器而已。

```
internal class Worker
{
  public Worker(GraphicsWindow window)
  {
    _window = window;                          //在渲染线程中执行
  }
  Public void Process(object sender,MessageQueueEventArgs e)
  {
    _window. context. MakeCurrent();           //在工作线程中
    //GL 的相关请求…
  }
  private readonly GraphicWindow_window;
}
```

代码表 10.4　在工作线程中设置当前内容

OpenGL 中的共享对象包括 PBOs、VBOs、着色对象、程序对象、渲染缓存对象、同步对象和纹理对象[1]。相对于没有共享的对象,共享的对象通常比较大。例如 VBO 可能具有大量的节点而 VAO 仅仅是一个容器,它的大小与 VBOs 的大小是相互独立的。

OpenGlobe. Renderer 中的代码提供了共享对象和非共享对象的一种自然的区分。非共享对象仅仅在创建它们的内容中进行使用,在 OpenGlobe. Renderer. Context 中使用 factory 方法进行创建:

```
public abstract class context
{
    public abstract VertexArray CreateVertexArray();
    public abstract Framebuffer CreatFramebuffer();
}
```

共享对象在 OpenGlobe. Renderer. Device 中使用 factory 方法进行创建:

1　名字为 zero 的纹理对象没有进行共享。

```
public static class Device
{
    public static ShaderProgram  CreateShaderProgram();
    public static VertexBuffer  CreatVertexBuffer(/*…. */);
    public static IndexBuffer  Creat IndexBuffer(/*…. */);
    public static MeshBuffer  Creat MeshBuffer(/*…. */);
    public static UniformBuffer  CreatUniformBuffer(/*…. */);
    public static WritePixelBuffer  Creat WritePixelBuffer(/*…. */);

    public static Texture2D  Creat Texture2D(/*…. */);
    public static Fence  Creat Fence(/*…. */);
    //…
}
```

这是一种比较自然的区分，任何人能够访问 static Device 来创建共享对象，但是只有具有权限访问 Context 的内容能够创建非共享对象。主要的问题是，当工作线程使用其内容创建一个非共享对象，然后会将其传递给不能使用该对象的渲染线程。依据我们的经验，我们几乎不会在工作线程中创建 FBOs，而是创建 VAOs。

小练习：

添加一个调试辅助，将该辅助在非共享对象被内容所使用时进行捕捉，而不是创建的时候进行捕捉。

当然，这种解决方式是延迟 VAO 的创建直到渲染线程能够进行创建。这与前面提到的第一个 OpenGL 多线程机制非常类似。其中，所有的 GL 调用在渲染线程中执行，但是现在，知识需要的 GL 调用在该渲染线程中执行。

通过我们将 OpenGlobe. Renderer 抽象为只有一个线程和一个内容，渲染三角形网格的类可能使用代码表 10.5。创建器通过创建着色程序和顶点数组用于网格。调用 CreateVertexArray 来创建网格的顶点和索引缓冲器，并在一次对话调用中，将其附加到新创建的顶点数组中。该类的 Render 函数仅仅有一行使用创建器创建的对象进行绘制。

```
public static RenderableTriangleMesh
{
    Public RenderableTriangleMesh(Context  context)
    {
```

```
        Mesh mesh =/ * ··· * /;
        _drawState = new DrawState( ) ;
        _drawState. ShaderProgram = Device. CreateShaderProgram(/ * ··· * /) ;
        _drawState. VertexArray = context. CreateVertexArray(
            mesh,_drawState. ShaderProgram. VertexAttributes,BufferHint. StaticDraw) ;
    }
    public void   Render( Context context,SceneState sceneState)
    {
        context. Draw( PrimitiveType. Triangles,_drawState,sceneState) ;
    }
    private   readonly   DrawState   _drawState;
}
```

代码表 10.5　如果一个对象只有一个内容进行使用,所有的渲染资源可以同时进行创建。

```
public   class   RenderableTriangleMesh
{
    public RenderableTriangleMesh( Context context)
    {
        //在工作线程中执行
        Mesh mesh =/ * . . .  * /;
        _drawState = new DrawState( ) ;
        _drawState. Shade rP rogram = Device. CreateShader Program(/ * . . .  * /) ;
        _meshBuff ers = Device. CreateMeshBuf f e rs(
            mesh,_drawState. ShaderProgram. VertexAttributes,BufferHint. StaticDraw) ;
    }
    public void   Render( Context context,SceneState sceneState)
    {
        //在绘制线程里执行
        if( _meshBuffers != null)
        {
            _drawState. VertexArray = context. CreateVertexArray( _meshBuffers) ;
            _meshBuffers. Dispose( ) ;
            _meshBuffers = null;
        }
        context. Draw( PrimitiveType. Triangles,_drawState,sceneState) ;
    }
```

```
    private readonly DrawState _drawState;
    private readonly MeshBuffers _meshBuffers;
}
```

代码表 10.6 如果一个对象在一个内容中进行创建而在另一个内容中进行渲染,在渲染线程中需要创建非共享的渲染资源。

在工作线程中,该类不能使用同样的方式进行创建。有哪些内容需要传递给创建器呢?工作线程不能使用渲染线程中未加锁的内容,它也不能使用其本身的内容用于创建顶点数组。代码表 10.6 中的类显示了解决方案,worker 的内容用于创建着色程序和顶点索引缓存,这些都是存在实时的 MeshiBuffers 对象中的。这是一个简单的容器,类似于工程层面的顶点数组,而不是 GL 顶点数组:

```
public class MeshBuffers : Disposable
{
    public VertexBufferAttributes Attributes{ get; }
    public IndexBuffer IndexBuffer{ get;set; }
    //...
}
```

在渲染线程中,在对象进行渲染之前,需要使用 MeshBuffers 通过重新加载 CreateVertexArray 来创建确切的顶点数组。这是非常快速的操作,因为在工作线程中已经创建了顶点/索引缓存。

请思考:

> 创建顶点数组之后立即进行使用是否是一个好主意,为什么是好主意或者不是好主意。如何才能保证在顶点数组创建和渲染之间耗费一定的时间呢?

在不同的线程中进行内容的同步。在讨论了如何创建共享内容以及哪些对象进行共享。最后需要考虑的内容是内容的共享。如果只有单一的内容,GL 命令按照接收的顺序进行处理。这意味着我们可以按照自然的方式进行编写代码,并且添加代码用于创建资源,然后将其进行渲染,如图 10.9 所示。例如,如果资源是纹理,我们可以调用 Device. CreateTexture2D,其通过调用 glGenTexture,glBindTexture,glTexImage2D 等来实现。然后我们可以直接调用给一个使用该纹理 shader 的绘制命令。纹理的实时更新可以通过绘制命令看到。

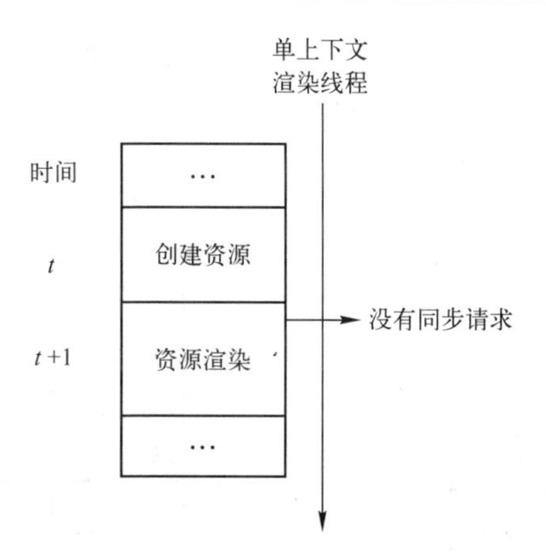

图 10.9　当使用单一内容时不需要进行 CPU 或者 GL 同步

当使用多个内容时，每一个内容具有其自己的命令集合。需要保证，当两个命令在同一个内容中，在时刻 t 对某一对象的改变需要在下一时刻 $t+1$ 命令执行前完成。如果某一对象在某一内容中的时刻 t 发生改变，需要进行 CPU 同步（可以通过向消息队列中传递一个消息），但是不需要保证另一个内容的命令在时刻 $t+1$ 能够看到该改变（图 10.10）。例如，如果某一个工作线程中存在一个对 glTexSubImage2D 的调用，该线程向消息队列中传递一个消息以通知渲染线程。因此通过其可以保证渲染线程在 glTexSubImage2D 完成之前渲染线程不执行绘制命令，即使在 CPU 同步的情况下，在绘制命令之前 glTexSubImage2D 被调用了也不能执行绘制命令。

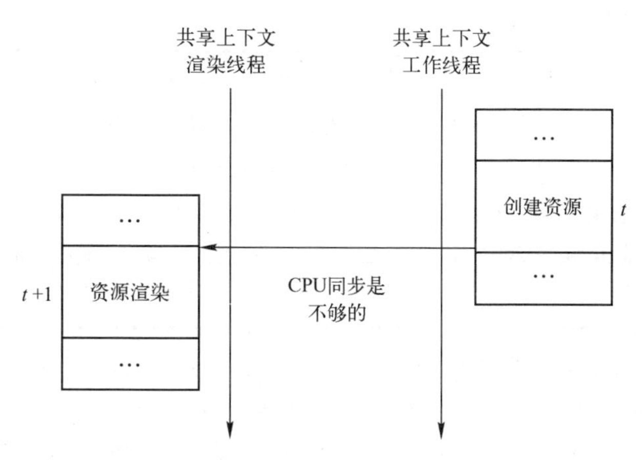

图 10.10　在同步两个内容情况下 CPU 同步不是必须的

内容可以通过两种方式进行同步。最简单的方式是在资源创建之后，调用 glFinish，其在 OpenGlobe. Renderer 抽象为 Device. Finish，如图 10.11 所示。尽管非常简单进行执行,同步方法能够引起一个重要的显示错误,需要在 GL 服务器中形成一个环形闭环,知道所有以前的 GL 命令的影响在 GL 客户端服务器和帧缓冲执行完毕后再关闭该环。

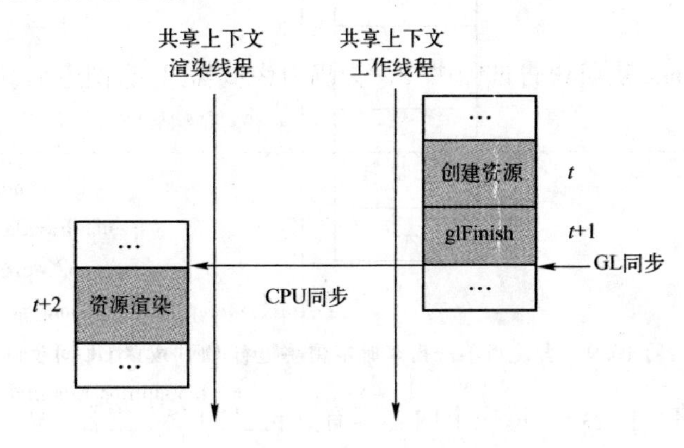

图 10.11　通过 glFinish 同步多个内容

作为 OpenGL 3.2 的一部分并且在 ARB_sync 扩展中进行了调用[96],同步 fence 对象,提供了一种相对于 glFinish 更加灵活的内容同步方式。该方式不是调用 glFinish,而是通过 glFenceSync 创建一个强制 fence。这种方式向内容的命令流中添加了一个 fence。我们可以将 fence 作为独立的命令执行前和执行后的分界。为了进行同步,调用 glWaitSync 或者 glClientWaitSync 在 fence 上进行等待,也就是在所有的命令完成之前进行阻塞。

Patrick 说:

有一些报告通过使用更加简洁的 glFlush 来替代 glFinish 成功地进行同步操作[160],实际上,我们已经成功在 Insight3D 和 STK 进行了应用。非常不幸的是,这种方式并不能确保成功。OpenGL 中仅仅提到使用 glFinish 或者 fence 来决定命令的完成。"一个命令是否结束可以通过调用 Finish 来判断,或者在相关的同步对象上调用 FenceSync 执行 WaitSync 命令来实现"[152]338-339。

两个通过 fence 进行同步的例子如图 10.12 所示。在图 10.12(a)中,在工作线程创建资源后又创建了一个 fence。在同步 CPU 与渲染线程之前,glFlush 用于确保 fence 的执行。在刷新命令流之前,fence 不会进行执行,等待在 fence 上的线程将会死锁。在同步 CPU 之后,渲染线程将会在 fence 上等待来同步 GL。在等待之后,绘制命令将会执行并且可以确保资源创建在其他内容中完成了。

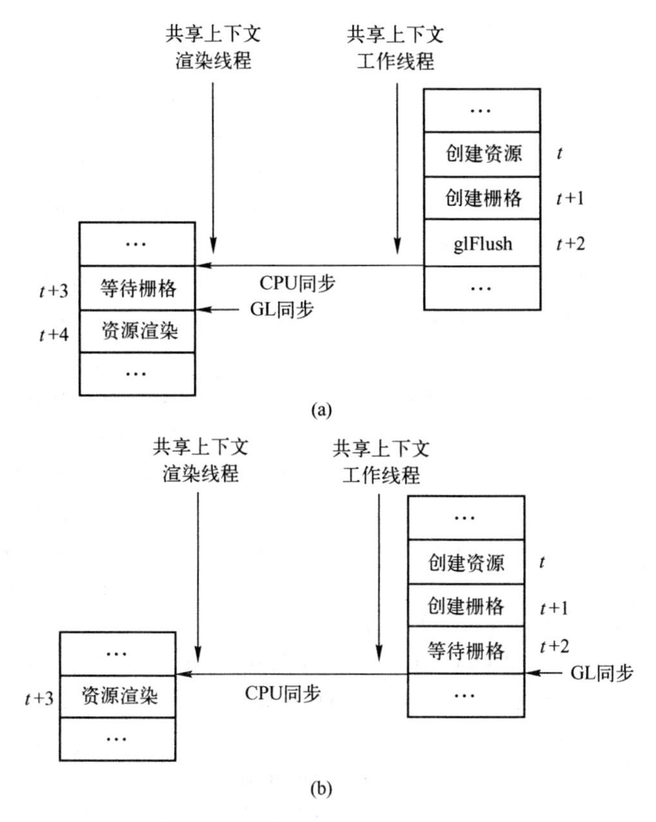

图 10.12　(a)通过在一个内容中创建 fence 并且在其他内容中进行等待来实现 GL 同步;(b)创建一个 fence 并且在其上等待来实现 GL 同步。

一个 fence 可能通过不同的方式进行等待,通过调用 glWaitSync 可以用于阻塞 GL 服务器,并且直到 fence 接收到信号。一个执行的细节,阻塞可能发生在 CPU 或者 GPU 上。glClientWaitSync 阻塞调用线程直到 fence 接收到信号或者超时。当调用 glClientWaitSync 并且将超时参数设置为 0 时,其可以用于判断 fence 状态。这对于图 10.12(b)所示的情况是非常有用的。

在这里,创建了一个 fence,并且在相同的内容上进行等待直到将 CPU 与渲染线程进行同步,这与调用 glFinish 是统一的,如图 10.11 所示。如果用户等待直到超时,工作线程可以继续进行其他任务,并且偶尔诊断 fence,直到资源的创建完毕。

fence 相对于 glFinish 更加灵活,这是因为 glFinish 等待直到所有的命令流执行完毕,fence 允许仅仅完成部分命令。OpenGlobe. Renderer 中的代码使用 abstract class Fence 来表示 fence 同步对象,在 OpenGlobe. Renderer. GL3x. FenceGL3x 中执行。

```
namespace OpenGlobe.Renderer
{
    public enum SynchronizationStatus
    {
        Unsignaled,
        Signaled
    }
    public enum ClientWaitResult
    {
        AlreadySignaled,
        Signaled,
        TimeoutExpired
    }
    public abstract class Fence : Disposable
    {
        public abstract void ServerWait();
        public abstract ClientWaitResult ClientWait();
        public abstract ClientWaitResult ClientWait(
            int timeoutInNanoseconds);
        public abstract SynchronizationStatus Status();
    }
}
```

10.4.4 多线程驱动

一些 OpenGL 驱动使用多线程机制来更好地使用多核 CPU[8]。OpenGL 调用具有一些 CPU 消耗,包括管理状态和为 GPU 创建命令。一些调用甚至会具有重要的 CPU 消耗,例如编译链接 shader。多线程驱动将这些 CPU 消耗由应用的渲染线程分担到不同核的驱动线程。当应用进行 OpenGL 调用时,命令被放到命令队列,这些命令队列中的命令将会在后来通过驱动上的不同线程进行处理,并且提交给 GPU。当然,一些 OpenGL 调用,例如 glGet *,需要在渲染线程和驱动线程中进行同步。

在不具有多线程功能的驱动器上,相似的多线程方法可以通过应用来实现。渲染线程可以分为 front - end 线程来执行裁剪和状态排序以及创建新的命令,back - end 线程用来通过 OpenGL 或者 Direct3D 调用来执行这些命令。这种管道方式能够增加吞吐量(例如帧率),但是其同样增加了一些潜在的因素,这是因为渲染是在帧背后执行的。这种方式的目标是与多线程驱动是相同的,将驱动的 CPU 消耗分担到不同的内核上。通过在 Direct3D9 上使用这种方式,Pangerl 可以在测试中达到 200% 的改进,在真实的游戏中达到 15% 的改进。

将渲染线程分割为 front - 和 back - end 线程需要进行特别的注意,特别地,如果与绘制命令相关的数据(例如顶点缓存)是双缓冲的,会增加内存的消耗。这种方式增加的内存带宽的占用以及对 cache 的污染将会降低性能。因此这种方式对于单核 CPU 是不推荐使用的。front - 和 back - end 线程最初在 DOOM III 中执行,但是由于其在当时主流的单核 CPU 上消耗大量的内存并且性能非常差,该方式被抛弃。后来,Quake4 发布了两种模式:一种用于单核 CPU 的不具备 back - end 线程的模式,另一种具有 back - end 线程用于多核 CPU 的硬件。这使得大量的工作可以在多核系统的一个核上进行离线的加载,而不是像单核系统那样需要中断某项操作。在单核上进行运行时,Kalra 和 vanWaveren 发现 Quake 4 花费在 OpenGL 驱动上的时间仅仅为以前的一半[80].

10.5 参考资料

Herb Sutter 的论文"The Free Lunch Is Over: A Fundamental Turn TowardConcurrency in Software"非常好地描述了为什么要编写并行软件[161]。NVIDIA 的 CUDA Programming Guide 讨论了他们 GPU 中的 SIMT 并行机制[122]。

VanWaveren 在其纹理六的研究中包含了多线程管道、压缩和对于小存储设备的流策略[172,173]。

OpenGL 的多线程具有一定的黑艺术性,OpenGL3.3 专辑的附录 D 讨论了在内容之间共享对象[152]。当使用具有多内容共享的多线程时,阅读这些内容是非常有用的。同 ARB - sync 扩展一样,OpenGL 专辑同样讨论了同步对象机制和 fence 机制[96]。Hacks of Life 博客中详细讲述了一些其在 X - Plane 中使用 OpenGL 多线程的一些经验[159]。MSDN 中描述了 Direct3D 11 实现多线程的一些技术,包括资源的创建以及通过使用的资源来为不同的线程创建渲染命令[114].

Beyond Programmable Shading SIGGRAPH 课程笔记是关于并行程序结构信息的重要参考资料[97-99]。下一代的游戏引擎逐步转向根据任务进行资源划分的结构。这样可以通过核数的增加来获取一定的伸缩性[6,100,174]。其中非常小的、相互独立的、状态比较少的任务,根据它们的独立性可以将其安排到有序图中。一个引擎可以通过该图来进行任务的安排。我们可以通过其将已经较好利用的多线程方法用到极致。

第四部分　三维球面地形构建

第十一章　地形基础知识

据我们所知,所有的图形开发者几乎都在研究多种多样的地形显示引擎。当然,这是很好理解的——地形渲染是计算机图形学领域的一个吸引研究者的方向,而且显示的绵延起伏的丘陵山脉以及美丽景色令人震惊。正如图 11.1 所示,当使用真实世界的高分辨率高程数据和卫星影像时,虚拟地球显示的地形可以给人留下深刻的印象。

图 11.1　必应地图三维显示 Everest 山脉及其周围山峰的地形和图像的屏幕截图。© Microsoft Corporation © AND© 2010 DigitalGlobe

尽管开发一个虚拟地球地形引擎具有很高的娱乐性并且回报丰厚,但同时工作量也是十分巨大的。因此,我们将本部分的讨论分为四章。第十一章介绍基础知识,包括地形表示基础理论,高程地图渲染技术,法向量计算方法和一系列的着色方案。为了自下而上地理解地形渲染,本章做出一些简化假设,包括地形足够小,能够加载到内存中,并且能够成功运用强力渲染。另一个假设就是地形可以通过一个平面凸起山峰的形式进行显示。

对于一些应用,这些假设是完全合理的。特别地,一些游戏程序通过地平面凸起山峰的形式渲染地形。但是,对于一些处理大数据集的应用,并不能假设 GPU 能够足够快速进行暴力渲染,也不能假设地形能够加载到内存中,甚至都不能加载到一块硬盘中。第十二章开始讨论大面积地形数据的渲染,第十三章和第十四章研究了特定的算法。

11.1　地形表示的基础理论

地形数据可以通过很多途径获取,虚拟地球和 GIS 应用中使用的真实世界地形数据通常通过遥感飞机和卫星进行获取。游戏中所使用的人工地形通常通过艺术工作者创建或者在代码中通过程序创建。根据数据的获取方式和最终的应用,地形可以通过不同的方式进行表示。

11.1.1　高度图

高度图在地形表示中的应用最为广泛。一个高度地图,也可以称为高度区域图,可以认为是一张灰度图像,每个像素点处的灰度值表示该位置的高度值。一般地,黑色表示最小的高度,白色表示最大的高度。

想像一下,将高度图置于地平面,然后根据每个像素点的高度将其凸出到特定高度。突出的像素点称之为 posts。在本章中,地平面为 xy 平面,像素点高度沿着 z 轴方向凸起。另一种常用的方式为地平面为 xz 平面,地形沿着 y 轴方向凸起。图 11.2 显示了一个 16×16 的小型高度图以及由其创建的地形。

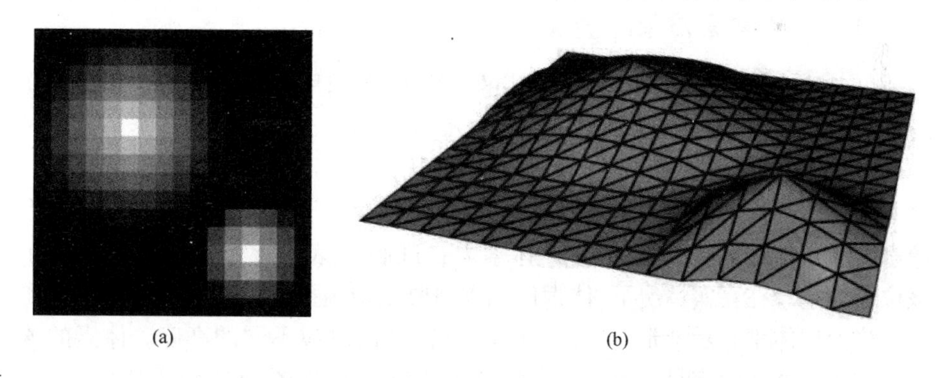

(a)　　　　　　(b)

图 11.2　(a)绘制程序所创建的灰度图像,高度通过灰度值表示,黑色表示最小值,白色表示最大值;(b)将该图像显示为地形高度图。

由于以下原因高度图应用非常广泛:首先是其非常简单,有大量的数据可以作为高度图,另外就是有大量的工具可以用于生成和修改高度图。甚至免费绘制程序中的梯度填充工具可以用于生成图 11.2(a)所示的简单地形。

高度图可以通过大量的方式进行渲染。本章将会探究三种方法:从高度图创建三角网格,将高度图作为顶点着色的位移图和将高度图通过光线投射到片断 shader 中。

高度图有时被称为2.5维图,因为在每一个 xy 平面中的位置只存储了一个高度值。单个高度图无法表示一些地形特征,例如垂直峭壁,悬挂地形特征,盒子,隧道和拱门等。但是我们仍然可以通过高度图生成一些令人震惊的地形图(图11.1和图11.3)。垂直峭壁可以通过峭壁所在的位置的相邻点高度的变化来近似,但是此情况下高度图必须具有足够大的分辨率。悬挂物的特征,包括盒子和隧道通常通过分割模型的方式进行处理。

图11.3 使用高度图地形的 Kauai 渲染结果(图像通过 STK 获取)

11.1.2 体素渲染

另一种可以替换高度图渲染方法的地形表示方法为体素,该方法支持真实的垂直陡崖和悬挂物特征。直观地说,一个体素是一个像素点的三维扩展。正如一个像素点为二维中的一个图像元素,一个体素为三维立体中的一个元素。将一个立体块作为三维网格或者位图,网格中的每个立方体或者位图中的每个像素即体素。在最简单的情况下,体素为二进制,1表示该位置被填充,0表示该位置为空。在真实情况下,体素比二进制要复杂,通常存储密度和材质。

当使用体素表示地形时,每一个 xy 位置可以对应不同的高度。体素的该特征使得能够非常容易地表示垂直悬崖和悬挂特征,如图11.4所示。

体素绘制的一个局限性为对于同样大小体积地形的内存消耗量较大。对于一个 $512 \times 512 \times 512$ 的体积,如果每一个体素为1字节,需要大于128MB的内存,而对于 512×512 的高度图,若每一个像素为一个浮点数,只需要1MB的内存。幸运的是,可以运用一些技术降低体素绘制的内存消耗。每一个体素可以使用更少的比特数进行表示。在极端的情况下,对于简单的每个体素仅仅有

(a)

(b)

图 11.4　(a)C4 引擎通过体素方式显示悬挂物特征的屏幕截图;(b)从体素表示所生成的三角网格。(图像由 Eric Lengyel,Terathon Software LLC 提供)

填充和空缺的状态时,每个体素仅仅使用 1bit 就足够了。体素可以通过分组结合的形式合并为更大的单元(例如 4×4 或者 8×8)标记为填充或者空缺,从而可以避免在非二进制情况下对每一个单独的体素进行存储。类似地,材质可以逐个单元地进行存储,而不是每个体素地进行分配。这两种技术在 Miner Wars[145] 中被用来表示可摧毁的体素地形。最后一点,体素可以运用分级数据结构进行存储,例如运用稀疏八叉树进行存储,因此包含填充空间或者空缺空间的分级树的树枝不占用内存[129]。

建模以后,体素可以直接进行渲染,或者转化为三角网格进行渲染。GPU 光线投射算法是最近用于直接体素渲染的技术[35,129]。与其对应的,marching cubes 算法可以用于根据体素表示生成三角网格[104]。

由于体素绘制的艺术性控制,其会成为游戏中一个吸引研究者的地形表示方法。一些游戏引擎开始使用体素进行地形编辑。但是不幸的是,对于虚拟地球,我们还没有发现任何地形采用体素方法进行真实地形数据绘制。

11.1.3　内隐式曲面

有另外一大类称为程序地形的地形渲染方法不依赖于真实世界地形或者人工创建的地形。事实上,该地形需要非常少的存储。地形区面通过一个隐式函数描述,在运行过程中通过该函数逐步创建地形。

例如,Geiss 在 GPU 上使用一个密度函数生成程序地形[59]。给定一个点 (x,y,z),该函数对于该点处于填充的情况时返回一个正值,当该点未被地形填充时返回负值。正值和负值之间的边缘描述了地形的表面。

例如为了生成地形表面为平面 $z=0$ 的地形。密度函数为 $density=-z$。通过结合多种类型的噪声,每一种噪声具有不同的频率和幅值,可以生成大量的有趣地形(图 11.5)。该方法使得定制地形成为可能,例如通过调整可以基于 z

的密度函数来创建一个地面、架子或者台阶。与体素绘制类似，marching cubes算法可以用于根据隐函数渲染的地形生成三角网格。

图 11.5　运用基于添加噪声的密度函数的方式通过 GPU 绘制的程序上的地形；(c)通过增加密度函数在 z 轴的特定位置添加地面。
(图像由 NVIDIA Corporation 和 Ryan Geiss 提供)

程序生成地形的方式可以使用较少的内存，生成令人震惊的地形，包括各种复杂的悬挂特征。考虑到 GPU 结构的发展趋势，程序创造的地形在游戏和模拟领域具有光明的未来。但是运用程序方法生成真实地形具有非常大的挑战性，我们还没有发现有任何研究者的尝试。

11.1.4　不规则三角网格

不规则三角网格(triangulated irregular network，TIN)的本质是三角网格。TINs 通过三角化点云为密集网格的方式生成。由于在一些地理区域，TINs 可以到达非常高的分辨率，因此 TINs 在 GIS 中的应用非常地广泛。

TINs 的点云可以通过搭载光探测和距离修正(LiDAR)的飞行器进行获取。LiDAR 是遥感方法通过分时激光脉冲采样地球表面。发射光线和接收反射光线的时间差被转化为距离，然后根据飞行器和传感器的方向等参数转换到点云中的一个点。由于反射激光脉冲包括楼房、植被等，必须通过滤波算法以及采用人工后处理的方式创建一个裸露的地球地形模型。

如图 11.6 所示，与统一结构的高度图相比较，TINs 允许非统一的采样。大的三角形可以用于描述平坦区域，小的三角形网格可以表示精细的地形特征。不像其他的地形表示，一般情况下 TIN 可以在没有任何附加处理的情况下用于渲染，只要内存能够达到其要求。考虑到其三角网格的本性，TIN 表示方法可以用于处置悬崖和悬挂特征的渲染。

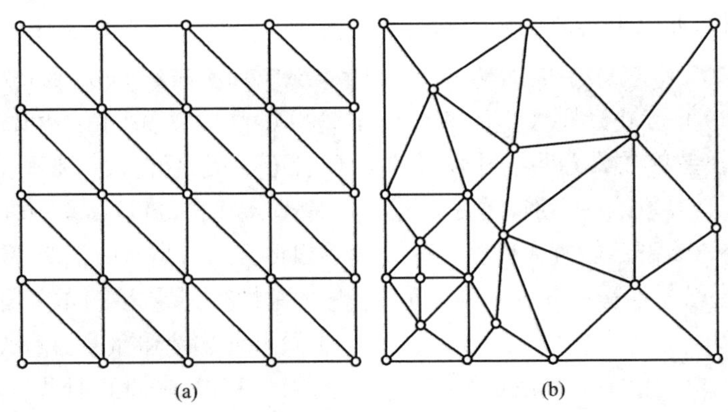

图 11.6　(a)在统一网格下的高度图的标准三角网格；(b)允许非归一化采样的 TIN，左下角的三角网格具有较高的三角形密度。

11.1.5　地形表示法小结

表格 11.1 总结了上面所讨论的地形表示法，不同的表示法可以同时使用，或者转化为同一种表示法进行渲染。例如高度图用于渲染基础地形，体素绘制用于需要渲染悬挂物的情况。高度地图通过三角化和简化后会生成 TIN 数据。同样地，三角网格可以通过体素数据或者内隐式曲面数据生成。考虑到应用的广泛性，我们聚焦于运用高度图进行地形渲染。

表 11.1　地形表示总结表

高度图	应用最为广泛，编辑和渲染比较简单。有大量的工具和数据集可用，不能够表示垂直悬崖和悬挂特征
体素渲染	完美的艺术控制，支持垂直悬崖和悬挂特征的渲染，不能够像高度图或者 TINs 进行直接渲染
内隐式曲面	使用非常小的内存，用于通过程序通过飞行的形式逐步生成复杂的地形，不能够像高度图或者 TINs 进行直接渲染
不规则三角网格	该方法使得高分辨率数据变得可行，其不是统一的网格，相对于高度图更好地使用内存，容易进行渲染

11.2 渲染高度图

本小节将会介绍基于高度图渲染地形的三种方法。首先从显而易见的方法开始:在 CPU 上运用高度图生成三角网格进行渲染。其余两种方法运用 GPU 进行渲染,一种方法将高度图作为顶点 shader 中的位移图,另一种方法是将高度图通过光线投射到片断 shader 中。

在本章中使用美国华盛顿州 PugetSound 地区高度图作为一个实例,其大小为 512×512,如图 11.7 所示。

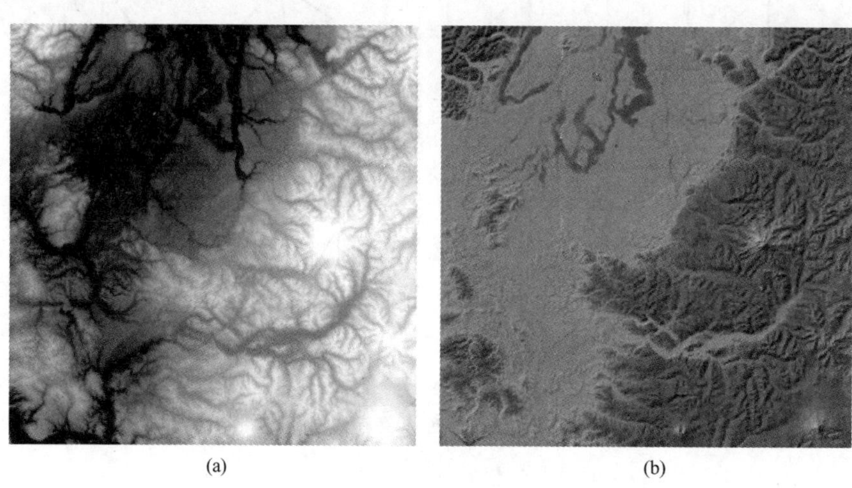

(a) (b)

图 11.7 (a)低分辨率高度图;(b)PugetSound 地区的有色图(纹理),从乔治亚理工学院的大尺度几何模型档案中获取。

除了描述高度的数据以外,所有的高度图具有相关的元数据用于描述在世界空间中放置位置。本章使用具有下面公共接口的类来表示高度图和其元数据:

```
public class TerrainTile
{
    //构造器...
    public RectangleD Extent{get;}
    public Vector2I Resolution{get;}
    public float[ ] Heights{get;}
    public float MinimumHeight{get;}
    public float MaximumHeight{get;}
}
```

属性 Extent 为高度图在 xy 平面中真实世界区域边界，属性 Resolution 是高度图在 x 方向和 y 方向的分辨率，与图像的分辨率类似。属性 Heights 包含从最底行到最顶行的真实的高度值。图 11.8 显示了对于 5×5 高度图的布局情况。该类被命名为 TerrainTile，这是因为在第十二章中可以看到，地形数据存储于不同的部分，称之为面片，用于有效地裁剪、细节层次显示和分页。

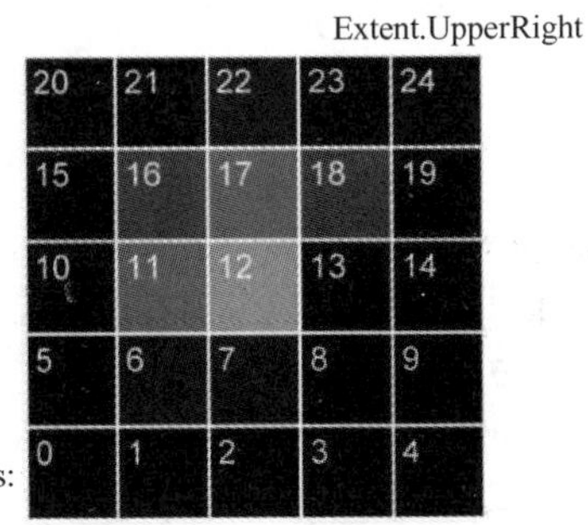

图 11.8　Extent. Heights 由下到上的逐行存储布局图

11.2.1　创建三角形网格

给定 TerrainTile 的一个实例，创建一个统一的三角形网格是非常简单的。正如图 11.9 所示，想象一下向下俯视高度图，对于每一个像素位置使用该处的

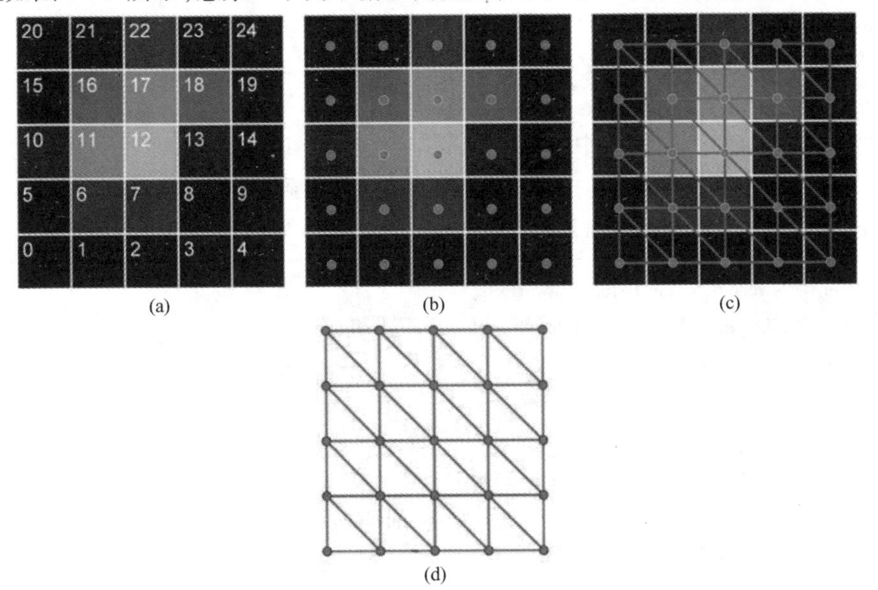

图 11.9　(a)5×5 的高度图；(b)顶点俯视图；(c)运用三角形连接顶点图；(d)三角网格图。

高度创建一个顶点,然后运用三角形边将其连接到相邻的顶点中。一旦网格创建成功,在渲染过程中将不会需要高度图,但是其可以用于其他用途,例如碰撞检测或者获取鼠标点击位置的高度等。

一个 $x \times y$ 的高度图具有 $x \times y$ 个顶点,能够生成 $2(x-1)(y-1)$ 个三角形。给定一个地形面片,在内存足够的情况下,可以使用代码表 11.1 对网格进行初始化。

```
Mesh mesh = new Mesh( );
mesh. PrimitiveType = PrimitiveType. Triangles;
mesh. FrontFaceWindingOrder = WindingOrder. Counterclockwise;
int numberOfPositions = tile. Resolution. X * tile. Resolution. Y;
VertexAttributeDoubleVector3positionsAttribute =
    new VertexAttributeDoubleVector3( "positin", numberOfPositions);
IList < Vector3D > positions = positionsAttribute. Values;
mesh. Attributes. Add( positionsAttribute);
intnumberOfPartitionsX = tile. Resolution. X - 1;
intnumberOfPartitionsY = tile. Resolution. Y - 1;
intnumberOfIndices =
    ( numberOfPartitionsX * numberOfPartitionsY) * 6;
IndicesUnsignedIntindices =
    new IndicesUnsignedInt( numberOfIndices);
mesh. Indices = indices;
```

代码表 11.1　根据高度图初始化网格

下一步是对于高程图中的每个像素点创建一个顶点。顶点的 xy 位置通过将面片左下位置在高度图中的位置通过偏移计算得到。顶点的 z 坐标直接从高度图中获取。正如代码表 11.2 所示,一个简单的 for 循环足够获取处理结果。

```
Vector2D lowerLeft = tile. Extent. LowerLeft;
Vector2D toUpperRight = tile. Extent. UpperRight - lowerLeft;
int heightIndex = 0;
for( inty = 0; y < = numberOfPartitionsY; + + y)
{
    double deltaY = y /( double) numberOfPartitionsY;
    double currentY = lowerLeft. Y + ( deltaY * toUpperRight. Y);
    for( intx = 0; x <= numberOfPartitionsX; + + x)
    {
```

```
        double deltaX = x /(double)numberOfPartitionsX;
        double currentX = lowerLeft.X + (deltaX * toUpperRight.X);
        positions.Add(new Vector3D(
            currentX,currentY,tile.Heights [ heightIndex ++ ]));
    }
}
```

代码表 11.2　根据高度图计算顶点位置

通过上述算法，顶点逐行由下而上地存储于内存中，其索引与tile. Heights相同如图 11.9(a)所示。最后一步是为三角网格创建索引。对于位置不在最顶行和最右列的每一个顶点，在该顶点的右侧顶点、该顶点的右上侧顶点以及该顶点的上侧顶点之间创建两个三角面片形成一个方形，如代码表 11.3 所示。

```
int rowDelta = numberOfPartitionsX + 1;
int i =0;
for(inty =0;y < numberOfPartitionsY; ++y)
{
    for(intx =0;x < numberOfPartitionsX; ++x)
    {
        indices.AddTriangle(new TriangleIndicesUnsignedInt(
            i,i +1,rowDelta + (i +1)));
        indices.AddTriangle(new TriangleIndicesUnsignedInt(
            i,rowDelta + (i +1),rowDelta + i));
        i +=1;
    }
    i +=1;
}
```

代码表 11.3　根据高度图创建三角网格

OpenGlobe. Scene. TriangleMeshTerrainTile 中提供了由高度图创建三角网格的完整执行代码。如果创建了三角网格，渲染过程所剩下的就是如何调用绘制函数的问题。假如没有其他用途，可以丢弃原始的高度图。

这种归一化网格的优点是如果需要渲染多个面片，可以减小内存消耗，因为每个面片使用了相同的索引缓存区。还可以通过将索引重新编码为缓存一致的索引表来改进渲染效果[50,148]。

比较图 11.10 和原始的高度图以及图 11.7 的颜色纹理图可以得到，比较暗的高度图像素点对应的高度值比较小，亮的像素点对应的高度值比较大。

图 11.10　运用三角网格渲染的图 11.7 的高度图和颜色纹理图

图 11.11 显示了相同地形的放大细节以及对应的三角网格。三角网格图暴露了两个非常重要的效率方面的问题。一是距离较远的山脉使用了较多的三角面片。事实上,根据近大远小的视觉特征,对于距离较远的地形使用较少的三角面片会使得整个场景的面片大小相对统一。运用三角网格渲染高度图同样符合该规律。该章中其他的非智能高度图渲染技术具有类似的问题。二是网格图显示了对于平坦区域使用了过多不必要的三角形,例如前景中的蓝色区域。这就是基于高度图创建统一的三角网格的缺点。在第十二章中,我们将讨论细节层次理论,将会降低该类问题的影响。

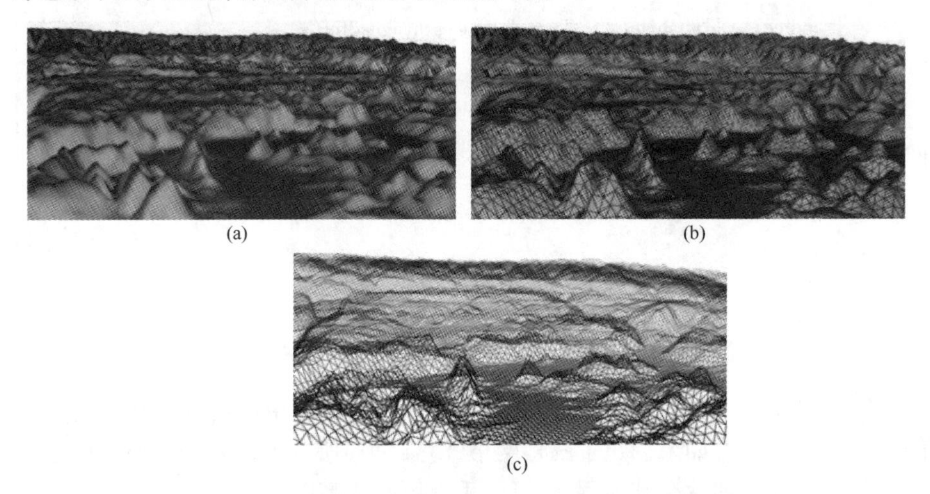

图 11.11　(a)地形放大显示图;(b)地形上覆盖三角网格图;(c)只显示三角网格图。

11.2.2　顶点着色位移图

过去的许多年中,地形的渲染通过静态三角网格实现。当顶点 shader 能够进行读取纹理后,一种新的基于 GPU 的方法开始吸引研究者[177]。在该方法中，如前面所述，根据与高度图像素点对应的顶点创建统一化三角网格。与前面不同的是，网格中并不存储 z 轴方向的高度值，只存储 xy 平面上的位置。高度图被存储于单个浮点型数据的纹理图像，通过顶点的 xy 位置在顶点 shader 中采样得到。高度图作为位移图应用于 xy 平面的一致的棋盘式网格中，如图 11.12 所示。

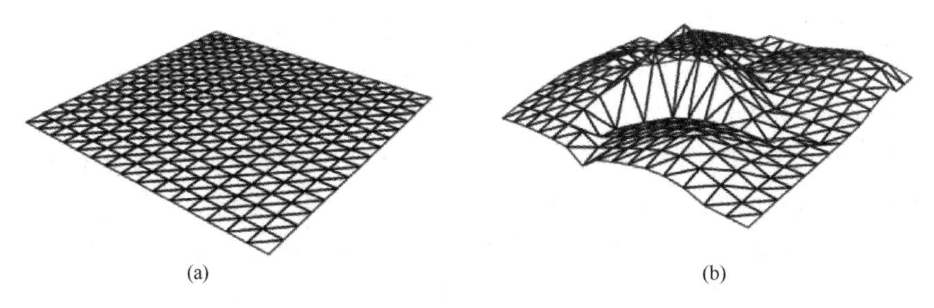

图 11.12　(a) xy 平面中一致的网格；(b) 通过顶点 shader 中基于高度图纹理平移网格顶点得到的地形。

乍看起来，该算法的优点并不明显，但实际上其优点非常多：

- 简易性。该算法执行非常容易，只需要单行顶点 shader 进行高度图的查询。
- 灵活性。该算法可以非常容易地通过修改高度图纹理的子集或者添加附加的破坏纹理数据进行地形破坏渲染。尽管破坏纹理在实际虚拟地球中并不常见，但是破坏地形用于展示游戏中爆炸对地形的影响。
- 较低的内存消耗性。当仅仅渲染单个面片时，位移图使用的内存与统一化静态三角网格相当。当对多个面片进行渲染时，对于每个面片需要一幅高度图，但是三角网格可以通过修改模型矩阵将其缩放变换至覆盖面片的真实区域的方式重复利用。这意味着附加的面片可以在仅仅消耗单元素浮点类型的纹理图大小内存的情况下进行渲染，而不需要三元组的顶点缓存。

当然，运用顶点 shader 位移图的方法也存在一些缺点：

- 额外的纹理读取。该方法对于每一个顶点需要额外地读取纹理。在当前主流的 GPU 上，这是非常高效的。即使是比较老的 NVIDIA GeForce 6800 每秒钟能够读取 3300 万顶点纹理，其每秒钟的最大顶点处理数目为 6 亿[60]。
- 简化局限性。高度图和三角网格的统一特性使得对于每一个面片可以使用相同的网格，但是统一的特性阻碍了对于并不是需要较高细节的平坦区域进行简化。

对于很多应用，顶点 shader 的位移图方法优点是多于缺点的，这就解释了为什么该算法在一些游戏引擎中非常流行,例如 Frostbite[4]。

11.2.3 GPU 光线投射算法

本小节中我们所要介绍的基于高度图的地形渲染方法为 GPU 光线投射算法。本算法与第 4.3 节描述的通过光线投射算法进行椭球状地球的渲染算法相类似。高度图存储于单元素浮点类型的纹理图中。地形的渲染通过渲染面片坐标所在区域的包围盒(axis - aligned bounding box,AABB)来实现。算法通过请求 shader 由视点向待着色片断发射光线,当光线与高度图相交时,着色对应的片断。当光线与高度图的对应区域不相交时,则对应的片断不进行着色。该算法的优点有以下几点:

- 减少内存的使用。渲染一个面片仅仅需要该面片的高度图和 AABB。因此,GPU 中可以加载更多的面片从而减少系统的调度。对于目前处理能力和内存访问能力间鸿沟越来越大的情况下,该优点非常重要。使用更少的内存直接解决了内存带宽的瓶颈。
- 减少顶点的处理。由于对于每一个面片只渲染对应的 AABB,其中具有较少的顶点着色和三角形渲染。当今的 GPU 具有集成的 shader 机制,使得更多的 GPU 资源能够释放出来处理其他片断。

该算法的缺点有以下几点:

- 复杂性。光线投射渲染高度图并不像前面的渲染静态网格或者位移图一样简单容易,也不像前面所讨论的椭球体光线投射算法那样具有解析解。光线投射高度图算法需要逐步将光线穿过高度图。幸运的是,该复杂性与片断 shader 是分离的,因此 CPU 代码会比较简单。
- 增加片断的处理。由于光线投射片断 shader 非常复杂,需要较多的纹理读取,因此需要大量的计算。

问题是所减少的内存使用和顶点的处理是否能够抵消增加的片断处理,为了回答这个问题,我们需要更加细致地研究算法。

我们的执行过程依据 Dick 等的研究[37]。首先,为面片的 AABB 创建三角网格,如图 11.13(a)所示,该 AABB 通过正面挑选方式进行渲染。如果使用背面挑选进行渲染,由于没有片断被点阵化,当视点进入 AABB 后地形将会消失。

如代码表 11.4 所示,该算法只需要比较简单的顶点 shader。世界坐标中的位置 position. xyz 作为 boxExit 传递给片断 shader。经过插值,该点为从视点发出的光线穿过地形片断并且在 AABB 上的射出点。由于只对背面进行渲染,因此可以确定的是,该点为射出点,而不是射入点。计算光线的射入点是片断 shader 首要任务。然后片断 shader 进行下述的繁重计算:

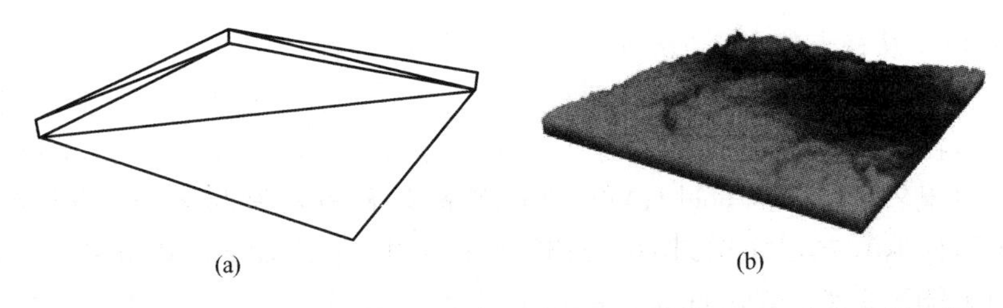

图 11.13　(a)为了使用光线投射片断 shader,面片得 AABB 的背面被渲染;
(b)管线穿过地形图来寻找可见的地形表面。

- 光线逐步穿过高度图像素点,在这里称之为 texels,因为高度图存储于纹理当中,在第一个交叉点处停止。
- 如果找到了一个交叉点,计算交叉点的深度,对片断进行着色,否则不进行着色。

```
in vec4 position;
out vec3 boxExit;
uniform mat4 og_modelViewPerspectiveMatrix;
void main( )
{
    glPosition = og_modelViewPerspectiveMatrixposition;
    boxExit = position. xyz;
}
```

代码表 11.4　GPU 光线投射算法的顶点着色

除了光线的射出点 boxExit 外,片断 shader 的其他输入从变量 uniform 中获取,如代码表 11.5 所示。

```
in vec3 boxExit;
uniform sampler2DRectu_heightMap;
uniform vec3 u_aabbLowerLeft;
uniform vec3 u_aabbUpperRight;
uniform vec3 og_cameraEye;
```

代码表 11.5　GPU 光线投射算法片断 shader 输入

高度图存储于矩形纹理图像中,可以对非正常的纹理坐标进行存储。这使得 shader 更加简单,因为世界坐标空间的 *xy* 位置可以通过纹理坐标 *st* 线性方式计算获取。AABB 的区域角点坐标为 u_aabbLowerLeft 和 u_aabbUpperRight。给定光线的射出点和视点位置,光线的方向为 boxExit 到 og_cameraEye 的方向。

相对于从视点位置逐步沿着光线进行判断,一种有效的方法为通过解析的方法计算光线与 AABB 正面的交点,然后从交点处沿着光线进行绘制。当然,如果视点在 AABB 中,最合适的方式是从视点位置开始绘制,图 11.14 描述了这两种情况。由于片断通过 AABB 进行了光栅化,光线会与 AABB 进行相交,但是光线并不一定会与高度图进行相交。代码表 11.6 为片断 shader 的一部分代码用于计算光线的射出点 boxEntry。

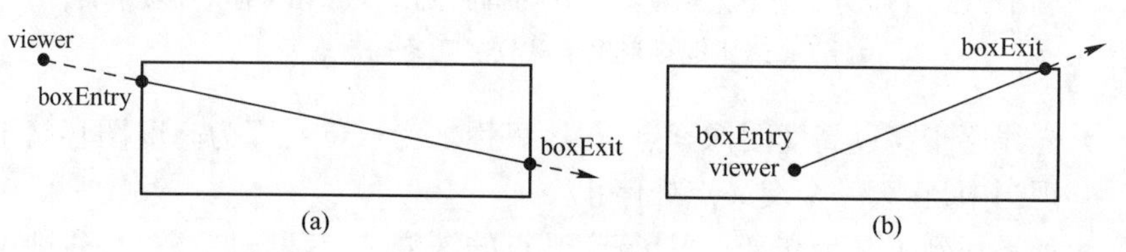

图 11.14 光线和面片的 AABB 的侧视图,只需要考虑光线与 AABB 相交的部分。(a)视点在 AABB 之外的情况;(b)视点在 AABB 之内的情况。

```
struct Intersection
{
    bool Intersects;
    vec3 IntersectionPoint;
};
bool PointInsideAxisAlignedBoundingBox(vec3 point,
    vec3 lowerLeft,vec3 upperRight)
{ //... }
Intersection RayIntersectsAABB(vec3 origin,vec3 direction,
    vec3 aabbLowerLeft,vec3 aabbUpperRight)
{ //... }
void main()
{
    vec3 direction = boxExit - og_cameraEye;
    vec3 boxEntry;
    if(PointInsideAxisAlignedBoundingBox(og_cameraEye,
        u_aabbLowerLeft,u_aabbUpperRight))
    {
        boxEntry = og_cameraEye;
    }
    else
    {
```

```
        Intersection i = RayIntersectsAABB(og_cameraEye,direction,
            u_aabbLowerLeft,u_aabbUpperRight);
            boxEntry = i.IntersectionPoint;
    }
//...
}
```

代码表 11.6　计算光线的射入点

接着,光线逐步穿过高度图的纹理像素空间,为了简化,由于对于高度图使用的是矩形纹理,我们可以假设纹理像素空间直接映射到世界坐标中的 xy 平面。另一个假设是 xy 世界坐标的左下角的面片坐标为(0,0)。

光线由 boxEntry 处开始,在光线与面片交点或者高度图的结尾处结束。为了简化光线发射的逻辑,我们使用镜像法,所以当光线传播到纹理像素点时其在 x 方向和 y 方向的增加是单调的。如果 direction. x 和 direction. y 都是非负的,不需要进行镜像变换(图 11.15)。否则,若任何一个为负,对应的分量进行求负运算(例如 direction. x = - direction. x)。为了得到最终对应的结果,则射入点的相应分量和纹理坐标需要进行镜像操作。相关的片断 shader 程序如代码表 11.7 所示。direction 和 boxEntry 的调整通过图像方式显示为图 11.16。

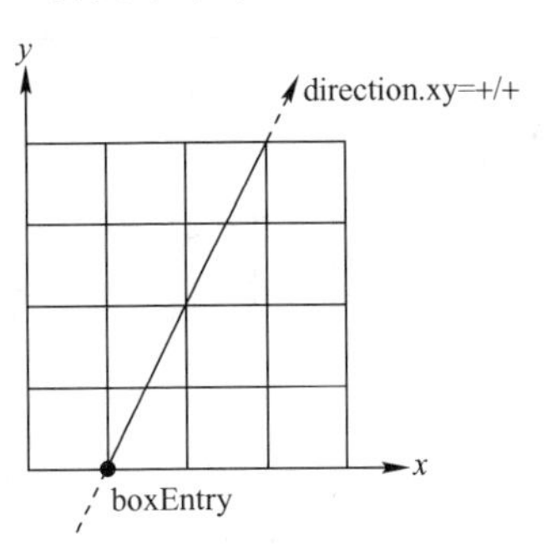

图 11.15　direction. x 和 direction. y 都是非负的,不需要进行镜像变换。

```
void main()
{
    //...
    vec2 heightMapResolution = vec2(textureSize(u_heightMap));
    bvec2 mirror = lessThan(direction.xy,vec2(0.0));
    vec2 mirrorTextureCoordinates = vec2(0.0);
    if(mirror.x)
    {
        direction.x = -direction.x;
        boxEntry.x = heightMapResolution.x - boxEntry.x;
        mirrorTextureCoordinates.x = heightMapResolution.x - 1.0;
    }
```

```
    if(mirror.y)
    {
        direction.y = -direction.y;
        boxEntry.y = heightMapResolution.y - boxEntry.y;
        mirrorTextureCoordinates.y = heightMapResolution.y - 1.0;
    }
    //...
}
```

代码表 11.7 光线方向的镜像变换

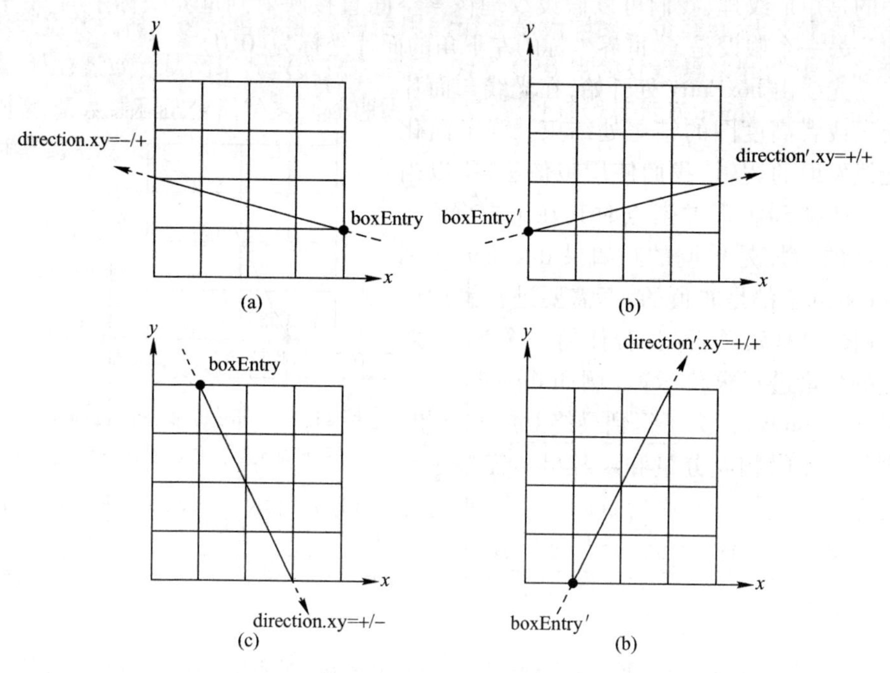

图 11.16 在(a)中,direction.x 是负的,其通过(b)中的镜像方式进行补偿。(c)和(d)显示了 direction.x。

经过镜像变换,可以在纹理高度图中逐像素地进行相交性判断。其处理过程与线段的光栅化过程类似。在此过程中我们使用两个新的变量:texEntry 为光线与当前纹理高度图相交的起点,texExit 为光线为当前纹理高度图相交的终点。初始化过程中,texEntry 设置为 AABB 的射入点。随着光线的逐步传播,原来的像素射出点变成当前的光线射入点,如图 11.17 所示。

由于进行了镜像变换,光线通常由纹理像素点的左边缘或者下边缘射入,由右边缘或者上边缘射出,射出点计算通过代码表 11.8 实现。

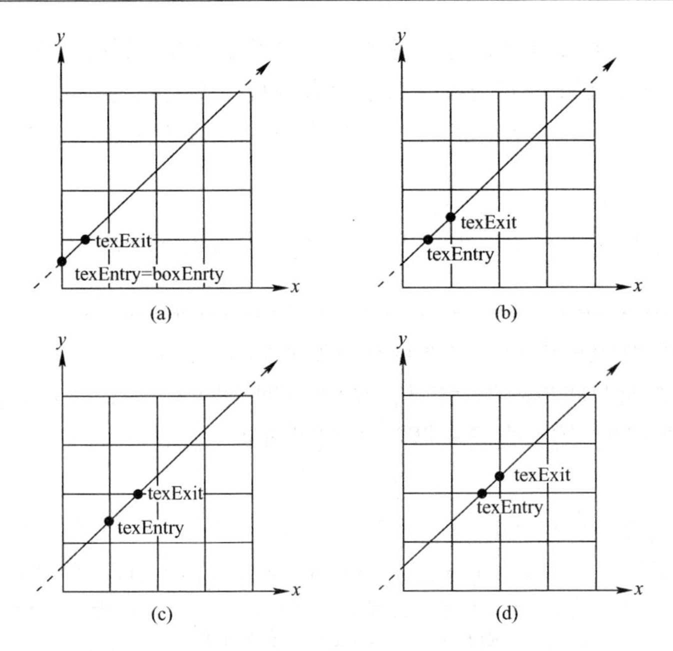

图 11.17 光线透射法初始四步的 texEntry 和 texExit

```
vec2 floorTexEntry = floor( texEntry. xy) ;
vec2 delta = ( (floorTexEntry + vec2(1.0)) - texEntry. xy)/ direction;
vec3 texExit = texEntry + ( min( delta. x,delta. y) * direction) ;
```

代码表 11.8 计算 texExit

纹理像素点的左下角的坐标为 floorTexEntry,则其右上角为 floorTexEntry + vec2(1.0)。其可以用于计算沿着光线由射入点到右上边的距离 delta。delta. x 和 delta. y 沿着光线方向的偏移越小,所得到的两个可能的射出点越接近,如图 11.18 所示。

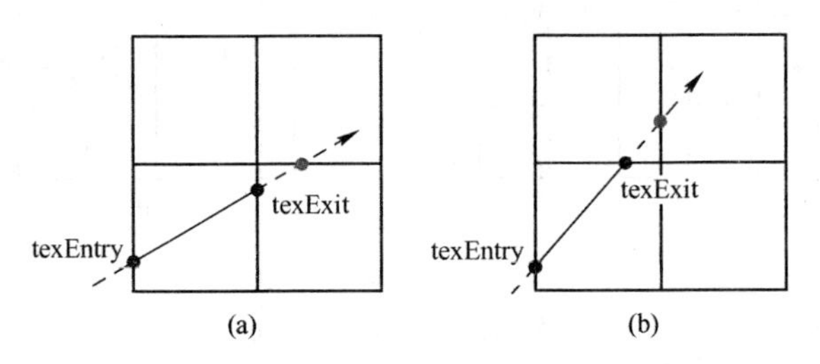

图 11.18 用于寻找 texExit 的从 texEntry 到纹理像素点右边缘和上边缘的沿着光线的两个距离最小值,在(a)中右边缘更加接近,在(b)中上边缘更加接近。

通过前面的讨论我们已经知道如何逐纹理像素点计算射入点和射出点，下一步是判断与高度图的相交点。如果没有进行镜像变换，高度通过 floorTexEntry 进行查找作为纹理坐标。否则需要再一次进行镜像变换，如代码表 11.9 所示。

```
vec2 MirrorRepeat(vec2 textureCoordinate,vec2 mirrorTextureCoordinates)
{
    return vec2(mirrorTextureCoordinates.x == 0.0 ? textureCoordinate.x
    :mirrorTextureCoordinates.x - textureCoordinate.x,
    mirrorTextureCoordinates.y == 0.0 ? textureCoordinate.y
    :mirrorTextureCoordinates.y - textureCoordinate.y);
}
//...
vec2 floorTexEntry = floor(texEntry.xy);
float height = texture(u_heightMap,MirrorRepeat(floorTexEntry,mirrorTextureCoordinates)).r;
```

代码表 11.9　查找纹理像素点的高度

给定纹理像素点的高度，如果光线从纹理像素点的下面穿过，则会发生相交。需要考虑两种相交的情况。如果光线向上穿过纹理像素点(direction.z >= 0)，则当 texEntry.z < height 时，光线会与纹理像素点相交，如图 11.19(a)所示。在这种情况下，相交点为 texEntry。但是对于大多数虚拟地球用户更常见的情况是向下穿过纹理像素点(direction.z <= 0)。在这种情况下，当 texEntry.z < height 时，光线会与纹理像素点相交，如图 11.19(b)所示，其相交点为 texEntry + (max)(((height - texEntry.z)/ direction.z,0.0) * direction)。

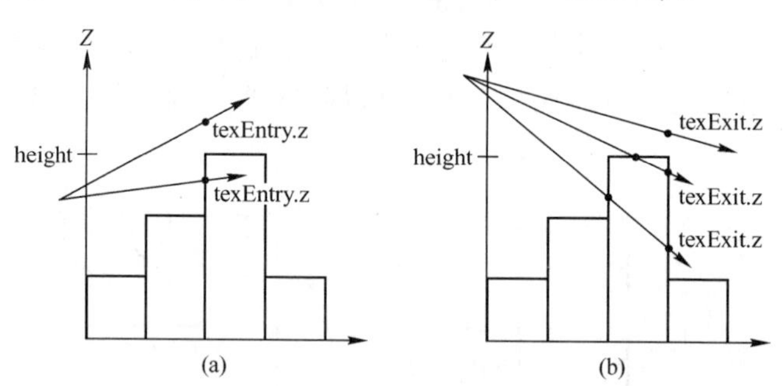

图 11.19　(a)向上传播的光线与纹理像素点相交；(b)向下传播的光线与纹理像素点相交。绿点为相交点，红点为未相交点。

代码表 11.10 综合了光线传播算法和相交性检测。通过循环逐步穿过纹理像素点直至发生相交。

```
void main()
{
    //...
    vec3 texEntry = boxEntry;
    vec3 intersectionPoint;
    bool foundIntersection = false;
    while(!foundIntersection && all(lessThan(texEntry.xy,heightMapResolution)))
    {
        foundIntersection = StepRay(direction,
        mirrorTextureCoordinates,texEntry,intersectionPoint);
    }
    //...
}
```

代码表 11.10　光线传播循环算法

正如前面所叙述的，texEntry 为光线与 AABB 的相交点。然后光线逐步通过循环方式判断直至发现相交点或者到达面片的终点。这一部分的工作在代码表 11.11 的 StepRay 函数中实现。

```
bool StepRay(vec3 direction,vec2 mirrorTextureCoordinates,
    inout vec3 texEntry,out vec3 intersectionPoint)
{
    vec2 floorTexEntry = floor(texEntry.xy);
    float height = texture(u_heightMap,MirrorRepeat(
        floorTexEntry,mirrorTextureCoordinates)).r;
    vec2 delta = ((floorTexEntry + vec2(1.0)) - texEntry.xy)/ direction.xy;
    vec3 texExit = texEntry + (min(delta.x,delta.y) * direction);
    if(delta.x < delta.y)
    {
        texExit.x = floorTexEntry.x + 1.0;
    }
    else
    {
        texExit.y = floorTexEntry.y + 1.0;
    }
    bool foundIntersection = false;
    if(direction.z >= 0.0)
```

```
    {
        if(texEntry.z <= height)
        {
            foundIntersection = true;
            intersectionPoint = texEntry;
        }
    }
    else
    {
        if(texExit.z <= height)
        {
            foundIntersection = true;
            intersectionPoint = texEntry +
            max((height - texEntry.z)/ direction.z,0.0) *
            direction;
        }
    }
    texEntry = texExit;
    return foundIntersection;
}
```

代码表 11.11　StepRay 函数代码

代码表 11.11 看起来非常熟悉,首先读取纹理像素点的高度,计算射出点 texExit。然后进行精确的相交性检测,注意在下一个循环中,texEntry 是如何设置为 texExit 的。在循环中还会注意到一点,由于光线不会改变方向,因此 direction.z 的符号也不会发生改变。因此判断(direction.z >= 0.0)可以移到循环的外面,基于相同的考虑,MirrorRepeat 中的条件判断也可以移到外面。

Patrick 说:

> 由于光线通常从纹理像素块的右方或者上方射出,则 texExit 的一个分量会严格大于相应的 floorTexEntry 的分量。尽管对 texExit 的初始化满足该条件,但是 Dick 等指出可能会因为舍入误差导致无限的循环。在我的计算机数次锁定以后,我添加了 Dick 等所建议的明确条件限制。

如果找到了相交点,则对该片断进行着色,运用第 4.3 节的光线传播绘制椭球体着色算法进行深度值的计算。这使得对几何数据的标准光栅化成为可能从而能够正确地与光线传播地形进行交互。如果使用了镜像变换,则相交点需要进行校正。如果光线投射算法在没有找到交点的情况下退出,则丢弃该分片。分片的着色如代码表 11. 12 所示。

```
void main()
{
    //...
    if(foundIntersection)
    {
        if(mirror.x)
        {
            intersectionPoint.x = heightMapResolution.x - intersectionPoint.x;
        }
        if(mirror.y)
        {
            intersectionPoint.y = heightMapResolution.y - intersectionPoint.y;
        }
        fragmentColor = // shade however you like
        glFragDepth = ComputeWorldPositionDepth(intersectionPoint);
    }
    else
    {
        discard;
    }
}
```

代码表 11. 12　根据光线的交点情况判断进行着色或者丢弃分片

OpenGlobe. Scene. RayCastedTerrainTile 展示了完整的分片着色过程。其高度着色放大屏幕截图效果如图 11. 20 所示。为什么地形看起来块状化非常严重呢?

我们的光线投射算法使用了最近邻插值的算法,所以在一个纹理像素块中,其高度值为常量。在放大视角中,一个纹理像素块覆盖了数个像素点。由于高度图并没有足够的分辨率,使得显示的地形块状化比较严重。最近邻插值算法对于解决该问题非常有效,也满足要求。对于多视角,运用细节分层的方法可以使得纹理像素块小于一个像素点。

性能:我们所描述的 GPU 光线传播强力执行算法具有一些有趣的性能特征。算法高度依赖于光线投射循环中的迭代次数。迭代次数越多,其纹理的读取和操作执行越多。循环的次数与视点位置和地形特征相关。像下面所描述

图 11.20　当视区内的高度图没有足够的细节信息时通过最近邻插值方法对块状地形的插值结果

的,通过迭代次数来描述并且可视化在地图着色过程中哪个像素点的着色代价最高是非常有用的。

```
fragmentColor = mix(vec3(1.0,0.5,0.0),vec3(0.0,0.0,1.0),
float(numberOfIterations)/(heightMapResolution.x + heightMapResolution.y));
```

通过该着色算法,将光线能够快速寻找到地形的区域设置为橘黄色,将需要大量迭代获取的区域设置为蓝色。图 11.21 是通过该着色算法着色的两幅图像,对于由上到下的视线方向,地形非常容易找到,因此其为橘黄色,如图 11.21(a) 所示。一个富有挑战性的视线方向为沿着水平方向,如图 11.21(b)所示。在该情况下,对于视点附近的点需要较少的迭代次数,但是对于远处的地形需要较大数目的迭代,因此像素点的颜色会偏蓝色。对该图的细节信息进行观察可以得到,远处的中心点顶部并不需要太多的迭代步骤。对于该视点情况,光线穿过面片的 AABB 与比较高的点的顶部相交比与下面一些部分相交要传播得远一些。然而越高的光线在找到相交点前需要穿过越少的纹理像素块。一些代价较高的像素点甚至不进行着色。因为可能存在这样一种情况,光线穿过高度图,但是发现没有与任何纹理像素块进行相交。

(a)　(b)

图 11.21　(a)对于向下方向的视线,光线传播循环很快就结束;(b)水平方向的视线需要较多的迭代循环,因此像素点的值逐步由橘黄色变蓝。

幸运的是,光线传播循环可以进行一定的优化。通过使用最大纹理细化金字塔的垂直数据结构能够将算法的时间复杂度简化到对数函数[166]。该算法为四叉树分解算法,细节最丰富的高度图为原始的高度图,记为第 0 层。在简化层的纹理像素块的高度为其下一精确层的对应的 2 ×2 的块中高度值的最大值,如图 11.22 所示。该数据结构在 GPU 上计算非常容易,并且只需要增加原始高度图的 1/3 的内存。

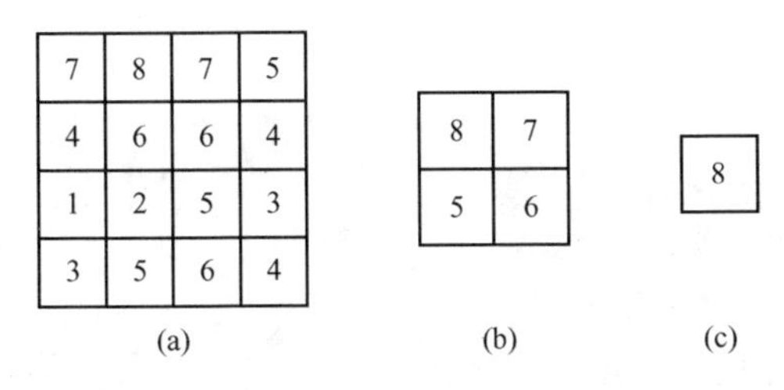

图 11.22　最大纹理细化金字塔。(a)第 0 层;(b)第 1 层;(c)第 2 层。

最大纹理细化金字塔可以用于执行分级光线投射算法。在该数据结构下,光线不是在初始的高度图中逐个纹理像素块进行判断,而是在一步迭代中使用金字塔加速穿过高度图的大块部分。由于光线一般会在最上的 1 ×1 层进行相交,因此光线传播从下一层 2 ×2 开始,如果光线在该层没有与任何纹理像素块进行相交,其不会与原始高度图的任何纹理像素块进行相交,所以该分块会很快地丢弃而不进行着色。如果光线与一个纹理像素块进行相交,光线会逐步发射到相交点,金字塔下降到更加精细的下一层。光线在该层继续计算相交点。如果光线没有穿过纹理像素块,光线将会穿过该纹理像素块的射出点。如果光线在金字塔该层中射出 2 ×2 的区域,金字塔就会上升到上一个更加粗略的层次。依此迭代直至到达高度图的结束或者在最精细的层次中得到相交点。

另外一种光线传播加速技术为锥步映射算法[42]。在预处理中,对于每一个纹理像素块计算一个圆锥。圆锥的顶端放置于纹理像素块的顶部,圆锥向上开口。圆锥的角度取与其他纹理像素块不进行相交的最大值。这样可以确保加速光线的传播算法。如果光线与圆锥相交,则其可以穿过整个圆锥而不与其他纹理像素块相交。锥步映射算法的缺点是需要较复杂的预处理并且消耗较多的内存。

小练习:

> 运行第十一章 TerrainRayCasting,通过光线传播进行着色,尝试不同的视角,执行最大纹理细化金字塔算法和锥步映射算法,观察光线传播步骤的减少。

即使我们只考虑单个面片，执行 GPU 光线传播高度图的优化需要大量的工作，这是否值得呢？对内存消耗和顶点处理的减少是否能够弥补复杂的片断着色过程呢？Dick 等将使用分级光线传播的最大纹理细化金字塔结构和其他优化算法的 GPU 光线投射算法与他们最优化的基于光栅化的地形引擎进行比较[37]。他们的比较结果是对于非常高分辨率的数据集（图 11.23），光线投射算法相对于光栅化算法可以达到更高的帧率并且消耗更少的内存，相对于原始的光线投射算法，使用分级数据结构的光线投射算法能够提速 5 倍。

图 11.23　使用 GPU 光线投射算法渲染的澳大利亚 Vorarlberg 地区的高分辨率地形和影像（影像由德国慕尼黑技术大学的计算机图形和可视化小组的 Christian Dick 提供，几何地理数据由澳大利亚的 Landesvermessungsamt Feldkirch 提供）

11.2.4　高度放大技术

地形高度放大是一种可视化辅助方法，该方法能够使得比较细微的高度差变得更加明显或者使得平坦区域的重要地形更加突出。图 11.24 显示的在一个接近平坦的地形中，高度放大算法是如何突出地形变化的。高度放大是虚拟地球中一个常见的应用，其名字非常多，在 Google Earth 中称为高程夸大，在 ArcGIS Explorer 中称为垂直夸大。

执行高度放大算法是非常直接的，高度图像素点的高度通过增益系数进行放大。大于 1 的增益系数使得地形变化更加明显，小于 1 的增益系数使得地形更加平坦。对于从 xy 平面凸出的地形，每一个位置的 z 分量乘以增益系数。如果法向量是程序生成的，则需要根据增益后的高度计算法向量。

如果增益是静态的，不会发生变化，这种情况就像地形格式数据具有一个尺度系数，可以在面片的三角网格创建后进行高度增益，或者运用位移映射或者光线传播算法渲染后进行高度增益。这种方法将地形格式中单元的实际高度映射到模型空间的单元的高度。

图 11.24 (a)一个地形面片在 xy 平面覆盖了 512 个单元,其高度值在[0,1]范围中,因此看起来比较平坦;(b)应用高度放大系数 30,使得高度变化更加明显;(c)应用高度放大系数 60,过分放大高度变化。

如果高度增益是动态的,例如可以通过一个滑块通过使用者控制增益参数,高度增益过程可以在顶点 shader 中实现,如代码表 11.13 所示。

```
in vec3 position;
uniform mat4 og_modelViewPerspectiveMatrix;
uniform float u_heightExaggeration;
void main()
{
    vec4 exaggeratedPosition = vec4(position.xy,position.z * u_heightExaggeration,1.0);
    gl_Position = og_modelViewPerspectiveMatrix * exaggeratedPosition;
}
```

代码表 11.13　顶点 shader 中进行地形高度增益

除了进行 z 分量乘以一个尺度系数,高度增益也可以通过在 z 尺度方向乘以一个尺度值附加到模型变换矩阵中。静态和动态的高度增益方法并不是互斥的。地形格式的数据可能需要对存储的高度进行增益变换得到真实的高度。但是在运行期间需要对真实的高度进行增益。

11.3　计算法向量

前面的小节中我们已经讨论了不同的高度图渲染方法,至此我们已经解决了地形渲染问题的一半,即找到可视化界面。另外的一半任务是进行着色。在着色过程中,第一步就是计算地形的法向量。正如在 4.2.1 小节所讨论的,在光照方程中会用到法向量,我们将会在 11.4.3 小节中讨论另外一种基于梯度进行地形着色。

通常情况下,对于三角网格的每一个顶点的法向量通过使用叉乘方式获取,对于共享顶点的三角面片都计算一个法向量,然后对法向量进行平均。计算得到的法向量像位置信息一样存储于每一个顶点中,也可以运用类似的算法进行地形法向量的计算。由于所讨论的地形是由高度图获得的,因此我们也会集中讨论从高度图计算得到法向量。若法向量像高度图一样存储于二维图像中,则该图像为法线图(normal map)

基于应用的需要,地形的法向量可以在不同的时间进行计算:

- 预处理中进行计算。如果一个应用并不能在程序中访问 GPU 或者并不支持在 shader 中进行法向量的计算,法线图可以在预处理阶段进行计算。该方式可以通过离线的方式进行(例如在游戏的内容创建流水线中)。主流的硬件商提供了向量图的计算工具,NVIDIA 提供了一个 Adobe Photoshop 插件用来从高度图生成向量图[1],除此之外还提供了单独的工具 Melody 对于任意简化的方法生成向量图。AMD 也提供了包含 C++ 源码的单独的工具 Normal Mapper 用于从高度图生成向量图[2]。

向量图也可以在高度图从磁盘加载后在线进行计算。这是非常吸引研究者的,因为其存储于磁盘空间和输入输出带宽中。为了让 CPU 核心充分利用,绘制过程,磁盘读写和法向量的计算可以在不同的线程中进行。为了节省内存,法线图可以只存储三个分量中的两个分量,并在运行过程中计算第三个分量(例如存储 x 和 y 用来计算 z)。其计算的依据为法向量为单位长度。

- 在 shader 中进行计算。当运用 GPU 位移映射方法或者光线投射算法进行渲染时,shader 能够访问高度图,法线图并不需要进行预先计算并存储。相反,法向量可以基于相邻的高度进行逐步计算生成。程序逐步计算的方法节省内存,减少了内存带宽,并且可以运用较少的代码计算得到结果。对于地形数据,采用逐步计算的方式得到法向量具有另外一个优点是能够方便地进行地形的摧毁渲染。例如,如果在一个游戏中,一颗炸弹摧毁了地形的一部分,只需要修改高度图纹理,对应的法向量会自动地重新计算。
- 混合计算方法。一种混合计算方法可以用于支持具有法向量地图的可

1 http://developer.nvidia.com/object/photoshop_dds_plugins.html

2 http://developer.amd.com/gpu/normalmapper/

摧毁地形渲染。在高度图最初加载或者更新以后,都通过片断 shader 对法线图进行生成。该生成方法使用高度图写入展现法线图的屏幕显示外缓冲区。

使用法线图的一个优点是高分辨率的法线图可以用于着色低分辨率的高度图。该方式在不增加三角面片个数的情况下可以改进可视化效果。用于该目的的法线图称之为凹凸贴图(bump mapping)。由于逐步生成法向量的方法具有简单性和节约内存的优点,因此其成为许多三维渲染引擎中的一个热门技术。

11.3.1　前向求差分算法

不管在法线图中还是逐步生成法向量的方法,可以使用相同的算法计算法向量。其计算过程都是通过该位置的周围的高度近似计算法向量。在最简单的情况下,可以使用前向求差分的方法。其计算过程为 $f(x+h)-f(x)$ 的一个实例。其中,$f(x)$ 是高度图函数,x 为 xy 平面上顶点的位置。如果 $h=(1,0)$,则前向差分近似为 x 方向的偏导数。同理,如果 $h=(0,1)$,则前向差分近似为 y 方向的偏导数。如图 11.25 所示,将这两者叉乘就近似得到了非归一化的法向量。程序代码如代码表 11.14 所示。

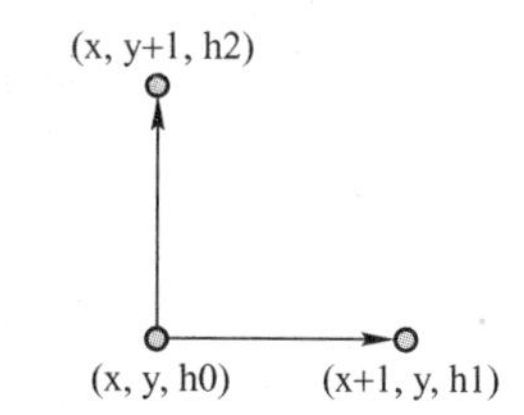

图 11.25　前向差分计算示意图。该点的法向量可以近似通过由高度图中三个采样点创建的向量叉乘得到

```
vec3 ComputeNormalForwardDifference(vec3 position, sampler2DRect heightMap)
{
    vec3 right = vec3(position.xy + vec2(1.0,0.0),
        texture(heightMap,position.xy + vec2(1.0,0.0)).r);
    vec3 top = vec3(position.xy + vec2(0.0,1.0),
        texture(heightMap,position.xy + vec2(0.0,1.0)).r);
    return cross(right - position,top - position);
}
```

代码表 11.14　运用前向差分算法计算地形的法向量

假设地形是从 xy 平面上突出得到的,代码表 11.14 可以进一步进行简化。由于前向差分算法使用了右侧和上侧的地形点,其问题是对于最右列和最上一行是无法计算的,因为其没有对应位置的相邻高度。在这些情况下可以使用后向差分 $f(x)-f(x-h)$ 的方式。但是 LOD 算法将会影响其结果,因此我们会在

后面的章节中进行深入的讨论。在本章中,我们不会讨论在地形面片的边缘产生的人造假象。

图 11.27 显示的地形是基于前向差分计算得到的法向量进行光照着色效果,作为比较,图 11.26 为同一地形区域不进行光照的渲染效果图。

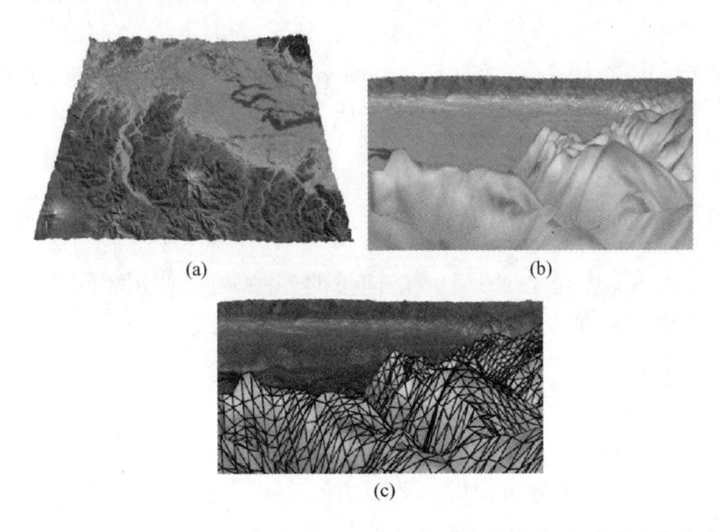

图 11.26 (a)、(b)运用颜色图但不进行光照的渲染地形,在(c)中通过在上面显示网格图来表明顶点的位置。

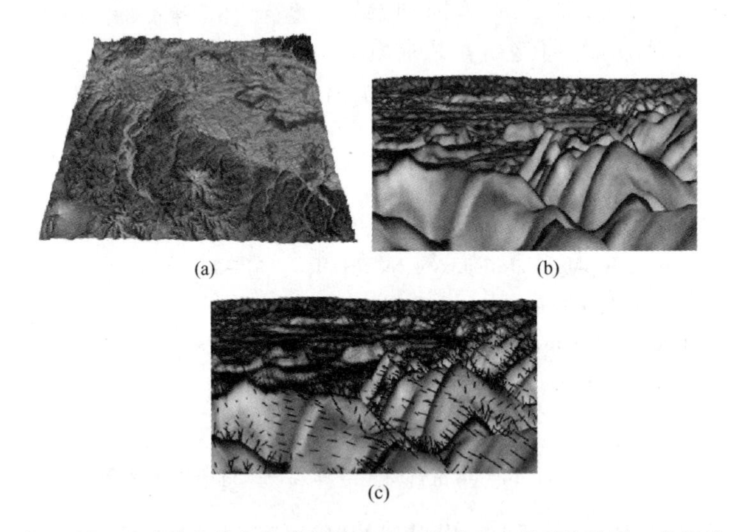

图 11.27 通过前向差分计算得到的法向量进行地形渲染效果。光源的位置与摄像机位置相同,该方法非常快速并且需要较少的纹理读取和最少量的计算,但是其结果的精度较差。

小练习：

> 观察不同方法计算的法向量的可视化效果的最好方式是运行Chapter11TerrainShading，并且仔细研究每种算法。其中通过一些选项可以在地形表面显示网格和法向量来帮助你发现不同之处。

使用前向差分和后向差分计算法向量的方法的优点是非常有效，仅需要高度图中三个点的高度值。如果其计算在顶点 shader 的位移图中，则只需要一个采样值，只需要读取两个额外的纹理值和少量的计算来得到法向量。该方法的缺点是由于其仅仅使用了相邻的两个额外的高度，其精度比较差。这对于比较平坦的区域是可以接受的，但是对于具有陡峭特征的起伏地形计算效果较差。

11.3.2　中心差分算法

中心差分$f\left(x+\frac{1}{2}h\right)-f\left(x-\frac{1}{2}h\right)$也可以用于计算法向量，使用某一位置相邻的四个高度值来计算法向量的方式能够平衡计算效率和精度。在一些通过 shader 逐步生成法向量的应用中是不错的选择。其原理与使用前向差分相同：将表示偏导数的两个向量进行叉乘。其 x 方向的偏导数向量基于左右两侧的高度值，y 方向的偏导数向量基于上下两侧的高度值。这种使用四个采样的方式称之为星形或者十字滤波。

代码表 11.15 显示了使用中心差分方法计算非标准化法向量的 GLSL 函数，将该函数与代码表 11.16[154]中优化后的函数进行比较可以得到，优化版本假设地形是从 xy 平面上凸出得到的，并且假设相邻凸出点的距离为一个单位长度。图 11.28 显示了可视化结果。

```
vec3 ComputeNormalCentralDifference( vec3 position, sampler2DRect heightMap)
{
    vec3 left = vec3( position - vec2( 1.0,0.0),
    texture( heightMap, position - vec2( 1.0,0.0)). r);
    vec3 right = vec3( position + vec2( 1.0,0.0),
    texture( heightMap, position + vec2( 1.0,0.0)). r);
    vec3 bottom = vec3( position - vec2( 0.0,1.0),
    texture( heightMap, position - vec2( 0.0,1.0)). r);
    vec3 top = vec3( position + vec2( 0.0,1.0),
    texture( heightMap, position + vec2( 0.0,1.0)). r);
```

```
    return cross(right - left,top - bottom);
}
```

代码表 11.15　运用中心差分算法计算地形的法向量

```
vec3 ComputeNormalCentralDifference(vec3 position,sampler2DRect heightMap)
{
    float leftHeight = texture(heightMap,position.xy - vec2(1.0,0.0)).r;
    float rightHeight = texture(heightMap,position.xy + vec2(1.0,0.0)).r;
    float bottomHeight = texture(heightMap,position.xy - vec2(0.0,1.0)).r;
    float topHeight = texture(heightMap,position.xy + vec2(0.0,1.0)).r;
    return vec3(leftHeight - rightHeight,bottomHeight - topHeight,2.0);
}
```

代码表 11.16　运用中心差分算法计算地形的法向量的优化算法

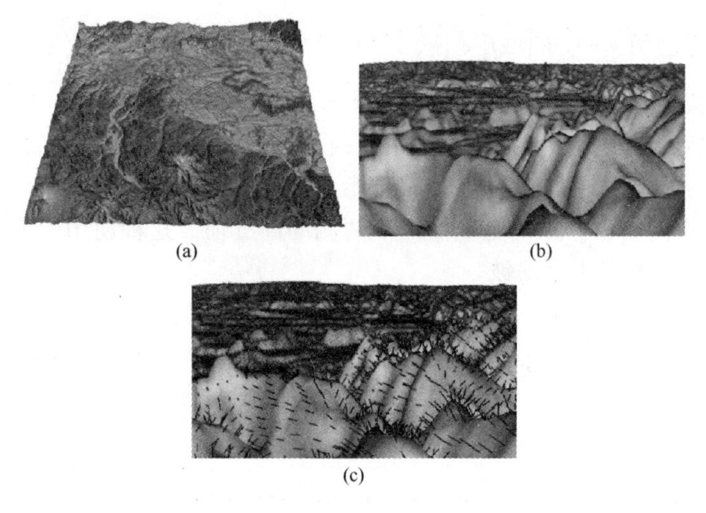

图 11.28　运用平衡效率和精度的中心差分算法计算法向量并给予该法向量进行着色的地形图

11.3.3　Sobel 滤波方法

另外一种由高度图生成法向量的比较流行的技术为使用 Sobel 滤波法[156]。这用于 AMD 法向量映射工具；AMD 的 RenderMonkey 提供了 GLSL 和 HLSL 的代码实例[1]。Sobel 滤波方法是图像处理中的一种边缘检测算法，其检测水平和

1　http://developer.amd.com/gpu/rendermonkey/

垂直边缘使用不同的检测核。水平检测核如公式(11.1)所示,垂直检测核如公式(11.2)所示。

$$\begin{pmatrix} -1 & -2 & -1 \\ 0 & 0 & 0 \\ 1 & 2 & 1 \end{pmatrix} \tag{11.1}$$

$$\begin{pmatrix} -1 & 0 & 1 \\ -2 & 0 & 2 \\ -1 & 0 & 1 \end{pmatrix} \tag{11.2}$$

在图像处理中,水平或者垂直边缘的检测是通过将相应的检测核放置于待检测像素点上,将检测核与对应像素点的乘积相加进行判断的。如果相加和大于某一个阈值,则认为该点处于边缘上。由于该核可以近似图像密度图 x 和 y 方向的偏导数,因此该核可以用于计算地形法向量,如代码表 11.17 所示。如前面所讨论的算法,得到的法向量并没有归一化。常量 1.0 用于法向量的 z 分量。该常数可以用于使着色更加平滑或者更加锐利。

```
vec3 ComputeNormalSobelFilter(vec3 position,sampler2DRect heightMap)
{
    float upperLeft = texture(heightMap,position.xy + vec2(-1.0,1.0)).r;
    float upperCenter = texture(heightMap,position.xy + vec2(0.0,1.0)).r;
    float upperRight = texture(heightMap,position.xy + vec2(1.0,1.0)).r;
    float left = texture(heightMap,position.xy + vec2(-1.0,0.0)).r;
    float right = texture(heightMap,position.xy + vec2(1.0,0.0)).r;
    float lowerLeft = texture(heightMap,position.xy + vec2(-1.0,-1.0)).r;
    float lowerCenter = texture(heightMap,position.xy + vec2(0.0,-1.0)).r;
    float lowerRight = texture(heightMap,position.xy + vec2(1.0,-1.0)).r;
    float x = upperRight + (2.0 * right) + lowerRight - upperLeft - (2.0 * left) - lowerLeft;
    float y = lowerLeft + (2.0 * lowerCenter) + lowerRight -
        upperLeft - (2.0 * upperCenter) - upperRight;
    return vec3(-x,y,1.0);
}
```

代码表 11.17　运用 Sobel 滤波算法根据高度图计算地形的法向量

图 11.29 显示了通过 Sobel 算法计算得到的法向量进行地形着色效果。可以在放大的视角中发现 Sobel 算法的边缘检测的特性。增加法向量的 z 分量的值可以使得着色更加平滑,使得边缘更加不明显。

图 11.29　通过 Sobel 滤波计算得到的法向量进行地形渲染效果

11.3.4　法向量计算方法小结

对于很多应用,法向量主要用于光照渲染。在这种情况下,法向量的精度并不是非常重要。在其他情况下,法向量可以用于可视化分析,例如基于地形陡峭或者方向的着色分析。在这些情况下,法向量的精度会比计算效率更加重要。当法向量是离线计算时,计算效率也不是很重要。

图 11.30、图 11.31 和图 11.32 比较了本章中法向量计算算法的着色效果,在所有的情况中,采用单个光源,并且光源的位置位于摄像机位置。

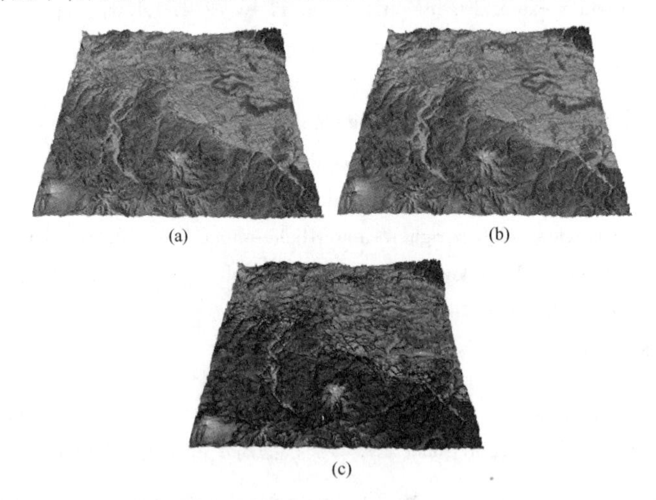

图 11.30　全局视图的地形渲染效果。(a)前向差分算法和(b)中心差分算法。这两种算法结果类似,中心差分算法的边缘稍微平滑一些。(c)Sobel 滤波计算结果,其结果着色最锐利,其展示的地形特征相对于(a)和(b)更加明显。

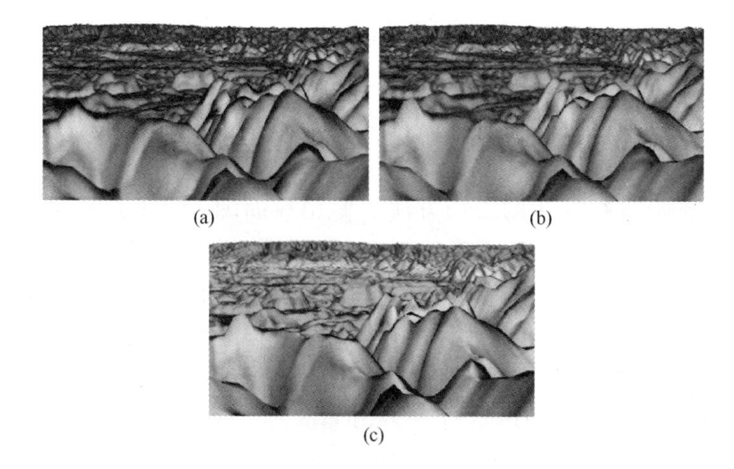

图 11.31　放大视图的地形渲染效果。(a)前向差分算法和(b)中心差分算法。这两种算法结果仍然比较类似，在最近山顶的左侧可以注意到其不同之处。在该视角下(c)Sobel 滤波计算结果得到最平滑的着色结果(见图 11.32)。

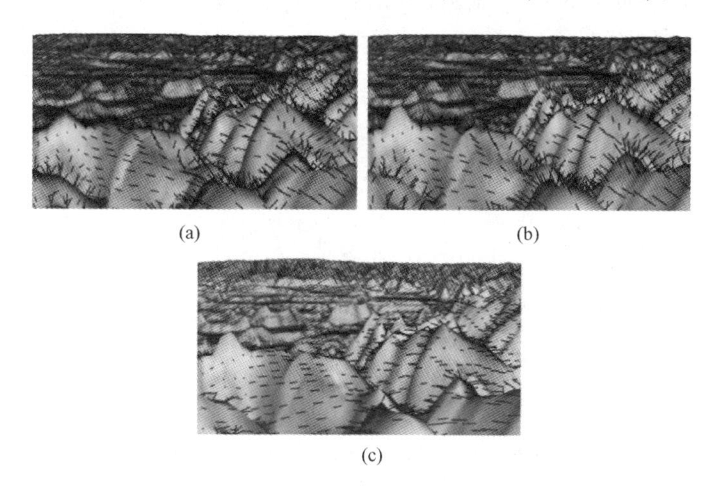

图11.32　本图与图 11.31 相同的放大视图，在顶点处绘制法向量。(c)Sobel 滤波的法向量并不像其他方法得到的法向量指向 z 方向，因此其结果更加平滑，阴影较少，这是由于光源位于摄像机处。

11.4　地形着色

在虚拟地球，GIS 应用和游戏中使用了一系列的地形着色算法，虚拟地球一般利用高分辨率卫星影像进行着色。GIS 应用通过着色显示器地形特征，例如山谷或者陡峭区域。与此相比游戏地形渲染面临最大的挑战，这是由于其需要描述一个人工地形的真实纹理图像,可能对地形进行毁损,并且要授权艺术设计者访问整个场景。

11.4.1 颜色图和纹理坐标

一种对地形进行着色的常用方法为使用前面图 11.7(b)所示的颜色图。颜色图是一幅包含用于着色的颜色的纹理图。其等同于我们平时所理解的纹理图。由于在渲染地形时我们会存储一些其他数据到纹理中(例如用于光照的法向量,用于多纹理混合的透明度分量等),为了防止误解,我们声明在称一个纹理图为颜色图时,纹理图中存储的是颜色信息。颜色图可以是真实的卫星影像数据,也可以是人工生成的草地、泥土和石头等。

当单幅颜色图附加到地形面片上时,片断 shader 可以像单个纹理读取操作一样简单,通常根据光源的密度进行进一步调整。如果颜色图通过漫反射光源成分进行调整,则其称之为漫反射图(*diffuse map*)。类似地,如果一幅图称之为镜面反射图(*specular map*),则该颜色图通过镜面反射成分进行调整。

用于读取颜色图的纹理坐标可以在顶点 shader 中逐步创建,纹理坐标可以通过顶点的 *xy* 世界空间坐标,进行简单的线性映射计算得到,如代码表 11.18 所示。

```
in vec2 position;
out vec2 textureCoordinate;
uniform vec2 u_textureCoordinateScale;
uniform vec3 u_aabbLowerLeft;
void main()
{
    //...
    textureCoordinate = (position - u_aabbLowerLeft. xy) * u_textureCoordinateScale;
}
```

代码表 11.18　在顶点 shader 中生成纹理坐标

当 u_textureCoordinateScale 设置为$\left(\frac{1}{x\ \text{tile resolution}}+\frac{1}{y\ \text{tile resolution}}\right)$,纹理坐标由左下角的(0,0)扩展到右上角的(1,1)。

当颜色图具有重复的模式(例如草地或者泥土地),运用重复或者镜面重复的纹理算法可以提高效率。设置 u_textureCoordinateScale 为$\left(\frac{n}{x\ \text{tile resolution}}+\right.$

$\left.\frac{m}{y \text{ tile resolution}}\right)$来将纹理图在 x 方向重复 n 次，在 y 方向重复 m 次。这种方式可以在不增加颜色图大小的情况下增大纹理像素点与像素点对应比率从而改进可视化效果。为了让重复不会产生人工痕迹，重复过程可以设置为视点相关，具体做法为基于面片与摄像机的位置将两个纹理坐标进行混合[145]。

另一种常用的算法为生成多个纹理坐标用于查找不同的纹理。例如可以创建从(0,0)到(1,1)的纹理坐标用于读取基础的颜色图，同时创建一个纹理坐标(0,0)到(4,4)用于纹理重复，其对应的颜色图可以包含更多的纹理细节。事实上，该技术非常常见，对应的细节颜色图称之为细节图(*detail map*)。

11.4.2　细节图

由于纹理图分辨率的局限性，视点附近的地形会比较模糊，例如在虚拟地球中，人口比较稀疏的区域相对于人口密集的区域其卫星影像数据的分辨率会比较低，当用户通过放大逐步接近低分辨率的影像时，一个纹理像素点会映射到多个像素点，使地形看起来非常模糊。对于一些能够加载综合细节的应用，可以运用细节图的方式来减少模糊。细节图是一幅具有高频细节信息的纹理，包含凹陷和凸起，通常基于噪声函数进行创建。为了防止视点附近的模糊，将视点附近的颜色图与细节图进行融合来增加显示的细节。

11.4.3　程序着色

程序着色技术根据地形的属性在运算过程中计算面片的颜色，其消耗比较少的内存。该技术能够在使用较少内存的情况下创建比较丰富的着色。并且在着色中能够凸显坡度等地形信息。另一方面，令人惊奇的是使用非常少的代码就可以得到满意的可视化效果和有用的阴影信息。

小练习：

> 本章中的图给出了程序着色的初步认识，要想深入地了解，运行 Chapter11TerrainShading。进一步理解算法可以通过开启或者关闭光源来查看每一种着色技术如何显示地形的细节特征信息。

基于高度的着色。很多地形着色算法是基于地形的高度实现的。顶点 shader 会将光栅化过程中插值得到的高度传递给片断 shader。一种最简单的方法是将最小的高度映射为一种颜色，将最大高度映射为另一种颜色，然后基于片断的高度在这两种颜色之间线性插值得到。片断 shader 中代码如 11.19 所示，代码表 11.19 将最小高度映射为黑色，将最大高度映射为绿色。

```
in float height;
out vec3 fragmentColor;
uniform float u_minimumHeight;
uniform float u_maximumHeight;
void main()
{
    fragmentColor = vec3((height - u_minimumHeight)/
        (u_maximumHeight - u_minimumHeight),0.0,0.0);
}
```

代码表 11.19　在片断 shader 中基于高度进行着色

着色结果如图 11.33(c)所示,相对于不进行着色的结果(见图 11.33(a)),运用高度进行着色能够显示一些地形特征。相对于只进行光照的结果(见图 11.33(b)),对于一些特定区域,通过高度进行着色能够提供较好的高度感知效果。非常容易地就可以确定暗的区域是非常低的,明亮的区域是非常高的,但是只进行光照的情况并不能观察得到该规律。

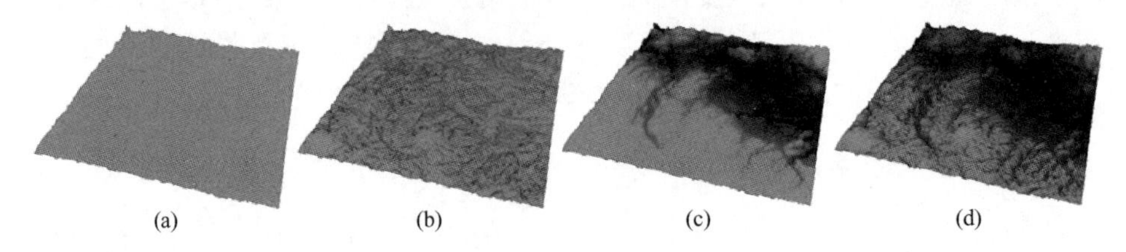

图 11.33　(a)不进行着色,地形特征是不可识别的;(b)添加光照效果,地形特征变得明显;(c)通过高度进行着色在没有光照的额情况下仍然可以感知地形特征;(d)运用光照和基于高度的着色能够显示地形特征和高度。

图 11.33(d)显示了同时运用光照和基于高度进行着色的渲染图,得到了最好的显示效果,其效果通过将基于高度的颜色和光照密度进行相乘得到。同时运用这两种机制避免了在水平视角下的显示弱点。如图 11.34 所示,只通过高区进行着色很难分辨近景和远景中相似高度的山峰。

对于科学可视化和 GIS 应用中,能够让用户在快速浏览中获取地形的近似高度是非常有用的。运用基于高度的着色方法可以达到该目的。实现该目的的另外一种方法是结合基于高度的着色和渲染相同高度的等高线,如图 11.35 所示。

等高线可以运用渲染地球经纬度网格相同的技术在片断 shader 中运用程序进行生成,具体描述参阅 4.2.4 节。代码表 11.20 显示了片断 shader 中将等

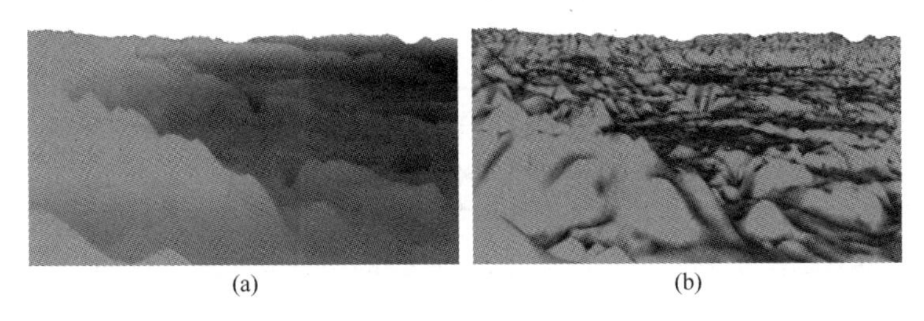

图 11.34　(a)对于水平视角,只通过高度进行着色并不能很好地得到地形特征;(b)光照可以在所有视角下得到地形的特征,特别是对于水平视角。

图 11.35　在片断 shader 中运用程序生成等高线,使得用户能够快速估计近似地形高度和坡度。

高线着色为红色并且地形着色为绿色的代码片断。

```
float distanceToContour = mod(height,u_contourInterval);
float dx = abs(dFdx(height));
float dy = abs(dFdy(height));
float dF = max(dx,dy) * u_lineWidth;
fragmentColor = mix(vec3(0.0,intensity,0.0),
    vec3(intensity,0.0,0.0),
    (distanceToContour < dF));
```

代码表 11.20　创建等高线代码示例

等高线之间的区间用于决定地形片断到最近等高线的距离。如果该距离足够小,则片断将进行近似着色。屏幕空间的偏导函数 dFdx 和 dFdy 用于确定常量像素点的宽度。

小练习：

像经纬网格绘制一样，有一系列等高线着色的选择方案，可以使得等高线在不同的高度具有不同的颜色和宽度。

除了能够提供高度的近似感知外，等高线的弯曲形状也能够显示地形的特征，如图 11.36 所示。

图 11.36 (a)从前景的曲线可以得出，在没有着色情况下，等高线可以提供一些地形特征信息；(b)在没有着色情况下，无法分辨地形特征。

到目前为止，我们的着色技术仅仅使用高度来决定面片的颜色。当一些以纹理形式存在的附加数据可用的情况下，有一些创造性的着色技术。其中一种技术是将面片高度映射到一维的纹理图上，或者映射到单个纹理像素块大小的纹理中来确定面片的颜色，称之为颜色带。颜色带如图 11.37 所示，能够很容易地从绘图软件中创建。图 11.38 所示为运用该颜色带的着色结果，颜色带显示为由水到草地，到泥土再到雪。

图 11.37 用于基于高度着色的颜色带

图 11.38 根据图 11.37 的颜色带对地形的着色结果

使用颜色带纹理具有普适性且相对于在片断 shader 中混合多种颜色更加容易执行,其执行过程只需要一行代码即可,如代码表 11.21 所示。其在执行时间和内存上效率非常高,只需要从常见的纹理中读取颜色即可。

```
vec2 coord = vec2(0.5,(height - u_minimumHeight)/
    (u_maximumHeight - u_minimumHeight));
fragmentColor = intensity * texture(u_colorRamp,coord).rgb;
```

代码表 11.21　使用基于高度的颜色带进行地形着色代码

当无法获取满意的卫星影像数据时,颜色带在虚拟地球中非常有用。也可以作为一些区域的卫星影像数据的高效渲染替换方式。基于高度的颜色带不需要表示草地或者泥土等地面材料。其可以用于表示高度差,并且提供了除等高线和基于高度的着色外的另外一种高度近似估计方法。可以用于飞行器模拟和水面状态评估(例如当水面提高 2m 时,这些区域可能遭遇洪灾)。

使用颜色带方法可以在消耗很少的资源和内存的情况下添加重要的可视化细节。其主要的缺点是对于所有面片的给定高度所有面片使用同样的颜色。这意味着对于同样高度的不同地表情况,不管是草地还是岩石,都会用一种颜色进行描述。在一些情况中,如图 11.39 所示,使用颜色地图来表示不同的材料。

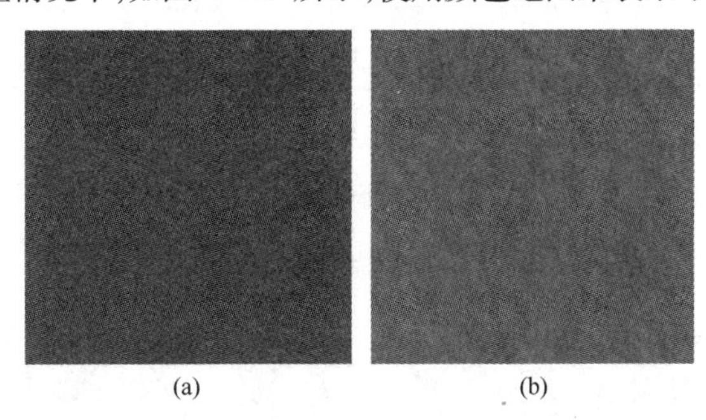

图 11.39　(a)草地和(b)岩石地图基于图 11.40 的混合颜色带进行混合的结果。当混合带为黑色,使用草地纹理,当混合带为白色,使用岩石纹理。

一种简单的方式对颜色带方法进行扩展,在颜色带中不存储颜色,而是存储透明度值用于混合两种颜色映射。一个混合带的实例如图 11.40 所示,基于混合带中的透明度对两种颜色映射进行线性插值是一种有效的方法(例如 color = ((1 - alpha) * grassColorMap) + (alpha * stoneColorMap))。

图 11.40　用于基于高度着色的混合带

代码表 11.22 显示了其执行过程,纹理值从草地和岩石映射图中进行读取,颜色图的纹理坐标既不依赖于混合带,也不依赖于各自的纹理图。因此颜色映射可以在地形面片中独立于其他面片进行重复。接着,地形高度值用于在混合带中查找其混合透明度值。该透明度值用于 mix 函数来对两个纹理像素值进行线性插值。为了让两种纹理图中的颜色混合更加真实,可以添加一个噪声函数。

```
float normalizedHeight = (height - u_minimumHeight)/
      (u_maximumHeight - u_minimumHeight);
fragmentColor = intensity * mix(
    texture(u_grass, repeatTextureCoordinate).rgb,
    texture(u_stone, repeatTextureCoordinate).rgb,
    texture(u_blendRamp, vec2(0.5, normalizedHeight)).r);
```

代码表 11.22　运用高度值对两种颜色映射进行混合

小练习:

混合带中具有大量的 0 和 1,使得代码表 11.22 中的读取一幅纹理没有必要,尝试使用 4.2.5 小节中代码表 4.15 的夜间光照片断着色类似的动态树方法避免不必要的读取从而优化 Chapter11TerrainShading 中的 shader,其是否改进了算法效果,理由是什么。

图 11.41 显示了基于高度通过混合带对草地和岩石的混合着色渲染结果。混合带允许灵活的非线性混合。当大部分高度为草地、只有最高的一些位置是石头时其算法的效果是非常明显的。

图 11.41　(a)使用图 11.40 中的混合带对草地和岩石颜色映射的混合结果;(b)将混合带作为颜色带应用于地形的结果。

可以根据一个混合带对多于两幅的颜色映射图进行混合。考虑一个场景具有水面、沙地和草地的颜色纹理图。其中有两个混合带:ramp0 用于混合水面和沙地,ramp1 用于混合沙地和草地。首先混合水面和沙地,其混合公式为:color0 = ((1 - ramp0. alpha) * waterColorMap) + (ramp0. alpha * sandColorMap)。混合得到的颜色再与草地进行混合得到最终的颜色:color = ((1 - ramp1. alpha) * color0) + (ramp1. alpha * grassColorMap)。一种内存更加高效、但是对于读者较难理解的方法是使用单一的混合带,其中混合带的透明度值的整数部分用于决定哪两幅颜色图进行混合,透明度值的小数部分用于混合系数,在该例子中,0. x 可以用于标志混合水面和沙地,1. x 可以用于标志混合沙地和草地。

在大多是情况下,可以离线进行混合,生成单一的颜色图。所以在运行时只需要在片断 shader 中读取单一的纹理。该方法不具有灵活性且内存消耗无法优化,因为其不能够通过小幅的颜色图在地形面片上独立地重复进行着色。由于地形的高度用于创建离线颜色图,颜色图不能够在面片上进行重复。

基于坡度的着色。所有基于高度的地形着色方法可以通过坡度进行着色。在游戏中,可以通过该着色方法将平坦区域着色为草地并将陡峭区域着色为岩石。在 GIS 应用中,基于坡度的着色使用户能够快速获取近似的地表斜率。

我们定义坡度 0 用于表示一个非常陡峭的 90°的表面,定义坡度 1 用于表示平坦区域。通过该定义,我们可以通过地形表面法线和水平地面法线夹角的余弦值来计算坡度值,即这两条单位法线的点乘:

$$\text{slope} = \hat{\boldsymbol{n}}_{\text{terrain}} \cdot \hat{\boldsymbol{n}}_{\text{groundplane}}$$

当地面平面为 xy 平面时,坡度值为地表法向量的 z 分量。可视化的坡度如图 11.42 所示,当法向量归一化的情况下,只需要占用少量的片断 shader 资源,通过 fragmentColor = vec3(normal. z)计算得到。

图 11.42　通过坡度对地形进行着色,平坦区域为白色,陡峭区域为黑色。坡度通过地形表面法向量和地面平面法向量的点乘得到。

坡度等值线用于标志坡度相似区域和坡度变化情况(见图 11.43)。这些坡度等值线使用与等高线相同的形式进行渲染。这部分容易引起混淆的一点是我们对于坡度的定义不是一个角度,而是地形表面法向量和地平面法向量的夹角的余弦值。因此为了每隔 x 的度数进行坡度等值线的渲染需要对每个面片运用 acos 函数计算坡度角,具体参阅代码表 11.23 的第一行。可以将该代码与代码表 11.20 中等高线的代码进行比较。

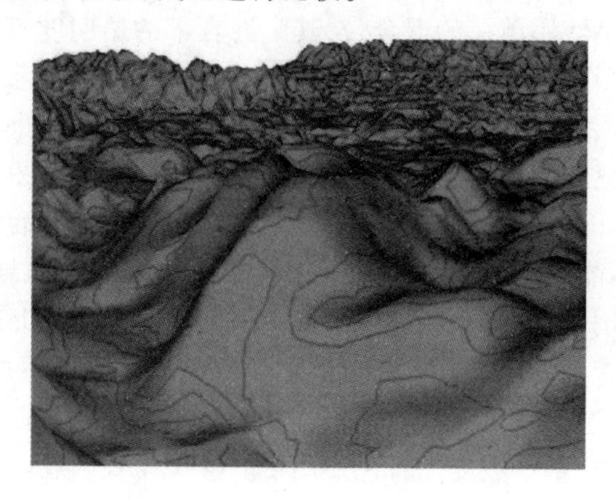

图 11.43　以 15°为间隔的坡度等值线

```
float slopeAngle = acos( normal. z) ;
float distanceToContour = mod( slopeAngle, u_contourInterval) ;
float dx = abs( dFdx( slopeAngle) ) ;
float dy = abs( dFdy( slopeAngle) ) ;
float dF = max( dx, dy) * u_lineWidth;
fragmentColor = mix( vec3(0. 0, intensity, 0. 0) ,
    vec3( intensity, 0. 0, 0. 0) ,
    ( distanceToContour < dF) ) ;
```

代码表 11.23　创建坡度等值线

基于坡度的颜色带在 GIS 应用中非常有用。对于进行道路规划的用户需要方便地获取陡峭区域以避开这些区域或者添加 Z 字形的绕行。类似地,军事用户进行任务规划时需要识别由于过于陡峭而无法行军的区域。图 11.44 所示的颜色带用于通过颜色来警示陡峭区域。坡度大于 60°的区域颜色为红色,坡度在 30° ~60°之间颜色为橘黄色。给定片断 shader 具有坡度角的余弦值,可以通过下面的方式创建颜色带:下面的一般颜色设置为红色(cos60° = 0.5),接下来的区域为橘黄色(0.5 ~ cos30° ≈ 0.866),

图 11.44　基于坡度着色的颜色带

顶上代表平坦区域的部分为绿色。如果颜色带根据角度值线性地进行创建，shader 中需要调用 acos 函数。由于需要精确的区间，颜色带没有平滑的变换方式。

图 11.45 显示了基于坡度颜色带的着色渲染结果，坡度用于读取颜色带中的颜色值，正如在代码表 11.21 中使用高度用来读取颜色带值。

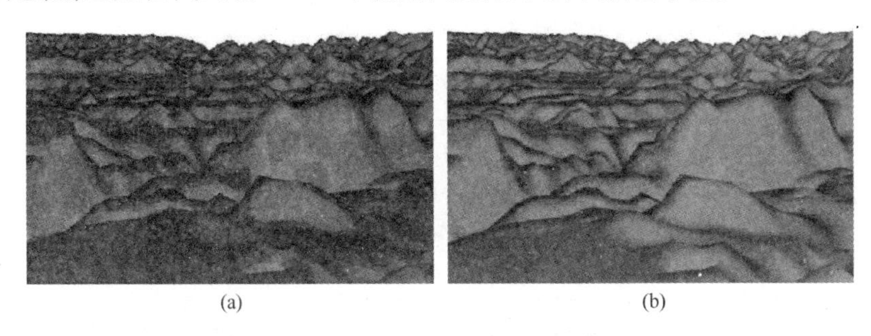

(a)　　(b)

图 11.45　使用图 11.45 的颜色带进行基于坡度的地形着色结果。(a)基于坡度的颜色带渲染结果；(b)只进行光照的渲染结果。在(a)中相对于(b)更加容易获取地形的近似坡度信息。

小练习：

运行 Chapter11TerrainShading 并且选择“根据坡度生成颜色带”使用向上键和向下键改变高度增益值，同时改变了坡度，颜色带着色方法能够方便看到具有不同坡度的区域。通过调整高度增益系数查看效果的不同。

对于一些游戏和模拟，基于坡度的混合带方法非常有用。就像高度能够用于查找将两幅颜色图进行混合的透明度值一样，坡度同样可以用于查找该透明度值。除了用坡度值代替高度值外，其代码与代码表 11.22 所显示的基于高度的方法是相同的。也许最常见的用法如图 11.46 所示，使得平坦区域被草地覆盖，陡峭区域被岩石覆盖，因为这些陡峭区域不适宜生长植物。基于坡度的混

(a)　　(b)

图 11.46　(a)地形片断的坡度用于查找透明度值来进行草地和岩石的混合，使得平坦区域为草地，陡峭区域为岩石；(b)混合带作为颜色图应用在地形中。

合带方法增加了复杂度和少量的内存。基于坡度的着色方法在其他一些技术中同样非常有用。例如在 Frostbite 引擎中显示积雪等[4]。

比较基于高度和基于坡度的着色方法。表 11.2 显示了主要的基于高度和基于坡度的着色技术。这些技术可以联合起来。例如用户可能想要在基于坡度的颜色带着色地形上显示等高线。类似地，基于高度和基于坡度的着色技术可以结合细节图等其他的着色技术。

表 11.2　基于高度和坡度运用程序着色渲染效果比较表

	高　度	坡　度
根据数值着色		
等值线	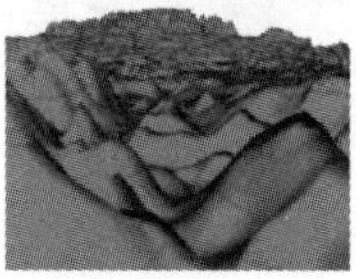	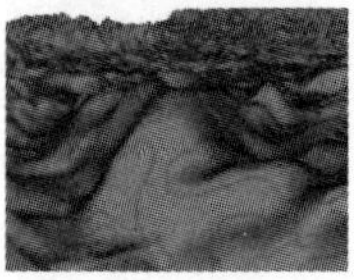
颜色带		
混合带		

小练习：

除了基于高度和坡度的着色方法，还有一种常见的着色是基于地形的法向量。在 GIS 应用中，基于法向量的颜色带的渲染可以帮助用户确定地形表面的方向。在游戏中，基于法向量的混合带可以用于在地形表面设置密集的植被以获取更多的阳光，尝试修改 Chapter11TerrainShading 来使用其中的一项技术。

轮廓边缘渲染方法。对于某一个视点的轮廓边缘是这样一个边缘，以该边缘为边的两个三角形中，一个是法向量指向视点方向（面向视点），另一个的法向量背向视点方向（背离视点）。非严格地说，轮廓边缘可以认为是某一个物体的外形（包含内部边缘）。如图 11.47（a）和（b）所示。轮廓边缘渲染是对一个区域的非真实感渲染(NPR)。一种常用的用法是将该技术与卡通着色相机结合以提供卡通显示。也可以将其用于地形渲染以强调山峰、斜坡和其他的特征。

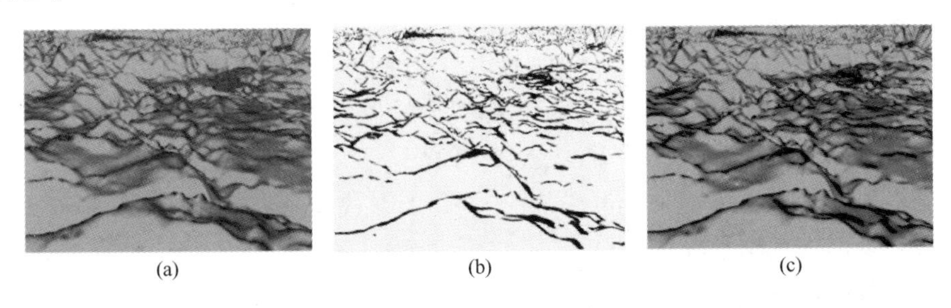

图 11.47　(a)运用纯色的地形着色结果;(b)只运用轮廓边缘对同一地形的渲染结果;(c)结合轮廓边缘的着色结果。

一种简单的渲染轮廓边缘的技术是表面角度轮廓法。通过判断表面法向量和指向视点向量的点乘可以在片断 shader 中检测轮廓。当点乘值为零时,两个向量是互相垂直的,因此检测到了边缘。在实际中,当点乘值接近零时,如代码表 11.24 所示,就像通过高度或者坡度索引颜色带一样,可以用于索引一维的纹理。

```
if( abs( dot( normal, positionToEye ) ) < delta)
{
    fragmentColor = vec3( 0. 0 ) ;
    return;
}
```

代码表 11.24　着色代码片断用于表面角度轮廓获取

表面角度轮廓只需要单个渲染通道,但是当平坦区域被黑色污染时,该方法无法获取一些轮廓(见图 11.47(c)中远处的区域)。该技术仅仅是许多轮廓边缘获取技术中的一种,其他的技术包括在几何 shader 中进行轮廓边缘检测,通过图像处理技术进行边缘检测和多通道渲染技术等。其中多通道线框方法在文献[16]中应用于地形渲染并进行了评估。Akenine - Moller 等研究了一种优良的 NPR 方法,包括轮廓边缘渲染技术[3]。

混合透明度图。程序着色技术是一种简洁的地形着色技术。在运用片断 shader 中代码进行着色前,一些诸如基于坡度颜色带需要离散进行计算。目前,一个较小的 shader 就可以进行该运算。非常不幸的是,一些地形着色技术并不能使用程序着色方法。一个著名的实例是在虚拟地球中渲染的是高分辨率的卫星影像数据，片断 shader 通常仅仅用于纹理的读取和光照，和一些大气影响分析等。该应用中真正的挑战是如何管理巨大数量的卫星影像数据。另一方面，当需要完全控制混合选项时，使用程序着色是非常难以实现的。在这种情况下可以使用混合图。

基于高度和基于坡度的混合带方法通过对应的地形特征来选择混合的透明度分量。用户会数次完全控制颜色图混合的位置和方式。在游戏中，地形区域会受到爆炸的影响，或者一辆紧急刹车的交通工具会留下轮胎印记。这些情况都需要一张混合图，如图 11.48 所示。有了混合图后，可以运用该二维透明度值构成的纹理图来混合两幅颜色图。

图11.48 (a)用于混合草地和岩石地面颜色图的混合图；(b)通过混合图方法渲染的地形的俯视图，混合图中的黑色区域对应草地，白色区域对应岩石；(c)展示混合草地和岩石的相同地形的水平视角图。

如代码表 11.25 所示，运用混合图的代码与运用混合带的代码几乎是相同的。混合图相比较程序着色技术需要更多的内存。为了减少对内存的占用，混合图不需要非常高的分辨率，也不需要覆盖整幅地形面片，只需要覆盖需要混合的部分即可。也可以运用稀疏四叉树纹理表示的方法来降低内存的消耗[5]。

```
fragmentColor = intensity * mix(
    texture(u_grass, repeatTextureCoordinate).rgb,
    texture(u_stone, repeatTextureCoordinate).rgb,
    texture(u_blendMask, textureCoordinate).r);
```

代码表 11.25 使用混合图着色代码

更多关于混合颜色图的信息可参阅 Jenks 的文章[77]以及 Bloom 早期关于纹理的工作[17]。Bloom 的研究使用多通道渲染方法在帧缓冲中通过透明度混合来综合多幅纹理。

纹理拉伸。在纹理坐标的计算是通过 xy 世界坐标空间中的位置经简单的线性变换映射到纹理空间中的情况，对于一些陡峭的区域会进行人工的拉伸。如图 11.49 所示，之所以会出现纹理拉伸是因为纹理坐标是均匀分布的，这使得纹理坐标中相邻的纹理像素点之间的距离是统一的，但是高度是变化的，这就导致相邻的像素点在世界空间中的距离会比较大。相同数量的纹理像素点会分配给比较大的陡峭区域，也会分配给比较小的平坦区域，这就使得陡峭区域的纹理发生了拉伸。

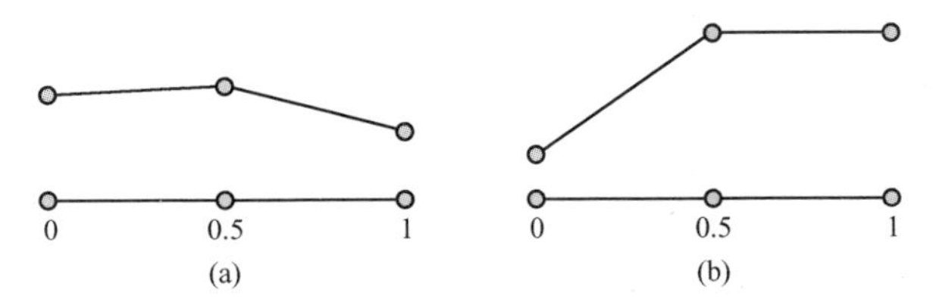

图 11.49　(a)当相邻的点具有相似高度值时，由于纹理像素点在分配到世界空间时比较均衡，因此纹理变形比较小；(b)当相邻顶点具有较大的高度落差时会发生纹理变形。比较在世界坐标系中前两个顶点和后两个的顶点的不同之处，前两个顶点会发生纹理拉伸，这是因为并没有太多的纹理像素点用于该区域。

有一些途径可以尽量减少拉伸。如果使用了细节图，纹理的拉伸将可能被忽略，这是因为细节图比颜色图覆盖了更大的区域，因此细节图的纹理空间和世界空间的非对应性将会减少。混合细节图和颜色图将会在除了非常陡峭的山坡外的区域创建足够的细节。

另一种解决纹理拉伸的方法为根据相邻像素点的坡度来分配纹理坐标，这种方法会使得平坦区域发生变形。三维纹理可以通过地形的法向量混合三个平面（*xy* 平面、*xz* 平面和 *yz* 平面）的纹理图来降低纹理的拉伸。当然，三维纹理会带来附加的时间消耗。C4 引擎中使用双面三维纹理用于对一些地形特征进行纹理映射。这些地形特征包括陡峭的悬崖和盒子的内部等[165]。最后一点，一个预先计算的间接地图可以用于最小化纹理拉伸的人工痕迹，其代价是一个预先计算过程重复地释放网络，使用一个纹理图，并且需要在运行过程中进行纹理读取[112]。

11.5　相关资料

由于本部分研究具有吸引力，也变得越来越流行，对于基于非真实高度的地形表示算法有大量的文献。对于体素绘制，Rosa 关于矿工战争游戏中体绘制可破坏地形的研究是最近的关于描述体素如何用于游戏的文献[145]。Geiss 的基于 GPU 程序地形的文章是通过解析函数建模地形的一个完美的例子[59]。这些和所有版本的 GPU Gems3 在网络上都是免费的。

尽管大多数关于地形渲染的文献研究的是 LOD,也有一些资料是关于绘制单独面片的基础内容的。Vistnes 有大量的论文是关于在顶点 shader 中完整执行位移图的[177]。对于光线投射渲染地形,Dick 等的工作包含了大量的细节分析[38]。DirectX SDK 中包含了使用锥步映射执行 GPU 光线投射算法的应用。

Kris Nicholson 的硕士论文中提供了关于基于 GPU 程序创建地形纹理的综述[119]。或许 Johan Andersson 在 Frostbite 中关于地形渲染的描述是继续研究地形着色的最基本的资料[5]。

第十二章　大面积地形渲染

虚拟地球能够展示大规模的地形和影像。假设用一张矩形图像覆盖整个地球，这张图像的每个像素点代表地球的 $1m^2$。地球赤道周长和两极点距离大约有 4000 万 m，因此这张图像将有万亿（1×10^{15}）个像素。如果每个像素用 24 位颜色值表示，这将需要超过 200 万 GB 的存储空间——大约 2 PB！虽然通过有损压缩能够大幅减少存储空间，但是远不足以存储到本地空间，不管是主内存还是 GPU 显存，不管是现在的计算机还是明天的计算机。考虑到目前流行的虚拟地球应用程序在某些区域显示的地球图像分辨率高于 1m/像素，很明显这种简单绘制地球图像的方法是行不通的。

这样大规模的地形和影像数据集必须采用专门的技术进行管理，这也是目前研究的热点。当然，基本的管理思路是用有限的存储空间和计算开销，得到一个最好的效益。举个简单的例子，很多应用程序不需要显示由海洋覆盖的 70% 地球区域的细节影像，在这些区域提供 1m 分辨率的影像显然就没有意义了。因此，我们的地形和影像绘制技术必须能够处理不同地球区域的不同细节等级。另外，当大范围的高分辨率数据可用时，需要更多的三角形来绘制附近的特征和尖峰，需要更多的纹元来映射像素到屏幕空间。这个基本目标已经从多个角度探索很多年了。近年来随着 GPU 性能的飞速提升，重点已经从减少三角形绘制量转向到提高 GPU 上的三角形绘制量。过去通常是在 CPU 上完成大量的三角形计算，需要尽量减少三角形的绘制量。

我们考虑绘制行星规模大小的地形包含以下特征：

- 有太多三角形要绘制，这种蛮力绘制方法在第十二章已经介绍了。
- 比可用的系统内存大得多。

第一个问题促使了地形 LOD 技术的应用。我们最关心的是采用 LOD 技术来减少绘制几何形状的复杂性，其他 LOD 技术包含减少着色的开销。另外，我们采用裁剪技术来消除部分被遮挡的地形三角形。

第二个问题促使了外存绘制技术的应用。在外存绘制技术中，只有仅仅一小部分数据加载到系统内存中。其余数据驻留在辅助存储器中，比如本地硬盘或者网络服务器。根据视角参数，新的数据集被加载进系统内存中，过期的数据集被从系统内存中移除,理想情况下绘制时没有抖动。

如果你对空间推理(spatial reasoning)有着天赋,从来没有出现差一编程错误,还由于你自己注重生活细节而嘲笑那些自认为自己大局的人,那使用现有的算法来精美绘制巨大的地形和影像数据集是很容易的。对于我们,在地形和影像绘制时需要在细节上有一些耐心和注意力。虽然需要结合计算机科学和计算机图形学的不同领域知识在计算机屏幕上呈现世界,但是这是非常值得的。

由于可能需要几本书来介绍目前在地形绘制方面的所有研究,因此本章主要从宏观上概述大规模地形绘制的最重要的概念、技术和策略,目的是给你提供一些有用的资源,扩大你的视野。

在第十三章和十四章,我们主要介绍两种地形算法:geometry clipmapping 和 chunked LOD。这两种算法采用了完全不同的方法来绘制大规模地形,在本章中我们将介绍相关概念。

我们希望你通过本章内容能够获得很多在你的特定应用程序中实现大规模地形绘制的想法。我们也希望你会获得理解和评估最新的地形绘制研究的坚实基础。

12.1 细节等级(LOD)

地形 LOD 通常基于调整特定地形特征的算法来管理使用,尤其是在用高度图表示的地形上。这种技术适合规则结构,而不适用于普通模型。即便如此,地形 LOD 被认为是在 LOD 算法学科中一种有用的算法。

LOD 算法减少物体的复杂度,从而减轻对场景的负担。比如,物体在一定距离远时会比近距离时采用更少的几何模型和更低分辨率的纹理。图 12.1 展示了不同几何细节等级的优胜美地山谷(Yosemite Valley)、埃尔卡皮坦(El Capitan)和半圆顶(Half Dome)。

LOD 算法主要包含三个部分[3]:

- 生成:产生模型的不同版本。一个较简单的模型通常用较少三角形表示原始模型的大概形状。较简单模型也能用较简单的着色、较小的纹理和较少的绘制遍数等。
- 选择:根据某些条件绘制不同版本的模型,比如根据距离物体的长度、物体包围体的估计像素大小或者估计未遮挡像素的数量。
- 切换:从一个版本的模型切换到另一个版本的模型。主要目的是避免突变:显著、突兀地从一个 LOD 切换到另一个 LOD。

(a)

(b)

图 12.1　Yosemite Valley,El Capitan,和 Half Dome 相同视图。(a)是低等级细节；(b)是高等级细节。图中可察觉的最大不同是远端的山峰形状。美国农业部农业服务机构图像,图片© 2010 数字地球。(图片截于 Google Earth)

此外,我们可以把 LOD 算法分成三大类:离散、连续和层次。

12.1.1　离散 LOD

离散 LOD 可能是最简单的 LOD 方法。它创建几个不同层级等级的独立版本的模型。这些模型可以通过人为手工创建或者通过多边形简化算法自动创建,比如顶点聚类算法[146]。

应用到地形上,离散 LOD 隐含了整个地形数据集将有多个离散细节等级的模型,每次绘制时将有一个细节等级被选择绘制。由于虚拟地球的地形在同一时间有不同距离远近的细节等级要绘制,因此离散 LOD 不适合于虚拟地球的地形绘制。

这是因为,在观察者视点正前方的部分地形需要高细节等级模型进行详细表现。如果把这个高细节等级用于整个地形的绘制,则远处的山脉将会绘制太多不必要的三角形。相反,如果我们选择远处山脉的 LOD 进行地形绘制,则近处附近的地形绘制的细节将会不足。

12.1.2　连续 LOD

在连续 LOD(CLOD)方法中,一个模型的细节可以精细选择控制。通常情况下,模型由一个基础几何网格以及一系列的由精细到粗糙的转换过程构成。因此,每两个连续细节等级几何网格之间只有仅仅几个三角形的差别。

在运行时,一个精细细节等级通过选择和应用所需的几何网格转换来构建。比如,几何网格变换编码成一系列的边折叠操作,每个操作可以通过减少两个三角形来简化几何模型。相反的操作是顶点分裂,通过增加两个三角形来提高几何模型的细节。图 12. 2 示意了这两种操作。

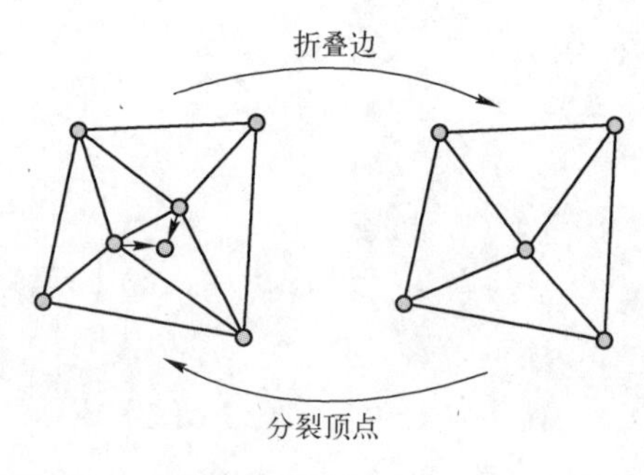

图 12. 2　对于几何网格内的一条边,折叠该边减少两个三角形,分裂顶点新增两个三角形。

CLOD 是非常有吸引力的,是因为为了得到给定视点或者其他简化标准的高逼真度模型只需要很小数量的三角形。在过去,CLOD 是地形交互绘制的最好方式。大量流行的地形绘制算法是基于 CLOD 的,包括 Lindstrom 等提出的高度场 CLOD[102]、Duchaineau 等提出的实时最佳自适应网格(ROAM)[41]和 Hoppe 提出的基于视点的渐进网格[74]。Luebke 等对这些技术进行了很好的综述[107]。

然而,目前这些技术已经在运行时绘制技术中不常用了。CLOD 通常需要在 CPU 中遍历 CLOD 数据结构中的每个顶点和边。在老一代的硬件中,这种折中处理是有一定意义的,三角形的吞吐量是相当低的,因此,重要的是使每个三角形有数。此外,这也值得在 CPU 上花一些额外的时间重新调整网格,以便在 GPU 上处理较少的三角形。

今天的 GPU 具备令人惊讶的三角形处理能力,而且事实上比 CPU 处理很多任务快得多,已经不再值得在 CPU 上花费大量时间来减少三角形数量,比如花费 50% 的 CPU 时间来减少 50% 三角形。因此基于 CLOD 的地形绘制技术已经不适合于在当前的硬件上使用了。

今天,如果还要使用这些 CLOD 技术,主要用来在层次 LOD 算法中预处理地形为视点无关的地形块,比如 chunked LOD 算法。这些地形块是静态的,在运行时,CPU 不会修改它,因此 CPU 时间最小化。GPU 能够轻松地处理额外的三角形,这些三角形是绘制结果所需要的。

CLOD 有一种特殊形式被称为无限 LOD。在无限 LOD 中,表面用数学函数(比如隐函数表面)来表示。因此,我们在细分表面时没有三角形数量限制。我们在 4. 3 节中有一个例子,一个椭球的隐函数表面被用来绘制一个像素完美的地球,而没有细分曲面。

有些地形引擎,比如 Outerra[1] 中的,从程序上采用分形算法来生成细小的地形细节(见图 12.3)。这是一种无限 LOD 的形式。然而不管是现在还是可预见的未来,用隐函数表面来表示整个真实地球地形是不可行的。出于这个原因,无限 LOD 仅仅应用在虚拟地球上的地形绘制中。

(a)

(b)

图 12.3　分形细节能把基本地形变成一道亮丽的风景。(a)原始分辨率为 76m 的地形数据;(b)添加分形细节。(图片来源于 courtesy of Brano Kemen,Outerra)

12.1.3　层次 LOD

现今的地形绘制算法没有采用 CLOD 算法来减少三角形数量,而是专注于两件事情:

- 减少 CPU 的处理量。
- 减少通过系统总线传送给 GPU 的数据量。

通常属于层次 LOD(HLOD)这类算法能很好实现这些目标的 LOD 算法。

HLOD 算法对三角形块进行操作,逼近由 CLOD 实现的视点无关的简化网格,这些三角形块有时也称为 patches 或者瓦片。从某些方面上说,HLOD 混合了离散 LOD 和 CLOD 算法。模型被划分并存储在一个多分辨率的空间数据结构,比如八叉树或四叉树结构,如图 12.4 所示,树的根节点是该模型的最大简化版本。一个节点包含一个三角形块。每个子节点包含其父节点的一个子集,每个子集比父节点细节更高,但空间范围上更小。把树中某个层级的所有节点组合在一起就是整个模型的其中一个版本。在层级 0(即根节点)的节点是最简化的模型版本。最深层级的节点组合在一起就是模型的全分辨率版本。

如果给定的节点具有足够的场景细节,它会被绘制。否则,节点会被细化,它的子节点会被用来绘制。这个过程一直持续,直到递归到整个场景绘制在合适的细节水平上。Erikson 等在文献[48]中描述了 HLOD 绘制的主要策略。

1　http://www.outerra.com

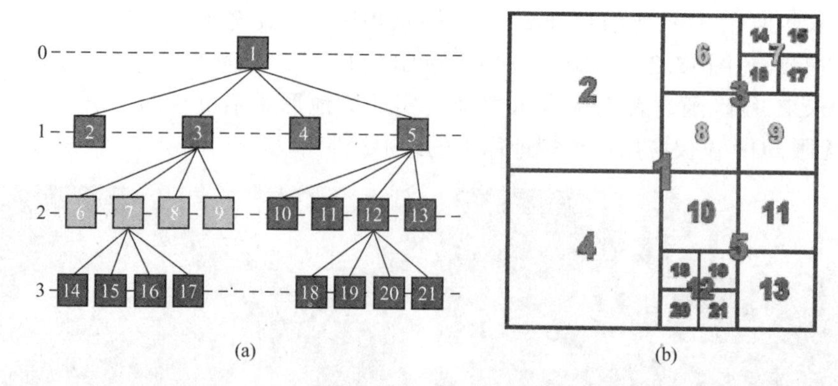

图 12.4　在 HLOD 算法中,模型被划分并用树结构进行存储。树的根节点是该模型的最大简化版本,每个子节点包含其父节点细节更高的一个子集版本。

HLOD 算法适合现代 GPU 硬件,它能满足本节前面提到的两个减少的目标。

在 HLOD 算法中,CPU 中仅仅需要处理每个块,而不用处理每个三角形,但 CLOD 算法中需要处理每个三角形。这样,需要在 CPU 中处理的量就大大减少了。

HLOD 算法也能减少通过系统总线传送到 GPU 的数据量。乍看之下,这是有点违反直觉。毕竟,用 HLOD 比用 CLOD 绘制相同逼真度的场景通常需要更多的三角形,这些三角形需要通过系统总线来传送。

然而 HLOD 不像 CLOD,它不需要随着视点改变每次都把新数据传送到 GPU。相反,块被以静态顶点缓冲的形式缓存在 GPU 中,能够在一定的视点范围内重复使用。HLOD 传送少量的较大更新数据到 GPU,而 CLOD 传送大量的较小更新数据到 GPU。

HLOD 的另一个优势是它天生具有外存绘制能力(见 12.3 节)。在空间结构中的节点是一个方便加载进内存的数据单元,而且空间顺序对于加载顺序、替换和预取是有用的。此外,层次组织形式还是一种优化裁剪的简单方式,包括硬件遮挡查询(见 12.4.4 节)。

12.1.4　屏幕空间误差

不管我们使用哪种 LOD 算法,我们都必须针对特定场景从多种可能的 LOD 中选择给定物体的某个 LOD。通常情况下,目标是用最简单的 LOD 绘制得到比较好的场景。但是,我们怎样判断一个 LOD 绘制结果是否会使场景看起来好。

一个有用的客观的质量度量是差值的像素数量,或者叫屏幕空间误差的像素数量，这会导致绘制物体的低细节版本，而不是高细节版本。通常要精确计算这个值是有一定难度的，但是可以高效地估计出来。通过保守估计，我们可以得到一个有保证的误差范围。也就是说，我们可以肯定通过模型低细节版本引入的屏幕空间误差小于或者等于计算值[107]。

在图 12.5 中，我们考虑用于物体的 LOD，该物体沿视点方向距离观察者距离为 d，视锥体宽度为 w。另外，显示分辨率为 x 像素，视场角为 θ。物体简化版本的几何误差为 ε，即在全细节物体上的每个顶点偏离低细节模型上的最接近对应顶点不超过 ε 单位。屏幕空间误差 ρ 为多少时，我们才会绘制物体的简化版本呢？

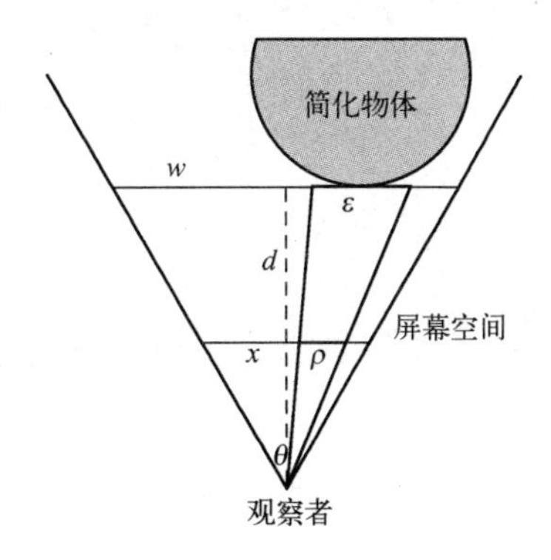

图 12.5 物体的屏幕空间误差 ρ 是通过观察者与物体之间的距离、视点参数和物体的几何误差 ε 来估计的。

从图可见，ρ 和 ε 成正比，可得：

$$\frac{\varepsilon}{w}=\frac{\rho}{x}$$

$$\rho=\frac{\varepsilon x}{w}$$

在距离 d 上易得视锥体宽度 w，代入上式：

$$w=2d\tan\frac{\theta}{2}$$

$$\rho=\frac{\varepsilon x}{2d\tan\frac{\theta}{2}} \tag{12.1}$$

假设包围球的中心点为 c，半径为 r，在视点方向 $\boldsymbol{v}$ 上距离包围球最近点的距离 d 为：

$$d=(c-viewer)\cdot\boldsymbol{v}-r$$

通过比较计算得到的屏幕空间误差与所需 LOD 的最大屏幕空间误差，我们可以确定 LOD 是否足够精细,否则,我们可以进一步细化。

12.1.5 Artifacts

绘制地形有多种不同的 LOD 技术,但是它们在处理过程中都有着一些共性问题。

裂缝:裂缝是在两个不同细节等级节点相接时发生的。如图 12.6 所示,出现裂缝的原因是由于高细节区域的一个顶点没有在低细节区域的相应边上。结果就是网格没有在一个水密性。

图 12.6 一条被相邻的两个 LOD 共享的边,被其中一个 LOD 的顶点分裂,而另一个 LOD 则没有,这时就会出现裂缝。

最简单直接解决裂缝的方法就是在每个 LOD 的外边缘垂直向下围裙。围裙的主要问题是在地形上引入短的垂直峭壁,这会导致纹理拉伸。此外,必须要注意围裙顶点法线的计算,这样它们才不会在 LOD 区域周边显示成神秘的暗线或者亮线。具体内容将在第 14.3 节讨论。

另外一个可能的方法是在低细节的 LOD 周边增加顶点来匹配相邻的高细节的 LOD。这种方法想要有效,一是当仅仅少数不同的 LOD 可用时,或者当合理范围的不同 LOD 允许相互之间相邻时。在最坏情况下,最粗糙的 LOD 可能需要在其周边生成大量的顶点来匹配它周围的最精细的 LOD。然而即使在最好的情况下,这种方法也需要在粗燥 LOD 上生成顶点。

一个类似的方法是调整精细 LOD 上的顶点的高度,使顶点与粗糙 LOD 的边相交。Geometry - clipmapping 地形 LOD 算法(见第十三章)高效使用了这种技术。然而,这种方法会导致一个新问题:T 形交叉(T - junctions)。

T 形交叉:T 形交叉与裂缝产生原因类似,但 T 形交叉更隐秘。裂缝是由于高细节 LOD 的顶点没有在相对应低细节的 LOD 的边上产生的,而 T 形交叉是由于高细节 LOD 的顶点在相对应低细节的 LOD 的边上产生的,形成了以一个类似 T 的形状。相邻三角形光栅化过程中,由于浮点数的四舍五入产生的微小差异导致了在地形表面生成非常微小的针孔。由于背景可以通过这些针孔被看到，让人产生分心。

理想情况下，这些 T 形交叉可以通过细分较低细节网格的三角形来消除，这样它也会在较高细节网格的同样位置上有一个顶点。然而如果首先为了试图消除裂缝而产生了 T 形交叉，那这种处理方法效果不好。

另外一种填充 T 形交叉的方法是退化三角形。尽管这些退化三角形数学上讲没有面积，因此不会产生片断，同样的舍入误差会首先引起微小的 T 形交叉孔，同时会使退化三角形产生一些片断，这些片断就把孔给填充上了。

最后一种可能方法是当用围裙填补裂缝时，让相邻 LOD 的围裙轻微重叠，这种方法是有效的，如图 12.7 所示。

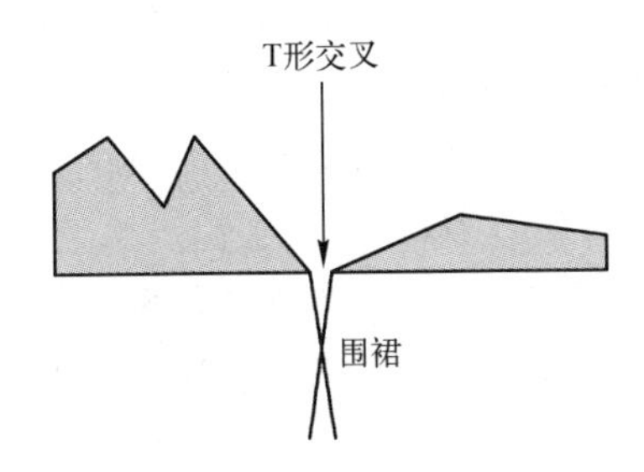

图 12.7　两个相邻 LOD 的 T 形交叉的夸张侧视图。如果让围裙稍微向外倾斜就可以遮挡 T 形交叉。

跳变（poping）：随着观察者的移动，场景中不同物体的 LOD 会随之调整。当一个物体的 LOD 突然从一个较粗糙的变成较精细的时候，反之亦然，用户可能会注意到“跳变”，顶点和边的位置突然改变了。

这可能是可接受的。在很大程度上，虚拟地球用户往往更能比游戏玩家接受跳变。虚拟地球就像网页浏览器。用户本能地理解网页浏览器包含大量从远程服务器加载的内容。没有人会抱怨网页浏览器首先显示网页文字，然后一旦从网页服务器下载完成就突然显示图片。这比所有内容都准备好时才显示要好。

类似地，虚拟地球用户不会惊讶从远程服务器不断下载数据，因此也不会惊讶突然跳变显示。作为虚拟地球开发者，我们可以利用用户的这种期望，尽管不是绝对必需的，比如在缓存在 GPU 中的两个 LOD 之间过渡切换。然而，在很多地方跳变是可以避免的。

一种防止跳变的方法是参考 Bloom 的“mantra of LOD”：只有在用户不知不觉的情况下能切换到另一 LOD 时，才切换 LOD[18]。取决于使用的具体 LOD 算法和硬件性能，这不一定是一个合理的目标。

另一个可能的方法是在不同细节等级之间进行融合切换,而不是突然直接切换。怎样进行融合是跟地形绘制算法紧密相关的,因此我们将在第 13.4 和 14.3 节分别讲两个例子。

12.2 预处理

要以可交互帧率绘制行星大小的地形数据集需要对地形数据集进行预处理。我们很希望不是这样,但这是不可避免的事实。不管以什么格式把地形数据存储在硬盘或者网络服务器等辅助存储器上,较低细节的地形数据集都必须能够被有效地获取。

如第十一章所述,虚拟地球上的地形数据通常以高度图的形式进行表示。假设用 1 万亿点的高度图均匀覆盖整个地球,那在赤道上两点之间间隔大约为 40m,这是相对吻合虚拟地球分辨率标准的。如果把这张高度图存储为一幅巨大的图像,那这幅图像每边就有 100 万个纹元。

现在我们从太空中观看地球,让整个地球能够被看见。我们怎样绘制这样的场景呢?尽管有可能,也没有必要绘制,毕竟半个万亿的点比高分辨率的显示器的像素数量上要大很多。

地形绘制算法力求做到输出敏感,那就是运行时应该依赖于被着色的像素量,而不依赖数据集的数据量大小或者复杂度。

也许我们可以用最相关的点来填充大小为 1024 × 1024 纹理,然后用 11.2.2 节介绍的顶点着色置换贴图技术进行绘制。我们怎样从高度图得到这样的贴图呢?图 12.8 描述了需要些什么。

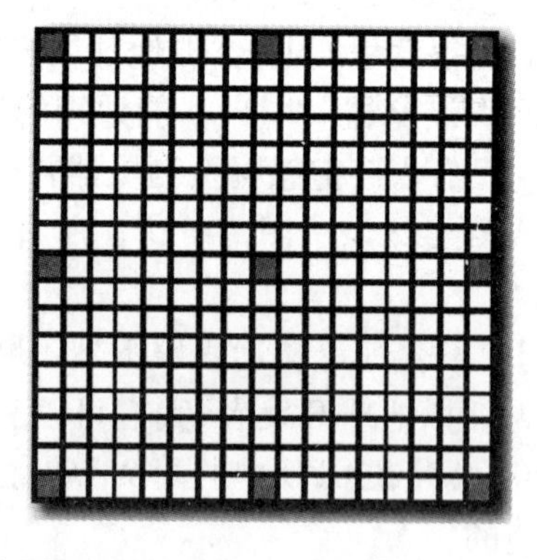

图 12.8 当高细节的高度图可用时,跳过一定数量的点(白色表示)读取相关的点(红色表示)来绘制低细节的高度图。对于一张大的高度图,这种处理不可行,我们需要先进行预处理。

首先，我们将读取第一个点，然后我们将跳过1000个点读取下一个点。重复处理这个过程直到我们扫描完整个文件。遍历查找这么大的文件，同时仅仅读取几个字节大小数据，将会需要花费大量时间，即使从本地存储器处理。

更糟的是，每隔上千个点仅仅读取一个点将产生走样。一种更好的方法是查找跳过的1000×1000个点的平均值或者最大值作为低分辨率高度图的目标高度值。因此，绘制最低细节的地形需要读取整个高细节的地形数据集。很明显对于实时绘制这是不可行的。

因此我们将对地形数据集先进行预处理，这样低细节的地形作为一个连续的单元将很快可用。

12.2.1　高度图转换为Mipmaps和Clipmaps

把高度图看做一张图像，我们能很自然地想到通过把图像来创建mipmap，从而解决上述问题。

Mipmapping是一种在纹理中广泛应用的技术。一张mipmap由多个mip层级构成，如表12.1所示，每层级概念上是一张独立的图像。层级0包含了整个高分辨率的图像。层级1比层级0在每个方向上少一半纹元，但纹理范围与层级0相同。层级2同样比层级1少一半纹元。最高的层级只包含一个像素。

表12.1　分辨率为16384×16384图像的mipmap层级。
通过地形高度图来创建mipmap可以快速访问低分辨率的高度图。

0	16,384×16,384	8	64×64
1	8,192×8,192	9	32×32
2	4,096×4,096	10	16×16
3	2,048×2,048	11	8×8
4	1,024×1,024	12	4×4
5	512×512	13	2×2
6	256×256	14	1×1
7	128×128		

大量在线的全球地形和影像资源就是巨幅的mipmap图像。例如，Esri世界影像地图服务[1]就包含了20层级。最高层级是一张涵盖整个世界的256×256的图像。最低层级低于1m分辨率。如果用最高分辨率的图像覆盖整个世界，将包含上万亿个像素。

1　http://server.arcgisonline.com/ArcGIS/rest/services/WorldImagery/MapServer

假设把表 12.1 中的 16,384×16,384 的 mipmap 纹理用一个全屏的四边形绘制到分辨率为 1024×1024 的屏幕上。在层级 4(1024×1024)的 mipmap 被选中时,当我们放大时,更高层级的 mipmap 会被选中,这时比原始纹理包含了更少的纹元;但我们缩小时,更低的层级会被选中,就是会有更多的纹元,但仅仅一部分会显示。

现在我们只是简单介绍了 mipmap 的原理。然而,这里还有一个重要发现,导致了 clipmapping 技术的开发:低等级的 mpmap 的可视部分由屏幕的分辨率决定。事实上,在我们的例子中,没有从任意给定的 mipmap 层级中需要超过 2048 个纹元,或者超过两倍屏幕分辨率的 mipmap。基于此,没有必要把整张 16,384×16,384 的纹理存储在显存中。对于一个特定的场景,我们可以简单计算每层级 mipmap 的区域,然后为该区域裁剪相应的 mipmap。

Clipmapping 是一种针对绘制场景裁剪相应的 mipmap 的方法[164]。Clipmap 可以以图形方式表示为多级的堆栈,形成一个倒置的金字塔,如图 12.9 所示。堆栈的顶层是最细节层级,会根据显示分辨率裁剪相同数量的纹元。

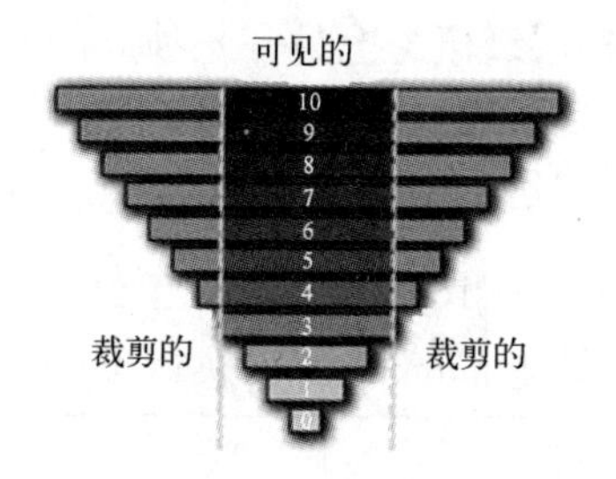

图 12.9 Clipmap 可以以图形方式表示为多级的堆栈,形成一个倒置的金字塔。堆栈的最顶层层级被裁减成相同数量纹素。

与 mipmap 层级的通常约定相反,clipmap 的层级是 0 级为最粗糙的层级,$L-1$ 级是最详细的层级。这种方式便于虚拟地球上的处理,因为 clipmap 的层级在不同区域是不同的。

虚拟地球,比如 Google Earth,使用类似 clipmapping 技术来无缝浏览大量影像[12]。事实上,不仅没有必要把全球的整个纹理存进显存,这是有利的,因为纹理有数千个吉字节大小,而且也没有必要驻留在系统内存中甚至在本地硬盘上。虚拟地球从网页服务器上按需下载裁剪的 mipmap。

虽然 clipmapping 最初是由 Tanner 等设想的纹理映射技术[164],一种类似的技术被应用在地形高程数据的高度图上,这将在第十三章中介绍。

12.2.2 瓦片

为了以可交互的帧率绘制地形和影像,Mipmapping 是一种预处理地形高度图和影像数据的简便方法。细心的读者也许注意到,mipmapping 并没有完全解决“大量找寻,少量读取”的问题,这是我们最初从高度图数据创建 mipmaps 的动机。

图 12.10 的问题会在大多数细节 mipmap 层级上发生。

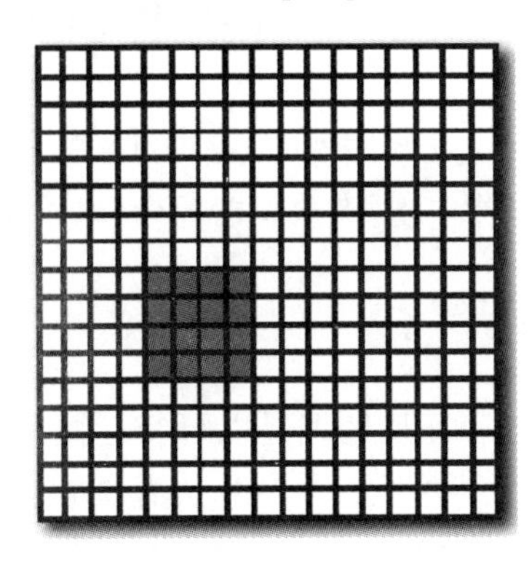

图 12.10 如果一整张 mipmap 存储在一单一文件上,绘制 mipmap 中的一个子集仍然需要扫描裁剪掉的纹素(白色表示),然后读取未裁剪部分(红色表示)。这个问题可以通过把 mipmap 分割成瓦片来解决。

虽然绘制整个低细节层次的 mipmap 可能是有意义的,但绘制所有高细节层次的 mipmap 与绘制整个原始高度图一样不切实际。如果每级 mipmap 是一单一文件,为了读取当前场景需要的 mipmap 层级的子集数据,我们仍然需要大量的搜寻。

基于此,通常是把每级 mipmap 分割成瓦片。瓦片有一定数量的纹元,比如 256×256,但瓦片所覆盖的区域面积随着精细 mipmap 层级减少。例如,最粗糙 mipmap 用一块 256×256 的瓦片覆盖了整个世界范围,(经度和纬度分别从(-180°, -90°)到(180°,90°))。下一层级由四块 256×256 的瓦片组成,范围分别为(-180°, -90°)到(0°,0°),(0°, -90°)到(180°,0°),(-180°,0°)到(0°,90°),(0°,0°)到(180°,90°)。每个连续的层级之间在每个方向上有双倍的瓦片,覆盖范围是一半,如图 12.11 所示。任何指定的瓦片可以很快找到,包括通过它的文件名、文件中的偏移或者常用的地形、影像存储的服务器 URL。

NASA、Esri 以及其他组织采用这种方式来组织他们的地形和影像数据,然后通过公共访问的网页服务器提供大量数据。虽然他们在某些细节上会有不同,比如每块瓦片的大小、mipmap 的层级数、可用数据的分辨率、用于定位瓦片的方案,但是通常改造一个给定的虚拟地球引擎绘制这些数据集是可能的。当然,如果瓦片方案与绘制引擎的期望相近的话是能够提高一些性能的。

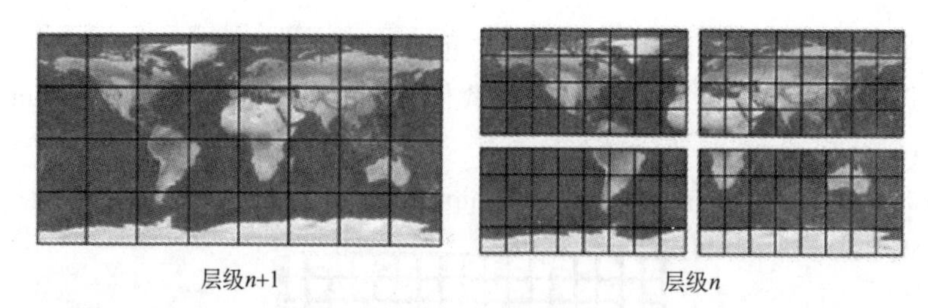

图 12.11　一张 mipmap 分割成瓦片,每张瓦片有相同数量的纹元。每个连续的 mipmap 层级之间在每个方向上有两倍的瓦片,每块瓦片覆盖了 1/4 的面积。

12.2.3　网格简化

我们认为 mipmapping 和瓦片处理是以可交互帧率绘制行星大小高度图的必要预处理的最低量,然而某些地形绘制算法需要额外的预处理来提高性能。

网格简化技术被用来消除输入地形的冗余。比如,一张高度图在平坦区域相对于真实表现地形所需的顶点有更多的顶点,比如美国的大平原。

有很多用来简化网格的技术和算法,包括顶点抽取[150]、二次误差度量[55]、顶点聚类[146]。这些算法性能、复杂度、简化网格结果的保真度各不相同。另外,有些算法只能应用在特定类型模型上。基于高度图的地形网格是流行拓扑结构,这些简化算法都能够用。这些算法以及其他更多的请见 Luebke 等撰写的文献[107]。

在第 14.5 节中,我们将详细介绍一种在 chunked LOD 地形绘制算法中使用的高度图地形简化高效算法。

12.3　外存绘制

虚拟地球无不使用外存(OOC)算法来绘制地形。这意味着在任何时间地形数据集的子集存在内存中,而其他数据在辅助存储器中,比如本地硬盘或者网络服务器的集群上。考虑到虚拟地球数据集通常以百万兆字节计,把整个数据集不同时存进内存是不奇怪的。

甚至是一个相对小的地形数据集,或者一台有着超乎寻常大的内存的计算机,加载整个地形数据集到内存中是不切实际的。应用程序只有从硬盘加载完数 GB 的数据后才能显示出第一幅场景,这样导致应用程序的启动时间很长。虽然虚拟地球可能是一个有用的可视化地质时间进程的工具,但我们最好不要试图用地质时标来衡量其启动时间。

在任何时间上内存中的数据子集被称为工作集,在大多数情况下,它只是整个数据集的很小一部分。OCC 绘制算法的目标是无缝地把需要的新数据加载进工作集中。

为此,我们需要一个原则来决定哪些数据按照什么顺序被加载进工作集中,我们称之为加载顺序策略。由于工作集不是无限制大,我们最终需要决定哪些数据从工作集移除,从而为新数据腾出空间,这就是所谓的替换策略。理想情况下,我们还会包含一个预取策略,这样数据会在用户察觉到缺少前加载进工作集中。

然而,OOC 绘制算法不限于把数据加载进系统内存中。实际上,OOC 数据管理系统负责在层次结构的缓存中移动数据。

12.3.1　缓存层次结构

大规模地形数据 OOC 绘制算法需要一个缓存的层次结构。缓存层次结构由连续的多种类型的存储空间组成。在连续存储空间一端是空间小、但速度快的存储空间,另一端是存储空间更大,但速度更慢。多种类型的存储空间被一起使用,通过利用存储访问的一致性以实现一个大而快的存储空间。

图 12.12 所示是一个虚拟地球应用程序的缓存结构。

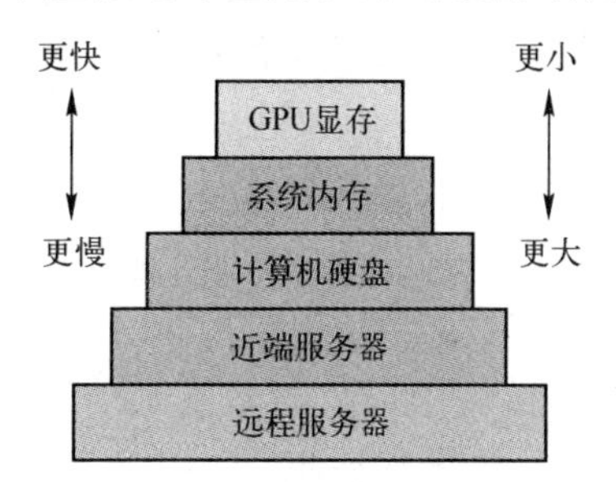

图 12.12　虚拟地球应用程序利用层次结构的缓存来存储地形和影像数据。在底端的缓存是存储空间最大、但速度最慢,最顶端则是速度较快而存储空间较小。

在最低层级,所有的地形和影像数据都被存储在网络服务器上或者服务器集群上。数据是以数十上百 TB 计,因此访问整个数据集是极其花费时间的。另外,网络带宽和同时为多个用户提供服务将限制客户端程序从服务器上获取数据的速度。

网络服务器还可能距离很远,或者只能通过低速网络来访问。在这种情况下,很有必要在层次结构缓存中包含另一个服务器。这个服务器可以通过更快的网络访问,比如 LAN,只需要同时给比较少的用户提供服务。它只需要缓存数据的一个大的子集在主网络服务器上,而不需要全部缓存。

接下来,数据被缓存在运行虚拟地球应用程序的计算机硬盘上。这个缓存空间相当大,可能有10GB以上,但比网络服务器上的数十上百TB存储空间小很多。

在硬盘上可用数据的子集被存储在虚拟地球客户端程序的进程内存中。这个层次的缓存可能以数百MB或者更少计,比硬盘上存储的数据量少很多。

最后,最小的数据子集被存储进GPU显存中,它可以非常迅速地绘制一帧。

数据在以上任何级别的缓存中未命中,就必须到该层级结构的更低一级缓存中去读取。但我们沿着层级向下,未命中的开销越大,我们获取到数据的时间将更长。比如,一块地形数据已在系统内存中,但还没有在GPU显存中,我们实际上可以在当前的绘制帧内将它复制到的GPU中。当然,我们不希望太频繁地这样操作,否则绘制帧率会直线下降。

另一方面,如果我们最后从远程网络服务器上获取这块数据,那我们可能要几秒才能用来绘制。同时,我们必须用可用的最好数据继续绘制。这是很重要的一点。在传统的计算机体系结构中,缓存未命中会导致等待。我们坐等数据可用。虽然现代的CPU体系结构可以频繁地变成上下文切换并允许CPU继续做有用的工作,同时还等待数据,但需要使用这些数据的指令不能被执行,直到数据返回为止。然而,在地形绘制中,缓存未命中不会导致等待。取而代之,将会导致绘制结果的可视质量下降,因为我们采用了低细节的数据或者简单忽略缺失的数据。

减少缓存读取对绘制的影响,最好方式是用多线程。一个或者多个工作线程从网络服务器下载地形数据、加载到内存、创建GPU缓存,同时绘制线程可能绘制数百帧。一种绘制线程只在一帧中做一点工作的结构将更复杂。

另外,多线程结构能有效利用目前的多核CPU。这尤其重要,如果工作线程不是只仅仅移动数据。比如,解压数据,为GPU重新压缩数据,计算法线,等等。作业系统借此发挥到了极致,并使用多个线程,执行大量依赖图相关的任务[6]。

第十章介绍了多线程结构怎样用来准备资源,它可应用在地形数据,也可应用在矢量数据。

12.3.2 加载顺序策略

在绘制过程中缓存数据缺失时,缺失数据请求会进入到请求队列中。可能在绘制某帧时同时有多个缓存数据缺失,在下一帧,观察者移动位置,然后新的缓存数据缺失又会产生。我们怎样决定按什么顺序加载这些不同的请求呢?

按照请求顺序加载缓存可能不是好的策略。当观察者快速移动会产生大量缓存数据缺失,工作线程是根本无法跟上的。当数据加载后,可能由于观察者的移动而根本不会看见。

一个更好的策略是首先加载最近请求的数据，然后依次按时往后加载数据。通常情况下，最近是指最近绘制帧。这样，最近帧需要的绘制数据将先被加载，这些数据可能在下一帧还会再次使用。

在某些方面，请求队列更像堆栈一样，如图 12.13 所示。作为缓存缺失的新请求项被压在队列头，加载线程会弹出队列头，从而加载数据项。然后，一个不同点是请求队列没有严格按照先进先出原则处理数据，而是已在请求队列中的数据项会在每次绘制线程请求时移动到队列头上。事实上，请求队列是优先队列，优先性是由数据项请求时的帧数决定的。

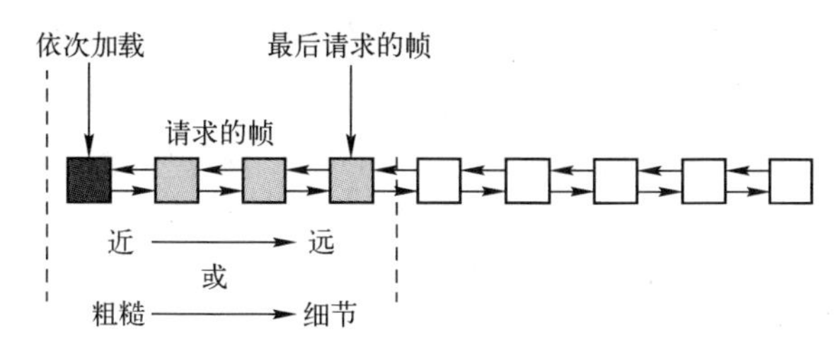

图 12.13　请求队列是一个优先队列，优先性是由数据项请求时的帧数决定的，或者其他指标，比如观察者距离数据项的长度。在多数情况下，请求队列可以用双向链表来实现。

请求优先级不仅仅由数据请求时的帧数决定。比如，为了最大化观察者附近的细节，帧内数据项距离观察者越近，优先级更高。另外，涵盖最大世界范围的数据项通常是最粗糙细节层次，为了最大化场景的平均细节，这些数据项会被先加载。

优先队列通常用类似树的数据结构来实现，在插入新数据请求项和移除最高优先级的数据请求项时的计算复杂度为 $O(\log n)$。然后，在请求队列的情况下，我们可以用双向链表来实现优先队列，在处理过程中不仅性能高，而且还简便。由于队列中的优先级是单调增加的，因此这是可以达到的。新的数据请求项总是在添加时是最高优先级的。如果队列中的已有数据请求项被再次请求，则会成为最高优先级。

请求队列的这种性质使得通过双向链表来实现变得很容易。新的数据请求项会被直接添加到链表头前。如果数据请求项已在链表中，则该数据请求项会被从链表中移除，并再次添加到链表头前。加载线程将加载链表头数据请求项。所有这些操作的计算复杂度都是 $O(1)$。

目前设计的请求队列将首先加载最近请求的数据项。然而它是如何被用来实现前面提到的帧内加载还不是很明显。我们怎样确定在一帧中的所有数据请求项,哪项是离观察者最近而被优先加载?或者,怎么确定范围最大的数据项先加载?

幸运的是,大多数地形 LOD 算法的自然结构使得它相对容易按这些标准对地形数据项排序。比如在基于四叉树的算法中,很容易按照由近及远地便利子节点(见 12.4.5 节)。同样,对四叉树的广度遍历将会首先访问最大范围的数据项。

这些遍历得到的结果顺序跟我们想要的顺序是相反的。在我们的简化优先队列里,数据请求项的优先级是由它被添加进队列的顺序决定的。因此,为了让较近的请求项有较高的优先级,我们需要在绘制帧内请求这些数据项。我们有一个诀窍,在一帧内,我们按顺序请求哪些我们希望加载的数据项,而不是相反的顺序。通过简单保持最后数据项的指针,在它之后添加新的请求项。在每帧开始绘制时,我们重置最后数据项的引用,从而第一个要请求的数据项就在队列头。这就是我们采用双向链表而不用数组的主要原因,双向链表需要我们以固定时间把数据请求项插入到队列中。

限制请求队列中的等待数据请求项的数量是有用的,这样可以避免队列的无限增长。例如,如果队列中已有 200 项请求,则当有新的请求项要被添加时,会先把队列尾的一个过时的请求项从队列中删除。

12.3.3 替换策略

当缓存被占满时,我们需要卸载已存的数据项,这样才能为新的数据项腾出空间。我们需要决定卸载哪些数据项。这就是替换策略,因为我们要选择哪些数据项被替换。

替换策略很重要,是由于缓存如果没有替换策略的话就相当于内存泄露。数据随着需求和加载顺序策略被添加进缓存中。如果没有替换策略,数据将不会从缓存中移除,这样缓存大小将会无限制增长。

可以想到,加载顺序策略和替换策略是非常相关的。刚被加载的数据项将会在当前所有加载的数据项中被最后卸载,这是有意义的。在极端情况下,一个数据项会被加载,只有当下一个数据项被加载时被立即替换。在下一帧,第一个数据项会被再次加载,此后不久会再次被卸载。这就是所谓的 ping - ponging 或者缓存抖动效应,这是对资源的浪费,当然应该尽可能地避免。

数据项按照加载的顺序被替换是不完全真的。观察者位置的改变会影响缓存中数据项的相关优先级。比如,观察者移动到地球的另一边时,先前加载到缓存中的数据项更适合被替换。

规范的缓存替换策略是最近最少使用(LRU)替换策略。该策略简单和有效:下一个被替换的数据项是最近最不需要的。使用这种替代策略要求我们追踪上次访问的每个缓存项。缓存项被置换队列控制置换,如图 12.14 所示,置换队列是一个有限优先队列,采用链表实现,很像请求队列里使用的链表。

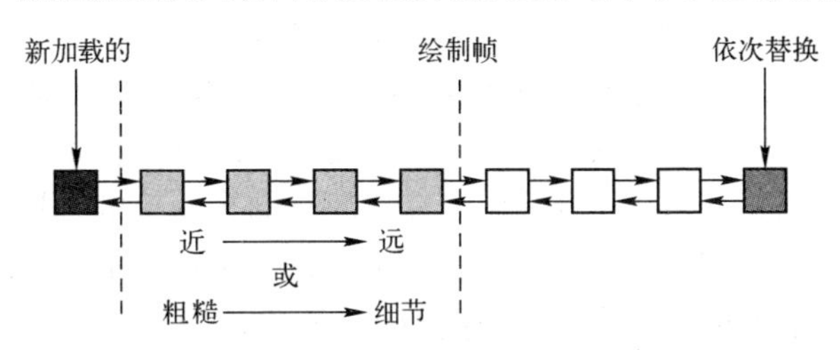

图 12.14　新加载的数据项被添加到置换队列头,下一个要被置换的数据项将从尾部选择。最近绘制帧要使用的数据项位于链表的头部附近,它们按照两种方式之一进行排序。

一旦一个数据项被加载,它将被添加到置换队列的头部。当为了新数据项腾出空间而卸载一个数据项,卸载数据项将从置换队列尾部选择。将新加载数据项添加到置换队列头部,能够最小化缓存抖动,因为只有后续帧要绘制的数据项才会比刚加载的数据项更不适合被置换。每次加载的数据项被用来绘制,它就被移动到置换队列头部,置换就会被延迟。

一个新的数据请求项仅仅在它比置换队列中的 LRU 数据请求项最近更经常使用才会被加载,这一点很重要。否则,很久之前请求添加的在请求队列尾附近的数据项能够替换更有用的最近会被使用的数据项。

经过多帧,最近常用的数据项会被移动到链表的头部,更少可能被移除出去。最近不常用的数据项则会被移动到链表尾部,更大可能被移除出去。如果采用相同的遍历策略来更新数据项在置换队列中的位置与更新数据项在请求队列中的位置,则置换队列头部附近的数据项将按照由近及远或者由粗及细的顺序排列,与数据项加载的优先级相匹配。队列头部的数据项是最近绘制帧加载的数据项。

12.3.4　预取

随着观察者的移动,需要地形和影像数据的不同子集来更高效地绘制场景。当需要的数据还不可用,将绘制较低分辨率的地形。为了更好的用户体验,我们应该尽量减少这种情况的发生。

在正常情况下,我们发现要绘制的地形或者影像数据出现缺失,这时我们就需要加载它。这样数据已经缺失了,但还要多帧后才可用。这是被动反应式的,我们发现数据有缺失,然后就请求加载这些数据。

另一方面,预取是主动获取数据的。我们试着预测下一步将要的数据,然后在需要数据前加载该数据。如果这个预取处理得好,在绘制数据前,这些数据就已经被加载了。

预取地形数据常常跟 LOD 算法相关,但也有共同的特性。

理想情况下,衡量细化和预取的原则相同。因此,数据项随着细化而逐渐可见,这些数据项更可能被预取。一个简单而有用的预取技术是预取距离当前观察者位置最近的数据,并充分利用缓存空间存储足够多的预取数据。这将最大化观察者附近的细节。Varadhan 和 Manocha 介绍了一种基于优先级的预取算法,这种算法基于预测物体将要切换 LOD 的时机[175]。

对于 HLOD 算法,一个简单而有效的预取策略是预取当前绘制节点的子节点数据。因为子节点是比父节点细节更高的节点,因此预取这些子节点就为观察者可能移动到离节点更近时,准备好了所需的细节更高的数据,如图 12.15 所示。

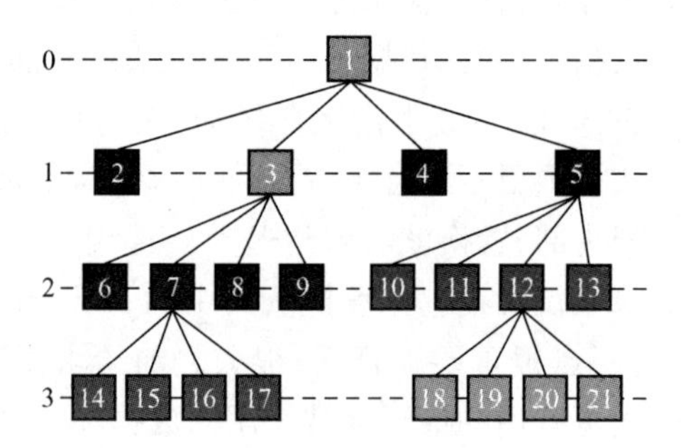

图 12.15　在 HLOD 算法中,预取策略能有效预取当前绘制节点(蓝色表示)的子节点(红色表示)。

类似地,预取绘制节点的父节点可能也是值得的。这是优化用户缩小地球或者远离节点时的情况。虽然这些粗糙的数据不太可能被缺失,但绘制时没有这些粗糙的数据,可能会产生走样和低的绘制帧率,这是由于绘制较高细节等级的精细数据。而且父节点中的粗糙数据比子节点中的精细数据占用更少的存储空间,这是因为节点的父节点数更少。

另外一个预取的常见技术是基于扩大的视锥体来确定所需的数据项,并加载这些数据项。这种技术对基于观察者方向而不是位置的 LOD 算法尤其有用。旋转相机时,它能最大程度减少视觉伪影发生的可能性。

一个特别有意思的预取技术是从观察者的当前位置,利用线性和角速度推断他或她的下一个位置,然后预取在新视图中所需数据。在这个方法中,如图 12.16 所示,后台线程分析预测接下来的视锥体,并预取需要的数据。Correa 等介绍了这种方法[29]。

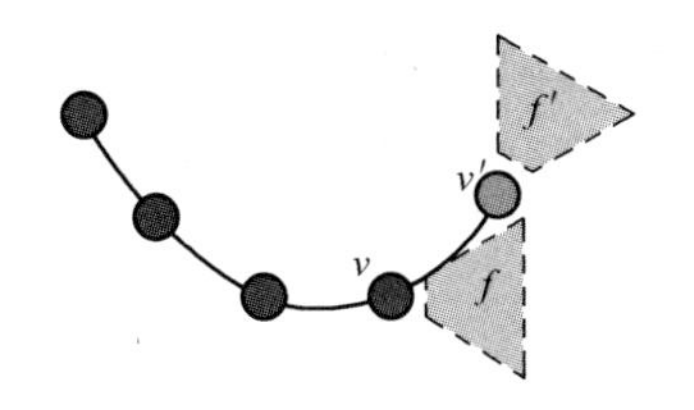

图12.16　观察者当前帧位置为 v,预测下一帧位置为 v',
预测视锥体为 f',这用来预取数据。

根据观察者的速度,可以估计出为预取数据需要的存储空间大小和观察者运动的精度,预取可能完全避免绘制过程中缓存数据缺失。然而,更常见的是,尤其是在虚拟地球上,观察者的运动速度大大超过了数据加载的速率。这个方法是改善用户的体验,尤其是在浏览相对小的范围时。

12.3.5　压缩

压缩能减少几何和纹理数据的大小,这对于所有的缓存层次结构都是有价值的。较小的数据从远程服务器获取时更快,从磁盘上读取更快,用更小的时间通过系统总线传送到 GPU。大小就是速度,尤其是在 I/O 操作时。另外,压缩数据占用更少的系统和 GPU 存储空间,可以有更多的数据存储到缓存中,也可以留出更多的存储空间给其他应用。

除了减少存储空间和提高性能,压缩还能用来在相同性能和存储需求下提高可视质量。比如,一张 DXT 压缩的 512×512 大小的 RGBA 纹理,与一张未压缩的 256×256 大小的 RGBA 纹理占用空间相同,但图像质量更高。DXT 压缩在现代 GPU 中硬件实现。

一种简单的压缩形式是是隐式存储信息而不是显式。一个重要的代表就是地形数据用高度图来表示,在 11.1.1 节中已介绍。高度图可以被看成是压缩的网格数据,高度信息被显示存储,水平坐标用地图上高度信息的位置隐式表示。结果是,高度图大约相当于等效网格数据的 1/3 大小。当然,高度图不适合表示任意网格。

一种相关的技术是网格简化,在 12.2.3 节中有介绍。网格简化可以被看成是压缩的一种形式,因为它能减少网格中的顶点数量,而不影响网格外观。事实上,网格简化是一种有损压缩,因为原始网格不能通过简化网格完全复原。然而,简化网格跟原始网格很接近,也能节省空间,损失是可以接受的。

这两种技术都是通过消除不需要的信息来压缩数据。比如,高度图中的水平坐标或者简化网格中不重要的顶点。然而大多数著名的压缩算法不是通过消除冗余或者有效编码来压缩。这些算法包括用来压缩 ZIP 和 PNG 文件的无损压缩算法到有损压缩算法,比如 DXT 和 JPEG。现在的 GPU 可以在 GPU 中通过几何 shader 解压缩压缩过的几何数据[101]。

10.3.3 节介绍了多线程解压和压缩纹理和其他资源的结构。

12.4 剔除

在很多场景中,组成该场景的三角形只有部分才能被看见。剩余的其他部分是看不见的,要不是被其他三角形遮挡了,要不是在视场范围以外。比如,当看着欧洲的某个地方,就没有必要绘制美国西部的落基山脉。再比如,当放大到山峰附近,就没有必要绘制它背后隐藏的山脚。剔除能够减少场景中不需要的细节绘制数据量。

12.4.1 背面剔除

最简单的剔除形式可能是背面剔除,该方法中背向观察者的三角形不会被栅格化(见图 12.17)。在观察者在不透明物体的外面时,背面剔除可使用,而不会出现三角形丢失,比如观察四方体。如果观察者进入到四方体内,背面剔除会让四方体消失不见,这时要用前面剔除。

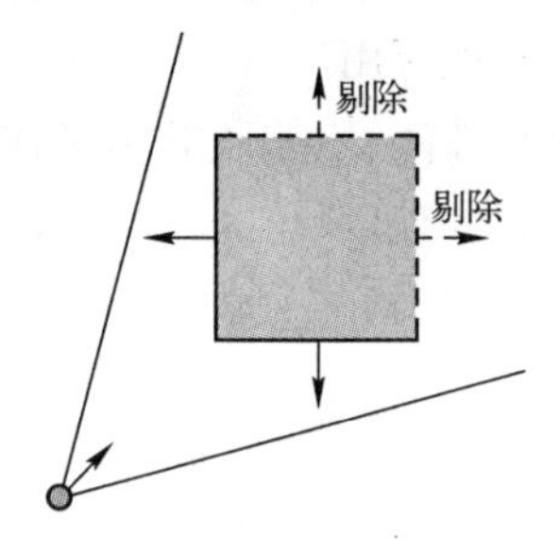

图 12.17　顶视图:四面中有两面被背面剔除。背面剔除很容易实现,能发挥一般的性能好处。

在虚拟地球上,背面剔除也被用来在地球上绘制多边形时的剔除(见 8.2.6 节)。如果观察者在地形下时,很明显会注意到缺失的背面三角形,但大多数虚拟地球会通过碰撞检测避免走到地形下。

背面剔除实现很容易:在需要背面剔除的地方直接调用 OpenGL 的 glEnable 和 glCullFace 函数。需要注意的是每个三角形的顶点要按照一定顺序排列,以顺时针或者逆时针方向,这样栅格化管线才能识别三角形是正面的还是背面的。

然而背面剔除是在栅格化管线后面处理,所以它的好处有限。在类似游戏这样的应用程序中大量采用片断 shader，背面剔除是很有用的。在类似虚拟地球这种简单使用片断 shader 的应用程序，背面剔除的好处一般。

12.4.2　视锥体剔除

视锥体剔除是一种简单而有效的剔除技术，这种技术几乎所有地形绘制算法中都会采用。在绘制一个物体之前，这个物体会与视锥体的六面进行测试。测试结果可能确定物体是整个在视锥体内、视锥体外或者与视锥体某个面相交。如果物体在视锥体内或者相交，则会被绘制，否则，物体会被遗弃而不绘制。测试是在 CPU 中处理的，所以如果物体不可见，它完全不会被 GPU 处理。

物体自身的几何数据几乎不会被用来与视锥体进行测试。而是用物体的包围盒比如包围球、AABB（轴向平行包围盒），来与视锥体进行相交测试，这样相交测试性能会更高。

在地形绘制中，与视锥体进行测试的物体数量可能很大。比如，行星大小的地形被分割成均匀大小的地形块，可能有上百万个地形块要与视锥体进行测试。为了优化视锥体剔除，物体被按照空间数据结构进行组织，比如用四叉树。空间数据结构组织的节点，其包围盒也按照这样的方式组织。如果节点不可见，则它的子节点都不可见。这样场景的剔除会很快，也减少了 CPU 的处理负担。进一步，如果节点完全在视锥体内，因此它的子节点也都在视锥体内，这样子节点就不需要与视锥体进行测试了。

当观察者远离地球并看着它时，对于地形绘制，用视锥体剔除的价值是有限的。当观察者能够看见整个地球时，整个地形都在视锥体内，因此没有什么能被剔除。然而细节等级变得很重要，在这样的高度，很少有地形细节可见。当放大地形时，视锥体剔除有效得多，潜在清除了大量的地形块，这些地形块不会被绘制。

12.4.3　地平线剔除

尽管视锥体剔除的有效性，视锥体内的物体不一定可见。特别是物体隐藏在其他物体后面而不可见。剔除被其他物体遮挡的物体，这种技术是遮挡剔除。

当在地球上绘制地形时，一个非常大而重要的遮挡体就是地球本身。我们需要一种快速确定地形区域处于地平线以下的方式，如图 12.18 所示。这样我们就不会浪费时间绘制它。当观察者距离地球很远时，地平线剔除可以省掉大约一半的地形绘制。当观察者在地球表面附近时，地平线剔除作用更大，能够清除大量地形绘制。背面剔除能够清除地球背面的片断，而地平线剔除能够清除背面的几何数据。

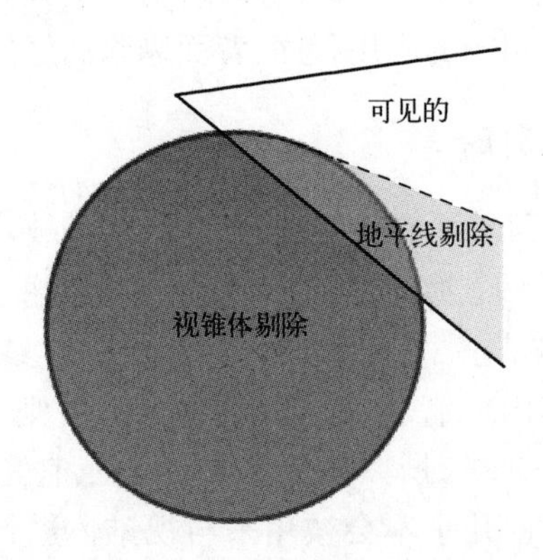

图 12.18 地平线剔除清除不可见的物体，因为它们在地平线以下。

Ohlarik 提出了一种快速的方式，通过潜在被遮挡体的包围球来进行地平线剔除[125]。在图 12.19 中，一个物体包围球的球心为 o，这个物体可能是地形瓦片，可能要被遮挡。地球的中心为 e，它是遮挡体。观察者的位置为 v。黄褐色区域是从观察者角度被地球遮挡的区域。

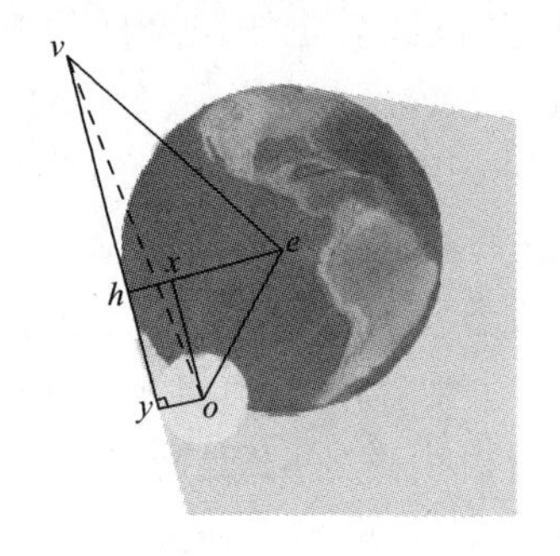

图 12.19 判断一个小球是否被一个大球遮挡，可以根据两球的距离、它们的半径和它们离观察者的距离来确定。

如果我们能用一个包围球把地球围住，则我们用一个球把地球完全包住。在这种情况下，我们用球体作为遮挡体，因此我们必须用一个能完全把地球包围住的球。如果遮挡球没有完全包围住地球表面，则地球表面以上的部分可能会有错误的遮挡，如图 12.20 所示。

在图 12.19 中，物体 o 不可见，它刚刚在可见的边缘。如果绕着 e 顺时针旋转，同时与 e 保持同样的距离，它将与 v 更近，同时可见。给定：两个球体间的距离；它们的半径分别为 r_e 和 r_o；观察者到地球球心的距离。我们可以计算观察者到物体的最短距离为 $\|\boldsymbol{vo}\| = \|v - o\|$，这时物体被地球遮挡。如果这个距离缩小，至少会有部分不会被遮挡。

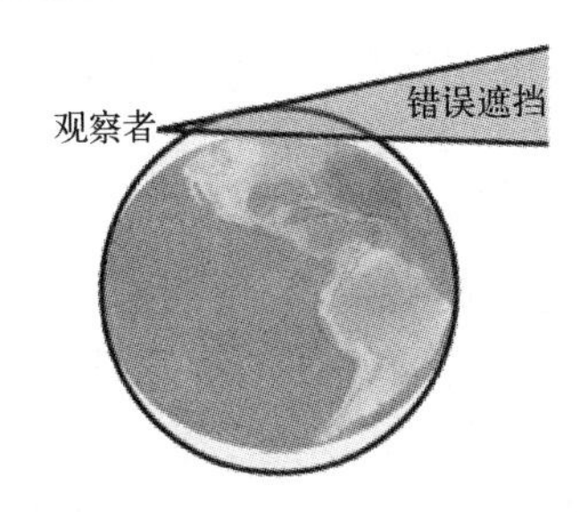

图 12.20　遮挡球(黄色表示)比地球大,遮挡了红色区域,但实际地球没有。因此遮挡球必须与地球内部相符。

首先,根据勾股定理:

$$\| \boldsymbol{vo} \|^2 = (\| \boldsymbol{vh} \| + \| \boldsymbol{hy} \|)^2 + r_o^2 \tag{12.2}$$

由于 **vh** 与 **eh** 垂直于点 h,根据勾股定理,

$$\| \boldsymbol{vh} \| = \sqrt{\| \boldsymbol{ve} \|^2 - r_e^2}$$

$$\| \boldsymbol{hy} \| = \sqrt{\| \boldsymbol{eo} \|^2 - (r_e - r_o)^2}$$

注意 $\| \boldsymbol{vh} \|$ 是只与地球相关的函数,跟要判断是否被地球遮挡的物体无关。因此,要与大量的物体进行遮挡判断时,我们只需要计算这个数值一次,然后多次重复利用。把 $\| \boldsymbol{hy} \|$ 代入式(12.2),可得:

$$\| \boldsymbol{vo} \|^2 = (\| \boldsymbol{vh} \| + \sqrt{\| \boldsymbol{eo} \|^2 - (r_e - r_o)^2})^2 + r_o^2$$

如果 $\| \boldsymbol{hy} \|^2$ 比观察者到物体包围球球心的距离平方小,则物体被遮挡,否则,物体至少有部分可见。

对于地形瓦片,它的包围球不是非常紧致的,因此通过地平线测试发现瓦片可见时,实际瓦片还被遮挡着。Ohlarik 也提出了一个有用的技术,选择一个非常小的包围球——单个点。实际上,用单个点用于地形瓦片的地平线遮挡判断精度更高[128]。

大量的虚拟地球引擎在进行地平线剔除和视锥体剔除时是采用了层次结构。地形块和其他物体采用包围体的层次结构进行组织,这样这个物体的树状结构能很快进行剔除测试。如果父节点的包围体全部在地平线下或者视锥体外,则它所有的子节点都是这样,因此所有子节点就不需要单独进行测试了。如果父节点的包围体整个都在地平线上或者视锥体内,则它的所有子节点也都这样。仅仅当父节点的包围体与地平线或者视锥体边界相交,这时它的子节点才需要进一步进行测试。

12.4.4　硬件遮挡查询

当绘制地形场景时,观察者在地形表面沿着地平线方向观看,近处的地形

可能会遮挡远处的地形。在极端情况下,想象你站在峡谷里,峡谷外的地形由于峡谷的遮挡,你是看不见的。类似地,建筑物或者茂密的森林可能都会遮挡场景中的地形。

理想情况下,我们能够考虑这些遮挡,从而减少绘制不可见的地形。然后,通过不规则的遮挡体,比如树、地形轮廓,进行遮挡判断,极其耗费 CPU 资源。大多数应用程序通过 CPU 来进行遮挡剔除,都会对场景和遮挡物进行简化。例如,在城市场景中,我们可能假设所有建筑物是垂直于地面用矩形拉伸出来的。地平线剔除也是通过简化地球为椭球体来进行判断。

当地形区域仅在多个遮挡物融合后才被遮挡,这个问题尤其困难,如图 12.21 所示。比如,一棵树不可能遮挡住一定大小的地形区域,但是整个森林就是另外一个情况了。像这样的场景,尤其是地形遮挡其他地形,最好的遮挡剔除方法是利用 GPU 来判断哪些物体被遮挡了。

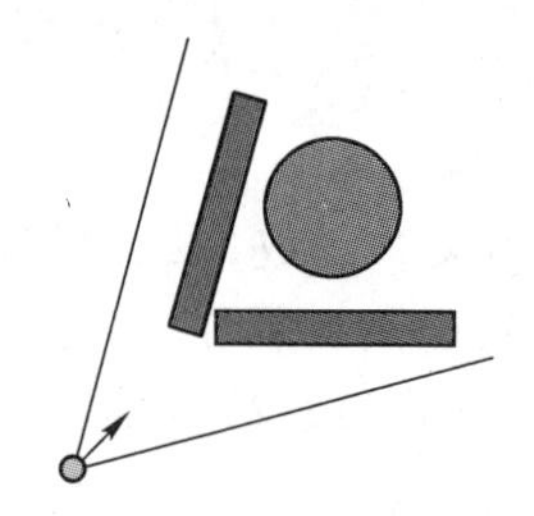

图 12.21　场景中的两个矩形都没有把红色圆遮挡住,
但是两个矩形的组合是把红色圆给遮住了。这被称为遮挡物融合。

当我们绘制场景时,大量由三角形栅格化产生的片断会被丢弃,这是由于它们被裁减了,也就是三角形在视锥体外。其他片断被丢弃是由于它们深度或者模板测试没有通过,或者被片断 shader 丢弃了。其余的片断通过光栅化管道,最后修改帧缓存上的像素值。硬件遮挡查询(HOQs)让我们可以查询 GPU 在一次或者多次绘制过程中有多少片断写到帧缓存上了。如果绘制物体时没有查询到片断写操作,这就说明这个物体被遮挡了,它在接下来的绘制过程中在相同视点下就不需要绘制了。

HOQs 利用 GPU 的光栅化能力来判断物体是否可见。典型情况下,HOQs 通过测试物体的包围体来判断,而不是物体本身,这是由于物体的包围体通常比物体本身的几何复杂度低很多。另外,HOQs 遮挡判断时会关闭颜色和深度写操作,这样能发挥目前 GPU 的高性能绘制能力。

因为 HOQs 会有一次回读,从 GPU 流水线回读到 CPU,这样会产生两个问题:CPU 阻塞和 GPU 饥饿。如果 CPU 发出一个查询,它立即进入等待状态,这时 CPU 阻塞。GPU 执行查询可能要花很长时间,在这段时间内 CPU 不会做任何有用的工作。当CPU处于阻塞状态,它就不能发出命令给GPU,这样GPU就处于饥饿状态,如图12.22所示。

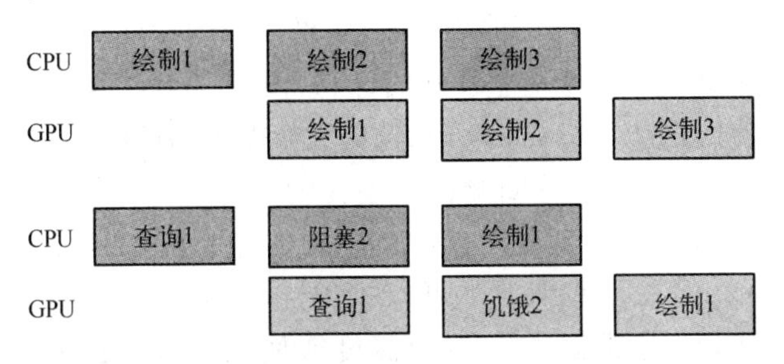

图12.22　HOQs的不当使用,导致CPU处于等待的阻塞状态。阻塞下的CPU不能发出命令给GPU,那GPU就处于饥饿状态。

Kevin说:

可以用物体的多个包围体来替代一个包围体,这样就能更紧致地包围物体,遮挡判断就会更准确,且不会增加太多的计算。

基于HOQs的高效遮挡算法是利用帧之间的时间相关性来提高CPU和GPU之间的并行性[153]。基本思想是在其中一帧发出查询,但不是马上查询结果,而是在接下来的几帧后再查询。这里假设了一个物体在几帧前可见,在后续的几帧内也可见。

除了时间上的相关性,高效的遮挡算法还利用空间上的相关性[181]。空间数据结构,比如四叉树、八叉树和kd树,它们被用来以最小的开销剔除场景中大量的被遮挡体。

HOQs在深度复杂的场景非常有用,这样的场景在相同像素位置有多个片断要写。比如,在城市漫游中,观察者附近的高建筑物往往会遮挡大部分场景,因此只有一小部分物体需要绘制。对于地形绘制,HOQs对于平视时进行遮挡判断意义很大。当视点位置比地形高时,地形的深度复杂度就很低,遮挡剔除意义不大。

12.4.5　从前往后绘制

另一个简单的剔除技术是从前往后绘制场景,离视点近的三角形先绘制,此后绘制越来越远的三角形。

这种功能能够成为遮挡剔除,是由于GPU的深度缓存的特性。然后这只有片断的剔除而不是三角形剔除。但片断没有通过深度测试时,它不能被写进帧缓存中。通过从前往后绘制,越多的片断没有通过深度测试,花在写帧缓存的显存带宽占用就少。

更重要的是,目前的GPU是在片断shader执行前进行深度测试,这个优化测试称为early－z[123,136]。在这种情况下,如果片断的深度测试没有通过,则它的片断shader不会执行。这是非常好的,因为没有一个点来着色片断,也就不会有像素。当使用复杂片断shader时,这能大幅度提高性能。

early－z是一种精细的片断测试。现在的GPU也实现了z－cull,也叫层次z,这是一种粗粒度的针对瓦片(比如8×8的片断块)的快速测试。这些优化默认是启用的,但在某些情况下可以关闭优化,最值得注意的是当一个片断shader用于GPU光线投射时,输出深度或使用丢弃,要关闭优化,具体见第4.3节。

显然,为了获得early－z和z－cull最大作用,我们应该有节制地使用这些片断shader的功能。我们可以让它更进一步:越多的深度测试不通过,这些优化作用就有效。在很多场景中,多个片断对应屏幕空间的一个相同位置,通过深度测试最后只有一个片断生成像素值。每个像素对应的片断数称为深度复杂度。因为在一个特定像素上,一个片断遮挡了其他片断(不考虑半透明情况),我们必须绘制三角形来先生成最前的片断,因此后续的片断不用着色或者写到帧缓存中。

这通过按照离视点远近的升序排列来绘制实现。在CPU中对每个三角形进行排序显然是不切实际的,对整个物体进行精确排序可能花费太大。我们必须在花费CPU时间和优化GPU上进行平衡。桶排序可以提供粗粒度的从前往后排序。某些数据结构也可以提供高效的从前往后遍历。

近似的从前往后排序可以直接采用四叉树和八叉树(见图12.23)。一个节点的子节点不需要排序。遍历顺序可以从基于视点位置表中查找,甚至不需要视点朝向。对于四叉树,仅仅四种唯一的子节点遍历顺序需要从前往后排序,见表12.2所示。视点位置相对节点的象限被用来查找遍历顺序。首先,绘制与视点位置相同象限的子节点,然后是与该子节点相邻的两个子节点,最后是与这两个子节点相邻的子节点。第二和第三个子节点的绘制顺序无所谓先后,它们之间是不会遮挡的,但它们可能绘制遮挡最后一个子节点。

另一个利用early－z和z－cull的技术是把场景绘制两遍。在第一遍,只绘制场景到深度缓存(见图12.24(a))。这遍绘制非常高效,因为没有着色的需求,而只是用了非常简单的片断shader。另外,GPU支持一种叫double speed z－only的优化技术,当颜色写关闭时,这种技术能提高绘制性能。这一遍能利用粗粒度的从前往后排序,从而减少深度缓存写的过程量。

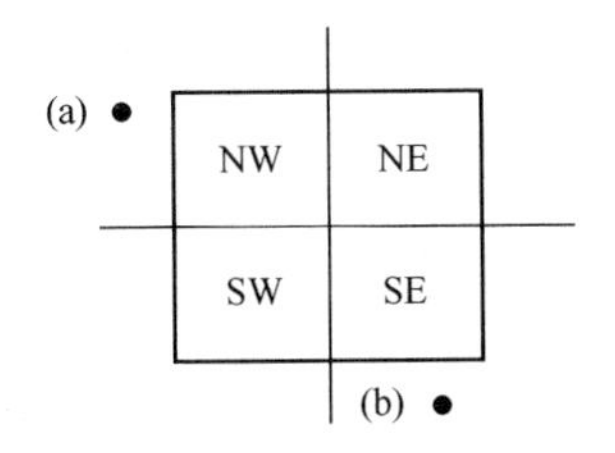

图 12.23　四叉树从前往后的遍历顺序可能容易地通过视点的象限判断。当视点位置在(a)时，遍历顺序是 NW、NE 或者 SW、SW 或者 NE、SE；在(b)时，是 SE、SW 或者 NE、NE 或者 SW、NW。

表 12.2　按照从前往后绘制四叉树的节点顺序可以根据视点位置的象限从四种遍历顺序中选择一种

视点位置的象限	第一	第二	第三	第四
西南	西南	西北或东南	西北或东南	东北
东南	东南	西南或东北	西南或东北	西北
西北	西北	西南或东北	西南或东北	东南
东北	东北	西北 东南	西北 东南	西南

第二遍是再次绘制整个场景，执行实际的着色（见图 12.24(b)）。这一遍不需要写到深度缓存，而是从深度缓存中读取深度值来进行深度测试。每个像素仅仅只有一个片断会被着色，能够有效减少深度复杂度到 1。这遍着色过程也可以通过绘制状态来排序，这样可以减少距离排序和状态排序的矛盾（见 3.3.6 节）。

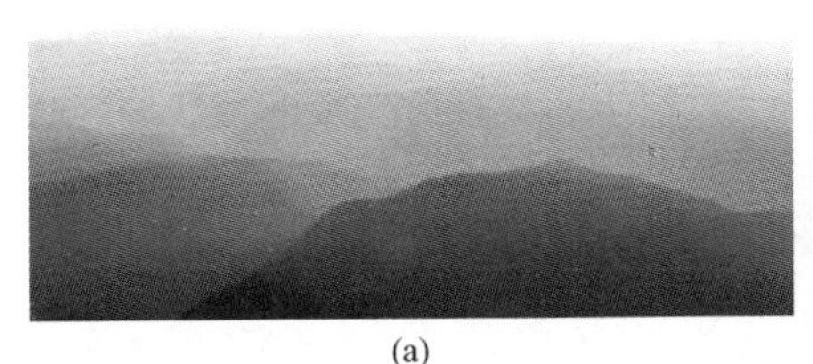
(a)

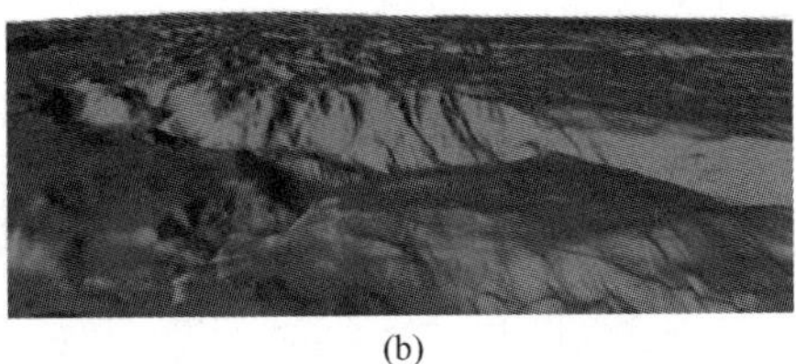
(b)

图 12.24　先绘制深度信息(a)，然后绘制着色(b)，这样充分利用 GPU 的深度缓存优化，有效减小深度复杂度到 1。

缺点是场景要进行两次几何变换。这可以在第一遍深度信息绘制时，通过绘制主要的遮挡物来减轻。延迟着色是另外一种绘制技术，该技术已相当流行，它只着色没有被遮挡的片断[142]。

early - z 和 z - cull 以及其他遮挡剔除方法在水平浏览场景时尤其有效，如图 12.24(b)所示，这是因为深度复杂度很高。其他技术也能用来减少深度复杂度,比如定义一个最大能见距离,然后通过设置雾效来淡化远距离的场景。对于有些应用程序这个方法是适合的,但是对于大量虚拟地球的使用场景(比如仿真),用户需要全视距。

12.5 资源

虚拟地形工程[1]是一个非常优秀的资源。尤其“LOD Papers”页面梳理了发表的地形 LOD 算法。

Level of Detail for 3D Graphics 完全覆盖了大规模地形绘制相关主题,包含网格简化、误差度量、连续 LOD 和 LOD 的其他方面[107]。然而由于 GPU 硬件发展进步,地形绘制的建议不是跟这本书发表时一样有用。另外,实时绘制这本书也介绍了提取技术[3]。

Erikson 等介绍了很多基于层次 LOD 的场景绘制技术[48]。Gobbetti 等总结了类似地形这样的大规模模型可视化技术,包括剔除、缓存相关布局、数据管理和简化等[63]。

很多作者介绍了基于外存的绘制和预取技术,包括 Correa、Varadhan、Manocha 等[29,175]。Szofrant 提供了一种在微软飞行模拟器中管理地形的方法[163]。

关于虚拟地球和地形绘制的博客是优秀资源的重要来源,有一些漂亮的截图效果,这些网站有 Outerra[2] 和 X - Plane[3]。请访问http://www.virtualglobebook.com 获取更多。

1 http://www.vterrain.org/

2 http://outerra.blogspot.com/

3 http://www.x-plane.com/blog/

第十三章　geometry clipmapping 算法

Geometry clipmapping 是一种地形 LOD 技术，在这种技术中把嵌套的规则网格地形几何数据缓存在 GPU 中。每个网格是以观察者为中心围绕在周围，当观察者移动时，会增量更新网格数据。多级网格数据形成多个同心的矩形，如图 13.1 所示。

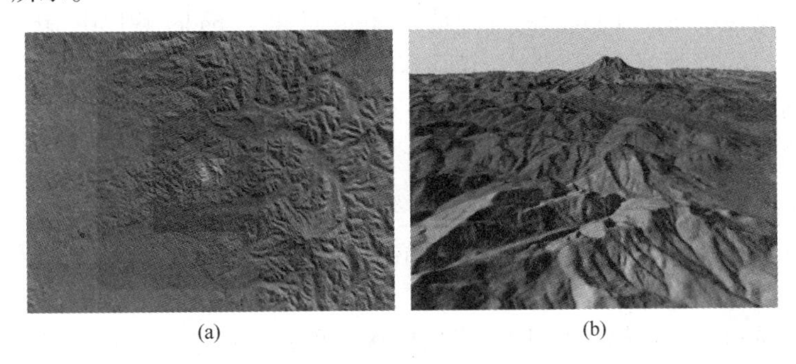

图 13.1　(a) Geometry clipmap 是以观察者为中心的嵌套环形结构进行绘制，每个连续的环形沿着用户向外发散时，分辨率成倍下降，覆盖面积成 4 倍增长；(b) 从观察者角度以透视图查看 clipmap。

Geometry clipmapping 以高度图的形式绘制栅格化的高程数据。在绘制之前，会把高度图组织成金字塔，12.2 节中有详细介绍。每个同心矩形，称为 clipmap 等级，对应了金字塔的一级。每层 clipmap 等级是 GPU 中的一张纹理，它存储了适合当前视角的 LOD 等级的地形高程值。

最里面的 clipmap 等级离观察者最近，对应了高度图最精细等级，沿着观察者向外发散的连续等级细节逐渐下降。每个 clipmap 等级都是一个矩形，所有的等级包含了相同数量的高程值，但是覆盖的面积比下一级较高的等级大 4 倍。除了最里面的等级，其他所有等级都围绕着了下一级较高等级只绘制空心环形部分。最高精细等级的所有网格都会被绘制。

clipmap 等级是与世界空间对齐的，这就意味着网格的水平方向对应世界空间的 x 方向，垂直方向对应世界空间的 y 方向。

每个等级采用了 11.2.2 节介绍的基于顶点 shader 的置换贴图技术来进行绘制。网格点坐标 (x,y) 被输入到顶点 shader，顶点 shader 会使用顶点纹理获取技术(VTF)从高度图纹理中获取这个点的高程值。由于网格中的顶点与高度图中的高程值精确对应,因此从高度图纹理中获取高程值时不会进行插值操作。

随着观察者的移动,clipmap 会进行更新,这样 clipmap 金字塔的中心还是处于观察者的位置上。二维环绕纹理寻址,也叫环形寻址技术,会用来避免在每次观察者移动时重写整个高度图纹理,而仅仅只更新新增加的可见的高程值到 clipmap 上。

geometry clipmapping 具有一些很好的特性:

- 简单:LOD 和绘制算法很容易实现。
- 高效利用 GPU:该算法充分利用 GPU 的计算能力,并对 CPU 很友好,留下很大可用性给其他任务。
- 视觉连续性:不同等级的过渡是无缝的,而且在 shader 程序中很容易实现。
- 一致的绘制帧率:绘制地形的三角形数量与地形复杂度无关,因此绘制帧率相对比较稳定。
- 绘制过程易调整:但观察者快速移动时,有必要通过减少 clipmap 等级大小或者不显示精细的 clipmap 等级来减少绘制负担。
- 最小化预处理过程:地形是通过简单的高度图来绘制的,不需要代价高昂或者实现困难的预处理过程。
- 压缩和合成:嵌套的规则网格的层次性使得它能够高效压缩和合成地形数据。

但是另外一方面,geometry clipmapping 也有一些缺点:

- 三角形数较多:Geometry clipmapping 会比其他地形绘制算法使用更多的三角形来绘制同样精细的地形,比如第十四章介绍 chunked LOD 算法。这是由于 Geometry clipmapping 使用了完全规则的网格。其他地形绘制算法使用了非规则网格,在地形平缓区域会采用较少的三角形,同时还能在非平缓区域保持高分辨率。Geometry clipmapping 假设最坏情况下的地形绘制,这时整个需要最高细节等级,然后对这种情况进行优化。
- 需要现代 GPU:要高效实现 geometry clipmapping 需要能通过顶点 shader 快速采样纹理的 GPU 的支持。虽然主流 GPU 有这个能力好几年了,但要考虑旧的硬件是否支持。
- 宽松的屏幕空间误差保证:Geometry clipmapping 的目标是在每个等级都产生与屏幕空间相同数量大小的三角形。然而,如果地形有比较陡峭的山坡,则这个区域的三角形会被垂直拉伸到任意大小。因此,屏幕空间误差与地形数据相关,而不能被算法直接控制,对于需要精确表示地形的应用程序来说,这可能是不能接受的。

- 有专利保护：微软获得的美国专利（编号 7436405）保护了这个算法的部分内容。

从某种意义上来说，geometry clipmapping 是以 GPU 为中心的地形绘制算法的发展趋势。它需要 GPU 来处理比过去算法更多的三角形。这样，减少了 CPU 占用时间。令人惊讶的是，因为规则的网格结构使地形数据进行更紧凑表示，内存使用率和总线带宽占用也减少了。

本章首先详细介绍怎样实现 geometry clipmapping 算法，然后我们讨论怎样把这种技术应用到虚拟地球上。

13.1　clipmap 金字塔

如图 13.2 所示，整个 clipmap 金字塔有 L 层，其中 L 主要基于地形可用数据的 mip 等级数量决定的。跟通常 mip 等级顺序相反，clipmap 等级是从 0 表示最粗糙细节等级，到 $L-1$ 表示最精细细节等级。这种规定对于虚拟地球的绘制很便利，这是因为 clipmap 等级数量在不同区域是不同的。比如，NASA World Wind mergedElevations 地形数据集有 12 层 mip 等级，从 0 到 11。它在美国大部分地区地形数据分辨率为 10m，海洋分辨率为 900m，剩余的世界其他地方大部分地形分辨率为 90m。其他 World Wind 地形数据集在丹麦有 1m 分辨率，其他地方有 30m 分辨率。

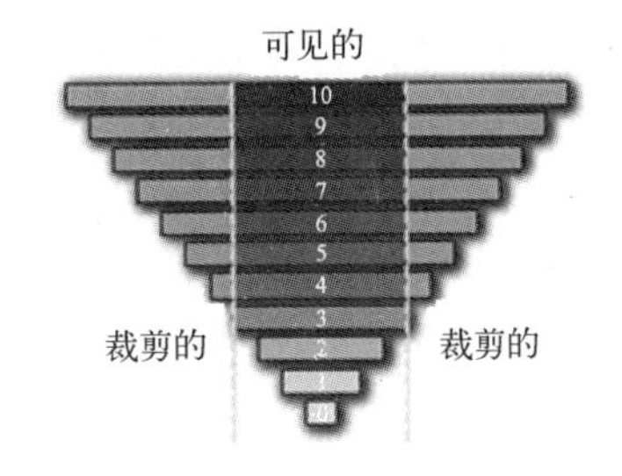

图 13.2　geometry clipmap 是一个倒置的金字塔形，最顶层的等级被裁剪到相同数量的高程值。

clipmap 的每层都是一张 $n \times n$ 高度图纹理。n 具有一定的灵活性，主要受制于几个约束条件。

首先，n 必须是奇数。如图 13.3 所示，这样粗糙等级的高程点刚好与下一级较精细等级在两层级边界上吻合。这可以确保在 clipmap 两层级之间不会出现裂缝。

其次，n 的选择应该考虑适合 GPU 中处理的纹理大小，一般上近似取幂二大小。纹理大小舍入为下一个幂二大小，多余的行和列不会使用。Asirvatham 和 Losasso 都使用 $n=255$，但是 511 和 1023 也都是合理的[9,105]。clipmap 大小不符合近似幂二大小也是可以使用的，并不会影响算法本身，只是可能会影响 GPU 的处理性能。可以通过调整 n 值，在较慢的硬件上换取绘制性能和质量。

金字塔的 L 层按照同心矩形排列，如图 13.1 所示。0 级覆盖了世界的最大区域。1 级覆盖了世界每个方向上一半范围，也就是 1/4 面积。2 级又再次在

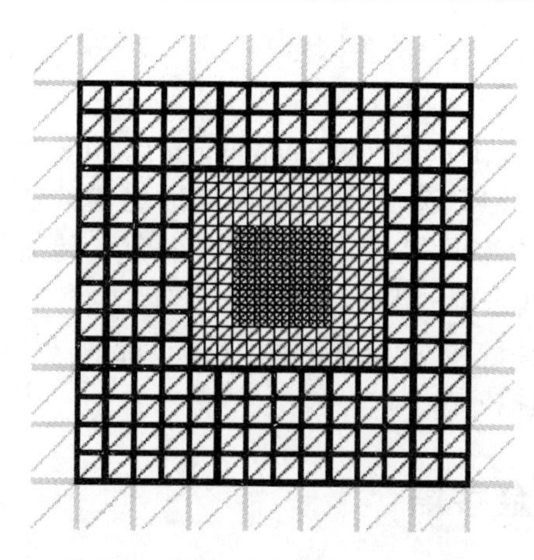

图 13.3 相邻 clipmap 等级边界上的顶点必须吻合,这样才能避免出现裂缝。这就需要 clipmap 等级有奇数个高程点。

每个方向上少了一半,以后每级依此类推。每等级几乎都是以观察者为中心围绕,最重要的约束条件是较精细 clipmap 的高程点必须与下一级较粗糙 clipmap 在边界上相吻合。

给定 clipmap 金字塔的中心经纬度坐标,我们可以计算出最精细 clipmap 等级的范围以及在西南和东北角上的地形高程点索引,计算方法如代码表 13.1 所示。

```
double centerLongitude = /*... */;
double centerLatitude = /*... */;
Level level = _clipmapLevels[_clipmapLevels.Length - 1];
double longitudeIndex =
    level.Terrain.LongitudeToIndex(centerLongitude);
double latitudeIndex =
    level.Terrain.LatitudeToIndex(centerLatitude);
int west = (int)(longitudeIndex - _clipmapPosts/2);
if((west % 2) != 0) ++west;
int south = (int)(latitudeIndex - _clipmapPosts/2);
if((south % 2) != 0) ++south;
level.NextExtent.West = west;
level.NextExtent.East = west + _clipmapPosts - 1;
level.NextExtent.South = south;
level.NextExtent.North = south + _clipmapPosts - 1;
```

代码表 13.1 根据中心位置计算地形中最精细 clipmap 等级的范围

然后,其余的较粗糙的等级可以通过代码表 13.2 中的算法计算范围和原点。

```
int levelOffset = ( _clipmapPosts + 1 ) / 4 - 1;
Level currentLevel = _clipmapLevels[ i ];
Level finerLevel = _clipmapLevels[ i + 1 ];
level. NextExtent. West =
    finerLevel. NextExtent. West/2 - levelOffset;
level. OffsetStripOnEast = ( level. NextExtent. West % 2) ==0;
if( !level. OffsetStripOnEast) -- level. NextExtent. West;
level. NextExtent. East =
    level. NextExtent. West + _clipmapPosts - 1;
level. NextExtent. South =
    finerLevel. NextExtent. South/2 - levelOffset;
level. OffsetStripOnNorth = ( level. NextExtent. South % 2) ==0;
if( !level. OffsetStripOnNorth) -- level. NextExtent. South;
level. NextExtent. North =
    level. NextExtent. South + _clipmapPosts - 1;
```

代码表 13.2　根据较精细 clipmap 等级的范围计算嵌套的较粗糙 clipmap 等级的范围

由于每个 clipmap 等级的高度图纹理都是 $n \times n$ 相同大小,还知道地形高程点的索引和等级区域,我们就能够用地形高程数据填充纹理了。

clipmap 等级会随着观察者移动增量填充地形高程数据,具体处理过程会在 13.5 节介绍。另外,根据地形高程数据增量计算法线,并把法线数据存储在法线图中。现在,假设各种纹理数据已经准备好,接下来是要怎样绘制这些数据。

13.2　顶点缓冲区

高程数据已经存储在纹理中,我们输入到顶点 shader 中的顶点数据仅仅是每个网格点的位置坐标(x,y)。此外,由于缩放和平移操作,这些二维顶点数据在各 clipmap 等级之间是相同的。这意义巨大,我们可以用很小的静态顶点和索引缓冲区来绘制整个场景的地形。一旦我们在 GPU 中创建了缓存区,就不需要再次更新它了。这就是 geometry clipmap 算法能够高效利用现代 GPU 硬件以及对 CPU 友好的主要原因。

最少需要创建两个顶点缓冲区。其中一个缓冲区存储的网格三角形是为绘制最精细等级地形。另外一个存储的是中空环形的网格三角形,是为了绘制其他等级地形。然而，Asirvatham 和 Hoppe 建议把缓冲区划分成多个小块，如图 13.4 所示[9]。这种方法最大的好处是能够进行视域剔除，我们在 OpenGlobe 就使用了这种方法。Asirvatham 和 Hoppe 报告称这种方法可以减少 2 ~ 3 倍的绘制负载。另一个好处是需要的顶点数据更少，这样可以节省一点内存空间。

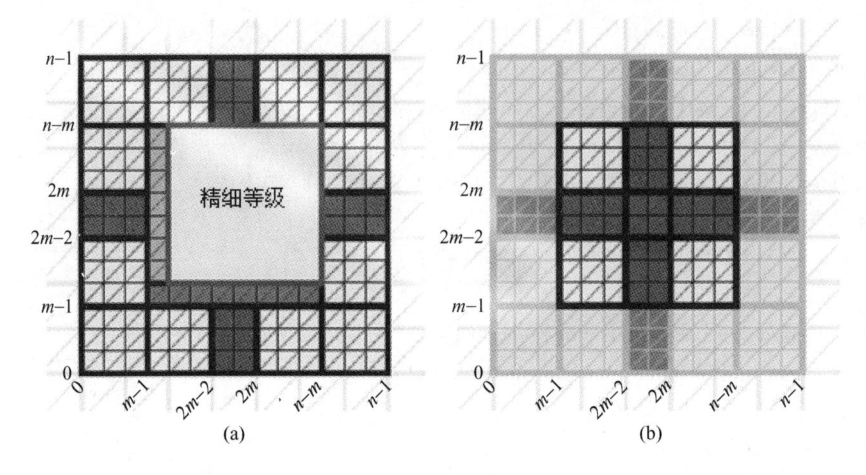

图 13.4　(a)除了最精细 clipmap 等级，其他等级用六个不同的静态顶点缓冲区的多个实例来绘制；(b)最精细 clipmap 等级用三个相同的静态顶点缓冲区的不同配置来填充。坐标轴上的标识表示高程点的索引。

小练习：

> 通过调整 OpenGlobe 中的划分块来进行视域剔除，看看对性能有什么样的影响？

每个 clipmap 等级被划分成如下的多个块：

- 填充：clipmap 等级覆盖的大部分区域由一个 $m \times m$ 的顶点缓冲区填充，其中 $m = (n+1)/4$。假设 clipmap 大小 $n = 255$，$m = 64$，则填充块有 64×64 顶点。非最精细 clipmap 等级的外环用 12 个同样块的实例，如图 13.4 中的黄色部分。对于最精细等级，我们填充 4 个额外的实例在环形内部。相邻块在边界上有重叠，这样避免块之间的空隙。
- 水平和垂直修正：由于这样会在环形上下左右产生空隙，我们分别用大小为 $3 \times m$ 和 $m \times 3$ 的顶点缓冲区填充，如图 13.4 中的蓝色部分。跟前面的一样，这些环形修正缓存区也会在块边界上重叠，避免空隙发生。这些修正缓存区也会在最精细等级的内部空隙填充用。
- 水平和垂直偏移条：在外环两条内边界上有一条空隙，取决于下一精细 clipmap 等级如何坐落在环上。我们绘制一条合适的偏移条在南边或者北边,以及西边或者东边,如图 13.4 中的绿色部分。偏移条的位置由代码表 13.2 算法中 OffsetStripOnNorth 和 OffsetStripOnEast 值决定。

- 中心:最精细 clipmap 等级中心有一个 3×3 的块填充,红色表示。
- 退化三角形:最后,当两个不同 clipmap 等级相遇时,在它们之间绘制一圈退化三角形,如图 13.4 中的紫色边界。尽管这些退化三角形没有面积,不会产生任何片断,我们绘制它们是为了避免 clipmap 网格的 T 形交叉。在 12.2.5 节中介绍了 T 形交叉会在两个相接的三角形的边上产生,当这条边上被一个额外点分割,这个额外点是其中一个三角形的顶点,而不是另一个三角形的顶点。这些 T 形交叉会在 clipmap 等级之间产生非常微小的裂缝,因此我们用退化三角形来填充这些裂缝。

我们使用 OpenGlobe 的 RectangleTessellator 计算方法能够很容易计算出这些填充块的顶点和索引缓冲区。

需要注意的是,这种特殊地把 clipmap 等级划分成块的方法需要规定 clipmap 等级的大小 n,除了要求 n 必须是奇数,而且 $n+1$ 必须能够被 4 整除。否则,分块不能正确排列。

13.3 顶点和片断 shader

上节中我们已经采用不同块的形式准备好了顶点缓冲区,现在就该考虑 shader 的处理了。代码表 13.3 是基本的顶点 shader 代码。

输入到顶点 shader 的顶点属性仅有位置信息,这些位置信息是上节中介绍的块的二维顶点坐标。

位置坐标是相对于块的原点,换句话说,块的西南顶点坐标为(0,0),东北坐标是($m-1$,$m-1$)。

```
in vec2 position;
out vec2 fsFineUv;
out vec3 fsPositionToLight;
uniform mat4 og_modelViewPerspectiveMatrix;
uniform vec3 og_sunPosition;
uniform vec2 u_patchOriginInClippedLevel;
uniform vec2 u_levelScaleFactor;
uniform vec2 u_levelZeroWorldScaleFactor;
uniform vec2 u_levelOffsetFromWorldOrigin;
uniform vec2 u_fineTextureOrigin;
```

```
uniform float u_heightExaggeration;
uniform float u_oneOverClipmapSize;
uniform sampler2D u_heightMap;
float SampleHeight( vec2 levelPos)
{
    fsFineUv = ( levelPos + u_fineTextureOrigin) *
    u_oneOverClipmapSize;
    return texture( u_heightMap,fsFineUv). r *
        u_heightExaggeration;
}
void main( )
{
    vec2levelPos = position + u_patchOriginInClippedLevel;
    float height = SampleHeight( levelPos) ;
    vec2 worldPos = ( levelPos * u_levelScaleFactor *
        u_levelZeroWorldScaleFactor) +
        u_levelOffsetFromWorldOrigin;
    vec3 displacedPosition = vec3( worldPos,height) ;
    fsPositionToLight = og_sunPosition - displacedPosition;
    gl_Position = og_modelViewPerspectiveMatrix *
        vec4( displacedPosition,1. 0) ;
}
```

代码表 13.3　clipmap 地形绘制简单顶点 shader

首先第一步,shader 把输入的顶点整数坐标平移块的原点坐标 u_patchOriginInClippedLevel。这会得到一个新的相对于 clipped 等级原点的整数坐标。

下一步,从高度图纹理中采样得到顶点高度值。纹理坐标是顶点 shaderuniform 变量 u_fineTextureOrigin 加上顶点坐标。最初,u_fineTextureOrigin 为(0.5,0.5),这样顶点高度值是从纹理纹素的中心采样获取的。随着观察者的移动,纹理也会随着移动。在第 13.5 节将会详细介绍。

接下来,对顶点位置坐标进行缩放,先乘以 u_levelScaleFactor,再乘以 u_levelZeroWorldScaleFactor。u_levelScaleFactor 大小为 2^{-L},是在 CPU 中计算的,其中 L 是当前绘制的 clipmap 等级。等级 0 为最粗糙,u_levelScaleFactor 为 1;等级 1 时为 0.5;等级 2 时为 0.25,……。这反映了连续的 clipmap 等级之间高程点之间距离的差距一半。u_levelZeroWorldScaleFactor 是最粗糙等级,即等级 0 的高程点之间的实际距离。把这两个变量相乘,也就得到了当前绘制 clipmap

等级的高程点之间的实际距离。

Kevin 说：

> 独立处理 u_levelScaleFactor 和 u_levelZeroWorldScaleFactor，而不是在CPU 中把它们相乘后再传递到顶点 shader 中，是为了确保相邻 clipmap 等级之间重合的高程点实际上在绘制时能够重合在一起。像高程点索引这样小的整数值可以用浮点数精确表示，即使再乘以 u_levelScaleFactor 这样的幂二数也依然是精确的。在等级之间边界上的高程点在两个等级上都有。在较粗糙等级上，levelPos 是较精细等级的一半大小，但 u_levelScaleFactor 是二倍大。当在每等级上精确的相乘，都能获得相同的答案，在所有等级上 u_levelZeroWorldScaleFactor 是常数，因此高程点实际上会重合。然而，u_levelScaleFactor 和 u_levelZeroWorldScaleFactor 的乘积并非一定能准确无误地表示。由于两个等级上的两个不同值的四舍五入误差，可能导致这些常见的高程点不能重合，出现裂缝。

做完乘积后，我们加上 clipmap 等级西南角的世界坐标 u_levelOffsetFromWorldOrigin，计算得到顶点的二维世界坐标。最后被置换的顶点世界坐标就是这个坐标(x,y)叠加上采样的高程值作为 z 坐标。

顶点 shader 剩下的步骤就是计算太阳矢量，用于在片断 shader 中计算光照。以及把置换坐标乘以模型－视图－透视矩阵，转换到裁剪坐标系下。

对应的片断 shader 如代码表 13.4 所示。

```
in vec2 fsFineUv;
in vec3 fsPositionToLight;
out vec3 fragmentColor;
uniform vec4 og_diffuseSpecularAmbientShininess;
uniform sampler2D u_normalMap;
vec3 SampleNormal( )
{
    returnnormalize( texture( u_normalMap, fsFineUv). rgb);
}
voidmain( )
{
    vec3 normal = SampleNormal( );
    vec3 positionToLight = normalize( fsPositionToLight);
    float diffuse = og_diffuseSpecularAmbientShininess. x *
            max( dot( positionToLight, normal), 0. 0);
```

```
    float intensity = diffuse +
            og_diffuseSpecularAmbientShininess. z;
    fragmentColor = vec3(0. 0,intensity,0. 0);
}
```

代码表 13.4　clipmap 地形绘制算法对应的片断 shader

这个简单的片断 shader 采用与在顶点 shader 中采样高度图相同的纹理坐标来采样法线图。然后采用4.2.1 节中介绍的 Phone 光照算法的简化版本来对片断着色。

这时,我们能获得如图 13.5(a)所示一样漂亮的场景。但在这风景如画的场景中存在着裂缝,下面我们来解决这个问题。

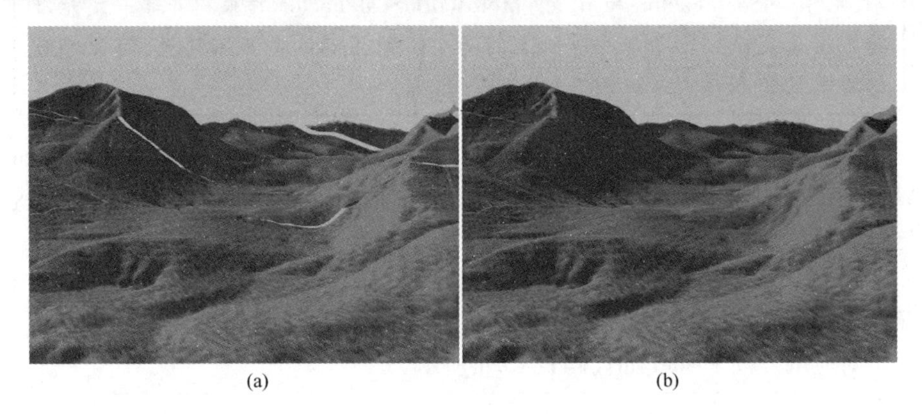

(a)　(b)

图 13.5　(a)没有用融合,在 clipmap 等级之间能清晰看见裂缝(蓝色);(b)通过融合消除裂缝。

13.4　融合

之所以产生裂缝是由于两 clipmap 等级之间边界上的顶点绘制了两次,一次是绘制较精细等级的 clipmap,还有一次是绘制较粗糙等级的 clipmap。从这两等级 clipmap 的高度图上获取高程值很可能不相同。一种比较好的解决方法是在每个 clipmap 等级的边界外延引入变换区域,如图 13.6 所示。在变换区域内,顶点高度是融合了这两级 clipmap 高度图的高度值。

Losaaao 和 Hoppe 建议设置变换区域的宽度 w 为 $n/10$[105],也就是说,clipmap 等级外延 1/10 的顶点会与围绕它的较粗糙等级的顶点进行融合。具体来说,如果从观察者沿任一维度到顶点的距离大于

$$\delta = \frac{n-1}{2} - w - 1$$

图 13.6　包围在 clipmap 等级外围的变换区域能够平滑地融合不同等级的几何网格。

则顶点在变换区域内。此外，我们希望该区域外围的顶点完全由较粗糙高度图置换。融合参数 $\alpha = \max(\alpha_x, \alpha_y)$，其中

$$\alpha_x = \mathrm{clamp}\left(\frac{|x - v_x - \delta|}{w}, 0, 1\right) \tag{13.1}$$

α_y类似。位置(v_x, v_y)是观察者在 clipmap 等级$[0, n-1]$坐标系下的坐标。

我们可以很容易修改代码表 13.3 中的顶点 shader SampleHeight 函数代码来计算 α 和融合高度值。修改后的代码和相关 uniform 输入参数见代码表 13.5。

该函数与之前一样从当前较精细高度图纹理上获取顶点高程值。除此之外，它还从下一级较粗糙高度图上获取高程值。较粗糙高度图上的纹理坐标是通过 levelPos 减半，然后加上 u_fineLevelOriginInCoarse，该变量是较精细 clipmap 等级在较粗糙 clipmap 等级坐标系下的原点位置。

```
out vec2 fsCoarseUv;
out float fsAlpha;
uniform vec2 u_fineLevelOriginInCoarse;
uniform vec2 u_viewPosInClippedLevel;
uniform vec2 u_unblendedRegionSize;
uniform vec2 u_oneOverBlendedRegionSize;
uniform sampler2D u_fineHeightMap;
uniform sampler2D u_coarserHeightMap;
float SampleHeight(vec2 levelPos)
```

```
{
    fsFineUv = ( levelPos + u_fineTextureOrigin) *
            u_oneOverClipmapSize;
    fsCoarseUv = ( levelPos * 0. 5 + u_fineLevelOriginInCoarse) *
            u_oneOverClipmapSize;
    vec2 alpha = clamp( ( abs( levelPos - u_viewPosInClippedLevel) -
                u_unblendedRegionSize) *
                u_oneOverBlendedRegionSize,0,1);
    fsAlpha = max( alpha. x,alpha. y);
    float fineHeight = texture( u_fineHeightMap,fsFineUv). r;
    float coarseHeight =
        texture( u_coarserHeightMap,fsCoarseUv). r;
    returnmix( fineHeight,coarseHeight,fsAlpha) *
        u_heightExaggeration;
}
```

代码表 13.5　顶点 shader SampleHeight 函数修改成采样和融合相邻两个等级的高程值

融合参数 alpha 是根据公式(13.1)计算得到的,u_viewPosInClippedLevel 是(v_x, v_y),u_unblendedRegionSize 是δ,u_oneOverBlendedRegionSize 是$1/w$。融合参数采用 GLSL 的 mix 函数来线性融合 coarseHeight 和 fineHeight,其中 coarseHeight 是变换区域外围处的高度值,fineHeight 是变换区域内沿的高度值。变换区域以外的 alpha 值为 0,因此高度值是 fineHeight。

需要注意的是,粗糙等级的纹理坐标和 alpha 值被传递到片断 shader。

小练习:

> 可以通过把多种信息打包到一张纹理中,从而减少纹理查询的次数。比如,粗糙等级的高程值可以全部用 float 数存储,然后粗糙和精细的高程差值,通过适当比例缩放可以存储在该浮点数的小数部分。一种较简单的方法是采用 16 位的浮点纹理,而不是用 32 位浮点纹理。

除了融合高程值,也需要融合法线。修改后的 SampleNormal 片断 shader 代码如代码表 13.6 所示。

```
in vec2 fsCoarseUv;
in float fsAlpha;
uniform sampler2D u_fineNormalMap;
uniform sampler2D u_coarserNormalMap;
```

```
vec3 SampleNormal()
{
    vec3 fineNormal =
        normalize(texture(u_fineNormalMap,fsFineUv).rgb);
    vec3 coarseNormal =
        normalize(texture(u_coarserNormalMap,fsCoarseUv).rgb);
    return normalize(mix(fineNormal,coarseNormal,fsAlpha));
}
```

代码表 13.6　修改后的 SampleNormal 片断 shader 代码，通过顶点 shader 计算的 alpha 来控制融合相邻两级的法线。

这种融合技术很好地隐藏了不同等级变换的跳变效果，如图 13.5(b)所示。

Kevin 说：

当我第一次在 OpenGlobe 中实现 clipmap 地形绘制算法时，我自认为自己很聪明。没有使用这里介绍的融合粗糙和精细法线的方法，而是在顶点 shader 中通过融合后的高程值差分计算得到法线，如 11.3.1 节中介绍的方法。这看起来像是几乎同样的事情，但它不是。这在等级边界产生了明显的不连续效果，当观察者移动时就像往前移动的波浪。

在很多地形绘制算法中，不同 LOD 之间会产生裂缝是一个常见的问题。clipmap 绘制算法很好地解决了这个问题。没有使用其他地形绘制算法常用的裙边或者凸缘，融合产生的网格在不同等级上时连续的，这能导致纹理拉伸。值得注意的是，这也拓展到了用于光照的表面法线。

13.5　clipmap 更新

随着观察者的移动，clipmap 等级也会跟着移动，这样保持观察者在 clipmap 等级中间附近。由于观察者移动而更新 clipmap 等级的处理流程如图 13.7 所示。

我们保持一系列的地形高度图瓦片以纹理形式缓存在 GPU 中。12.2.2 节中介绍了，地形数据集通常分割成瓦片，这样使得一个特定区域的数据可以被更快速地存取。当要绘制这样的数据集时，这些地形瓦片地形数据能方便传送到 GPU 中，尤其当它们已经是幂二大小。假如地形源数据没有处理成瓦片，它应该逻辑上分割成瓦片，这样才能将数据以瓦片大小块传送到 GPU 中。

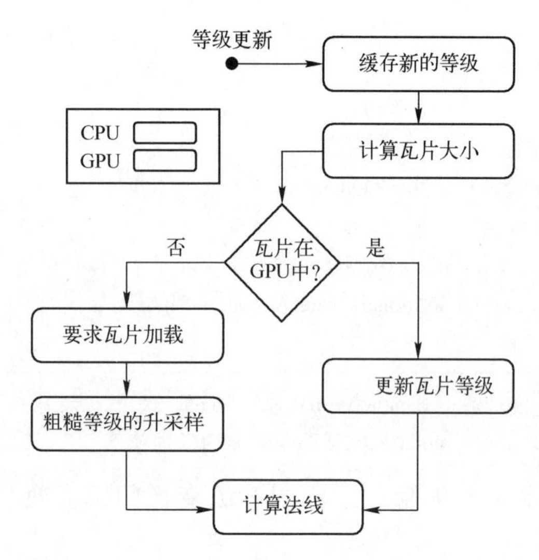

图 13.7　clipmap 等级随着观察者移动的更新流程。通过不同颜色说明操作过程是在 CPU 还是 GPU 中执行。

clipmap 等级更新几乎发生在整个 GPU 中,更新是从一个或多个这些瓦片中复制新的可见高程点数据到 clipmap 等级高度图纹理适当的位置上。

复制操作是通过绘制带瓦片高度图纹理的四边形网格到帧缓冲区,然后把 clipmap 等级高度图纹理绑定到颜色缓冲区。一个简单的片断 shader 完成实际的复制操作。这种方法至少只要瓦片缓存,就只需要一次把瓦片高度图数据通过系统总线传送(见 13.5.7 节),然后执行 clipmap 更新就只需要很少额外的总线占用。

每层等级的法线图也采用类似的更新操作,绘制带等级高度图纹理的四边形网格到帧缓冲区,绑定等级的法线图到颜色缓冲区,在片断 shader 中完成法线的计算。

Kevin 说:

> 在 OpenGlobe 中,我们使用一张单通道浮点纹理来存储高程值,一张三通道浮点纹理来存储法线。对于有些应用程序,采用 4 字节存储高度值,12 字节存储法线就够用了,这样就能更紧凑表示。

如果瓦片没有驻留在 GPU 中,那它需要排队通过工作线程来加载,然后通过升采样下一粗糙等级的高程值来填充这个等级相应的区域。

13.5.1　环形寻址

我们采用 TextureWrap. Repeat,即二维环绕或环形寻址,来逐渐更新 clipmap

等级。纹理可被认为是覆盖了一个圆环,在圆环的两个方向上环绕。

假设观察者朝着东边移动,如图 13.8 所示。在这种情况下,为了让 clipmap 仍然以观察者为中心,clipmap 的整个高程数据必须向左移动。最西边列的高度数据会从高度图纹理中移除,最东边列会填充之前不可见的高度图数据。

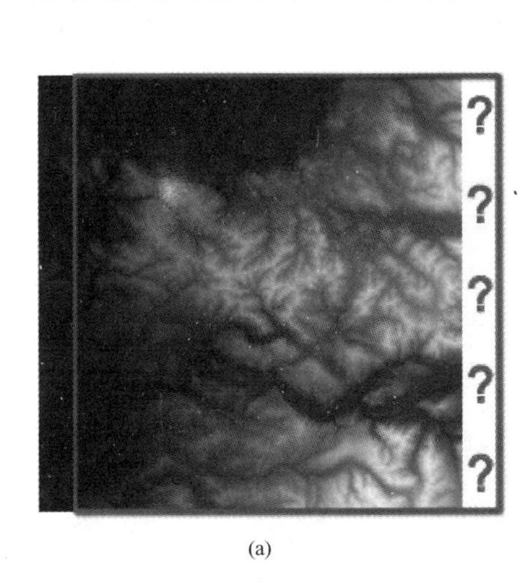

(a)

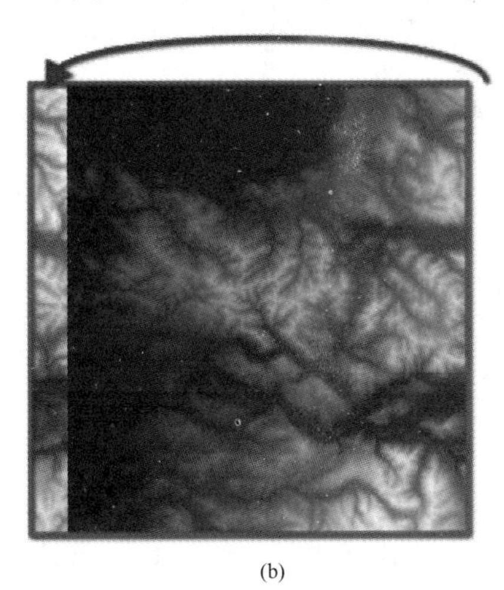

(b)

图 13.8　(a)随着观察者移动,clipmap 等级增量更新新数据;(b)环形寻址消除了重写整个高度图纹理,相反是新高程点代替过期的数据。

因为当观察者移动时每个高程点都会调整位置,因此我们首先会认为我们每次都要重写整张纹理,但幸运地是,并非如此。

取而代之,我们采用配置纹理采样为 TextureWrap. Repeat 来环形寻址高度纹理。这样当观察者移动时,纹理中的 clipmap 等级原点也会跟着移动。在上面的例子中,原点初始值为(0,0)。当观察者向东移动 1 个高程点后,原点变为(1,0)。这意味着第二列变成了 clipmap 等级最西边的高程点列了。通过环绕纹理寻址,第一列变成了最东边高程点列。

这是非常方便的。这意味着纹理中被过期的最西边高程点覆盖的区域,当向东移动时不再必需了,但现在作为新的最东边高程点。我们不需要重写整个 clipmap 等级数据,而是只更新新的可见的高程点数据,覆盖到过期的不可见的高程点数据上。

在代码表 13.3 中,纹理中 clipmap 等级的原点 u_fineTextureOrigin 被传递到顶点 shader 中,在每个方向上加上 0.5,这样高度值会从高度纹素的中心采样。

13.5.2　更新区域

13.1 节介绍了怎样通过观察者位置计算 clipmap 等级的范围。这个范围的置换部分定义了在最近绘制帧需要更新的区域。它也决定了在 clipmap 等级高度图中 clipmap 等级的原点。

计算原点 level. OriginInTextures 的代码见代码表 13.7。对象 CurrentExtent 是最近绘制帧 clipmap 等级的范围,采用地形的整数坐标值表示;NextExtent 是从新的观察者位置要计算的范围。在更新处理的最后,NextExtent 会变成 CurrentExtent。

```
int deltaX = level. NextExtent. West - level. CurrentExtent. West;
int deltaY = level. NextExtent. South - level. CurrentExtent. South;
//if deltaX and deltaY are 0,no update is necessary
int newOriginX =
    (level. OriginInTextures. X + deltaX) % _clipmapPosts;
if(newOriginX <0)
    newOriginX += _clipmapPosts;
int newOriginY =
    (level. OriginInTextures. Y + deltaY) % _clipmapPosts;
if(newOriginY <0)
    newOriginY += _clipmapPosts;
level. OriginInTextures = new Vector2I(newOriginX,newOriginY);
```

代码表 13.7 通过 clipmap 等级区域范围的运动来计算高度图纹理中的 clipmap 等级原点

OriginInTextures 是 clipmap 等级区域范围的西南角坐标。如果原点超出纹理某边,则它自动环绕到纹理的另一边。

需要更新的区域是 clipmap 等级在绘制帧新扩展的区域范围,它的计算方法见代码表 13.8。

```
int minLongitude = deltaX >0?level. CurrentExtent. East + 1: level. NextExtent. West;
int maxLongitude = deltaX >0?level. NextExtent. East: level. CurrentExtent. West - 1;
int minLatitude = deltaY >0?level. CurrentExtent. North + 1: level. NextExtent. South;
int maxLatitude = deltaY >0?level. NextExtent. North:level. CurrentExtent. South - 1;
int width = maxLongitude - minLongitude + 1;
int height = maxLatitude - minLatitude + 1;
if(height >0)
{
ClipmapUpdate horizontalUpdate = new ClipmapUpdate(
        level,
        level. NextExtent. West,
        minLatitude,
```

```
            level.NextExtent.East,
            maxLatitude);
        _updater.Update(context,horizontalUpdate);
}
if(width > 0)
{
        ClipmapUpdate verticalUpdate = new ClipmapUpdate(
            level,
            minLongitude,
            level.NextExtent.South,
            maxLongitude,
            level.NextExtent.North);
        _updater.Update(context,verticalUpdate);
}
```

代码表 13.8　通过等级区域范围的移动来计算更新区域

如果观察者向东边移动(deltaX > 0),需要更新的区域从之前 clipmap 等级的最东边地形点后开始,并延续到该 clipmap 等级的下一扩展范围的最东边高程点。如果观察者向西边移动(deltaX < 0),需要更新的区域从下一最西边地形点后开始,并延续到之前最西边高程点。需要更新的最小和最大纬度可以通过 deltaY 类似计算得到,其中 deltaY < 0 时向南移动,deltaY > 0 时向北移动。

如果观察者只沿着东西或者南北一个方向移动,则更新区域是一个简单的矩形。如果观察者沿着这两个方向都移动,则更新区域将是一个 L 形状,如图 13.9 所示,我们可以用两个长方形来更新它。

跟 CurrentExtent 和 NextExtent 类似,更新区域是采用地形坐标来表示一系列的高程点。地形坐标是整型值,是从西南角开始的序列。对应于纹理坐标,纹理坐标是高度图纹理中高程点的坐标。纹理坐标考虑了当前 clipmap 等级的原点 OriginInTextures,以及环形纹理寻址。

对于给定的地形坐标,可以直接确定相应的纹理坐标:

texture = (textureOrigin + (terrain − levelOrigin)) % clipnapSize,

其中:terrain 是地形高程点的坐标;levelOrigin 是 clipmap 等级西南角地形坐标;textureOrigin 是 OriginInTexture,对应于 levelOrigin 在纹理中的纹理坐标;clipmapSize 是 clipmap 高度图纹理的其中一边的长度。

当然,如果地形坐标在 clipmap 等级范围之外,则该地形高程点的纹理坐标是不可用的。

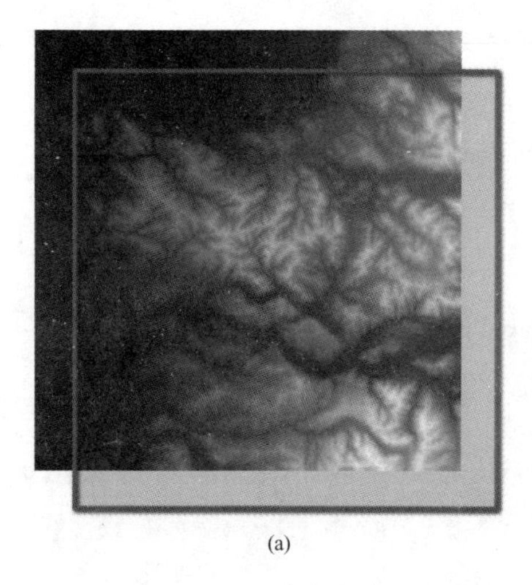

(a)　　(b)

图 13.9 (a)当观察者沿着对角线方向移动时,需要更新的区域是一个 L 形状;(b)在两个方向上的环绕寻址避免了复制已有地形点数据的过程。

13.5.3 更新高程

我们采用 GPU 栅格化来更新高度图纹理。我们绑定高度图纹理到颜色缓冲区,然后绘制一个四边形。然而,这样会带来一个问题。

由于 OriginInTextures,它很可能是在上一节中所确定的 clipmap 更新,环绕高度图纹理周围。换句话说,在更新区域的最东北方高程点的纹理坐标比最西南方高程点的纹理坐标小。为了高效完成更新,很明显当往帧缓冲区写时,我们需要利用环形寻址。这有一个问题,由于帧缓冲区不支持环形寻址。

我们在 OpenGlobe 的 ClipmapUpdater. SplitUpdateToAvoidWrapping 方法中解决这个问题,通过把更新分割成 1 ~4 个简单的矩形非环绕更新。

然而,我们没有这样分割更新,我们需要根据不同瓦片来分割更新,这些瓦片是高程数据源。在 OpenGlobe 中, RasterTerrainLevel. GetTilesInExtent 方法处理这些分割。输入更新的范围在地形坐标系下的坐标,该方法会返回组成这个更新区域的分割更新区域列表。

最后,我们准备好了在 GPU 中开始执行高程更新。高程更新的顶点 shader 如代码表 13.9 所示。

输入的 position 顶点属性来自于一个简单的单元四边形,其四个顶点是(0.0,0.0)、(1.0,0.0)、(0.0,1.0)、(1.0,1.0)。

输入参数 u_updateSize 是更新区域的宽度和高度。把它与 position 相乘,这样单元四边形放缩到实际区域大小。

输入参数 u_destinationOffset 是 clipmap 等级要写入更新的高度图纹理的偏

移值。把它与放缩的 position 相加得到目标纹理上的更新位置。

输入参数 u_sourceOrigin 是更新瓦片高程图纹理源数据的原点坐标。把它与放缩的 position 相加得到更新的数据源位置。

```
in vec2 position;
out vec2 fsTextureCoordinates;
uniform mat4 og_viewportOrthographicMatrix;
uniform vec2 u_destinationOffset;
uniform vec2 u_updateSize;
uniform vec2 u_sourceOrigin;
void main()
{
    vec2 scaledPosition = position * u_updateSize;
    gl_Position = og_viewportOrthographicMatrix *
                  vec4(scaledPosition + u_destinationOffset,
                       0.0,1.0);
    fsTextureCoordinates = scaledPosition + u_sourceOrigin;
}
```

代码表 13.9　更新高程的顶点 shader

Kevin 说：

> 不要忘记把视点设置成覆盖整张高度图纹理大小，从(0,0)到(width, height)，然后绘制后复原它。同时要注意，在这种情况下，我们不需要偏移 u_destinationOffset 或者 u_sourceOrigin 0.5 个单位来组织纹素。片断 shader 基于片断的中心来调用，它已经与瓦片高度图纹素的中心对齐。

相应的片断 shader 代码如代码表 13.10 所示，很简单。它把从源数据纹理采样的高程值写入到与颜色缓冲区关联的 heightOutput 中，换句话说，就是把一个简单的值从一张纹理复制到另一张纹理。

```
in vec2 fsTextureCoordinates;
out float heightOutput;
uniform sampler2DRect u_tileHeightMap;
void main()
{
    heightOutput =
        texture(u_tileHeightMap,fsTextureCoordinates).r;
}
```

代码表 13.10　更新高程的片断 shader

13.5.4 更新法线

当完成高度图纹理更新后，我们需要更新法线图。更新方法基本是类似的：绘制一个四边形到帧缓冲区，绑定法线图到颜色缓冲区。我们在片断 shader 中通过中心差分计算法线（见 11.3.2 节）。用来作为四边形的贴图源纹理是 clipmap 等级的高度图。

更新法线的顶点 shader 如代码表 13.11 所示，它与更新高程的 shader 非常类似。然而，所不同的是，它只有一个原点，这个原点被用来决定目标顶点坐标和源纹理坐标，这是因为法线是通过相同位置的高程值来计算的。另外一个不同是，纹理坐标被归一化到[0,1]。这是必须的，因为高度图纹理被配置成使用 sampler2D 而不是 sampler2DRect。

```
in vec2 position;
out vec2 fsTextureCoordinates;
uniform mat4 og_viewportOrthographicMatrix;
uniform vec2 u_updateSize;
uniform vec2 u_origin;
uniform vec2 u_oneOverHeightMapSize;
void main()
{
    vec2 coordinates = position * u_updateSize + u_origin;
    gl_Position = og_viewportOrthographicMatrix *
                  vec4(coordinates,0.0,1.0);
    fsTextureCoordinates = coordinates * u_oneOverHeightMapSize;
}
```

代码表 13.11 更新法线的顶点 shader

相应的片断 shader 如代码表 13.12 所示。

```
in vec2 fsTextureCoordinates;
out vec3 normalOutput;

uniform float u_hoightExaggoration;
uniform float u_postDelta;
uniform vec2 u_oneOverHeightMapSize;
uniform sampler2D u_heightMap;

void main()
```

```
{
    float top = texture(
        u_hoightMap,
        fsTextureCoordinates +
        vec2(0.0,u_oneOverHeightMapSize.y).r;
    float bottom = texture(
        u_hoightMap,
        fsTextureCoordinates +
        vec2(0.0, -u_oneOverHeightMapSize.y).r;
    float left = texture(
        u_hoightMap,
        fsTextureCoordinates +
        vec2( -u_oneOverHeightMapSize.x,0.0).r;
    float right = texture(
        u_hoightMap,
        fsTextureCoordinates +
        vec2(u_oneOverHeightMapSize.x,0.0).r;

    vec2 xy = vec2(left - right,bottom - top) *
            u_heightExaggeration;

    normalOutput = vec3(xy,2.0, * u_postDelta);
}
```

代码表 13.12　更新法线的片断 shader

片断 shader 在高度图中采样四次，通过有限差分的方式获取两个偏导数，然后将两个偏导数进行求叉乘来获取法向量。这在本质上是 11.3.2 小节所介绍的中心差分的方法。为了获取更加精确的法向量，我们需要获取高度图中相邻点在真实世界空间中的距离和所使用的高度放大系数。这些量分别通过 u_postDelta 和 u_heightExaggeration 传递给片断 shader。

11.3.1 小节提到了我们在片断 shader 中所使用的基于有限差分计算法向量的方法有一定的问题，对于高度图的最上面一行，由于将该行的像素作为中心点的话，其上面没有可用的像素点值。类似地，对与高度图的最右面一行，在其右边不存在可用的像素点值，最下一行的下边没有可用像素点，最左一行的左边没有可用的像素点值。对于压紧纹理坐标的采样模式，地形的边缘处将会比较平坦，这导致非常明显的人工处理痕迹。

幸运的是,我们并不是太关心每一 clipmap 层的边缘处的法向量的精度。在 13.4 节中每个 clipmap 层次边缘处的法向量通过与下一层粗糙 clipmap 层的法向量进行混合得到。实际上,外侧边缘顶点的 alpha 值为 0,意味着法向量全部由下一层粗糙层的法线图决定。由于一些在外侧边缘内部的片断的 alpha 值大于 0 会使得与不正确的法向量进行混合,由于其权值非常小,可以忽略。

但是值得注意的是,当视点移动,法线图会随着进行更新。在这种情况下,原本可以忽略的边缘处的不正确法向量会移向内部。最后,随着视点的进一步移动,不正确的法向量将会给予 100% 的权值,这导致会出现明显的人工痕迹。

我们在 OpenGlobe 中所使用的针对该问题的解决办法是在大于高度图的区域上计算法向量。通过在更新地形区域的周围添加宽度为 1 的边缘来实现。这样一旦高度数据可用,在不利用重新计算的高度数据的情况下计算得出边缘位置的法向量。

13.5.5 多线程 Out - of - Core 更新

对 clipmap 进行增量更新是非常快速的,假设一个高度图面片已经位于 GPU 内存中。将其的一个自己复制到 clipmap 层的高度纹理中,计算其法向量是非常迅速的,所以我们可以在渲染的过程中进行计算。

但是假如面片不在 GPU 内存中该怎么办呢?获取其存在于系统内存中,我们需要将其通过系统总线加载到 GPU 中,这需要稍微长一点的时间。更糟糕的是,也可能地形面片没有存储于系统内存中,而是存储在磁盘中。这种情况则需要在渲染线程中首先从磁盘中读取面片数据,然后等待其完成会在渲染过程中引起卡顿。如果你认为没有更糟糕的情况的话,那你就错了。假如面片数据只能够从较远距离的网络服务器上获取呢?或许需要数秒钟下载数据,加载到内存中然后发送给 GPU。同时,渲染线程最好要等待其加载数据的过程。

为了平滑地进行地形渲染,至少我们需要将加载新的地形面片的过程从渲染线程移到工作线程中去。

在 OpenGlobe 中,我们更进了一步,工作线程除了从从磁盘或者网络服务器加载面片以外,同时创建一个以面片的高度数据填充的 Texture2D。通过这种方式,面片数据也可以通过工作线程将其由系统内存加载到 GPU 内存中。只有当面片数据可以用于渲染线程来更新 clipmap 层次的时候才说明面片数据已经完全准备好了。

事实上,面片在 GPU 内存中缓存有高度数据,所以可以快速用来更新 clipmap,这是 clipmap 更新完整缓冲等级的一部分,其他的面片数据可以缓存到系统内存、磁盘或者相邻的网络服务器中。

请思考：

更多的更新处理操作是否能够移到工作线程中？如果某一层的高度数据正在用于渲染，我们又该如何在工作线程中更新该层的高度数据呢？

本节提出的多线程面片加载策略依据 10.4.3 节的结构实现，一个背景线程和其 OpenGL 内容用于加载面片和根据其内容创建 Texture2D 实例。

线程间的通信通过两个消息队列来实现：一个是请求队列，一个是完成队列。加载到两个队列中的消息都是代码表 13.13 中 TileLoadRequest 类的实例。

```
private class TileLoadRequest
{
public ClipmapLevelLevel;
public RasterTerrainTileTile;
public Texture2DTexture;
}
```

代码表 13.13　该类用于向背景中面片加载线程发送加载请求，同时也用于在加载成功后返回加载的面片。

最开始，当请求面片加载时，Texture 类的值为 NULL，另外两部分标志需要加载的面片以及需要该面片的 clipmap 层。

请求队列中的 MessageReceived 句柄的功能是非常直接的。其根据面片的维度创建一个 Texture2D 的实例，并通过 WritePixelBuffer 使用面片的高度数据对实例进行填充，在需要的情况下需要从磁盘或者相连的网络中获取纹理内容。在 OpenGlobe 中，我们使用 TextureFormat. Red32f 创建纹理，因此每个高度值使用 32 位浮点数值表示，如果地形数据是以压缩的形式进行存储的，那么将再次对数据进行解压。

一旦创建了纹理，我们将具有非空 Texture 类的 TileLoadRequest 的实例通过完成队列传递给渲染线程。但是，正如 10.4.3 节所解释的，在此之前，我们需要通过创建 Fence 将两部分 GL 内容进行综合，并等待至其完成。没有该保护机制，渲染线程可能在高度数据加载到纹理之前对纹理进行渲染。

小练习：

OpenGlobe 的 ClipmapUpdater 在工作线程通过调用无限时间的 Client-Wait 实现保护机制。当其处于等待状态，工作线程不进行任何有用的工作。将其修改为周期轮询的形式并将超时跳出设置为 0，在等待的时候做一些例如加载其他面片等工作。

渲染线程在更新 clipmap 的过程中向请求队列中添加请求，如代码表 13.14 所示。

```
Dictionary < RasterTerrainTileIdentifier, Texture2D > _loadedTiles =
//...
Contextcontext = //...
ClipmapLevellevel = //...
RasterTerrainTileRegionregion = //...
Texture2D tileTexture;
bool loadingOrLoaded =
_loadedTiles. TryGetValue( region. Tile. Identifier,
outtileTexture);
if( loadingOrLoaded &&tileTexture ! = null)
{
RenderTileToLevelHeightTexture( context, level,
region, tileTexture);
}
else
{
if( ! loadingOrLoaded)
{
RequestTileLoad( level, region. Tile);
}
UpsampleTileData( context, level, region);
}
```

代码表 13.14　更新某一层 clipmap 的高度纹理，如果请求的面片没有加载，则将其添加到请求队列中，丢失的数据通过对下一层粗糙层的 clipmap 层通过升采样获得。

首先，我们需要判断我们需要更新面片区域的 clipmap 层的数据是否已经加载，如果已经加载了，则运用 13.5.3 节的方法将其渲染到高度图纹理层中。

如果面片没有成功加载并且也没有添加到请求队列中，则将其添加到请求队列中。我们可以快速地识别一个面片是否在请求队列中是因为这些面片存在于哈希表_loadedTiles 中并且其 Texture2D 实例为 NULL。因此，RequestTileLoad 的首要任务是将面片添加到_loadedTiles 中，然后其创建一个 TileLoad Request 并且将其添加到请求队列中。

接着，不管面片是否已经在请求队列中，我们通过从粗糙 clipmap 层升采样来更新 clipmap 中的面片区域。升采样的方式在没有加载面片的情况下给我们提供了一种可行的地形细节近似方法。该升采样过程在 13.5.6 节中进行了详细的描述。

正如前面所提到的，工作线程在加载完面片数据后将其添加到完成队列中。完成队列对于每一个渲染帧在渲染线程中进行综合处理。在 OpenGlobe 中，函数 ClipmapUpdater. ApplyNewData 用于处理完成队列内容和根据新加载面片数据更新对应的 clipmap 层。如 13.5.3 节所述，在所有层的 NextExtent 和 OriginInTextures 计算完成后调用该函数。

当新的面片数据可用时，clipmap 层中相应区域通过粗略升采样获取的数据需要根据新的数据进行更新。特别地，需要更新的区域是新面片的扩展区域和地形坐标中 clipmap 层的扩展区域相交部分，如图 13.10 所示。当然，该相交区域可能与最初请求加载的面片区域并不相同。这是由于视点同时在移动的原因。对于最糟糕的情况，实际运行中面片最终加载以后可能对于新扩展的 clipmap 层并没有提供任何贡献。

图 13.10　当新加载一个面片后，面片的扩展区域（蓝色）与 clipmap 层的扩展区域（黄色）定义的相交区域（红色）需要进行更新。

如果相交区域非空的，其更新过程如上面所示。更进一步，对于非空的相交区域，面片的更新进程用于递归地应用于该面片的没有加载的子面片。

该递归应用是必须的，这是因为当某一面片的子面片没有加载时用于充满 clipmap 的区域的子面片数据从该面片通过升采样获得。前面提到，该面片的数据从其父面片通过升采样获得。现在，该面片的数据更加精确，其子面片应当从更加精确的数据中通过上采样获得。但是加载面片数据并不需要重新应用对应的数据，原因为下面二者之一：(a)在上一次 clipmap 更新的时候，面片已经加载过，所以 clipmap 已经可以对应面片数据；(b)面片在完成队列中，将会（或者说已经）应用于 clipmap 中了。

13.5.6　上采样

当用于更新某一 clipmap 层的面片数据不存在于 GPU 内存中，我们通过对下一层粗糙 clipmap 层进行上采样获取该数据。上采样过程是从一粗略层预测细节的过程。通过上采样获取的高度不一定与真实的高度相同，但是通过这种非完美的数据进行渲染比运用其他方式进行渲染要更好。这些其他方式包括等待面片进行加载，将高度设为零进行渲染面片或者在面片处不进行渲染等。

为了能够从下一层粗略 clipmap 层通过上采样获取某一 clipmap 层的子集，

下一层粗略 clipmap 层应当已经通过正确的高度数据进行了更新。基于上述原因,我们通常更新 clipmap 层的顺序是由粗略层到精细层的顺序。

考虑我们正在第一次更新 clipmap 层的情况,假如此时只有第 0 层的面片在 GPU 内存中,clipmap 第 0 层的更新与通常一样,如第 13. 5. 3 节介绍,然后进行 clipmap 第 1 层的更新。由于第 1 层的面片数据并没有加载到 GPU 内存中,所以我们通过上采样 clipmap 第 0 层的高度值来赋值 clipmap 第 1 层。

clipmap 第 2 层的面片数据同样没有加载到 GPU 内存中,所以通过上采样 clipmap 第 1 层的高度数据对其进行赋值。当然,clipmap 第 1 层的数据本身是从第 0 层通过上采样获得的。所以实际上我们对 clipmap 第 0 层上采样了两次。继续该过程直到所有的 clipmap 层都填充满对实际地形的最优近似数据。

那么应该如何进行上采样呢? 正如前面更新高度图和计算法向量所做的,我们通过向帧缓冲中渲染一个四边形的方法使用 GPU 进行上采样。在这种情况下,该四边形会使用更粗略的高度图纹理进行附加纹理,帧缓冲中的附加颜色将会是更好的高质量的高度图纹理。换句话说,我们通过将粗略的高度图传递给片断 shader 的方式将高度写到精确的的高度图中。这种机制的顶点 shader 如代码表 13. 15 所示。

```
in vec2 position;
out vec2 fsTextureCoordinates;
uniform mat4 og_viewportOrthographicMatrix;
uniform vec2 u_sourceOrigin;
uniform vec2 u_updateSize;
uniform vec2 u_destinationOffset;
uniform vec2 u_oneOverHeightMapSize;
void main( )
{
vec2 scaledPosition = position * u_updateSize;
glPosition = og_viewportOrthographicMatrix *
vec4( scaledPosition + u_destinationOffset,
0. 0,1. 0);
fsTextureCoordinates =
( scaledPosition * 0. 5 + u_sourceOrigin) *
u_oneOverHeightMapSize;
}
```

代码表 13. 15　从下一粗略层进行 clipmap 层上采样的顶点 shader 代码

顶点 shader 与用于计算法向量的代码表 13. 11 非常相似。一个重要的区别是位置是从元纹理中获得的。该位置是从粗糙层的高度图获得，与写入精细高度图目标纹理中的位置是不同的。这两个纹理不仅具有不同的原点，其尺度也是不同的。特别地，粗略一层的尺度是精细一层纹理尺度的两倍。顶点 shader 需要考虑这些因素。

片断 shader 更加有趣，因为有一系列合理的方法可以实现该目的。或许最简单的方法是直接复制粗略高度图中最近的顶点的高度值赋值给精细一层的高度图。一种更好的办法是从粗略层的高度进行线性插值获取精细层的高度。

实际上，这两种方法可以相似的简单片断 shader 进行实现，如代码表 13.16 所示。这两种方法的唯一不同之处是用于读取精细高度图的采样器是 NearestClamp 还是 LinearClamp。

```
in vec2 fsTextureCoordinates;
out floatheightOutput;
uniform sampler2D og_coarseHeightMap;
void main()
{
heightOutput = texture(og_coarseHeightMap,
fsTextureCoordinates).r;
}
```

代码表 13.16　一个用于从粗略高度图上采样获取精细高度的简单片断 shader

当该片断 shader 与进行线性插值的采样器联合使用时，获得的结果非常好。但是还是有很多复杂的片断 shader 能够实现更好的结果。

一种可能的方法为立方卷积插值法，在高度图上进行立方卷积需要从粗略高度图上总共采样 16 次，计算 5 次一维立方卷积[83]。

Asirvatham 和 Hoppe 使用著名的四点细分曲面插值的张量积版本进行上采样。他们还声明通过该方法获取的地形曲面满足C^1平滑性[9]。

13.5.7　替换和预取

13.5.5 节讨论了新的高度图面片是如何加载到 GPU 内存中并用来更新 clipmap 层次的。当面片需要从 GPU 内存中移除又该如何呢?

当面片占用的空间需要分配给其他更加重要的用途时，需要将面片从该 GPU 内存中移除。例如，举一个极端的例子，其他地方的一个地形面片需要从 GPU 内存中移除以腾出空间用来存储观察者脚下的地形。用于选择移除哪一个面片的策略称之为替换策略。地形渲染的几种通用化的替换策略在 12.3.3 节进行了介绍。

将 clipmap 层布局为同心四边形的方式提供了一种简单有效的替换策略：最先替换的面片是距离视点最远的面片。

实际上我们可以做得更好。由于当前高度图的所有 clipmap 层通常存储于 GPU 内存中，我们只需要在更新 clipmap 层面片时将待更新的面片数据加载到 GPU 内存中。更进一步，clipmap 层通常在其边缘处进行更新，这是因为内部的高度已经存在于 clipmp 层中，其通过环形寻址进行移动，如 13.5.1 节所述。这意味着我们需要重新使用的面片更大可能是接近 clipmap 层边缘的面片，而不是接近视点的面片。当然，该区别并不需要过于担心，特别是当 clipmap 层和面片大小相差不大的情况下。

另一个可能改进的地方是考虑视点的移动，如图 13.11 所示。如果在过去的几个渲染帧中，观察者是向东移动的，那么接下来 clipmap 层中东侧的面片数据相对于西侧的面片数据具有更大的可能被使用。

相同的原理可以应用于预取，代码表 13.14 中的简单面片加载机制替换成了预先运行的过程。给定 GPU 内存中定量的面片数据，我们加载所有临近的面片直到该最大量，选择性地滞后于视点的移动。

当视点移动非常慢，并且处于一个相对封闭的区域，预取可以用于替换上采样。在这些情况下，这种方式可以很大程度上改进用户的体验。当然，在虚拟地球的实际中，预取并不能完全替换上采样操作，这是因为相机的移动非常快并且是不可预测的。

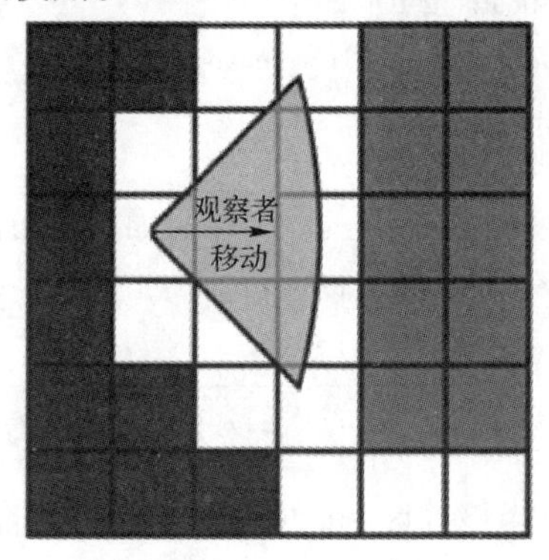

图 13.11　当进行替换和预读时考虑视点的移动因素。在最近的一段时间内，视点前方的面片(红色区域)相对于后面的面片更有可能被使用。

13.5.8　比较和综合

geometry clipmapping 算法的提出者 Losasso 和 Hoppe 为了测试算法的实际有效性，采用了覆盖美国大陆的 40GB 的数据集，地形数据相邻点的距离近似为 30m[105]。尽管对于虚拟地球的标准并不算是大数据，但是其已经足够大，以至于不能够加载到内存中，但是他们并没有执行任何 out - of - core 数据管理技术，而将数据通过 355MB 的内存进行操作，他们是怎么做到的呢？

如果你还没有猜出来，可以告诉你答案就是他们采用了压缩。他们的压缩机制包括两部分，其中一部分依赖于 geometry clipmap 的结构唯一性。

首先，他们采用了一种特别的有损图像压缩算法渐进变换编码方法

(PTC),该算法能够非常有效地解码图像的一个子集[108]。这样就可以将整个高度图存储于系统内存中,在需要的时候解压部分数据并作为纹理发送给GPU。其后,PTC 被标准化为 JPEG XR 的一部分。

第二,他们注意到,唯一的 clipmap 层次组织技术使得高度信息能够更加简洁地进行存储。

在第 13.5.6 节中,我们提出通过有粗略层到精细层的顺序对 clipmap 层进行更新,这样我们可以从粗略层的高度预测出精细 clipmap 层的高度。如前面所讨论的,只有当精细层的数据不可用时我们才采用该预测方法。

然而,在更新 clipmap 层的时候我们可以一直从粗略层预测细节信息。通过这种方式,在更新某一 clipmap 层的时候,我们不需要知道预测的高度,我们只需要知道真实高度与从粗略层预测的高度之间的差值就可以。这些差值称之为残差,相比较完整的高度数据,更容易被压缩。实际上,Losasso 和 Hoppe 运用 PTC 进行压缩的数据是残差数据,并不是高度数据,这就是他们将 40GB 的数据压缩到 355MB 的方法。

对于虚拟地球大小的数据集,即使运用这些技术,也不可能避免将数据存储于磁盘或者网络服务器中。更进一步,图像数据相对于高度数据更难进行压缩,所以即使运用这些技术,将整个美国大陆的高分辨率颜色图加载到内存中是不可能的。只要我们有字节不需要用于表示高度数据,那么我们需要从硬盘或者网路连接读取的数据就少一个字节。这意味着我们以后可以向用户展示更多的细节或者节省 I/O 带宽用于其他目的。

该方法的代价是在预处理阶段需要额外花费时间用于计算残差和对它们进行压缩。在运行阶段也需要花费额外的时间,这是因为残差必须在 CPU 里进行解压缩。但是通过解压缩所附加的时间完全可以通过从磁盘或者网络服务器中读取少量数据进行弥补。

有趣的是,该基于残差的方法提供了一种细节 clipmap 层的残差不需要进行存储的可能。而是在运行过程中使用分形技术逐步合成获取残差。当放大接近地形表面时,Losasso 和 Hoppe 使用非相关高斯噪声合成细节信息。尽管严格说来该方式并不能反映真实的世界,但是通过这种方式可以在超出地形数据分辨率的情况下生成看起来比较真实的粗糙表面。

13.6　着色

通过 geometry clipmapping 渲染的地形可以通过第 11.4 节描述的所有方法进行着色。但是对于数字地球应用最常用的着色方式是使用卫星影像获取的颜色图。在这种情况下,颜色图甚至要比高度图还大。

第 12. 2. 1 节提到,geometry clipmapping 源自一种相似的用于管理巨大纹理的 clipmapping 技术。因此将 geometry clipmapping 扩展用于管理颜色图是一种非常自然的想法。

如果颜色图和高度图具有统一的扩展,那么 mipmap 层次和面片结构将会非常简单。我们只需要将代码表 13. 4 的片断 shader 除了采样法线图外还要采样颜色图。我们使用代码表 13. 5 的 alpha 混合参数像处理法线图一样来混合粗略的颜色图和精细的颜色图。颜色图通过螺旋状进行访问,通过渲染添加面片数据的四边形来逐步进行更新。颜色图面片紧接着高度图面片加载到 GPU 的纹理中。

但是,颜色图和高度图不一定会具有良好的一致性。它们可能来自不同的提供者,使用不同的数据分片机制获取的。或者仅仅通过高度对颜色图进行采样得到的结果可能会过于模糊。颜色图和高度图应当具有不同的分辨率。在这些情况下,我们需要添加步骤以保证在 shader 中考虑到这些不同之处。

首先,为颜色 clipmap 层选择一个合适的大小,其必须覆盖高度 clipmap 层表示世界区域,如图 13. 12 所示。我们计算高度 clipmap 西南点在真实世界中的位置,将其转化为颜色图中的纹理坐标点的索引。

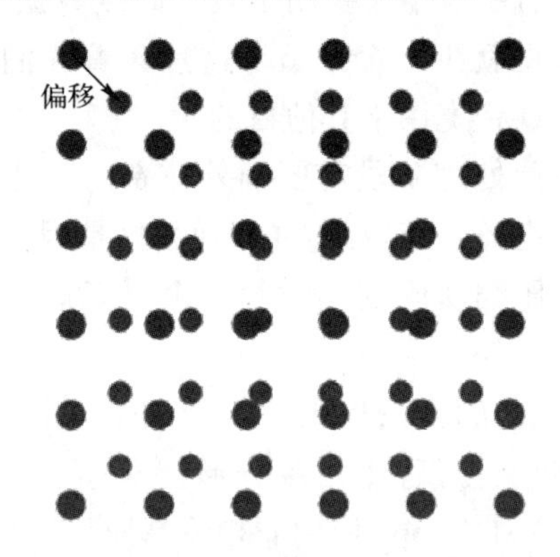

图 13. 12　用于着色某一 clipmap 层的颜色图至少应当覆盖整个高度图的区域,如果颜色图稍微大一些,则需要计算偏移量用于在顶点 shader 和片断 shader 中计算纹理坐标。在该图中,颜色图通过红点表示,高度图像素点通过蓝色点表示。

如果高度图的采样点不能严格地与颜色图的纹理像素点一致。计算得到的索引可能不是整数,在这种情况下,南侧和西侧的非整数坐标向南侧和西侧进行约减。类似地,北侧和东侧的非整数坐标向北侧和东侧进行约减。

颜色图西南角的坐标与高度图西南角的坐标之差以颜色图坐标为基准作

为一个归一化量传递给 shader。另外,两幅图中相邻像素点之间在真实世界中的距离的比率同样传递给 shader。因此,要想计算颜色图中的纹理坐标,将高度图中的纹理坐标乘以两者之间的比率,然后加上偏移量即可。

13.7　球体上的 geometry clipmapping 算法

目前为止,我们运用 geometry clipmapping 算法所渲染的地形来自一个平坦的水平面。然而甚至在哥伦布发现美洲大陆之前,一个平面的地球在当时的认知范围内都是不精确的。那么我们该如何将算法扩展到从一个球体表面或者更精确从一个椭球体表面获取的地形呢?

geometry clipmapping 算法的诸多优点来源于其规律性

- 需要非常少的水平坐标数据。一个顶点的小数据集能够描述整个地形的水平坐标。
- 地形的水平几何坐标没有固有地表示真实世界中的一个位置,只是顶点 shader 中的一个变换指定了地形的绝对位置。该变换可以根据相关视点进行描述,而不是根据世界坐标进行描述,这意味着几何拓扑本身是与视点位置是相互独立的。因此,可以在视点移动时逐步更新几何拓扑。这是因为在视点移动时只需要对 shader 统一进行改变即可,同时可以避免使用整个地球大小的绝对地球坐标带来的等待时间。
- 嵌套结构提供了一种有效的压缩机制,对于每一层只需要存储残差即可。
- 地形顶点与高度图纹理像素点是严格对应的,如果高度图采样率不同,将会出现混叠伪影。

将 geometry clipmapping 算法扩展到地球上的主要挑战是如何保持这些优点。

13.7.1　在顶点 shader 中映射到椭球体表面

一种最直接的方式是在顶点 shader 中将顶点映射到椭球上。考虑一种常见的情况,源地形数据通过 WGS84 投影坐标系进行描述,也就是说从规则网格上采样的高度是用经度和纬度进行定位的。

使用该规则网络,我们可以运用 geometry clipmapping 算法在顶点 shader 中通过将绘制点位置(x,y)解释为经度和纬度的方式渲染整个世界。本质上,这意味着整个世界占据了一个平面。

为了影射到椭球体中,我们只需要向顶点 shader 中添加代码,用来将地理顶点位置(例如经度、纬度和高度)变换到笛卡儿坐标系中。要实现该目的,可以将 2.3.2 小节的 Ellipsoid. ToVector3D 接口信息从 C#转换为 GLSL,如代码表 13.17 所示。

```
vec3 GeodeticSurfaceNormal( vec3 geodetic)
{
float cosLatitude = cos( geodetic. y) ;
return vec3(
cosLatitude * cos( geodetic. x) ,
cosLatitude * sin( geodetic. x) ,
sin( geodetic. y) ) ;
}
vec3 GeodeticToCartesian( vec3 globeRadiiSquared, vec3 geodetic)
{
vec3 n = GeodeticSurfaceNormal( geodetic) ;
vec3 k = globeRadiiSquared * n;
vec3 g = k * n;
float gamma = sqrt( g. x + g. y + g. z) ;
vec3 rSurface = ( k * n)/ gamma;
return rSurface + ( geodetic. z * n) ;
}
```

代码表 13.17　用于从地理坐标转换到笛卡儿坐标的 GLSL 函数

该方法具有两个非常大的问题。首先是精度问题,当使用当前 GPU 中常用的单精度浮点数值类型时,GeodeticToCartesian 提供了一种可接受的笛卡儿坐标位置表示,相邻点的实际距离大概为 30m。

对于高精度地形数据,或者对于更加精确的采样点,需要在 32 位 GPU 上采用不同的技术,例如可以采用 Thall 所研究的模拟双精度类型[167]。我们已经在 5.4 节中使用了相似的技术用于模拟减法。随着 64 位双精度 GPU 硬件的可用性,该方法将会在未来更加实用。

该方法的另外一个问题是对于高度的采样,在地理坐标中是均匀分布的,但是在笛卡儿坐标系中的分布将会变得不均匀,如图 13.13 所示。在笛卡儿坐标系空间中,当接近顶点时,采样的点会越接近,在北极点和南极点,整行高度采样值只与地球上的一个点相关。

这意味着在靠近顶点处,clipmap 区域所对应的真实世界中的面积将会比较小。在极端情况下,想象一个观察者位于北极点的南部向北看,地形将会汇集到北极点处,然后中断,如图 13.14 所示。

图 13.13　当靠近南极点和北极点时，clipmap 顶点会越接近，在极点处，整行的高度图像素点代表了同一个地理位置。

图 13.14　一个位于南极点附近的观察者向南看，即使在最粗糙 clipmap 层中可以很容易地看到地形结束处。

在一些场景下，通过地理投影描述源数据意味着极点位置并不是非常重要，这是因为地理投影方式在极点处有采样过密的问题。基于这个原因，运用这里所描述的渲染算法是可以接受的，该算法在极点处具有问题。在需要的情况下，我们可以通过丢弃片断 shader 中高于或者低于某一纬度门限的片断来限制 clipmap 与极点之间的距离。或者也可以将顶点 shader 中纬度范围以外的顶点移到地球的中心处。

不幸的是，该方法的优点仅仅是其保留了 geometry clipmapping 算法渲染球体上地形的所有优点。在一定意义上，在能够保留 geometry clipmapping 算法优点的情况下，我们会满意本算法在极点处的可视化质量，或者其他地方的精度。

这是许多虚拟地球中的折中问题。后面所介绍的技术,可能在一方面比本算法要优,但是会牺牲某一个或者一些 geometry clipmapping 算法的优点。

13.7.2 spherical clipmapping 算法

spherical clipmapping 算法运用一系列以观察者为中心的同心圆环覆盖球面的可视半球。通常情况下,平面 geometry clipmapping 算法中,顶点通过读取与视点静态相关高度图里进行构建。视点周围的 clipmap 层的安排如图 13.15 所示。

Clasen 和 Hege 描述了执行 sphericalclipmapping 算法的细节[27]。通过球面参数化方法创建顶点数据。就像最初的 geometry clipmap 算法,顶点数据不需要跟随观察者的移动而发生改变。不像平面的 geometry clipmapping 算法,spherical clipmap 算法的顶点并不与高度图的像素点一样进行排列。这会导致 spherical clipmaps 的主要难题:变形。

图 13.15 在 geometry clipmapping 算法中,以观察者为中心构建了一系列的同轴圆环,对于观察者来说,这些同心圆环是静态的。

考虑一个简单的山顶,如图 13.16 的截面所示。依据顶点在高度图的采样方式,结果地形的形状会发生巨大的改变。当观察者进行移动,顶点会在高度

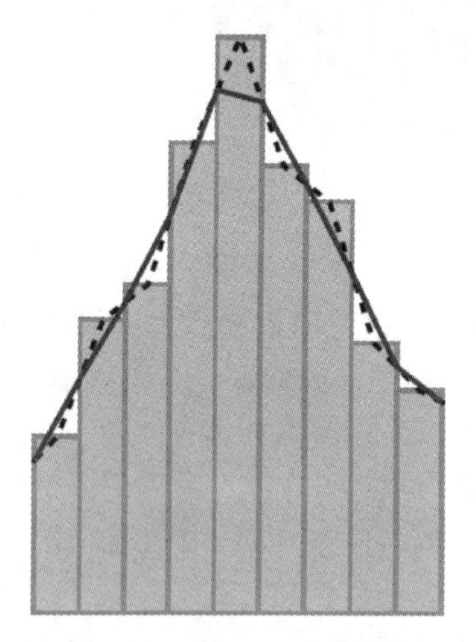

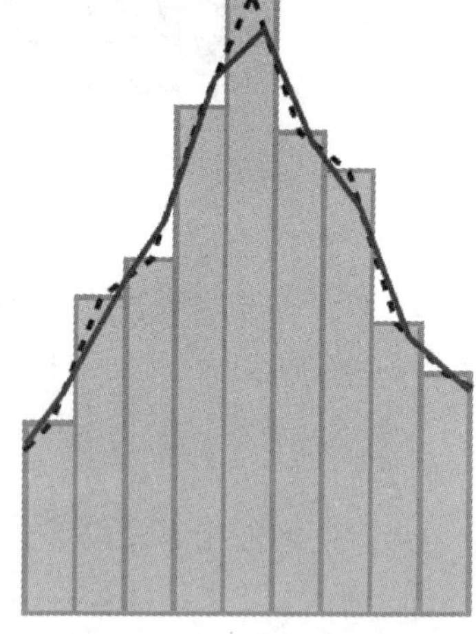

图 13.16 由于 spherical clipmap 算法的顶点并不是精确地对应于高度采样,当观察者进行移动时,地形将会改变形状。图中为同一山顶在不同视角下的结果,不同的采样得到了彻底不同的地形形状(红线所示)。直方图代表高度采样,黑色的虚线表示高度采样的的线性插值。

图上进行滑动，结果导致渲染地形发生改变。

当 spherical clipmap 的分辨率增加的情况下，该影响作用会变得很小。当三角面片收缩至近似像素大小，该影响将会不被注意到。不幸的是，渲染这样的 spherical clipmap 的代价将会是非常高的。

spherical clipmap 算法的另一个问题是正像名字一样，该算法用于在球面上渲染地形，将该算法扩展到地球的椭球模型上，例如 WGS84 的扁球面上，是非常具有挑战性的。对于一些应用，将地球近似为一个正球面是可以接受的。在 WGS84 地球球面上渲染地形数据和影像数据在主观上是相互统一的。当与其他数据结合时，该不同是非常巨大的。例如在一个以地球为中心的笛卡儿坐标系统中的卫星或者飞行器将会与其真实的高度有 21.3km 的不同。

13.7.3　coordinate clipmapping 算法

Fruhstuck 提出了一种有前途的将几何 clipmap 映射到地球上的方法，称之为 coordinate clipmapping 算法[53]。除了在节点纹理中存储高度数据和 clipmap 层数据以外，整个笛卡儿坐标集也存储于三通道的浮点型纹理中。

静态 clipmap 几何结构仅仅作为纹理坐标用于从纹理中检索顶点的完整 *xyz* 坐标，并且用来描述顶点如何生成三角形。该方法在 clipmap 层顶点的安排方面提供一定程度的灵活性。它们可以将高度图映射到平面上，也可以映射到球面、椭球面和其他任何类型的形状上。

乍看起来，该算法并不与传统的将三角网格存储于顶点缓冲渲染方法有很大的不同。实际上，通过简单地使用顶点缓冲，我们可以避免从顶点 shader 中读取顶点纹理。但是，本方法有一个重要的不同之处，通过将顶点位置存储于纹理中，我们可以在视点移动时，利用环形纹理寻址（见 13.5.1 小节）将位置信息以增量的方式上传到 GPU 中。

与传统的平面 geometry clipmapping 算法相比较，本方法的最大缺点是 clipmap 层会占用至少三倍于传统平面 geometry clipmapping 算法的内存占用量。当在占用内存大小就是速度的情况下，这是一个非常糟糕的缺点。

另一点需要考虑的是顶点能够表示的顶点的精度，为了支持增量更新，顶点不能够定义为与视点相关。如果顶点坐标与视点相关，则在每一次视点移动时都需要更新顶点的位置，这需要重新写入整个的纹理。如果我们将顶点坐标根据地球的中心进行定义，当在顶点 shader 中将顶点映射到椭球面上时我们会遇到相同的准确度问题。

一种解决办法是采用可以动的原点，顶点通过视点附近的原点进行定义。当视点移动时，原点保持不变。在某一时刻，当视点与原点的距离超过某一阈值时，则重新选择一个原点，并且根据该原点对所有的顶点进行更新。相对于在某一帧中更新所有的 clipmap 层，一种更好的方式是运用双缓冲更新多个帧。这是因为在单帧中更新所有的 clipmap 层的方式在渲染过程中会出现明显的卡顿。如 5.5 节所描述的，微软的飞行模拟运用了相似的技术[163]。

Fruhstuck 提出了该方法的一个变异版本，在该版本中，世界被分割为不同的区域，每一个区域有一个固定的原点[53]。根据视点的位置，最多需要渲染四个区域，如图 13.17 所示。

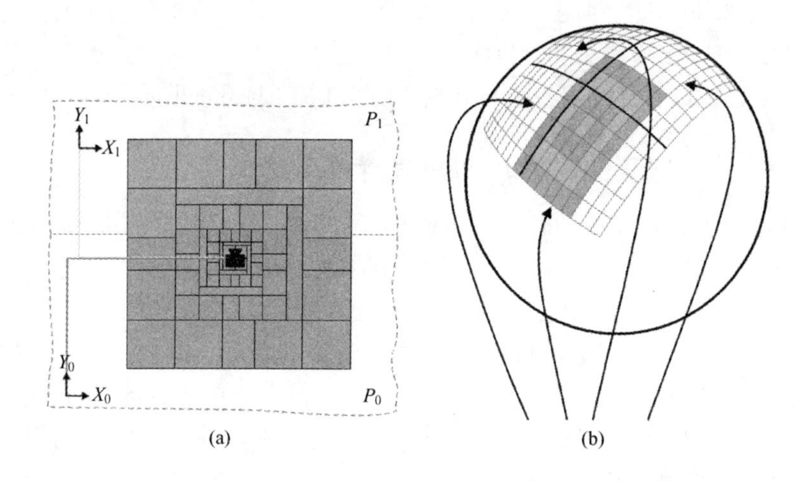

图 13.17　coordinate clipmapping 算法中的精度问题可以通过将物理世界分割为多个区域，每个区域具有各自原点的形式实现。(a)渲染由两个相叠地形区域表示的 clipmaps；(b)当视点位于区域的边缘时，最多有四个区域需要进行渲染。(图片由 Anton Malischew 提供)

另外一种解决办法是使用模拟的双精度存储顶点数据，在顶点 shader 中将顶点变换为与视点相关，如第 5.4 节所述。这种解决方法十分简洁，但是其对于每一个需要的高度数据需要双倍的存储空间。每一个高度采样需要运用三个分量进行表示，x、y 和 z，每一个分量需要 8 字节的空间，因此每一个顶点需要 24 字节的存储空间，而对于平面 geometry clipmapping 算法，每个顶点只需要 4 字节的存储空间。一种有趣的改进方法是运用第 5.4.2 小节所描述的精度 LOD 技术，只渲染需要的双精度顶点。例如可以将最精细的一层或者两层采用双精度进行渲染，而其他层采用单精度进行渲染。

在任何一种方法中，经度、纬度和高度采样值在 CPU 中以双精度的形式变换到笛卡儿坐标空间中。当运用 GPU RTE 方法，发送给 GPU 的表示顶点位置的面片是完全精确的。当使用移动的原点时，GPU 中面片顶点位置同样与浮动的原点位置有关，这意味着当移动原点变化时需要对顶点位置进行更新。

coordinate clipmapping 算法对于将 geometry clipmapping 算法应用于球面提供了一种有效的解决方法，也为顶点映射的曲面提供了一定的灵活性。另外，该算法还保持了大部分平面 geometry clipmapping 算法的优点。该算法的主要缺点是需要向 GPU 传递更大量的数据，同时也需要在 GPU 内存中存储大量数据。

13.8 相关资料

Losasso 和 Hoppe 关于 geometry clipmaps 的初始论文是非常好的参考文献[105]，在 Asirvatham 和 Hoppe 的文章将其扩展来更好地使用 GPU 内存[9]。后者以及所有的 GPU Ges2 在网络上都可以免费进行访问。

Clasen 和 Hege 描述了 spherical clipmapping 算法的细节[27]。在其硕士论文中，Fruhstuck 从细节层次解释了我们称之为 coordinate clipmapping 的算法[53]。

第十四章 chunked LOD 算法

Chunked LOD 算法是一种垂直的 LOD 系统，将整块地形分解为一个四叉树结构的面片。称之为 chunks（见图 14.1）。Chunk 的根节点是一个含有较少细节的整个地形的表示方法。根节点下面的四个子块将整个地形分割为相同大小的四块，提供了一种含有较多细节的表示。其中的每一块同样会有四个子块，从而进一步分割整个地形。

图 14.1 使用 chunked LOD 渲染的 Sierra Nevada 山脉附近的场景。chunked LOD 算法可以渲染大规模地形，可以对地形的屏幕误差进行精确的控制并且能够更好地利用 GPU。（图像通过 STK 获取）

四叉树中的每个顶点通过预处理阶段进行获取，通过简化整个地形网格的子集获取特定水平的几何误差。对于每一层具有较少细节的四叉树，其几何误差是下一层具有较高精度的误差的两倍。这是 LOD 算法的生成部分，如 12.1 节所示。

在运行期间对于每一个 chunk 中的像素点，通过将它们的几何误差投影到屏幕空间中计算屏幕空间误差，然后根据屏幕空间误差来选择进行渲染的 chunks。如果某一 chunk 的屏幕误差非常大，则访问该 chunks 的子块，这个过程称之为进行细微的改良。这是 LOD 算法的选择部分。当不同 LOD 层次的两个 chunk 是相邻的，它们的边缘节点可能会不一致，这就导致不同 chunk 之间出现裂痕。一个重要的研究内容是如何填充这些裂痕使得网格看起来是无缝的。

当对某一个 chunk 放大时，会存在一个时刻，根据该 chunk 计算的屏幕误差将会过大，在该时刻，该 chunk 将会细分为其四个子 chunks。类似地，当进行缩小时，四个子 chunks 会在某一时刻被其父 chunk 替换。这种方式可能会生成明显的令人讨厌的断裂痕迹。chunked LOD 通过在不同细节层次之间进行变换来解决这个问题，这是 LOD 算法的层次变换问题。

在一些情况下，chunked LOD 就是将垂直 LOD 方法直接用于地形渲染（见第 12.1.3 小节）。在现代的 GPU 中这是非常有效的，因为其使用相对比较大的静态的顶点缓冲区来渲染每一个 chunk。只需要消耗少量的 CPU 时间用于决定使用哪些 chunks 需要用于渲染给定的场景。通过该算法能够运用 LOD 渲染场景，使得该场景的屏幕空间的误差小于某一指定上界。

Ulrich 于 2002 年的 SIGGRAPH 渲染海量地形的报告中提出了 chunked LOD 算法[170]。他的方法综合了不同的研究内容并且添加了很多自己的创新，创建了一个用于渲染具有 out - of - core 数据集的地形的实用系统。更好的是，他将该算法使用可以运行的公开的源代码进行了实现[1]。

从那开始，chunked LOD 在虚拟地球、游戏和其他需要渲染大规模地形数据的应用中取得了巨大的成功。或许让人更加惊讶的是，虽然 2002 年后 GPU 进行了的改进，但是 chunked LOD 仍然非常适合进行大规模地形渲染。

Kevin 说：

> chunked LOD 在数年里是 Insight3D 和 STK 中地形渲染的基础，在此之前，我们使用了 ROAM。我觉得今天可以使用的大多数商业软件都利用与 chunked LOD 类似的算法进行地形渲染。

14.1 chunks

生成 chunks 的过程是与其渲染过程不相关的。在实际中，可以从任何输入地形数据集创建 chunks，包括具有垂直悬崖或者悬挂特征的地形。但是一旦创建了 chunks 后，其必须具有下面的特征。

- 矩形形状。对于每一个 chunk，必须在其范围的四个角上各有一个顶点。另外，chunk 相邻的角点之间必须有一条边。这样就可以保证 chunks 形

1 http://tulrich.com/geekstuff/chunklod.html

成了密集的网格,至少在水平面上是这样。在 14.2 节中我们会讨论如何解决相邻 chunks 在高度不同时出现的裂痕问题。

- 具有单调性的几何误差。对于每一个 chunk,我们必须知道其最大的几何误差。几何误差是全细节模型中的所有节点与细节简化模型中最近的相应点之差的最大值,该最大值必须单调依赖于相关的 chunk 层次。换句话说,渲染某一 chunk 的四个子 chunks 必须相对于只渲染该 chunk 得到更小的误差。几何误差在 chunk 创建的时候进行计算。
- 已知的包围盒。每一个 chunk 必须具有一个已知的包围盒。包围盒和几何误差一起用于计算某一 chunk 的屏幕空间误差。更进一步,为了得到更好的结果,子 chunks 的包围盒应当全部包含于父 chunks 的包围盒中。在实际中,在生成 chunks 的时候同时计算 AABB 和包围球。

如图 14.2 所示,每一个 chunk 具有一个顶点缓存标志 chunk 中顶点的位置和其他基于每个顶点的信息,例如顶点的法向量和纹理坐标等。每个 chunk 具有一个索引缓冲用来标识顶点如何连接生成地形表面。最终,每一个 chunk 的最大几何误差和包围盒都获取到了。

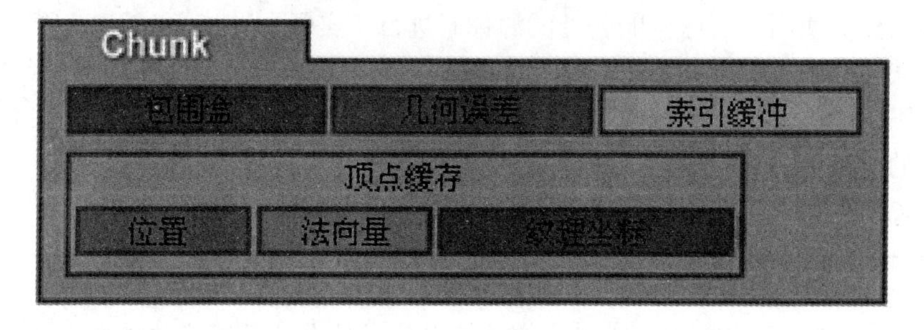

图 14.2 与每个 chunk 相关的数据

在 14.5 节中,我们将要讨论如何创建一个满足这些要求的 chunked LOD 四叉树。首先,我们假设其已经存在,讨论如何才能够利用其进行地形渲染。

14.2 选择过程

为了渲染 chunked LOD 四叉树,我们首先需要设定所能容忍的最大屏幕空间误差 tau,tau 值可以进行调整,以达到在比较慢的硬件上达到快速的显示效果或者在快速硬件上显示更多的地形细节信息。

我们从根节点开始渲染 chunk 四叉树,所使用的算法与代码表 14.1 类似。对于每一个 chunk,如 12.1.4 小节所述,从 chunk 的最大几何误差计算 chunk 的屏幕空间误差,然后与 tau 进行比较。如果该 chunk 的屏幕空间误差小于允许的界限,则对该 chunk 进行渲染。否则,通过递归方式获取其四个子 chunk 来使地形更加精细。该过程一直继续直到整个地形以能够满足屏幕空间误差需求的最低细节层。图 14.3 显示了在一个实例帧中渲染的四叉树节点和对某一节点细节增强的情况。

```
public void Render( ChunkNode node, SceneState sceneState)
{
    if( ScreenSpaceError( node, sceneState) <= tau)
    {
        RenderChunk( node, sceneState);
    }
    else
    {
        foreach( ChunkNodechild in node. Children)
        {
            Render( child, sceneState);
        }
    }
}
```

代码表 14.1　用基于屏幕空间误差的方式选择用于渲染的 chunk

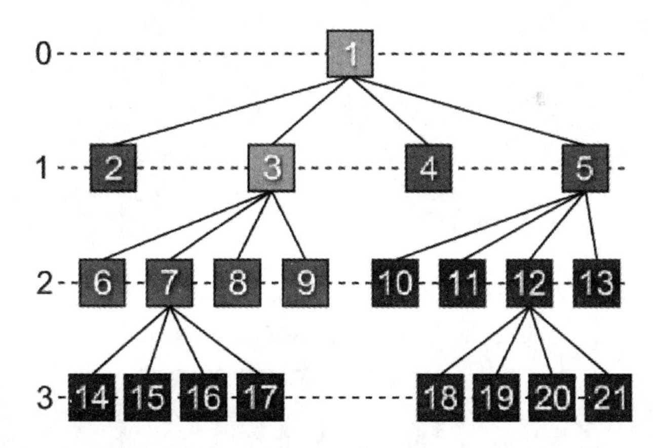

图 14.3　在该例中,灰色四叉树节点不满足屏幕空间误差要求,需要进行细节增强。绿色节点满足误差需求,因此对其进行渲染。蓝色节点没有进行访问因为其父节点被渲染了。

我们通过由前到后的顺序访问孩子节点来利用 GPU 深度缓冲的优点。这是非常有效的,并且在 chunked LOD 算法中所使用的四叉树结构是非常容易实现的,如 12.4.5 小节所述。在该步骤中进行的视觉棱锥裁剪和水平裁剪是非常有用的,如 12.4.2 小节所述。

通过该种算法,我们渲染了整个地形的近似细节层次。但是,这种简单的执行方式带来了两个主要的人造误差:裂痕和鼓出。

14.3 chunk 之间的裂痕

当我们渲染相邻的两个 chunk 使用不同的细节层次时,并不能保证相邻边缘的高度值是相同的,实际上,相邻的两个 chunk 边缘处甚至不具有相同的顶点数目。

这些高度值的不同导致 chunk 之间产生可见的裂缝,那么该如何填充这些裂缝呢? 如 12.1.5 小节所讨论的,这是垂直 LOD 算法的一个普遍的问题,有一系列的方法可以解决该问题。Ulrich 通过在每个 chunk 边缘处添加"裙摆"来填充裂缝[170]。

"裙摆"是一系列狭长的三角形,三角形从 chunk 的边缘处开始垂向 chunk 的下方,如图 14.4 和图 14.5 所示。为了隐藏相邻的 chunk 通过 T 连接在网格中产生的小洞,"裙摆"的下边缘稍微偏离 chunk 中心一个角度。尽管这种方式并没有填充小洞,但是将小洞隐藏了,因为用户只能看见"裙摆",而不能穿过小洞看到下面的背景。

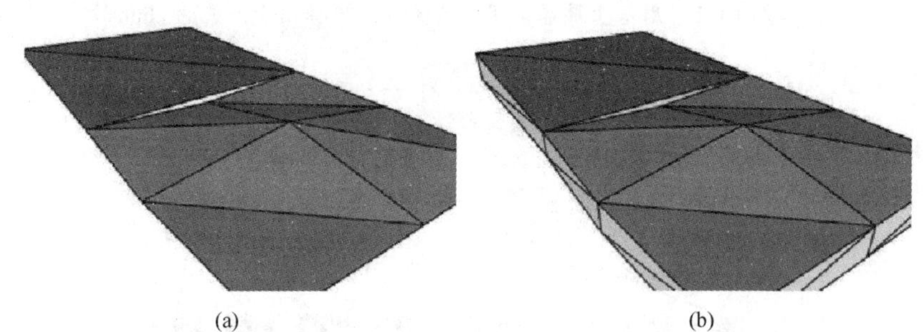

(a) (b)

图 14.4 (a)裂缝;(b)通过向每个 chunk 添加"裙摆"来填充由于相邻的 chunk 的细节层次不同而产生的裂缝。

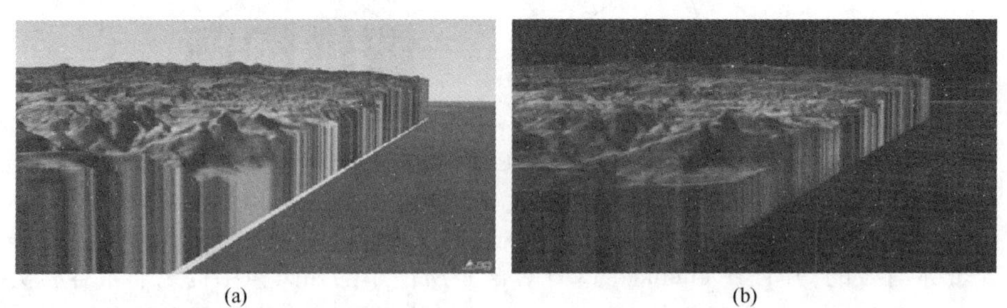

(a) (b)

图 14.5 在 chunked LOD 执行过程中面片周围的"裙摆",注意到,"裙摆"采用 chunk 边缘处的颜色进行着色。(图像来自 STK)

"裙摆"的长度是任意的,但是其必须足够长能够覆盖相邻 chunk 的顶点之间的高度差值。另外,我们希望其足够短来最小化隐藏在 chunk 下面的三角形的填充比例。

在 chunk 生成的时候,我们知道给定位置的高度的所有层次的细节信息。所以我们可以精确地计算"裙摆"的长度,将其固化到 chunk 的静态顶点缓冲器中。另一种可选方案为,我们可以将相邻 chunk 的最大 LOD 差值强制指定一个上界,并在创建"裙摆"时将该上界考虑在其中。在进行渲染时,"裙摆"会在不需要额外调用函数的情况下沿着 chunk 进行渲染填充 chunk。

14.4 转换算法

截止到目前的执行过程中,我们的 chunked LOD 算法能够基于指定的屏幕空间误差选择合适的 LOD 并且能够通过"裙摆"方式光滑地连接 chunk。如 14.7 节所述,将该算法与 GPU 加载算法相结合,以保证在需要的时候将 chunk 加载到 GPU 内存中,该算法可以用于渲染高可视化逼真度的大规模地形。但是该算法存在一个问题。

当视点进行移动时,随着 chunk 的分割和合并,地形的细节层次将会发生改变。该变化是非常小的。实际上可以保证的是,屏幕空间中的单个顶点的位置的变化是小于或等于 tau 个像素点的,至少在屏幕中心是满足的。在大多数情况下,当 LOD 发生变化时,单个像素点的变化是小于 tau 的,如果 tau 是一个比较小的数值,这种改变将会非常细微。

问题是当某一区域突然从某一 LOD 跳变到其他 LOD 时,大量的顶点将会在同一时间发生变化。当某一个顶点的变化非常细微时,在同一时间数百个顶点的跳变将会是非常混乱的。

在 chunked LOD 中,跳变问题实际上比其听起来更加容易解决。具体的解决方法是在不同 LOD 之间进行细微的改变,而不是一次对所有的进行替换。

在 chunk 的生成时间里,对于给定 chunk 的每个顶点我们需要计算一个额外的值,那就是顶点的变化值,顶点的变化值定义为 chunk 中顶点的高度和其父 chunk 中相同位置点(x,y)的高度差值。当然,最粗糙细节 chunk 层的变化值为 0,表示该层没有更加粗糙的 LOD 层可以变换了。

然后在渲染时间里,我们通过公式(14.1)计算整个 chunk 的变化参数:

$$\text{morph} = \text{clamp}\left(\frac{2\rho}{\tau} - 1, 0, 1\right) \tag{14.1}$$

其中:ρ 是通过公式(12.1)计算的 chunk 的最大屏幕空间误差,τ 为 chunk 分解为其四个子 chunk 前所能允许的最大屏幕空间误差,也是前面代码示例中的 tau。

当视点处于父 chunk 需要分解为该 chunk 的距离时，该 chunk 的 morph = 0。当视点处于该 chunk 需要分解为其四个子 chunk 的距离时，该 chunk 的 morph = 1。当视点处于这两个距离之间时，morph 值将会在 morph = 0 和 morph = 1 之间平滑地变换，如图 14.6 所示。

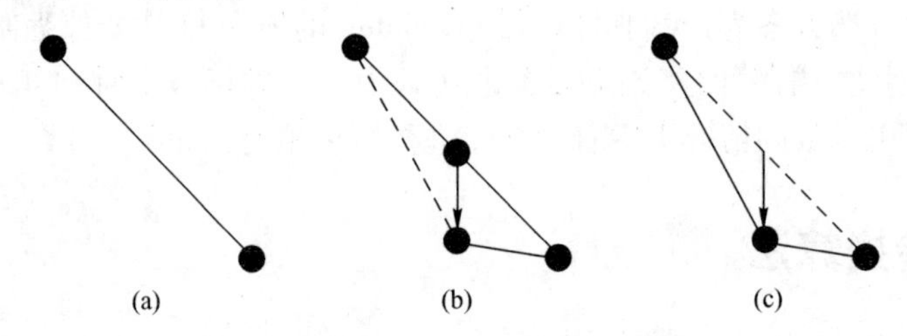

图 14.6 一个小块地形片断的侧视图。chunked LOD 通过在顶点 shader 中平滑地变换来避免跳变。(a)较低细节水平的 chunk 片断；(b)当 chunk 最初进行改变，一个新的节点添加到低细节 chunk 的对应位置，所以对于用户没有可以看到的变化；(c)当视点进行移动时，顶点平滑地变换到其真实的位置。

该计算 morph 的方法能够导致对于显示 chunk 的整个屏幕空间的误差范围的变化都是有效的。但是也存在一些其他的方法，有时需要跳过中间的部分 chunk 屏幕空间的误差范围而快速地变换到全细节地形。这样做的代价是可能导致明显的地形变换，但是会快速地在屏幕中获取更多细节。

另一种方法是不是基于屏幕误差而是基于执行时间来进行变化。例如当 chunk 的父节点第一次细节增强时，morph = 0。在接下来的 2s 进程中平滑地变换到 morph = 1。

变化的过程本身在顶点 shader 中进行。变换参数 morph 作为一个一致性变量传递给 shader，每个顶点的变换值作为顶点的一个属性传递给 shader，顶点的位置在 shader 中进行计算，如代码表 14.2 所示。

```
in vec3 position;
in float morphDelta;
//...
uniform floatu_morph;
//...
void main()
{
    //...
    float fineHeight = position. z;
```

```
    float coarseHeight = position.z + morphDelta;
    float height = mix(coarseHeight, fineHeight, u_morph);
    vec3 morphedPosition = vec3(position.xy, height);
    //...
}
```

代码表 14.2　通过对顶点 shader 进行简单的修改，chunk 可以平滑地从一个 LOD 变换到另一个 LOD。

这种基于视点位置的变换方法使得 LOD 的变换对于用户来说是不易觉察的。

14.5　生成算法

实际上，chunked LOD 可以用于渲染任何数据源创建的地形，Ulrich 将研究集中于由高度图创建 chunk。由于高度图是目前为止虚拟地球应用中最常用的地形表示法，我们也采用高度图的方法。

除了创建具有前面提到的空间属性单个四叉树 chunk，给定层次的所有的 chunk 都限制为与原始高度图相关的相同几何误差。特别地，给定一层 l，当其大于零时，下一粗略层 $l-1$ 层的几何误差 ϵ 由公式(14.2)给出：

$$\epsilon(l-1)=2\epsilon(l) \tag{14.2}$$

换句话说，精细层的几何误差是粗略层的一半，最精细一层的几何误差在 chunk 树创建的时候进行选定。当取值为 0.5 时表示最精细层的 chunk 允许偏离原始的网格高度 0.5 个高度单位。在最精细的 clipmap 层中使用非零的 ϵ 可以简化平面或者接近平面区域的细节网格，从而节省内存和总线带宽。这是 chunked LOD 相对于 geometry clipmapping 的优点，但是需要棋盘式的统一网格，即便使用该方式不一定会带来任何益处。

为了获取特定层的误差，Ulrich 实现了一种基于 Lindstrom 和 Duchaineau 等的工作的算法，得到与 Bloom 提出的视点独立的渐进网格技术相类似的结果[18,41,102]。

该算法包括三部分：更新、网格增殖和网格化

14.5.1　更新

chunk 生成算法的第一部分是对于输入高度图中每一个顶点通过一个活跃层进行更新，也就是为了满足几何误差的需要最粗糙一层必须包含的顶点。

输入的高度图的每一边必须具有2^n+1个高度值，可以被认为是一个隐式

二元三角形树,或者为二元树。在根节点,二元树具有由高度图中的四个点形成的两个三角形,如图 14.7 所示。这两个三角形的每一个都具有两个子三角形,这两个子三角形通过将原来三角形的最长边一分为二获得。该分割方法迭代进行直到高度图中的所有顶点都能够被顶点所覆盖。由于输入高度图的维度是精心选择的,因此分割得到的顶点会位于高度图的一个点上。

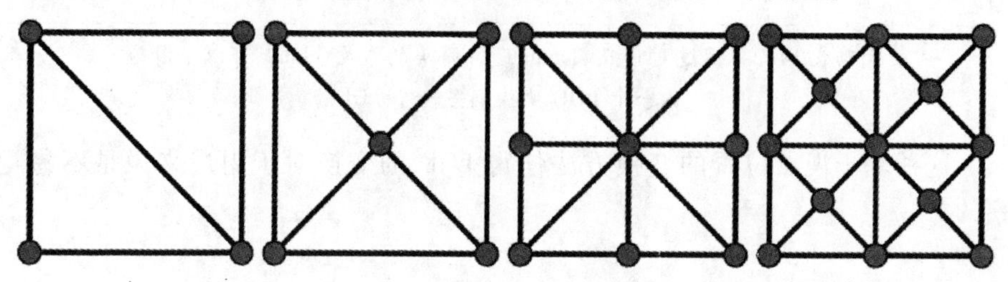

图 14.7　输入的高度图形成了一个隐式的二元三角形树(二元树)。根节点包含由高度图的四个角点组成的两个三角形。每一个三角形具有两个子节点,子节点三角形通过将三角形最长边一分为二获得,隐式树的初始四层如图所示。

更新过程递归地在隐式二元树上进行,起始为两个三角形形成的包含整个地形区域的四边形。该递归更新方程如代码表 14.3 所示,每个三角形顶点的标签如图 14.8 所示。

```
void Update( HeightMap heightMap,
double baseMaxError,
int baseLevel,
int apexX, intapexY,
int rightX, intrightY,
int leftX, intleftY)
{
    // The base ve r t ex i s midway between l e f t and r i g h t.
    int dx = leftX - rightX;
    int dy = leftY - rightY;
    if( Math. Abs( dx) <= 1 &&Math. Abs( dy) <= 1)
    {
        return;
    }
    int baseX = rightX + ( dx/2 );
    int baseY = rightY + ( dy/2 );
    // Sample the heights of left, right, and base.
    // Also estimate the height at base by averaging the
```

```
    // left and right heights.
    short leftHeight = heightMap. GetHeight( leftX,leftY) ;
    short rightHeight = heightMap. GetHeight( rightX,rightY) ;
    short baseHeight = heightMap. GetHeight( baseX,baseY) ;
    double estimatedHeight = ( leftHeight + rightHeight)/ 2. 0;
    // Compute the difference between the actual and estimated
    // heights at the base. This is the geometric error.
    double geometricError = Math. Abs( baseHeight - estimatedHeight) ;
    // If this error is larger than the error allowed at the
    // finest detaillevel,compute the coarsest detaillevel
    // that still must include this vertex and update the vertex
    // with this information.
    if( error > = baseMaxError)
    {
        int activationLevel =
        base Level - ( int) Math. Round( Math. Log( geometricError /
        baseMaxError,2. 0) ) ;
        heightMap. Activate( baseX,baseY,activationLevel) ;
    }
    // Recurse to the triangle formed by base,apex,right.
    Update( heightMap,baseMaxError,baseLevel,baseX,baseY,
    apexX,apexY,rightX,rightY) ;
    // Recurse to the triangle formed by base,left,apex.
    Update( heightMap,baseMaxError,baseLevel,baseX,baseY,
    leftX,leftY,apexX,apexY) ;
}
```

代码表 14.3　该递归函数对于高度图中的每一个顶点分配一个活跃层。活跃层是包含满足几何误差要求的所有顶点的最粗糙一层。

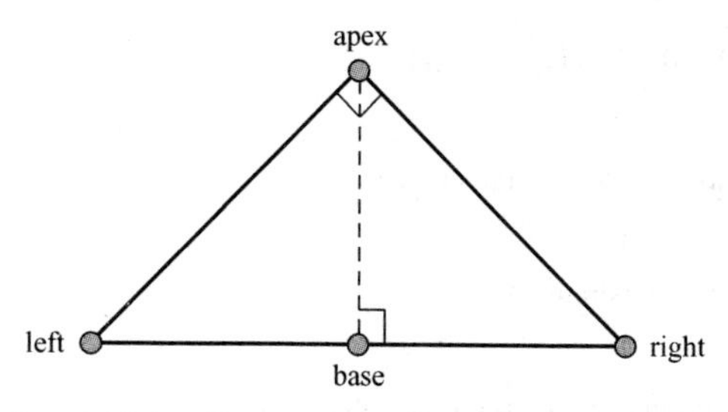

图 14.8　在隐式二元树中三角形顶点标记为 apex、left 和 right。apex 处的角度通常为 90°，left 处和 right 处的角度是相等的，第四个顶点，称之为 base，是将 left 和 right 之间的线段一分为二的点。

为三角形的 base 顶点计算活跃层是非常直接的，首先我们计算 base 顶点处高度的估计值，该估计值通过平均三角形的左顶点和右顶点获得。base 顶点处的几何误差为高度的估计值和真实高度值之差。

乍看起来，从一个线段中计算误差标准是非常直接的。然后我们对某一 LOD 是否包含一个顶点进行选择，移除一个顶点对共享该顶点的所有的三角形都有影响。根据高度图的三角化方法，单个顶点最多包含于八个三角形中！

在实际中，我们在非常特殊的情况下计算误差。给定一个存在的网格，我们计算如果移除一条分隔两个三角形的边，融合该三角形，将会带来多大的误差。因此，计算得到的误差只与上一层更加复杂的网格有关，与原始的最高细节的网格没有关系。

Lindstrom 等发现当与原始网格进行比较时，该方法得到的位移量只有不到 5% 的会超过目标几何误差[102]。更进一步，平均几何误差同样小于目标几何误差，如果这些对于一个特殊的应用还不够，可以使用另一个更加精确的算法，例如 12.2.3 小节中提到的算法，但是其代价是增加了预处理时间。

前面提到，每一个连续层允许两倍于其上一层的几何误差。基于这个规则，我们计算在最精细层次以后需要包含该顶点的层数。最后，我们将该层数减去最精细层的层数得到必须包含该顶点的粗略层的数目。

14.5.2 激活顶点

生成 chunk 过程的第二部分如代码表 14.4 所示，在顶点之间激活活跃层以保证每一层中简化网格是无缝的。

```
void Propagate( HeightMap heightMap,
int levels,
int size)
{
    int increment = 2;
    for( int level = 0; level < levels; ++ level)
    {
        for( int chunkCenterY = increment/2;
        chunkCenterY < size;
        chunkCenterY += increment)
        {
            for( int chunkCenterX = increment/2;
            chunkCenterX < size;
            chunkCenterX += increment)
```

```
                {
                    PropagateInChunk( heightMap,level,
                    chunkCenterX,chunkCenterY) ;
                }
            }
            increment * =2;
        }
}
void PropagateInChunk( HeightMap heightMap,intlevel,
intcenterX,intcenterY)
{
        int halfSize = 1 << level;
        int quarterSize = halfSize/2;
        if( level >0)
        {
            // Propagate child vertices to edgevertices
            int activationLevel;
            // Northeast child
            activationLevel =
            heightMap. GetActivationLevel( centerX + quarterSize,
            centerY - quarterSize) ;
            heightMap. Activate( centerX + halfSize,
            centerY,activationLevel) ;
            heightMap. Activate( centerX,
            centerY - halfSize,activationLevel) ;
            // Northwest child
            activationLevel =
            heightMap. GetActivationLevel( centerX - quarterSize,
            centerY - quarterSize) ;
            heightMap. Activate( centerX,
            centerY - halfSize,activationLevel) ;
            heightMap. Activate( centerX - halfSize,
            centerY,activationLevel) ;
            // Southwest child
            activationLevel =
            heightMap. GetActivationLevel( centerX - quarterSize,
            centerY + quarterSize) ;
            heightMap. Activate( centerX - halfSize,
```

```
            centerY,activationLevel);
            heightMap. Activate(centerX,
            centerY + halfSize,activationLevel);
            // Southeast child
            activationLevel =
            heightMap. GetActivationLevel(centerX + quarterSize,
            centerY + quarterSize);
            heightMap. Activate(centerX,
            centerY + halfSize,activationLevel);
            heightMap. Activate(centerX + halfSize,
            centerY,activationLevel);
        }
        // Propagate edge vertices to center.
        heightMap. Activate(
        centerX,centerY,
        hf. GetActivationLevel(centerX + halfSize,centerY);
        heightMap. Activate(
        centerX,centerY,
        hf. GetActivationLevel(centerX,centerY - halfSize);
        heightMap. Activate(
        centerX,centerY,
        hf. GetActivationLevel(centerX,centerY + halfSize);
        heightMap. Activate(
        centerX,centerY,
        hf. GetActivationLevel(centerX - halfSize,centerY);
}
```

代码表 14.4　为了保证网格无缝,该函数根据顶点的 update 激活对应层的顶点。

最终,激活将会在最精细含有最多细节的层次开始,逐步向上处理垂直层。所有 chunk 的激活过程会在继续向下处理的下一层之前的某一层完成。

在某一层中,激活过程是逐 chunk 进行处理的。某一层中单个 chunk 的激活过程如图 14.9 所示。

最初,除了最精细层外的其他层,每个子四边形的中心的顶点所在激活层的将相邻的边激活,然后包含最精细层的所有层,四个边缘顶点的激活层将中心的顶点激活。

当某一激活层将某一个顶点激活,只有当其层次比当前对应的活跃层要低时才会接受新的活跃层。换句话说,激活过程可以将一个顶点包含在更加粗略细节的层次中,但是并不能将其从已经存在的层次中移除。

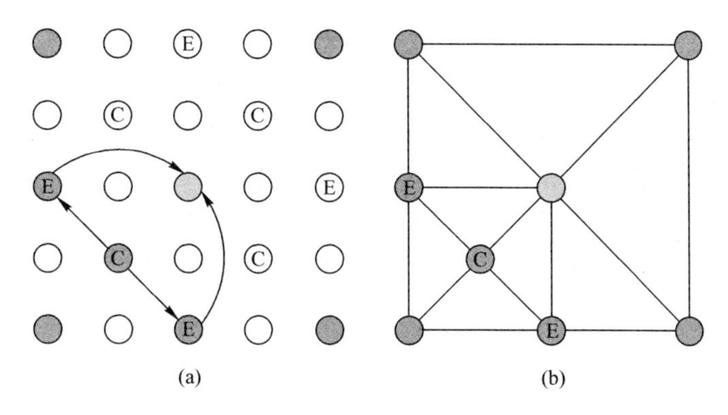

图 14.9　(a)激活某一个 5×5 的 chunk。子节点标记为 C,边节点标记为 E。经过更新步骤以后,五个顶点处于活跃状态(标记为红色)。为了在该层中创建无缝的网格,红色的子节点激活了绿色的边,然后边缘的激活进一步传递到了中心处(黄色)。(b)最终结果的网格。

14.5.3　网格化

在 chunk 生成的最后一个过程,将每一层中活跃的顶点创建一个网格。Ulrich 使用 Lindstrom 等的算法为每一个 chunk 创建网格[102]。该算法对整个 chunk 创建一条长长的三角形带,但是使用大量的退化的三角形来生成网格。

另一种解决该问题的方法是运用具有直接索引的三角形列表而不是三角形带来网格化 chunk。然后网格可以交给一个算法来优化其顶点缓存。Forsyth 和 Sander 等提出一种快速有效的方式用来优化任意网格的顶点缓冲大小[50,148]。

请思考:

上述 chunk 的生成过程是目前为止执行 chunked LOD 算法最复杂的一部分。处理过程需要对用户应用于渲染的数据量大小进行限制。这是必须的吗? 今天的 GPU 足够快让我们可以简单地使用高度图的面片 mipmap 作为四叉树? 这种方法的优点和缺点是什么呢?

14.6　着色

我们该如何将纹理应用于 chunked LOD 中呢?

作为第一次分割,纹理像几何形状一样进行分割,我们只需要简单地将静态纹理与每一个 chunk 进行关联,并且给予它们在(x,y)平面上的坐标映射到 chunk 顶点上。实际上,11.4 节的所有着色技术可以应用于基于 chunked LOD 渲染的地形。但是一个显然的问题是,当运用这些技术时,对于任意给定的

chunk,我们该选择哪个分辨率下的纹理图像呢?

使用与前面相似的方式,通过基于 chunk 几何误差投影到屏幕空间的大小来决定该 chunk 所使用的 LOD。在需要的情况下,我们可以直接确定纹理的分辨率来获得纹理像素点和屏幕像素点的对应关系。

前面提到 chunk 的屏幕空间的几何误差是通过公式(12.1)进行计算的。类似地,纹理像素点投射到屏幕上的大小t_s满足不等式(14.3):

$$t_s \leqslant \frac{t_g x}{2d_{\min}\tan\frac{\theta}{2}} \tag{14.3}$$

式中:t_g为纹理像素点的几何尺寸。

通过将公式(12.1)中的ρ替换为τ并且进行变换,可以得到显示 chunk 的最小距离$d_{\min}$,即公式(14.4):

$$d_{\min} = \frac{\epsilon x}{2\tau\tan\frac{\theta}{2}} \tag{14.4}$$

如果从视点到 chunk 的距离比该值小,则渲染该 chunk 对应的四个子节点。

最后将$d_{\min}$代入公式(14.3)求解t_g得到公式(14.5):

$$t_g \leqslant \frac{t_s \epsilon}{\tau} \tag{14.5}$$

根据该公式,我们可以直接计算最小的纹理像素点尺寸t_g,计算需要获取的量为给定的屏幕空间纹理像素点差t_s,chunk 所具有的几何误差ϵ,最大的屏幕空间高度误差τ。

为了使计算更加便利,由于ϵ在随着四叉树变得粗略一层是加倍的,因此需要的纹理分辨率减半即可。

但是该公式并没有考虑在陡峭的斜面地形特征上纹理拉伸的影响。如果需要的话,chunk 的生成过程可以将该因素考虑其中,但是代价是需要更加消耗时间的预处理步骤。也可能发生对于陡峭地理特征的小块区域,算法会为整个 chunk 选择过分大的纹理。更多纹理拉伸的细节参阅 11.4.3 小节。

Kevin 说:

> 非常容易理解最大屏幕空间的几何误差与最大屏幕空间的纹理像素点误差是不同的。在 STK 和 Insight3D 中,我们所使用的默认最大屏幕几何误差为两个像素点,而默认的最大屏幕空间纹理像素点误差为一个像素点。我们得出大的纹理像素点误差导致明显的图像震荡跳变。当然,这两个量是可以被用户进行配置的。

14.7　Out - of - Core 渲染

当对一幅大规模地形,将所有的 chunk 加载到内存中是不可能的。因此,需要一个 out - of - core 算法来实现在需要时将 chunk 加载到内存中。

我们按照 12.3 节的结构,在其中加载线程用于当渲染线程请求的情况下对所需的 chunk 进行加载,如代码表 14.5 所示。

```
public voidRender(ChunkNode node,SceneState sceneState)
{
    RequestResidency(node);
    if(! node.AllChildChunksResident ||
    ScreenSpaceError(node,sceneState) <= tau)
    {
        RenderChunk(node,sceneState);
        foreach(ChunkNodechild in node.Children)
        {
            RequestResidency(child);
        }
    }
    else
    {
        foreach(ChunkNodechild in node.Children)
        {
            Render(child,sceneState);
        }
    }
}
```

代码表 14.5　将 chunked LOD 渲染算法扩展到支持 out - of - core 渲染

像前面一样,我们渲染满足屏幕空间误差需求的第一个 chunk,但是除此之外我们还请求加载每一个渲染 chunk 的子 chunk,这是一个对 chunk 进行预取的过程,因为当观察者移动时,相应子 chunk 需要加载的可能性增加了。如果 chunk 已经加载了或者正在加载过程中,RequestResidency 增加其加载的优先级并相应较小其被覆盖的优先级(见 12.3.2 小节)。

另外,当前 chunk 的子块没有加载时,不管屏幕误差是多少,我们都渲染当前的 chunk。因此,当丢失某一块缓存时,我们渲染当前可用的最优数据。

代码表 14.5 的实例中没有必要包含 chunk 的顶点和索引缓冲。当 RequestResidency 被渲染线程调用时，请求被放入请求队列。加载线程按照加载顺序优先级加载 chunk，根据加载的数据构成 ChunkNode 实例。

一个没有节点数据和索引数据的 ChunkNode 实例被称为概要节点。其包含的信息包括世界空间的范围、chunk 的几何误差和 chunk 之间的父子关系，但是不包含 chunk 的几何特征。加载线程将概要节点转换为加载节点。根据替换机制，如果某一节点被选择用于替换，则加载线程可以将加载节点变换回概要节点（见 12.3.3 小节）。

对于大规模地形，很容易就会有数百万的节点，所以将所有的节点保存在内存中，即使只是节点的概略信息也是被禁止的。只有最近需要被渲染的节点，当它们被加载，或者它们是加载或渲染节点的父节点时才应该保留在内存中。在诸如 C#的内存回收语言中，每个节点对于其所有的孩子节点分别存储一个 WeakReference。一个 WeakReference 并不能阻止该对象释放的空间被自动回收，当进行回收时，WeakReference 被自动设置为 NULL。

加载完成或者正在加载的节点会阻止内存的自动回收，因为替换队列和请求队列对其具有正常的引用，并不是弱引用。另外节点会对其父节点具有正常的引用，所以当子节点已经加载或者正在加载，其父节点内存是不能自动回收的。由于概略节点并不像加载节点，不具有任何自由资源，因此不需要单独处理它们。

对于诸如 C ++ 的明确内存管理语言，正常的引用被引用计数器所支撑。可以通过无计数指针模拟父节点到子节点的弱引用，该指针在子节点的析构函数中被置为 NULL。

很多 chunked LOD 的执行过程中都会保证如果某一个 chunk 被加载了，该 chunk 的所有父节点直至各节点都会加载。该机制在视点远离该 chunk 时非常重要，这会停止该 chunk 以及其相邻的三个 chunk 的渲染，而是对其父节点的进行渲染。这就是为什么会在代码表 14.5 的开头调用 RequestResidency 的原因。

如果父节点没有被加载，我们可以有两种选择，每一种都非常好。我们可以显示被加载的最初的祖先节点，这会导致一次改变 LOD 的两层或者更多层，当然会产生令人厌恶的跳变。或者我们可以继续显示高细节的子 chunk 直至其父节点被加载。第二种可选方案导致渲染加载工作量的增加，而且当在新的视角中，高 LOD 使得屏幕的一个像素点具有多个三角形，进而导致混叠伪影。

14.8 地球上执行 chunked LOD 算法

比较令人惊讶的是，chunked LOD 算法可以通过非常少的修改就可以应用于渲染椭球上面的地形。如果每一个 chunk 顶点已经映射到椭球面上，并且每一块 chunk 的地形边缘包围体和几何误差都是通过映射后的坐标计算得到的，则核心渲染算法可以在前面的算法基础上不进行任何修改而适用。

实际上，我们唯一需要做的是对于不同细节层之间的变形。当地形是在平面上的时候，对于每一个顶点，我们简单地保证其变形误差。其大小就是粗略层和当前 LOD 层的高度之差。然而当地形是在椭球面上的时候，上方向是很难确定的。在这种情况下，我们提供下一粗略 LOD 层的对应的顶点位置，并通过其进行平滑渲染，如代码表 14.6 所示。

```
in vec3 position;
in vec3 coarserPosition;
//...
uniform floatu_morph;
//...
void main()
{
    //...
    vec3 morphedPosition = mix(coarserPosition,position,u_morph);
    //...
}
```

代码表 14.6　在给定粗略 LOD 网格上顶点相应位置的情况下，
椭球面上某一层 LOD 的 chunks 平滑地变换到另一层的代码。

在 chunk 的生成过程中，我们应该如何创建椭球映射的 chunk 呢？答案依赖于源地形数据，但是在大多是情况下是非常直接的。

对于最常见的情况，源数据是地理投影的高度图，每一点的位置向量（经度、纬度、高度）变换到 WGS84 笛卡儿坐标系下，如第 2.3 节所示。变换后的位置用于 chunk 生成过程中决定顶点是否处于活跃状态。所以对于诸如海洋等高度相等的大块区域，会保持其曲面特征，如图 14.10 所示。另外，变换后的坐标用于计算 chunk 的包围体。

由于地理投影在极点处是过采样的，通过这种方式创建的 chunk 同样会在极点附近过采样。但是，在 chunk 生成过程中的网格简化过程对其进行了较大程度的减轻。当输入高度图区域在极点处具有数百个相应的点，网格简化将会消除大多数重复的点。

必须值得注意的是，当将点映射到椭球面时，必须保证其具有足够的数值精度。将 WGS84 笛卡儿坐标中的顶点位置以单精度浮点数进行存储很大可能

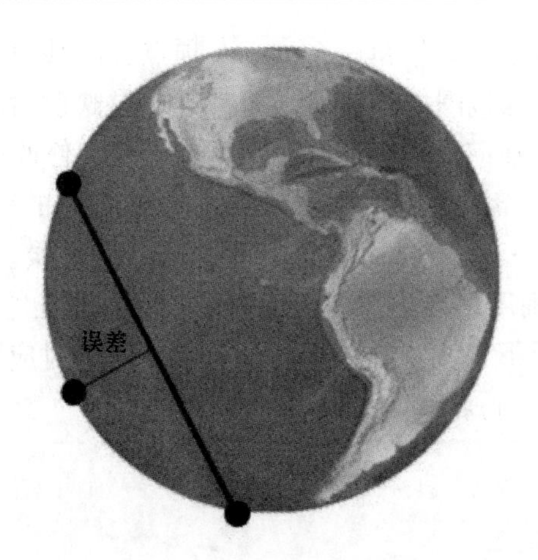

图 14.10 两个顶点具有相等的高度,但是在地球上相隔较远。在两个顶点中间添加一个顶点能够极大改进地形对地球的适应性,所以添加的顶点应当处于活跃状态,如果在计算误差时不考虑椭球映射,该顶点具有较小的影响,所以应当处于非活跃状态。

会导致跳变,正如第五章所解释的。第五章中介绍的解决方法都会对 chunked LOD 算法的精度问题进行一定改善,但是根据中心进行渲染是最好的解决方案。

14.9 chunked LOD 算法与 geometry clipmapping 算法的比较

chunked LOD 算法与 geometry clipmapping 算法是地形 LOD 算法的两种方式。两种算法的优点和缺点总结如表 14.1 所示。在大多是情况下,一个虚拟地球开发者并不会选择一种算法并且运行其,但是使用这些算法作为其开发过程的起点,吸取不同算法的不同优点。

表 14.1 geometry clipmapping 算法和 chunked LOD 算法比较表

	geometry clipmapping 算法	chunked LOD 算法
预处理	较少。只需要获得 mipmap 高度图	大量。对地形网格进行简化以创建 chunk,对于每一个 chunk 计算其包围体和误差量
网格适应性	无。网格必须是规则网格,因此无法描述垂直悬崖和悬挂特征	比较好。chunk 是不规则网格,只要可以计算包围体和误差量即可,拓扑结构不是很重要
三角面片数量	非常大。规则网格结构消耗大量三角面片,即使在一些区域并没有提供任何用处,但是算法三角面片被有效地存入 GPU 中进行处理	比较少。网格简化过程会排除掉不需要的三角面片

（续）

	geometry clipmapping 算法	chunked LOD 算法
椭球面映射	非常具有挑战性。在实际中，如果保留算法所有优点，则需要 64 位的 GPU，其他的解决方法会在简化过程中丢失一些优点	映射比较直接。在 chunk 的创建过程中将顶点映射到椭球面上。精度问题通过 RTC 或者 RTE 技术进行管理
误差控制	比较差。水平方向的三角面片大小可以通过改变 clipmap 的大小进行控制。但是垂直特征会使得三角面片任意放大	非常好。chunk 的选择通过在像素层面所能达到的最大的屏幕空间误差
帧率一致性	非常好。不管地形特征如何，屏幕具有相同数目的三角面片，因此帧率非常稳定	比较差。由于渲染是根据屏幕空间的误差获取的，崎岖的地形将会导致更高细节的 chunk 需要进行渲染，帧率比渲染平坦区域要低
网格一致性	非常好。不同层次的混合会构成一个平滑无缝的网格	比较差。会发生裂缝和 T 形开口，只能通过隐藏解决
地形数据量大小	非常小。只需要存储高度数据，规则的结构可以达到非常好的压缩效果。但是，一些将地形映射到椭球面的算法需要存储更多的数据	非常大，需要存储完整的 *xyz* 坐标信息和变形目标
额外硬件支持	非常差。GPU 需要能够进行有效的顶点纹理存取	非常好。尽管三角面片的传输量非常重要，但是即使是固定函数的管线可以用于渲染 chunk

14.10　相关资料

Ulrich 最初关于 chunked LOD 的论文是了解更多信息的一个好地方[170]。他的网站[1]中有一些预先 chunk 的测试数据，还有一些向公众开放的完整源代码用于生成 chunk 和渲染执行。

1　http://tulrich.com/geekstuff/chunklod.html

附录A 消息队列实现

在10.3.1小节中提到了用来进行线程间通信的OpenGlobe.Core.MessageQueue,在那里我们将其作为一个黑箱子,我们在一个线程中发送信息,通常会在另一个线程中进行处理。本附录中我们将揭开这层黑幕,对消息队列的实现进行描述。特别地,我们要注意下列公有成员的实现。

```
public class MessageQueue : IDisposable
{
    public event EventHandler<MessageQueueEventArgs> MessageReceived;
    public void StartInAnotherThread();
    public void Post(object message);
    public void Post(Action<object> callback, object message);
    public void ProcessQueue();
    public void Terminate();
    //...
}
```

这些时间变量主要用于以下目的:

- MessageReceived。用于处理消息的事件。其在处理消息队列的线程中触发。
- StartInAnotherThread。启动一个专门的线程用于处理队列中的消息。
- Post。异步添加一条消息。当一个过载时,只传递一条object类型的消息。另一个过载时,同样会执行一个回调,而不是调用MessageReceived来处理消息。这使得可以通过不同方式处理不同的消息。在实现Terminate时,我们可以发现其有用之处。
- ProcessQueue。在调用线程中同步地处理队列中的所有消息。
- Terminate。异步通知消息队列停止消息处理。该调用会马上返回,而不是等待MessageQueue停止后再返回。任何优先于调用该方法的消息将会优先于消息队列终止前被处理。

实现MessageQueue需要两个私有成员变量:一个消息队列和目前状态标志,如代码表A.1所示:

```
private struct MessageInfo
{
    public MessageInfo(Action<object> callback, object message)
    {
        Callback = callback;
        Message = message;
    }
    public Action<object> Callback;
    public object Message;
}
private enum State
{
    Stopped,
    Running,
    Stopping
}
private List<MessageInfo> _queue = new List<MessageInfo>();
private State _state;
```

代码表 A.1 MessageQueue 的私有数据成员

队列中保留着请求发布但是还未执行的消息。从概念上讲,消息是从队列末尾添加,从队列开头移除。消息队列可以使下面三种状态之一:

- 已停止。消息队列不进行消息处理,如果新消息发布了,则将其添加到队列中,目前不对其进行处理。
- 正在运行。消息队列正在运行。发布的消息按照接收的顺序进行处理。
- 正在停止。消息队列被某一调用 Terminate 的函数通知要停止,但是消息队列目前还没有停止。

状态之间的转化如图 A.1 所示。一个消息队列会花费其大部分时间在正在运行(running)的状态,或者在等待消息,或者在处理这些消息。

对这两个数据成员的访问通过互斥锁来进行保护[1]。在 C#语言中,通过使用关键词 lock,任何引用类型都可以用作互斥锁,所以为了方便,我们使用_queue 作为锁定对象。我们非常谨慎地使用锁定来保证使用最少量的时间来达到需要的彼此的排他性。

---

1 为了便于执行,可以使用单个关联列表和单个比较和交换操作执行不分块的消息队列。我们使用互斥锁来保证执行的简单性。不进行锁定的代码可能会导致错误[162]。

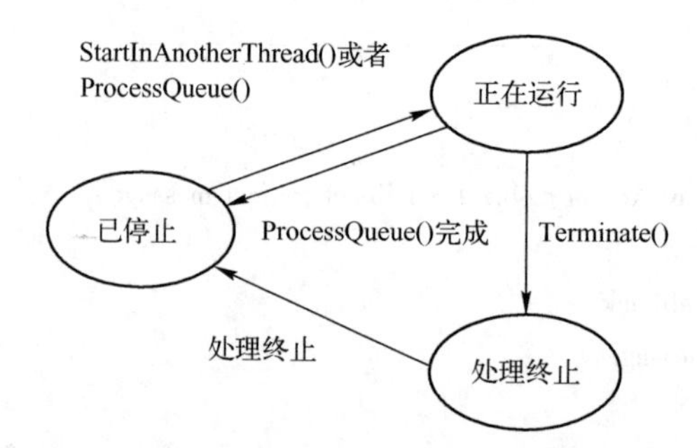

图 A.1　消息队列状态之间的转换图

Post 的实现如代码表 A.2 所示,在回调过载或者消息过载的情况下,只需要过载地执行一个消息。队列通过代码表 A.1 中的 MessageInfo 的实例保存了回调函数和消息。

```
public voidPost( object message)
{
    Post( null,message);
}
public voidPost( Action < object > callback,object message)
{
    lock( _queue)
    {
        _queue. Add( new MessageInfo( callback,message));
        Monitor. Pulse( _queue);
    }
}
```

代码表 A.2　MessageQueue. Post 的执行代码

Post 执行过程中最重要的是线程的同步。Post 可以在同一时间被不同的线程所调用。处理线程能够访问变量_queue,而_queue 通过互斥锁进行保护,所以每次只有一个线程能对其进行访问。在获互斥锁后,Post 向队列中添加一条消息,使用 Monitor. Pulse 来通知等待处理线程有消息可以处理了[1]。对象 Monitor. Pulse 只能够唤醒在等待相同互斥锁的线程。其之后对 Monitor. Wait 的调用没有影响。因此,对 Monitor. Pulse 的调用应当位于锁定内容中,否则,处理线程调用了 Monitor. Wait 会暂停。

1　在 C++ 中,. net 的 lock 关键词和 Monitor 类可以分别通过 boost::mutex 和 boost::condition_variable 替换。在 Java 中,它们可以通过 synchronized 关键词和 java. lang. Object 中的 notify 函数进行替换。

请思考：

一种异步 Post 的可替换方式是同步 Send，其会阻塞直到处理线程中的消息处理完成。该怎样执行 Send 呢？什么时候会出现死锁？在 MessageQueue 中我们已经包含了一个 Send 的执行代码，与你的实现对比，它是如何实现的？

正如前面所描述的，当 ProcessQueue 被一个执行线程明确连续地调用时，消息会被处理。执行线程必须由调用 StartInAnotherThread 开始。执行 ProcessQueue 的代码如代码表 A.3 所示。

```
public void ProcessQueue( )
{
    List < MessageInfo > current = null;
    lock( _queue)
    {
        if( _state ! = State. Stopped)
        {
            throw new InvalidOperationException(
                "The MessageQueue is already running. ");
        }
        if( _queue. Count > 0)
        {
            _state = State. Running;
            current = new List < MessageInfo > ( _queue);
            _queue. Clear( );
        }
    }
    if( current ! = null)
    {
        ProcessCurrentQueue( current);
        lock( _queue)
        {
            _state = State. Stopped;
        }
    }
}
```

代码表 A.3　MessageQueue. ProcessQueue 的执行代码

我们必须首先进行锁定来避免由于 Post 在另一个线程中进行调用或者两个不同线程同时调用 ProcessQueue 而发生的竞争现象。一旦我们确定没有其他线程正在处理队列消息,我们设置_state 为 Running 状态,并将所有的当前排队消息置于本地列表中,清除_queue,释放锁定。注意到,我们在实际处理消息之前释放锁定。这样即使以前发布的消息已经被处理了,也可以通过允许其他线程发布消息来最大化并行处理。

另一点需要注意的是我们应当如何将整个消息队列由_queue 一次移到 current 中,而不是每次移动一条消息,在将其处理完后再移动下一条消息。这样有两个优点。首先,这样我们可以使用 List < MessageInfo >,这是一个简单的类似数组的数据结构,而不是使用一个更加复杂的数据结构可以允许从开始的位置有效地移除元素。其次,更加重要的是其减少了锁定对计算机资源的消耗。

请思考:

> 为了避免 Post 中的锁定的资源消耗,渲染线程可以向本地队列中添加请求,在进行请求的添加时,只需要对每一帧锁定一次。这样是平衡了哪些因素呢?这样又是如何影响渲染线程和工作线程之间的并发运行的呢?

一旦锁定被释放,current 队列会被 ProcessCurrentQueue 进行处理,如代码表 A.4 所示,最终,_state 转换回 Stopped 状态。

```
private voidProcessCurrentQueue(List < MessageInfo > currentQueue)
{
    for(inti = 0;i < currentQueue. Count; ++i)
    {
        if(_state == State. Stopping)
        {
            // Push the remainder of ‘current’back into ‘queue‘.
            lock(_queue)
            {
                currentQueue. RemoveRange(0,i);
                _queue. InsertRange(0,currentQueue);
            }
            break;
        }
        MessageInfomessage = currentQueue [ i ];
        if(message. Callback ! = null)
```

```
            {
                message.Callback(message.Message);
            }
            else
            {
                EventHandler<MessageQueueEventArgs> e = MessageReceived;
                if(e != null)
                {
                    e(this,new MessageQueueEventArgs(message.Message));
                }
            }
        }
    }
```

代码表 A.4 MessageQueue.ProcessCurrentQueue 的执行代码

我们简单地对队列中的消息进行遍历并且对每一条消息进行处理。根据哪一个过载的 Post 用于处理消息，每一条消息可以用两种方法中的一种进行处理。如果消息具有回调，回调被请求并传递消息数据。否则，在事件的变量中与消息数据同时生成 MessageReceived 事件。

请思考：

> 如果在处理一条信息时出现异常将会发生什么？MessageQueue 该怎样才能鲁棒地处理这种情况。

在处理消息的过程中可能将其状态改变为正在停止，在这种情况下，current 队列中的未处理部分会复制回_queue 中，所以这些消息可以在处理进程重新启动时并且 for 循环存在的时候处于有效状态。将其状态改变为正在停止的过程就在 Terminate 的实现过程中，如代码表 A.5 所示。

```
public void Terminate()
{
    Post(StopQueue,null);
}
private void StopQueue(object userData)
{
    _state = State.Stopping;
}
```

代码表 A.5 通过 Post 和回调函数执行 MessageQueue.Terminate

在更新 StopQueue 的_state 之前是没有必要进行锁定的,这是因为该方法作为一条消息被发布于队列之中,并且通过处理该消息的线程执行的。由于其他线程并不关心状态的转变,因此不需要进行线程同步。

请思考:

在已知 Terminate 和 Send 的情况下,你将如何实现 TerminateAndWait 同步呢?

到目前为止,我们有一个正在运行的 MessageQueue,它使得我们可以调用 ProcessQueue 来同步地处理分发给它的消息。代码表 A.6 显示了 StartInAnotherThread 的代码,该代码用于启动一个线程来处理发布给它的消息。

```
public void StartInAnotherThread( )
{
    lock( _queue)
    {
        if( _state ! = State. Stopped)
        {
            throw new InvalidOperationException(
                "The MessageQueue is already running. ");
        }
        _state = State. Running;
    }
    Thread thread = new Thread( Run) ;
    thread. IsBackground = true;
    thread. Start( ) ;
}
private void Run( ) {/ * . . .  * / }
```

代码表 A.6　MessageQueue. StartInAnotherThread 的执行代码

正如 ProcessQueue,StartInAnotherThread 通过添加锁来保证没有其他的线程正在处理消息。然后将状态_state 设置为正在运行并开启一个新的线程。该线程被配置为后台线程,这意味着其不会通过自身的终止来停止其运行所在的进程。新线程的接入点是 Run 函数,如代码表 A.7 所示。

```
private void Run( )
{
    List < MessageInfo > current = new List < MessageInfo > ( ) ;
```

```
    do
    {
        lock(_queue)
        {
            if(_queue.Count > 0)
            {
                current.AddRange(_queue);
                _queue.Clear();
            }
            else
            {
                Monitor.Wait(_queue);
                current.AddRange(_queue);
                _queue.Clear();
            }
        }
        ProcessCurrentQueue(current);
        current.Clear();
    } while(_state == State.Running);
    lock(_queue)
    {
        _state = State.Stopped;
    }
}
```

代码表 A.7　通过 MessageQueue.Run 处理队列中的消息代码

该方法的实现与代码表 A.3 中 ProcessQueue 的实现有很多类似。我们会添加锁，将_queue 中的内容复制到 current 队列中，释放锁，然后处理 current 队列中的消息。区别是整个处理过程被包含在 do...while 循环中。该循环重复执行直到队列不处于正在运行状态。当 Terminate 发布消息被处理时将会跳出上述循环并跳转到正在停止循环中。换句话说，其会在一个循环中一直处理消息直到终止该循环。

另一个重要的不同是当队列没有消息时对 Monitor.Wait 的调用。假如没有该调用，MessageQueue 会一直工作！将该调用包含在其中是非常重要的，其可以避免 do…while 循环在没有进行任何有用工作的时候全速运转、繁忙等待和占用大量的 CPU 时间。有读者可能会注意到，截至目前，我们还没有证明 Post

中有调用 Monitor. Pulse。在该方法中调用 Monitor. Wait 的原因就是 Monitor. Pulse 是存在的。Monitor. Wait 使得线程等待,不消耗任何 CPU 时间,直到另一个线程调用了 Monitor. Wait。

小练习:

MessageQueue 是无约束的,如果信息的发布比其处理要快,其会无限增长。添加属性 MaximumLength,使得当向队列中添加的消息超过该数值时,会阻止 Post 添加消息。

小练习:

MessageQueue 允许不同的线程向同一队列添加消息,但是只允许单一的线程处理消息。为了仿真不同的处理线程,我们建议使用不同的消息队列,通过 10. 3 节的 round – robin 进行调度。修改消息队列使其支持多个处理线程。开始使用 round – robin 调度,然后修改设计使得允许用户自定义调度算法。

参考文献

[1] Kurt Akeley and Jonathan Su. "Minimum Triangle Separation for Correct z – Buffer Occlusion." In Proceedings of the 21st ACM SIGGRAPH/EUROGRAPHICS Symposium on Graphics Hardware. New York: ACM Press, 2006. Available at http://research. microsoft. com/pubs/79213/GH% 202006% 20p027%20Akeley%20Su. pdf.

[2] Kurt Akeley. "The Hidden Charms of the z – Buffer." In IRIS Universe 11, pp. 31 – 37, 1990.

[3] Tomas Akenine – Moller, Eric Haines, and Naty Hoffman. Real – Time Rendering, Third edition. Wellesley, MA: A K Peters, Ltd. , 2008.

[4] Johan Andersson and Natalya Tatarchuk. "Frostbite: Rendering Architecture and Real – Time Procedural Shading & Texturing Techniques." In Game Developers Conference, 2007. Available at http:// developer. amd. com/assets/Andersson – Tatarchuk – FrostbiteRenderingArchitecture% 28GDC07 AMD Session%29. pdf.

[5] Johan Andersson. "Terrain Rendering in Frostbite Using Procedural Shader Splatting." In Proceedings of SIGGRAPH 07: ACM SIGGRAPH 2007 Courses, pp. 38 – 58. New York: ACM Press, 2007. Available at http://developer. amd. com/media/gpu assets/Andersson – TerrainRendering(Siggraph07). pdf.

[6] Johan Andersson. "Parallel Graphics in Frostbite—Current & Future." In SIGGRAPH, 2009. Available at http://s09. idav. ucdavis. edu/talks/04 – JAndersson – ParallelFrostbite – Siggraph09. pdf.

[7] Edward Angel. Interactive Computer Graphics: A Top – Down Approach Using OpenGL, Fourth edition. Reading, MA: Addison Wesley, 2005.

[8] Apple. "Enabling Multi – Threaded Execution of the OpenGL Framework." Technical report, Apple, 2006. Available at http://developer. apple. com/library/mac/#technotes/tn2006/tn2085. html.

[9] Arul Asirvatham and Hugues Hoppe. "Terrain Rendering Using GPU – Based Geometry Clipmaps." In GPU Gems 2, edited by Matt Pharr, pp. 27 – 45. Reading, MA: Addison – Wesley, 2005. Available at http:// http. developer. nvidia. com/GPUGems2/gpugems2 chapter02. html.

[10] Andreas Baerentzen, Steen Lund Nielsen, Mikkel Gjael, Bent D. Larsen, and Niels Jaergen Christensen. "Single – Pass Wireframe Rendering." In Proceedings of SIGGRAPH 06: ACM SIGGRAPH 2006 Sketches. New York: ACM Press, 2006. Available at http://www2. imm. dtu. dk/pubdb/views/ publication details. php?id = 4884.

[11] Steve Baker. "Learning to Love Your z – Buffer." Available at http://www. sjbaker. org/steve/omniv/ love your z buffer. html, 1999.

[12] Avi Bar – Zeev. "How Google Earth Really Works." Available at http://www. realityprime. com/articles/ how – google – earth – really – works, 2007.

[13] Sean Barrett. "Enumeration of Polygon Edges from Vertex Windings." Available at http://nothings. org/ computer/edgeenum. html, 2008.

[14] Louis Bavoil. "Effcient Multifragment Effects on Graphics Processing Units." Master's thesis, University

of Utah, 2007. Available at http://www. sci. utah. edu/ ~ csilva/papers/thesis/louis - bavoil - ms - thesis. pdf.

[15] Bill Bilodeau and Mike Songy. "Real Time Shadows." In Creativity '99, Creative Labs Inc. Sponsored Game Developer Conferences, 1999.

[16] Ruzinoor bin Che Mat and Dr. Mahes Visvalingam. "Effectiveness of Silhouette Rendering Algorithms in Terrain Visualisation." In Proceedings of the National Conference on Computer Graphics and Multimedia (CoGRAMM), 2002. Available at http://staf. uum. edu. my/ruzinoor/COGRAMM. pdf.

[17] Charles Bloom. "Terrain Texture Compositing by Blending in the FrameBuffer." Available at http://www. cbloom. com/3d/techdocs/splatting. txt, 2000.

[18] Charles Bloom. "View Independent Progressive Meshes (VIPM)." Available at http://www. cbloom. com/3d/techdocs/vipm. txt, 2000.

[19] Jeff Bolz. "ARB ES2 compatibility." Available at http://www. opengl. org/registry/specs/ARB/ES2 compatibility. txt, 2010.

[20] Jeff Bolz. "ARB shader subroutine." Available at http://www. opengl. org/registry/specs/ARB/shader subroutine. txt, 2010.

[21] Flavien Brebion. "Tip of the Day: Logarithmic z - Buffer Artifacts Fix." Available at http://www. gamedev. net/blog/73/entry - 2006307 - tip - of - the - day - logarithmic - zbuffer - artifacts - fix/, 2009.

[22] Pat Brown. "EXT texture array." Available at http://www. opengl. org/registry/specs/EXT/texture array. txt, 2008.

[23] Bruce M. Bush. "The Perils of Floating Point." Available at http://www. lahey. com/float. htm, 1996.

[24] Fay Chang, Jeffrey Dean, Sanjay Ghemawat, Wilson C. Hsieh, Deborah A. Wallach, Mike Burrows, Tushar Chandra, Andrew Fikes, and Robert E. Gruber. "Bigtable: A Distributed Storage System for Structured Data." In Proceedings of the 7th Conference on USENIX Symposium on Operating Systems Design and Implementation, 7, 7, pp. 205 - 218, 2006. Available at http://labs. google. com/papers/bigtable - osdi06. pdf.

[25] Bernard Chazelle. "Triangulating a Simple Polygon in Linear Time." Discrete Comput. Geom. 6:5(1991), 485 - 524.

[26] M. Christen. "The Future of Virtual Globes—The Interactive Ray - Traced Digital Earth." In ISPRS Congress Beijing 2008, Proceedings of Commission II, ThS 4, 2008. Available at http://www. 3dgi. ch/publications/chm/virtualglobesfuture. pdf.

[27] Malte Clasen and Hans - Christian Hege. "Terrain Rendering Using Spherical Clipmaps." In Eurographics/IEEE - VGTC Symposium on Visualisation, pp. 91 - 98, 2006. Available at http://www. zib. de/clasen/? page id = 6.

[28] Kate Compton, James Grieve, Ed Goldman, Ocean Quigley, Christian Stratton, Eric Todd, and Andrew Willmott. "Creating Spherical Worlds." In Proceedings of SIGGRAPH 07: ACM SIGGRAPH 2007 Sketches, p. 82. New York: ACM Press, 2007. Available at http://www. andrewwillmott. com/s2007.

[29] Wagner T. Correa, James T. Klosowski, and Claudio T. Silva. "VisibilityBased Prefetching for Interactive Out - of - Core Rendering." In Proceedings of the 2003 IEEE Symposium on Parallel and Large - Data Visualization and Graphics. Los Alamitos, CA: IEEE Computer Society, 2003. Available at http://www. evl. uic. edu/cavern/rg/20040525 renambot/Viz/parallel volviz/prefetch outofcore viz pvg03. pdf.

[30] Patrick Cozzi and Frank Stoner. "GPU Ray Casting of Virtual Globes." In Proceedings of SIGGRAPH 10: ACM SIGGRAPH 2010 Posters, p. 1. New York: ACM Press, 2010. Available at http://www.agi.com/gpuraycastingofvirtualglobes.

[31] Patrick Cozzi. "A Framework for GLSL Engine Uniforms." In Game Engine Gems 2, edited by Eric Lengyel. Natick, MA: A K Peters, Ltd., 2011. Available at http://www.gameenginegems.net/.

[32] Patrick Cozzi. "Delaying OpenGL Calls." In Game Engine Gems 2, edited by Eric Lengyel. Natick, MA: A K Peters, Ltd., 2011. Available at http://www.gameenginegems.net/.

[33] Matt Craighead, Mark Kilgard, and Pat Brown. "ARB point sprite." Available at http://www.opengl.org/registry/specs/ARB/point sprite.txt, 2003.

[34] Matt Craighead. "NV primitive restart." Available at http://www.opengl.org/registry/specs/NV/primitive restart.txt, 2002.

[35] Cyril Crassin, Fabrice Neyret, Sylvain Lefebvre, and Elmar Eisemann. "GigaVoxels: Ray-Guided Streaming for Effcient and Detailed Voxel Rendering." In ACM SIGGRAPH Symposium on Interactive 3D Graphics and Games (I3D). New York: ACM Press, 2009. Available at http://artis.imag.fr/Publications/2009/CNLE09.

[36] Chenguang Dai, Yongsheng Zhang, and Jingyu Yang. "Rendering 3D Vector Data Using the Theory of Stencil Shadow Volumes." In ISPRS Congress Beijing 2008, Proceedings of Commission II, WG II/5, 2008. Available at heep://www.isprs.org/proceedings/XXXVII/congress/2 pdf/5 WG-II-5/06.pdf.

[37] Christian Dick, Jens Kr¨uger, and R¨udiger Westermann. "GPU Ray-Casting for Scalable Terrain Rendering." In Proceedings of Eurographics 2009—Areas Papers, pp. 43-50, 2009. Available at http://wwwcg.in.tum.de/Research/Publications/TerrainRayCasting.

[38] Christian Dick. "Interactive Methods in Scientific Visualization: Terrain Rendering." In IEEE/VGTC Visualization Symposium, 2009. Available at http://wwwcg.in.tum.de/Tutorials/PacificVis09/Terrain.pdf.

[39] Alan Neil Ditchfield. "Honeycomb Spherical Figure." Available at http://www.neubert.net/Download/global-grid.doc, 2001.

[40] David Douglas and Thomas Peucker. "Algorithms for the Reduction of the Number of Points Required to Represent a Digitized Line or its Caricature." The Canadian Cartographer 10:2(1973), 112-122.

[41] Mark Duchaineau, Murray Wolinsky, David E. Sigeti, Mark C. Miller, Charles Aldrich, and Mark B. Mineev-Weinstein. "ROAMing Terrain: RealTime Optimally Adapting Meshes." In Proceedings of the 8th Conference on Visualization '97, pp. 81-88. Los Alamitos, CA: IEEE Computer Society, 1997.

[42] Jonathan Dummer. "Cone Step Mapping: An Iterative Ray-Heightfield Intersection Algorithm." Available at http://www.lonesock.net/files/ConeStepMapping.pdf, 2006.

[43] David Eberly. 3D Game Engine Design: A Practical Approach to Real-Time Computer Graphics, Second edition. San Francisco: Morgan Kaufmann, 2006.

[44] David Eberly. "Triangulation by Ear Clipping." Available at http://www.geometrictools.com/Documentation/TriangulationByEarClipping.pdf, 2008.

[45] David Eberly. "Wild Magic 5 Overview." Available at http://www.geometrictools.com/WildMagic5Overview.pdf, 2010.

[46] Christer Ericson. "Physics for Games Programmers: Numerical Robustness (for Geometric Calculations)." Available at http://realtimecollisiondetection.net/pubs/, 2007.

[47] Christer Ericson. "Order Your Graphics Draw Calls Around!" Available at http://realtimecollisiondetection.net/blog/?p=86,2008.

[48] Carl Erikson, Dinesh Manocha, and William V. Baxter III. "HLODs for Faster Display of Large Static and Dynamic Environments." In Proceedings of the 2001 Symposium on Interactive 3D Graphics, pp. 111 – 120. New York: ACM Press, 2001.

[49] ESRI. "ESRI Shapefile Technical Description." Available at http://www.esri.com/library/whitepapers/pdfs/shapefile.pdf, 1998.

[50] Tom Forsyth. "Linear – Speed Vertex Cache Optimisation." Available at http://home.comcast.net/ ~ tom forsyth/papers/fast vert cache opt.html, 2006.

[51] Tom Forsyth. "A Matter of Precision." Available at http://home.comcast.net/ ~ tom forsyth/blog.wiki.html#[[A%20matter%20of%20precision]], 2006.

[52] Tom Forsyth. "Renderstate Change Costs." Available at http://home.comcast.net/ ~ tom forsyth/blog.wiki.html#[[Renderstate% 20change%20costs]], 2008.

[53] Anton Fr¨uhst¨uck. "GPU Based Clipmaps." Master's thesis, Vienna University of Technology, 2008. Available at http://www.cg.tuwien.ac.at/research/publications/2008/fruehstueck – 2008 – gpu/.

[54] M. R. Garey and D. S. Johnson. Computers and Intractability: A Guide to the Theory of NP – Completeness. New York: W. H. Freeman, 1979.

[55] Michael Garland and Paul S. Heckbert. "Surface Simplification Using Quadric Error Metrics." In Proceedings of SIGGRAPH 97, Computer Graphics Proceedings, Annual Conference Series, edited by Turner Whitted, pp. 209 – 216. Reading, MA: Addison Wesley, 1997. Available at http://mgarland.org/files/papers/quadrics.pdf.

[56] Samuel Gateau. "Solid Wireframe." In White Paper WP – 03014 – 001 v01. NVIDIA Corporation, 2007. Available at http://developer.download.nvidia.com/SDK/10.5/direct3d/Source/SolidWireframe/Doc/SolidWireframe.pdf.

[57] Nick Gebbie and Mike Bailey. "Fast Realistic Rendering of Global Worlds Using Programmable Graphics Hardware." Journal of Game Development 1:4(2006), 5 – 28. Available at http://web.engr.oregonstate.edu/ ~ mjb/WebMjb/Papers/globalworlds.pdf.

[58] Ryan Geiss and Michael Thompson. "NVIDIA Demo Team Secrets: Cascades." In Game Developers Conference, 2007. Available at http://www.slideshare.net/icastano/cascades – demo – secrets.

[59] Ryan Geiss. "Generating Complex Procedural Terrains Using the GPU." In GPU Gems 3, edited by Hubert Nguyen, pp. 7 – 37. Reading, MA: Addison Wesley, 2007. Available at http://http.developer.nvidia.com/GPUGems3/gpugems3 ch01.html.

[60] Philipp Gerasimov, Randima Fernando, and Simon Green. "Shader Model 3.0: Using Vertex Textures." Available at ftp://download.nvidia.com/developer/Papers/2004/Vertex Textures/Vertex Textures.pdf, 2004.

[61] Thomas Gerstner. "Multiresolution Visualization and Compression of Global Topographic Data." GeoInformatica 7:1 (2003), 7 – 32. Available at http://wissrech.iam.uni – bonn.de/research/pub/gerstner/globe.pdf.

[62] Benno Giesecke. "Space Vehicles in Virtual Globes: Recommendations for the Visualization Of Objects in Space." Available at http://www.agi.com/downloads/support/productSupport/literature/pdfs/whitePapers/2007 – 05 – 24 SpaceVehiclesinVirtualGlobes.pdf, 2007.

[63] Enrico Gobbetti, Dave Kasik, and Sung eui Yoon. "Technical Strategies for Massive Model Visualization." In Proceedings of the 2008 ACM Symposium on Solid and Physical Modeling, pp. 405 – 415. New York: ACM Press, 2008.

[64] Google. "KML Reference." Available at http://code.google.com/apis/kml/documentation/kmlreference.html, 2010.

[65] K. M. Gorski, E. Hivon, A. J. Banday, B. D. Wandelt, F. K. Hansen, M. Reinecke, and M. Bartelmann. "HEALPix: A Framework for HighResolution Discretization and Fast Analysis of Data Distributed on the Sphere." The Astrophysical Journal 622:2(2005), 759 – 771. Available at http://stacks.iop.org/0004 – 637X/622/759.

[66] Evan Hart. "OpenGL SDK Guide." Available at http://developer.download.nvidia.com/SDK/10.5/opengl/OpenGL SDK Guide.pdf, 2008.

[67] Chris Hecker. "Let's Get to the (Floating) Point." Game Developer Magazine February (1996), 19 – 24. Available at http://chrishecker.com/Miscellaneous Technical Articles#Floating Point.

[68] Tim Heidmann. "Real Shadows, Real Time." In IRIS Universe, 18, 18, pp. 23 – 31. Fremont, CA: Silicon Graphics Inc., 1991.

[69] Martin Held. "FIST: Fast Industrial – Strength Triangulation of Polygons." Technical report, Algorithmica, 2000. Available at http://cgm.cs.mcgill.ca/ ~ godfried/publications/triangulation.held.ps.gz.

[70] Martin Held. "FIST: Fast Industrial – Strength Triangulation of Polygons." Available at http://www.cosy.sbg.ac.at/ ~ held/projects/triang/triang.html, 2008.

[71] Martin Held. "Algorithmische Geometrie: Triangulation." Available at http://www.cosy.sbg.ac.at/ ~ held/teaching/compgeo/slides/triang slides.pdf, 2010.

[72] John L. Hennessy and David A. Patterson. Computer Architecture: A Quantitative Approach, Fourth edition. San Francisco: Morgan Kaufmann, 2006.

[73] John Hershberger and Jack Snoeyink. "Speeding Up the DouglasPeucker Line – Simplification Algorithm." In Proc. 5th Intl. Symp. on Spatial Data Handling, pp. 134 – 143, 1992. Available at http://www.bowdoin.edu/ ~ ltoma/teaching/cs350/spring06/Lecture – Handouts/hershberger92speeding.pdf.

[74] Hugues Hoppe. "Smooth View – Dependent Level – of – Detail Control and Its Application to Terrain Rendering." In Proceedings of the Conference on Visualization '98, pp. 35 – 42. Los Alamitos, CA: IEEE Computer Society, 1998.

[75] Takeo Igarashi and Dennis Cosgrove. "Adaptive Unwrapping for Interactive Texture Painting." In ACM Symposium on Interactive 3D Graphics, pp. 209 – 216. New York: ACM Press, 2001. Available at http://www – ui.is.s. u – tokyo.ac.jp/ ~ takeo/papers/i3dg2001.pdf.

[76] Ivan – Assen Ivanov. "Practical Texture Atlases." In Gamasutra, 2006. Available at http://www.gamasutra.com/features/20060126/ivanov 01.shtml.

[77] Tim Jenks. "Terrain Texture Blending on a Programmable GPU." Available at http://www.jenkz.org/articles/terraintexture.htm, 2005.

[78] Jukka Jyl¨anki. "A Thousand Ways to Pack the Bin—A Practical Approach to Two – Dimensional Rectangle Bin Packing." Available at http://clb.demon.fi/files/RectangleBinPack.pdf, 2010.

[79] Jukka Jyl¨anki. "Even More Rectangle Bin Packing." Available at http://clb.demon.fi/projects/even – more – rectangle – bin – packing, 2010.

[80] Anu Kalra and J. M. P. van Waveren. "Threading Game Engines: QUAKE 4 & Enemy Territory QUAKE

Wars." In Game Developer Conference, 2008. Available at http://mrelusive. com/publications/presentations/2008 gdc/GDC%2008%20Threading%20QUAKE%204%20and%20ETQW%20Final. pdf.

[81] Brano Kemen. "Floating Point Depth Buffer." Available at http://outerra. blogspot. com/2009/12/floating – point – depth – buffer. html,2009.

[82] Brano Kemen. "Logarithmic Depth Buffer." Available at http://outerra. blogspot. com/2009/08/logarithmic – z – buffer. html,2009.

[83] R. Keys. "Cubic Convolution Interpolation for Digital Image Processing." IEEE Transactions on Acoustics, Speech and Signal Processing ASSP – 29(1981),1153 – 1160.

[84] Mark Kilgard and Daniel Koch. "ARB fragment coord conventions." Available at http://www. opengl. org/registry/specs/ARB/fragment coord conventions. txt,2009.

[85] Mark Kilgard and Daniel Koch. "ARB provoking vertex." Available at http://www. opengl. org/registry/specs/ARB/provoking vertex. txt,2009.

[86] Mark Kilgard and Daniel Koch. "ARB VertexArray bgra." Available at http://www. opengl. org/registry/specs/ARB/VertexArray bgra. txt,2009.

[87] Mark Kilgard, Greg Roth, and Pat Brown. "GL ARB separate shader objects." Available at http://www. opengl. org/registry/specs/ARB/separate shader objects. txt,2010.

[88] Mark Kilgard. "Avoiding 16 Common OpenGL Pitfalls." Available at http://www. opengl. org/resources/features/KilgardTechniques/oglpitfall/,2000.

[89] Mark Kilgard. "More Advanced Hardware Rendering Techniques." In Game Developers Conference,2001. Available at http://developer. download. nvidia. com/assets/gamedev/docs/GDC01 md2shader PDF. zip.

[90] Mark Kilgard. "OpenGL 3: Revolution through Evolution." In Proceedings of SIGGRAPH Asia,2008. Available at http://www. khronos. org/developers/library/2008 siggraph asia/OpenGL% 20Overview%20SIGGRAPH%20Asia%20Dec08%20. pdf.

[91] Mark Kilgard. "EXT direct state access." Available at http://www. opengl. org/registry/specs/EXT/direct state access. txt,2010.

[92] Donald E. Knuth. Seminumerical Algorithms, Second edition. The Art of Computer Programming, vol. 2, Reading, MA: Addison – Wesley,1997.

[93] Jaakko Konttinen. "ARB debug output." Available at http://www. opengl. org/registry/specs/ARB/debug output. txt,2010.

[94] Eugene Lapidous and Guofang Jiao. "Optimal Depth Buffer for Low – Cost Graphics Hardware." In Proceedings of the ACM SIGGRAPH/EUROGRAPHICS Workshop on Graphics Hardware, pp. 67 – 73, 1999. Available at http://www. graphicshardware. org/previous/www 1999/presentations/d – buffer/.

[95] Cedric Laugerotte. "Tessellation of Sphere by a Recursive Method." Available at http://student. ulb. ac. be/~claugero/sphere/,2001.

[96] Jon Leech. "ARB sync." Available at http://www. opengl. org/registry/specs/ARB/sync. txt,2009.

[97] Aaron Lefohn and Mike Houston. "Beyond Programmable Shading." In ACM SIGGRAPH 2008 Courses, 2008. Available at http://s08. idav. ucdavis. edu/.

[98] Aaron Lefohn and Mike Houston. "Beyond Programmable Shading." In ACM SIGGRAPH 2009 Courses, 2009. Available at http://s09. idav. ucdavis. edu/.

[99] Aaron Lefohn and Mike Houston. "Beyond Programmable Shading." In ACM SIGGRAPH 2010 Courses, 2010. Available at http://bps10. idav. ucdavis. edu/.

[100] Ian Lewis. "Getting More From Multicore." In Game Developer Conference,2008. Available at heep://www.microsoft.com/downloads/en/details.aspx? FamilyId = A36FE736 - 5FE7 - 4E08 - 84CF - ACCF801538EB&displaylang = en.

[101] Peter Lindstrom and Jonathan D. Cohen. "On - the - Fly Decompression and Rendering of Multiresolution Terrain." In Proceedings of the 2010 ACM SIGGRAPH Symposium on Interactive 3D Graphics and Games, pp. 65 - 73. New York: ACM Press, 2010. Available at https://e - reports - ext.llnl.gov/pdf/371781.pdf.

[102] Peter Lindstrom, David Koller, William Ribarsky, Larry F. Hodges, Nick Faust, and Gregory A. Turner. "Real - Time, Continuous Level of Detail Rendering of Height Fields." In Proceedings of SIGGRAPH 96, Computer Graphics Proceedings, Annual Conference Series, edited by Holly Rushmeier, pp. 109 - 118. Reading, MA: Addison Wesley, 1996.

[103] Benj Lipchak, Greg Roth, and Piers Daniell. "ARB get program binary." Available at http://www.opengl.org/registry/specs/ARB/get program binary.txt,2010.

[104] William E. Lorensen and Harvey E. Cline. "Marching Cubes: A High Resolution 3D Surface Construction Algorithm." SIGGRAPH Computer Graphics 21:4(1987),163 - 169.

[105] Frank Losasso and Hugues Hoppe. "Geometry Clipmaps: Terrain Rendering Using Nested Regular Grids." In Proceedings of SIGGRAPH 2004 Papers, pp. 769 - 776. New York: ACM Press, 2004. Available at http://research.microsoft.com/en - us/um/people/hoppe/proj/geomclipmap/.

[106] Kok - Lim Low and Tiow - Seng Tan. "Model SimpliFIcation Using Vertex Clustering." In I3D 97: Proceedings of the 1997 Symposium on Interactive 3D Graphics, pp. 75 - ff. New York: ACM Press, 1997.

[107] David Luebke, Martin Reddy, Jonathan Cohen, Amitabh Varshney, Benjamin Watson, and Robert Huebner. Level of Detail for 3D Graphics. San Francisco: Morgan Kaufmann, 2002. Available at http://lodbook.com/.

[108] Henrique S. Malvar. "Fast Progressive Image Coding without Wavelets." In Proceedings of the Conference on Data Compression. Washington, DC: IEEE Computer Society, 2000. Available at http://research.microsoft.com/apps/pubs/?id = 101991.

[109] CCP Mannapi. "Awesome Looking Planets." Available at http://www.eveonline.com/devblog.asp?a = blog&bid = 724,2010.

[110] Paul Martz. "OpenGL FAQ: The Depth Buffer." Available at http://www.opengl.org/resources/faq/technical/depthbuffer.htm,2000.

[111] Gr'egory Massal. "Depth Buffer—The Gritty Details." Available at http://www.codermind.com/articles/Depth - buffer - tutorial.html,2006.

[112] Morgan McGuire and Kyle Whitson. "Indirection Mapping for QuasiConformal Relief Mapping." In ACM SIGGRAPH Symposium on Interactive 3D Graphics and Games(I3D '08),2008. Available at http://graphics.cs.williams.edu/papers/IndirectionI3D08/.

[113] Tom McReynolds and David Blythe. Advanced Graphics Programming Using OpenGL, The Morgan Kaufmann Series in Computer Graphics. San Francisco: Morgan Kaufmann, 2005.

[114] "Direct3D 11 MultiThreading." Available at http://msdn.microsoft.com/en - us/library/ff476884.aspx, 2010.

[115] Microsoft. "DirectX Software Development Kit—RaycastTerrain Sample." Available at http://msdn.microsoft.com/en - us/library/ee416425(v = VS.85).aspx,2008.

[116] James R. Miller and Tom Gaskins. "Computations on an Ellipsoid for GIS." Computer - Aided Design and Applications 6:4 (2009), 575 - 583. Available at http://people. eecs. ku. edu/ ~ miller/Papers/CAD 64575 -583. pdf.

[117] NASA Solar System Exploration. "Mars: Moons: Phobos." Available at http://solarsystem. nasa. gov/ planets/profile. cfm?Object = Mar Phobos, 2003.

[118] National Imagery and Mapping Agency. Department of Defense World Geodetic System 1984: Its Definition and Relationships with Local Geodetic Systems, Third edition. National Imagery and Mapping Agency, 2000. Available at http://earth - info. nga. mil/GandG/publications/tr8350. 2/wgs84fin. pdf.

[119] Kris Nicholson. "GPU Based Algorithms for Terrain Texturing." Master's thesis, University of Canterbury, 2008. Available at http://www. cosc. canterbury. ac. nz/research/reports/HonsReps/2008/hons 0801. pdf.

[120] NVIDIA. "Using Vertex Buffer Objects." Available at http://www. nvidia. com/object/using VBOs. html, 2003.

[121] NVIDIA. "Improve Batching Using Texture Atlases." Available at http://developer. download. nvidia. com/SDK/9. 5/Samples/DEMOS/Direct3D9/src/BatchingViaTextureAtlases/ AtlasCreationTool/Docs/ Batching Via Texture Atlases. pdf, 2004.

[122] NVIDIA. "NVIDIA CUDA Compute Unified Device Architecture Programming Guide." Available at http://developer. download. nvidia. com/compute/cuda/20/docs/NVIDIA CUDA Programming Guide 2. 0. pdf, 2008.

[123] NVIDIA. "NVIDIA GPU Programming Guide." Available at http://www. nvidia. com/object/gpu programming guide. html, 2008.

[124] NVIDIA. "Bindless Graphics Tutorial." Available at http://www. nvidia. com/object/bindless graphics. html, 2009.

[125] Deron Ohlarik. "Horizon Culling." Available at http://blogs. agi. com/insight3d/index. php/2008/04/18/ horizon - culling/, 2008.

[126] Deron Ohlarik. "Precisions, Precisions." Available at http://blogs. agi. com/insight3d/index. php/2008/ 09/03/precisions - precisions/, 2008.

[127] Deron Ohlarik. "Triangulation Rhymes with Strangulation." Available at http://blogs. agi. com/insight3d/ index. php/2008/03/20/triangulation - rhymes - with - strangulation/, 2008.

[128] Deron Ohlarik. "Horizon Culling 2." Available at http://blogs. agi. com/insight3d/index. php/2009/03/ 25/horizon - culling - 2/, 2009.

[129] Jon Olick. "Next Generation Parallelism in Games." In Proceedings of ACM SIGGRAPH 2008 Courses. New York: ACM Press, 2008. Available at http://s08. idav. ucdavis. edu/olick - current - and - next - generation - parallelism - in - games. pdf.

[130] Sean O'Neil. "A Real - Time Procedural Universe, Part Three: Matters of Scale." Available at http:// www. gamasutra. com/view/feature/2984/a realtime procedural universe. php, 2002.

[131] Open Geospatial Consortium Inc. "OSG KML." Available at http://portal. opengeospatial. org/files/? artifact id = 27810, 2008.

[132] Charles B. Owen. "CSE 872 Advanced Computer Graphics—Tutorial 4: Texture Mapping." Available at http://www. cse. msu. edu/ ~ cse872/tutorial4. html, 2008.

[133] David Pangerl. "Practical Thread Rendering for DirectX 9." In GPU Pro, edited by Wolfgang Engel. Natick, MA: A K Peters, Ltd., 2010. Available at http://www. akpeters. com/gpupro/.

[134] Steven G. Parker, James Bigler, Andreas Dietrich, Heiko Friedrich, Jared Hoberock, David Luebke, David McAllister, Morgan McGuire, Keith Morley, Austin Robison, and Martin Stich. "OptiX: A General Purpose Ray Tracing Engine." ACM Transactions on Graphics. Available at http://graphics.cs.williams.edu/papers/OptiXSIGGRAPH10/.

[135] Emil Persson. "ATI Radeon HD 2000 Programming Guide." Available at http://developer.amd.com/media/gpu assets/ATI Radeon HD 2000 programming guide.pdf, 2007.

[136] Emil Persson. "Depth In - Depth." Available at http://developer.amd.com/media/gpu assets/Depth in - depth.pdf, 2007.

[137] Emil Persson. "A Couple of Notes about z." Available at http://www.humus.name/index.php?page = News&ID = 255, 2009.

[138] Emil Persson. "New Particle Trimming Tool." Available at http://www.humus.name/index.php?page = News&ID = 266, 2009.

[139] Emil Persson. "Triangulation." Available at http://www.humus.name/index.php?page = News&ID = 228, 2009.

[140] Emil Persson. "Making it Large, Beautiful, Fast, and Consistent: Lessons Learned Developing Just Cause 2." In GPU Pro, edited by Wolfgang Engel, pp. 571 - 596. Natick, MA: A K Peters, Ltd., 2010. Available at http://www.akpeters.com/gpupro/.

[141] Matt Pettineo. "Attack of the Depth Buffer." Available at http://mynameismjp.wordpress.com/2010/03/22/attack - of - the - depth - buffer/, 2010.

[142] Frank Puig Placeres. "Fast Per - Pixel Lighting with Many Lights." In Game Programming Gems 6, edited by Michael Dickheiser, pp. 489 - 499. Hingham, MA: Charles River Media, 2006.

[143] John Ratcliff. "Texture Packing: A Code Snippet to Compute a Texture Atlas." Available at http://codesuppository.blogspot.com/2009/04/texture - packing - code - snippet - to - compute.html, 2009.

[144] Ashu Rege. "Shader Model 3.0." Available at ftp://download.nvidia.com/developer/presentations/2004/GPU Jackpot/Shader Model 3.pdf, 2004.

[145] Marek Rosa. "Destructible Volumetric Terrain." In GPU Pro, edited by Wolfgang Engel, pp. 597 - 608. Natick, MA: A K Peters, Ltd., 2010. Available at http://www.akpeters.com/gpupro/.

[146] Jarek Rossignac and Paul Borrel. "Multi - Resolution 3D Approximations for Rendering Complex Scenes." In Modeling in Computer Graphics: Methods and Applications, edited by B. Falcidieno and T. Kunii, pp. 455 - 465. Berlin: Springer - Verlag, 1993. Available at http://www.cs.uu.nl/docs/vakken/ddm/slides/papers/rossignac.pdf.

[147] Randi J. Rost, Bill Licea - Kane, Dan Ginsburg, John M. Kessenich, Barthold Lichtenbelt, Hugh Malan, and Mike Weiblen. OpenGL Shading Language, Third edition. Reading, MA: Addison - Wesley, 2009.

[148] Pedro V. Sander, Diego Nehab, and Joshua Barczak. "Fast Triangle Reordering for Vertex Locality and Reduced Overdraw." Proc. SIGGRAPH 07, Transactions on Graphics 26:3(2007), 1 - 9.

[149] Martin Schneider and Reinhard Klein. "Effcient and Accurate Rendering of Vector Data on Virtual Landscapes." Journal of WSCG 15:1 - 3(2007), 59 - 64. Available at http://cg.cs.uni - bonn.de/de/publikationen/paper - details/schneider - 2007 - effcient/.

[150] William J. Schroeder, Jonathan A. Zarge, and William E. Lorensen. "Decimation of Triangle Meshcs." Proc. SIGGRAPH 92, Computer Graphics 26:2(1992), 65 - 70.

[151] Jim Scott. "Packing Lightmaps." Available at http://www.blackpawn.com/texts/lightmaps/, 2001.

[152] Mark Segal and Kurt Akeley. "The OpenGL Graphics System: A Specification(Version 3. 3 Core Profile)." Available at http://www. opengl. org/registry/doc/glspec33. core. 20100311. pdf,2010.

[153] Dean Sekulic. "Effcient Occlusion Culling." In GPU Gems, edited by Randima Fernando. Reading, MA: Addison - Wesley, 2004. Available at http://http. developer. nvidia. com/GPUGems/gpugems ch29. html.

[154] Jason Shankel. "Fast Heightfield Normal Calculation." In Game Programming Gems 3, edited by Dante Treglia. Hingham, MA: Charles River Media, 2002.

[155] Dave Shreiner and The Khronos OpenGL ARB Working Group. OpenGL Programming Guide: The Offcial Guide to Learning OpenGL, Versions 3. 0 and 3. 1., Seventh edition. Reading, MA: Addison - Wesley, 2009.

[156] Irvin Sobel. "An Isotropic 3 × 3 Image Gradient Operator." In Machine Vision for Three - Dimensional Scenes, pp. 376 - 379. Orlando, FL: Academic Press, 1990.

[157] Wojciech Sterna. "Porting Code between Direct3D 9 and OpenGL 2. 0." In GPU Pro, edited by Wolfgang Engel, pp. 529 - 540. Natick, MA: A K Peters, Ltd., 2010. Available at http://www. akpeters. com/gpupro/.

[158] David Stevenson. "A Report on the Proposed IEEE Floating Point Standard(IEEE Task p754)." ACM SIGARCH Computer Architecture News 8:5.

[159] Benjamin Supnik. "The Hacks of Life." Available at http://hacksoflife. blogspot. com/.

[160] Benjamin Supnik. "OpenGL and Threads: What's Wrong." Available at http://hacksoflife. blogspot. com/2008/01/opengl - and - threads - whats - wrong. html, 2008.

[161] Herb Sutter. "The Free Lunch Is Over: A Fundamental Turn toward Concurrency in Software." Dr. Dobb's Journal 30:3. Available at http://www. gotw. ca/publications/concurrency - ddj. htm.

[162] Herb Sutter. "Lock - Free Code: A False Sense of Security." Dr. Dobb's Journal 33:9. Available at http://www. drdobbs. com/cpp/210600279.

[163] Adam Szofran. "Global Terrain Technology for Flight Simulation." In Game Developers Conference, 2006. Available at http://www. microsoft. com/Products/Games/FSInsider/developers/Pages/GlobalTerrain. aspx.

[164] Christopher C. Tanner, Christopher J. Migdal, and Michael T. Jones. "The Clipmap: a Virtual Mipmap." In Proceedings of SIGGRAPH 98, Computer Graphics Proceedings, Annual Conference Series, edited by Michael Cohen, pp. 151 - 158. Reading, MA: Addison Wesley, 1998.

[165] Terathon Software. "C4 Engine Wiki: Editing Terrain." Available at http://www. terathon. com/wiki/index. php/Editing Terrain, 2010.

[166] Art Tevs, Ivo Ihrke, and Hans - Peter Seidel. "Maximum Mipmaps for Fast, Accurate, and Scalable Dynamic Height Field Rendering." In Symposium on Interactive 3D Graphics and Games(i3D'08), pp. 183 - 190, 2008. Available at http://www. tevs. eu/project i3d08. html.

[167] Andrew Thall. "Extended - Precision Floating - Point Numbers for GPU Computation." Technical report, Alma College, 2007. Available at http://andrewthall. org/papers/.

[168] Nick Thibieroz. "Clever Shader Tricks." Game Developers Conference. Available at http://developer. amd. com/media/gpu assets/04%20Clever%20Shader%20Tricks. pdf.

[169] Chris Thorne. "Origin - Centric Techniques for Optimising Scalability and the Fidelity of Motion, Interaction and Rendering." Ph. D. thesis, University of Western Australia, 2007. Available at http://www. floatingorigin. com/.

[170] Thatcher Ulrich. "Rendering Massive Terrains Using Chunked Level of Detail Control." In SIGGRAPH

2002 Super – Size It! Scaling Up to Massive Virtual Worlds Course Notes. New York: ACM Press,2002. Available at http://tulrich. com/geekstuff/sig – notes. pdf.

[171] David A. Vallado and Wayne D. McClain. Fundamentals of Astrodynamics and Applications,Third edition. New York: Springer – Verlag,2007. Available at http://celestrak. com/software/vallado – sw. asp.

[172] J. M. P. van Waveren. "Real – Time Texture Streaming & Decompression." Available at http://software. intel. com/en – us/articles/real – time – texture – streaming – decompression/,2007.

[173] J. M. P. van Waveren. "Geospatial Texture Streaming from Slow Storage Devices." Available at http://software. intel. com/en – us/articles/geospatial – texture – streaming – from – slow – storage – devices/,2008.

[174] J. M. P. van Waveren. "id Tech 5 Challenges: From Texture Virtualization to Massive Parallelization." In SIGGRAPH,2009. Available at http://s09. idav. ucdavis. edu/talks/05 – JP id Tech 5 Challenges. pdf.

[175] Gokul Varadhan and Dinesh Manocha. "Out – of – Core Rendering of Massive Geometric Environments." In Proceedings of the Conference on Visualization '02, pp. 69 – 76. Los Alamitos, CA: IEEE Computer Society,2002.

[176] James M. Van Verth and Lars M. Bishop. Essential Mathematics for Games and Interactive Applications, Second edition. San Francisco: Morgan Kaufmann,2008.

[177] Harald Vistnes. "GPU Terrain Rendering." In Game Programming Gems 6,edited by Michael Dickheiser, pp. 461 – 471. Hingham,MA: Charles River Media,2006.

[178] Ingo Wald. "Realtime Ray Tracing and Interactive Global Illumination." Ph. D. thesis, Saarland University,2004. Available at http://www. sci. utah. edu/ ~ wald/PhD/.

[179] Bill Whitacre. "Spheres Through Triangle Tessellation." Available at http://musingsofninjarat. wordpress. com/spheres – through – triangle – tessellation/,2008.

[180] David R. Williams. "Moon Fact Sheet." Available at http://nssdc. gsfc. nasa. gov/planetary/factsheet/moonfact. html,2006.

[181] Michael Wimmer and Jiˇr'1 Bittner. "Hardware Occlusion Queries Made Useful." In GPU Gems 2: Programming Techniques for High – Performance Graphics and General – Purpose Computation, edited by Matt Pharr and Randima Fernando. Reading, MA: Addison – Wesley, 2005. Available at http://www. cg. tuwien. ac. at/research/publications/2005/Wimmer – 2005 – HOQ/.

[182] Steven Wittens. "Making Worlds: 1—Of Spheres and Cubes." Available at http://acko. net/blog/making – worlds – part – 1 – of – spheres – and – cubes,2009.

[183] Matthias Wloka. "Batch, Batch, Batch: What Does It Really Mean?" Game Developers Conference. Available at http://developer. nvidia. com/docs/IO/8230/BatchBatchBatch. pdf.

关于作者

Patrick Cozzi 是 Analytical Graphics, Inc.(AGI)公司 3D 团队的一名高级软件开发工程师,他还是宾夕法尼亚大学计算机图形学的兼职讲师。他是 SIGGRAPH 和游戏引擎宝典系列书籍的撰稿人。2004 年,在还没有加入 AGI 之前,他曾在 Almaden 研究室的 IBM 极蓝实习项目中做过存储系统,在 IBM 的 z/VM 操作系统团队中做实习,在 Intel 的芯片校验组做实习。Patrick 获得宾夕法尼亚大学计算机与信息科学的硕士学位,以及宾州州立大学计算机科学的学士学位。他的 email 地址是 pjcozzi@ siggraph. org。

Kevin Ring 大约在他刚学会阅读时就开始学习关于计算机编程的书了,从那时起他就没有回头。在他的软件开发职业生涯中,开发了大量的软件系统,从类库到 Web 应用程序,再到 3D 游戏引擎,甚至是星际飞船轨道设计系统。Kevin 曾获得伦斯勒理工学院计算机科学专业的学士学位,目前是 Analytical Graphics, Inc 公司 AGI 组件的首席架构师。他的 email 地址是 kevin @ kotachrome. com。